"十二五"普通高等教育本科国家级规划教材

动力工程概论

（第二版）

主编　付忠广

编写　卞　双　程世庆

主审　徐志明　胥建群

中国电力出版社

CHINA ELECTRIC POWER PRESS

内 容 提 要

本书为“十二五”普通高等教育本科国家级规划教材。

本书较全面地反映了我国现代电力工业的发展状况，重点介绍了火力发电厂的生产过程，动力设备的作用、原理及运行，简单介绍了其他发电方式，如水电、核电及新能源发电方式等。通过优化知识结构、精选素材，加入了一些反映新技术发展动态的内容，编写过程中力求深入浅出，通俗易懂。通过本书的学习，既可拓宽学生的专业知识面和视野，也能为进一步深入学习不同专业的相关课程打下基础。

本书可作为非能源动力类专业本科教材，也可作为电力行业的培训用书，还可供相关技术人员参考。

图书在版编目（CIP）数据

动力工程概论/付忠广主编. —2版. —北京：中国电力出版社，2014.9（2022.7重印）

“十二五”普通高等教育本科国家级规划教材

ISBN 978-7-5123-6246-8

Ⅰ.①动… Ⅱ.①付… Ⅲ.①动力工程－高等学校－教材 Ⅳ.①TK

中国版本图书馆CIP数据核字（2014）第169215号

中国电力出版社出版、发行

（北京市东城区北京站西街19号 100005 http://www.cepp.sgcc.com.cn）

北京天泽润科贸有限公司印刷

各地新华书店经售

*

2007年9月第一版

2014年9月第二版 2022年7月北京第四次印刷

787毫米×1092毫米 16开本 19.75印张 483千字 1插页

定价 **58.00** 元

电力工业是国民经济发展的先行官，电力工业的发展需要大量了解动力工程基本知识的各类人才，因此，很多高校都为不同专业的学生开设电力生产相关知识课程。本书考虑了不同专业的教学需求，是国家级精品课程建设和精品资源共享课程的建设成果之一。

本书较全面地反映了我国现代电力工业发展状况，重点介绍了火力发电厂的生产过程，动力设备的作用、原理及运行，同时概括介绍了其他发电方式，如水电、核电及新能源发电方式等。全书内容既兼顾了宏观的电力工业的发展，又兼顾了理论知识和技术的细节。通过优化知识结构、精选素材，本书加入了一些反映新技术发展动态的内容，力求深入浅出，通俗易懂。

本书针对非能源动力类专业本科教学，介绍了能源动力领域的基本知识，可为相关专业毕业生服务于电力行业奠定基础，同时可用于进入电力行业各类毕业生的培训。通过本书的学习，学生既可拓宽专业知识面，又可为进一步学习不同专业的相关课程打下基础。

本书内容比较丰富，部分内容独立性相对较强，略去不讲不会影响后续内容的学习。因此，各专业教学活动中的课堂教学可以根据教学需要自行取舍。

华北电力大学付忠广教授编写第一、三、五、六章，华北电力大学卞双副教授编写第二章，山东大学程世庆教授编写第四章。全书由付忠广统稿。

本书由东北电力大学徐志明教授和东南大学胥建群教授担任主审。

编　者

2014 年 8 月

目　录

第一章 电力工业和发电厂生产过程概述

第一节 电能特性和电力工业在国民经济中的作用

一、能源与人类文明

能源，也就是"能量的源泉"，是指可以给我们提供大量能量的物质和自然过程。回顾人类的历史可以明显地看出能源和人类社会发展的密切关系。古代人类以柴薪、秸秆等生物质燃料来煮食和取暖，以人力、畜力和风力作为动力从事生产。这个以柴薪等生物质为主要能源的时代延续了很长时间，生产力和生活水平极低，社会发展迟缓。

18世纪工业革命开创的工业大发展，煤炭取代了柴薪作为主要能源，蒸汽机成为生产的主要动力，促进了工业的发展，社会劳动生产力有了很大增长。

19世纪末，电力开始进入社会各个领域，电动机代替了蒸汽机，电力成为工矿企业的主要动力和照明的主要能源，社会生产力有了大幅度增长，改变了人类社会的面貌。

石油资源的发现，开始了能源利用的新时代。西方工业发达国家很快从以煤炭为主要能源转换到以石油、天然气为主要能源，这对促进经济繁荣和发展起了巨大的作用，创造了人类历史上空前的物质文明。

在人类发展的历史长河中，除远古时期人类茹毛饮血以外，每一个发展阶段都离不开能源。社会发展每一阶段上的每一个飞跃都与人类对能源利用的广度和深度密切相关。能源是人类文明生活的必需和源泉。

人类生活水平的提高：电视机、音响设备、冰箱、洗衣机、空调等是用电来驱动的。

现代农业的发展：机械化耕作、化肥的生产、人工气候的形成，都需要能源。

各种交通工具的广泛应用：全世界数以亿计的汽车、高速铁路网络、遍布全世界的飞机航线等，都以能源为动力。

全世界通信的迅速发展：电话、传真、计算机网络、移动电话网络、电视及各种信息网络等，都离不开电力。

保卫国家安全的军事实力的增强：现代化主战坦克，装甲运兵车，移动火炮，武装直升机，短程、中程、远程导弹，各种各样的航空器及其发射的大功率宇宙火箭等，都是能源利用的各种形式。

由此可以充分说明能源与人类文明进步的关系。能源与整个世界，与每一个国家，进而与每一个人休戚相关。能源是现代文明的动力，已经无法想象如果没有了能源，当今世界将是什么景象。作为发达社会的先决条件，能源的使用越来越多，使得能源效率、能源依赖以及能源安全和能源价格等问题日益受到关注。社会的发展，促使人们不断地开发和利用自然界的各种能源，其中以利用热能（主要由燃料中的化学能通过燃烧转变而来）最为广泛。

但是，能源的利用是有代价的，地球资源的日益枯竭，生态环境的破坏和恶化，在某种程度上是能源不适当利用的后果。因此，能源的开发和利用必须坚持可持续发展的原则。

在自然界中，蕴藏着极为丰富的能量，如风能、水能、燃料化学能、太阳能以及原子（核）能等。

能源的开发和利用对国民经济的发展具有重大的意义。世界各国经济发展的历史表明，一个国家的国民生产总值和这个国家的能耗大体上保持正比关系。现在，生产过程中的能耗已成为衡量一个国家技术和经济发展水平的重要标志之一。

中国是一个人均资源贫乏的国家，即使是资源最丰富的煤炭，人均资源也只有全世界人均的50%，而石油只有10%。2012年我国人年均能源消耗是2700kg标准煤[1]，略高于全世界人年均能源消耗平均水平（2011年为2400kg标准煤），而美国是11 000kg标准煤，英、德、法等发达国家是5000～6000kg标准煤。虽然我国人年均能源消耗与发达国家相比尚有较大差距，但在全球最大的人口规模下，中国能源消耗总量于2011年超过美国，位居全球第一。各种预测表明，到2020年，中国能源总消耗量将高达50亿t标准煤以上。从世界范围看，近几十年来，能耗的增长非常迅速。能源已成为世界经济发展中的重要问题。节约能源消耗、减少能源浪费、开发新型能源，是我们和我们的后代必须面对的一个巨大的、十分严肃的课题。

自然界中能源的种类多种多样。对能源进行分类，可以帮助我们了解各种能源的基本性质和它们之间的相互关系。

1. 按能源的来源进行分类（见表1-1）

表1-1　按能源的来源分类

第一类能源（来自地球以外）	太阳辐射能	煤、石油、天然气、油页岩、草木燃料、沼气和其他由于光合作用而固定的太阳辐射能、风、流水、海流、波浪、海洋热能、直接的太阳辐射
	宇宙射线、流星和其他星际物质带进地球大气中的能量	
第二类能源（来自地球内部）	地球热能	地震、火山活动 地下热水和地热蒸汽（包括温泉） 热岩层
	原子核能	铀、钍、氘等
第三类能源（来自地球和其他天体的作用）	潮汐能	

第一类是来自地球以外天体的能量，其中最主要的是太阳辐射能，此外，还有其他恒星或天体发射到地球上的各种宇宙射线的能量。

第二类是地球本身蕴藏的能量，如海洋和地壳中储存着的原子核能以及地球内部的热能。

第三类是由于地球和其他天体相互作用而产生的能量，如潮汐能等。

2. 按“一次能源”和“二次能源”进行分类（见表1-2）

表1-2　按“一次能源”和“二次能源”分类

一次能源	可再生能源	风、流水、海流、海洋热能、潮汐能、草木燃料、直接的太阳辐射、地震、火山活动、地下热水、地热蒸汽（包括温泉）、热岩层
	不可再生能源	化石燃料（煤、石油、天然气、油页岩） 核燃料（铀、钍、氘）
二次能源	电能、氢能、汽油、煤油、柴油、火药、酒精、甲醇、丙烷、苯胺、硝化棉和硝化甘油等	

[1] 将煤的低位发热量为29 308kJ/kg的煤定义为标准煤（见第四章第二节）。

以现成的形式存在于自然界中的能源一般称为“一次能源”，需要依靠其他能源来制取或产生的能源则称为“二次能源”。

“一次能源”还可以按照能否“再生”进一步分类。所谓“可再生能源”就是指不会随着它本身的转化或人类的利用而日益减少的能源。而随着人类的利用逐渐减少的能源称为“不可再生能源”。当然，“可再生”和“不可再生”之间的区别只是相对的。

3. 按“含能体能源”和“过程性能源”进行分类（见表 1-3）

表 1-3　按“含能体能源”和“过程性能源”分类

含能体能源	草本燃料、化石燃料、核燃料、地下热水和地热蒸汽、高水位水库、氢能
过程性能源	风、流水、海流、潮汐、地震、直接的太阳辐射、电能

能量比较集中的“含能体”是“含能体能源”。能量比较集中的“能量过程”则是“过程性能源”。各种化石燃料（或矿化燃料）和核燃料、地下热水和蒸汽等都是“含能体能源”，风、流水和潮汐等都是“过程性能源”。

人类对能源的利用，已经历了很长的发展过程。利用能源的历史，也就是认识自然的历史。每一次新能源的采用和能源利用范围的扩大，都伴随着生产技术的重大变革，甚至引起整个社会生产方式的革命。

人们过去和现在所说的“新能源”是相对于“旧能源”来说的。拿今天的“旧能源”之一石油来说，虽然早在一千九百多年前中国就已利用它了，但数量极少，也很不普遍，直到内燃机发明后，它才得到广泛的应用。

在 19 世纪末 20 世纪初的人们眼里，石油是一种了不起的“新能源”。由于石油大量被采用，对当时的社会生产和人类生活都产生了巨大的影响。

又如人类开始利用地热、潮汐和太阳能的时间也很早，然而直到最近，这些能源才引起人们较为广泛的注意，作为“新能源”出现在世界能源的舞台上。

现在，海洋热能，波浪能，铀、钍等的裂变原子能，可控核聚变能以及新的“二次能源”——氢、甲醇等也开始受到重视，并加入了当今“新能源”的行列。为了满足生产和生活中迅速增长的能源需要，除了大力发展“旧能源”和改进能源利用技术外，还应当不断地探索和开发“新能源”。

随着科学技术的发展以及能源状况的改变，世界能耗的结构特点也不断地发生变化。今天，石油、煤、天然气、水能和裂变原子能，构成了现代世界“一次能源”的五大支柱。展望未来，石油、煤、天然气相对来说将越来越少地用作能源，而越来越多地被当做宝贵的化工原料来使用。风能、地热能、裂变能、聚变能以及太阳能等将构成未来世界新的能源支柱。

电能是唯一能够大规模利用煤炭、水能、原子能和各种再生能源的二次能源。电能在最终能源消费中相对其他能源形式的直接使用具有无可比拟的优越性。因此，电能增长速度始终高于整个能源消费的增长速度。

纵观主要工业发达国家及部分发展中国家在 20 世纪 70 年代及 80 年代发展过程，发电能源占一次能源总消费的比重都呈增加趋势，这一比重越高，能源利用效率越高，单位国民生产总值（gross domestic product，GDP）的能耗（即能源强度）就越低。当这一比重达到一定数值后（具体数值随各个国家的具体情况不同而不同），能源消费强度的变化即呈平缓趋势，发电能源占一次能源总消费的比重也趋于稳定。随着转换成电力的一次能源比例增加，能源强度降低。能源强度越小，表示这个国家各种技术都比较先进，产品结构合理，高、新技术产品占较大的份额。

二、电能的特性和电力生产的特点与基本要求

电能是一种极“灵活”的能源，它可以很方便地转变成其他形式的能量，如机械能、热能、光能、声能、化学能以及粒子的动能等。

电能作用于一些物质所引起的效应，往往被认为是很奇妙和用其他方法所不能获得的。随着科学技术的发展和对电能本质的深入研究，电能的“奥秘”越来越多地被揭示，利用电能的新途径、新方法、新工具也不断地被提出。

到目前为止，电能在机械加工、化学、生物、农业、医疗和药物、国防等各方面的应用中，有的已显示出独特的优点，产生了巨大的效果，有的则展现出一些苗头，从发展上来看，其中某些方面将对科学研究和生产技术带来某些根本性的变革。因此，电能在人类社会的各个领域中必将发挥更大的作用。

18世纪中叶以前，人类对电还没有正确的认识。1752年7月，北美一个普通的印刷工人本杰明·富兰克林（Benjamin Franklin，1706—1790），在一个雷雨交加的荒野上，冒着生命危险，利用风筝做了一次震动世界的吸取“天电”的实验。他把闪电引到地上，点燃了酒精，破除了对“天火”的迷信，打开了近代电学研究的大门。接着，由于库仑（Coulomb，Charles-Augustin de，1736—1806）、法拉第（Michael Faraday，1791—1867）、麦克斯韦尔（Maxwell，1831—1879）、爱迪生（Thomas Alva Edison，1847—1931）等许许多多科学家的努力，终于使多少年来一直捉摸不定、若神若鬼的电成为人类手中驯服的动力。如果说，火是人类发展史上的一个路标，电则是人类征服自然的又一里程碑。从火到电经历了50万年的时间。然而从利用电能到现在的200年多一点的时间内，则又开发和利用了许多新的能源，这标志着生产水平和科学技术前进的步伐由于电能的利用而大大地加快了。

电能是能源的“高级形式”，是优质的二次能源，它是由一次能源（煤炭、石油、水能、风能、地热能、潮汐能、天然气、太阳能和原子能等）转化而来的。电能的输送、应用十分方便，经过输送，电能可以很方便地供给不同的用户使用。现代设备小到微电子芯片，大到大型综合采矿机械、高级钢材的冶炼，都是用电能来驱动的。

电能应用如此广泛，是因为其具有以下优点：

（1）电能可以方便地进行能量转换。一次能源（例如，煤炭、石油、水能、太阳能、地热能、原子能等）通过原动机和发电机可以转换成电能。电能又可以通过电动机或电气设备高效率地转换成机械能、热能、光能和化学能等。如用电动机代替柴油机，用电气机车代替蒸汽机车，用电炉代替其他加热炉，可以提高能源利用效率20%～50%。因此，在某些领域电能被称为“节能的能源”。

（2）大规模集中生产的电能可以灵活地分散使用，是比较理想的动力源。电能集中在发电厂中大规模生产后（即经过一系列的大规模能量转换），在线损很小的情况下，通过高压输电线路远距离输送到1000km以外的地区，灵活方便地通过电网分配给分散的用户使用。

（3）电能可实现许多特殊工艺加工。例如，电焊工艺、电化学、高频淬火、金属电火花加工等。

（4）电能能够充分利用地区性动力资源，解决地区条件对工业的限制，使工业布局更趋于合理。如有的地区蕴藏着极为丰富的风能、水能、潮汐能、沼气、地热能、天然气或煤炭等一次能源，有的地区日照长，太阳能亦可利用，又如工业集中地区的工业废热等，均可在转变成电能后，再输送到工业发展或居民集中地区，使工业布局更为合理，促进经济发展和人民生活水平的提高。

（5）电能易于实现工业生产的自动化，为自动控制、远距离操纵、提高劳动生产率和改善劳动环境创造有利条件，如工业化自动生产线等。

（6）电能的应用无气体和噪声污染，如用电瓶车代替汽车、柴油车、蒸汽车等，成为“无公害车”，被称为“无污染的能源”。

现在用来发电的能源种类是很多的，如太阳能、海洋能、风能、水能、燃料的化学能、原子（核）能等。其中有的能源易受地域和季节的限制；有的能源尚处于小规模实验阶段；有的能源用来发电，因为设备庞大复杂，价格昂贵，达到商业化尚需时日。目前，煤、水、原子（核）能仍然是最大的发电用能源。我国的动力资源，如煤、石油、天然气、地热、裂变物质等是非常丰富的，水力资源更是居于世界的首位，这为我国大规模、高速度地发展电力工业提供了坚实的基础。

电力的生产不同于其他能源的生产。电力生产具有以下特点和基本要求：

（1）电能无法储存。电厂发电机发出的电能与用户电气设备所消耗的电能要时刻保持平衡。发电机的运行情况必须随着系统用户负荷的变化而改变，而且与用户负荷相适应。根据外界用户需要随时调整发电量，在任何时候、任何条件下，都应是总供给满足用户的总需求，多供多发，少供少发，不供停发。这就是对电能在数量上的要求。

（2）发电厂输出的电能参数（质量）必须严格符合用户要求，即电力系统的频率和电压应保持在允许范围内变动，例如供电频率（50±0.2）Hz、电压符合规定。若供电质量降低，就会造成电气设备不能正常运行，甚至会影响生产或损坏电气设备。电网容量越来越大，在机组容量大、参数高的情况下，保证机组在稳定工况下运行是十分重要的，只有这样才能保证电能的质量。

（3）发电厂的电力生产必须保证连续不间断地进行，保证安全可靠。电力生产中的任何一个小事故都可能酿成大的灾祸，引起重大设备和人身事故，造成巨大经济损失。事故停电不仅会造成电力设备的损坏，电力部门无收益，而且在电能的利用上产生的间接损失更大。所以电力生产必须做到安全第一。

（4）电力生产要求运行经济，厉行节约。电力生产是一个多环节的复杂的生产过程。一次能源的消耗量大，利用率低，节约的潜力很大。例如：一个容量为3000MW的大型电厂［发电煤耗按300g/（kW·h）❶］计，24h（一天）要消耗超过2.3万t煤。若发电煤耗降低1g/（kW·h），按2013年我国火电发电量（4.3万亿kW·h）计算，全国一年就可以节约发电用煤430万t。如果全国送电线路损失和厂用电能降低1%，则全国一年就可节省近530亿kW·h的电能（按2013年全国发电量5.3万亿kW·h核算），相当一个5300MW容量的电厂一年的发电量（设备年利用小时数按5000h/年计）。所以，电力生产必须做到经济运行，节约一次能源。

❶ 1千瓦·小时（kW·h）＝1度电。

电力是国民经济发展的原动力，是实现工业、农业、交通运输业、国防和科学技术现代化的重要条件，也是提高与改善人民物质文化生活的重要保证。由于电能具备易输送、使用方便又易于转变成其他形式的能量等一系列优点，已成为发展现代社会物质文明的重要条件，应用非常广泛。

从工业到农业，从城市到农村，从生产到生活，各行各业都离不开电。电对现代化工业生产的发展速度和人类物质生活水平的日益提高，起到了难以估量的巨大作用。由于电力和电子技术的发展，人类从先进的工业化时代进入到高科技、电气化的新时代。

与200年前相比，当日的世界在生产水平、建设规模和科研成就上，在社会的物质文化生活的各个方面，都发生了极大的变化，这是与电能日益广泛的应用是分不开的，电气化的先进程度已成为衡量国民经济现代化的一个重要标志。

三、电力工业在国民经济中的先导作用

工农业生产和日常生活所需要的电能，大多都是由发电厂集中进行生产和供应的。电力工业是为国民经济各个领域提供电能的部门，它能否高速发展，对整个国民经济的发展有着直接的影响。电力工业的发展水平在一定程度上标志着一个国家的工业化程度、国民经济发展的水平和科学技术的进步。能源转换成电力的比例越大，表示一个国家的先进“度”越大。

电力工业是国民经济各个部门的先行工业，是国民经济的基础。从世界发达国家的经济来看，电力工业发展速度应高于国民经济的发展速度。通常用电力弹性系数来表明电力工业与国民经济发展之间的关系。

电力弹性系数是反映电力消费的年平均增长率和国民经济的年平均增长率之间关系的宏观指标，是制订电力长远发展规划考虑的重要因素之一，其表达式为

$$b=\frac{A_y}{A_x}$$

式中 b——电力弹性系数；

A_y——电力消费年平均增长率；

A_x——国民经济年平均增长率。

我国各个时期的电力弹性系数见表1-4。根据统计，我国在经济快速增长期（GDP增速约为10%以上），电力弹性系数大于1；在经济平缓增长期（GDP增速为10%以下），电力弹性系数小于1。

表1-4 我国各个时期的电力弹性系数

时期	平均电力弹性系数	近期	电力弹性系数
1953—1957	2.41	2001	1.09
1958—1962	—	2002	1.27
1963—1965	0.94	2003	1.53
1966—1970	1.37	2004	1.50
1971—1975	2.01	2005	1.36
1976—1980	1.75	2006	1.32
1981—1985	0.64	2007	1.27

续表

时期	平均电力弹性系数	近期	电力弹性系数
1986—1990	1.12	2008	0.60
1991—1995	0.84	2009	0.77
1996—2000	0.79	2010	1.44
—	—	2011	1.28
—	—	2012	0.69

注 1975年以前国民生产总值采用国民收入数；2000—2005年的数据，是根据中国国家统计局《2006年中国统计摘要》中对GDP、一次能源消费量等数字作的全面修改，按2000年可比价格进行计算的；2006年以后的数据，是根据中国电力企业联合会公布数据统计的。

1950—1980年期间，世界各主要工业国的平均电力弹性系数列于表1-5。国外电力弹性系数总体具有以下特点：一是电力弹性系数在相当长的一段时期（1950—1980年）都大于1；二是电力弹性系数一般呈逐渐减小趋势；三是一些发达国家，如美国、日本、德国、英国等20世纪80年代后，出现了电力弹性系数小于1的情况。不同经济发展时期，产业结构、工业内部结构变动的趋势及居民生活用电水平的变化，导致在经济发展的不同时期电力弹性系数也随之发生变化。从日本、法国等战后发展起来的国家发展历程看，电力弹性系数的变化有着一定规律：在工业化中期"重化工业化"时期，电力弹性系数一般大于1；"高加工度化"时期，电力弹性系数将会减小，这一时期由于居民生活用电水平增长迅速，电力弹性系数一般也大于1；进入工业化后期，电力弹性系数一般小于1。

表1-5　1950—1980年世界主要工业国的平均电力弹性系数

国　家	平均电力弹性系数	国　家	平均电力弹性系数
美　国	1.84	西　德	1.55
苏　联	1.28	英　国	1.97
日　本	1.10	法　国	1.49

世界各国发展国民经济正、反两方面的经验都证明了：只有电力弹性系数大于1，才能保证国民经济的发展，也就是说电力工业必须以更快的速度向前发展，国民经济才有可能迅速发展。综上所述，电能占能源的比重及电力弹性系数的大小，已成为衡量一个国家电气化、现代化水平的两个重要标志。

四、电力工业的发展状况

电力工业起源于19世纪后期。世界上第一台火力发电机组是1875年建于巴黎北火车站的直流发电机，用于照明供电。1879年，美国旧金山实验电厂开始发电，这是世界上最早出售电力的电厂。1882年，美国纽约珍珠街电厂建成发电，装有6台直流发电机，总容量是0.67MW，以110V直流为电灯照明供电。1880年，在英国和美国建成世界上第一批水电站。1913年，全世界的年发电量达500×10^8kW·h，电力工业已作为一个独立的工业部门进入人类的生产活动领域。20世纪70年代，电力工业进入以大机组、大电厂、超高压以至特高压输电，形成以联合系统为特点的新时期。总装机容量百万千瓦级的大型水电站、大型火电厂和核电站的建成，促进了超高压、特高压、直流输电和联合电力系统的发展。经过约100年的发展，到1980年全世界发电装机总容量达到20.24×10^8kW，年发电量达到

8.2473×10^{12} kW·h；2003 年全世界发电装机容量超过 37.1×10^{8}kW，年发电量达到 14.7810×10^{12}kW·h。美国能源部信息管理局发布的《国际能源展望 2006》预计，全世界发电装机容量到 2030 年将增至 63.49 亿 kW。

自 20 世纪 70 年代以来，世界各国的电力工业从电力生产、建设规模、能源构成到电源和电网的技术都发生了较大变化。进入 20 世纪 90 年代后，电力工业发展逐渐形成了以下三个突出的动向：

（1）世界发电量的年增长率趋缓，而一些发展中国家，特别是亚洲国家仍维持较高的电力增长速度。

（2）电力技术的发展向高效、环保的更高目标迈进。

（3）电业管理体制和经营方式发生变革，由垄断经营逐步转向市场开放。

我国电力工业始于 1882 年，至今已有 130 多年的历史。1949 年新中国成立以前，中国电力工业发展极其缓慢，到 1949 年底，全国发电装机容量仅有 1850MW，发电量 43 亿 kW·h，分别居世界第 21 位和第 25 位。新中国成立后，电力工业得到了迅速发展。根据中国电力企业联合会统计数据，至 2012 年底全国发电设备装机容量达 11.468 亿 kW，年发电量突破 4.98 万亿 kW·h，分别比 1949 年增长了 620 倍和 1160 倍，电力增长速度世界第一。根据国家能源局（原国家电监会）信息，2011 年我国全国发电装机容量和发电量首次超过美国，成为世界第一电力装机大国。2011 年我国发电量约为 4.72 万亿 kW·h，相当于日本、俄罗斯、印度、加拿大、德国等五个国家 2010 年发电量的总和。我国现在的人均发电量大致为发达国家的 40%左右，尚有较大的增长空间。

近六十余年来我国发电设备装机容量和年发电量的发展情况见表 1-6。年发电量居世界的位次变化情况见表 1-7。

表 1-6　　我国发电设备装机容量和年发电量发展情况

时间（年）	装机容量（MW）	年发电量（亿 kW·h）	时间（年）	装机容量（MW）	年发电量（亿 kW·h）
1949	1849	43.1	2000	300 000	13 130
1960	11 918	594.2	2010	966 410	42 278
1970	23 770	1158.6	2011	1 062 530	47 306
1980	65 869	3006.3	2012	1 146 760	49 865
1990	137 890	6213.2	2013	1 247 380	52 451

表 1-7　　我国年发电量居世界的位次

时间（年）	1950	1957	1965	1978	1980	1985	1990	1995	2011	2013
位次	25	13	9	7	6	5	4	2	1	1

新中国电力工业的发展可以分为 1950—1978 年和 1978 年以后两个阶段。在 1950—1978 年期间，新中国的建立为电力工业的发展创造了有利条件，电力生产和建设发展迅速。在此期间，国产 100、125、200、300MW 汽轮发电机组和国产 150、225、300MW 水轮发电机组相继制成并投产；东北、京津唐、华东、华中电网形成了 220kV 主干电力网架，而中国第一条 330kV 刘天关线路的建成，将陕、甘、青电网互联，初步形成了西北电网。1978 年后，中国开始实行改革开放政策，电力工业更是以前所未有的速度向前发展。目前，

比较完备的电力工业体系已经初步建立，技术装备水平正在逐步提高。中国电力工业已经从大机组、大电厂、大电网、超高压、自动化发展时期进入跨大区联网和推进全国联网的新阶段，这是我国现代化的主要标志之一。

中国电力工业除了在发电装机容量和发电量方面达到世界第一外，在以下方面也建成世界之最：

(1) 建成世界上最大电网。目前，全国大部分地区已形成了以500kV为主（西北地区为330kV）的电网主网架。东北、华北、西北、华中、华东、南方六大区域电网全部实现互联。中国电网规模已居世界第一。

(2) 建成世界上最高输电电压等级交流输变电线路。1000kV晋东南—南阳—荆门特高压交流试验示范工程，是世界上运行电压等级最高、技术水平最先进、具有完全自主知识产权的交流输变电工程。

(3) 建成世界上最长特高压直流输电线路。2010年7月8日，向家坝—上海±800kV特高压直流输电示范工程建成世界上输送容量最大、送电距离最远、技术水平最先进、电压等级最高的直流输电线路。

(4) 拥有世界上最多百万千瓦火电机组。截至2012年，全国范围内已投产的单机容量100万kW超超临界压力火电机组共有47台，投运、在建、拟建的百万千瓦超超临界压力机组数量居全球之首。

(5) 拥有世界上最高效煤电机组。2011年，上海外高桥第三发电厂实际运行供电标准煤耗达到276.02g/（kW·h），成为世界上第一个冲破280g/（kW·h）最低标准煤耗整数关口的电厂。

(6) 拥有世界上最早运行的百万千瓦级超超临界压力空冷机组。2010年12月28日，宁夏灵武发电有限公司二期工程3号机组顺利通过168h满负荷运行，标志着具有我国独立知识产权的世界首台百万千瓦级超超临界压力空冷机组正式投产。

(7) 水电装机容量世界第一。截至2011年底，全国水电装机容量（含抽水蓄能）达到2.3亿kW，持续雄居世界第一。早在2001年，我国常规水电装机达到7700万kW，首次超过美国跃居世界第一位。此后几年，我国水电持续快速发展。

(8) 并网风电装机容量世界第一。截至2012年6月，我国并网风电装机达到5258万kW，已超过美国跃居世界第一。

五、发电厂的任务、分类和容量

将其他形式的能量转换成电能供给用户合格（电压、频率）的电力是发电厂的任务。将天然能源（一般是一次能源，如煤炭、水能、风能、原子能等）转变为电能的工厂称为发电厂。

（一）发电厂的分类

发电厂的类型很多，分类方式不尽相同。现将常见的几种分类方法叙述如下。

1. 按所利用的一次能源分类

(1) 火力发电厂。主要是利用煤炭、石油、天然气等燃料，将燃料的化学能先转换为热能，再转换成机械能，最后变成电能的电厂称为火力发电厂（或称为火电站）。

(2) 水力发电厂。利用水位的高低落差释放出的巨大能量，推动水轮机转动来带动发电机发出电能的电厂称为水力发电厂（或称为水电站）。

（3）核电厂。利用原子核反应堆产生的巨大热能，将水加热成蒸汽推动汽轮机转动，带动发电机发电，这类电厂称为核电厂（或称为核电站）。

（4）太阳能发电厂。太阳能发电有两种方式：一是将太阳光聚集后的热能传递给水或空气，推动汽轮（涡轮）发电机发电的电厂称为太阳能发电厂；二是利用太阳能电池，直接把太阳光转换为电能（详见本章第三节第七部分）。

（5）地热发电厂。利用地下的热水经扩容后，变成蒸汽推动汽轮发电机发电的电厂为地热发电厂。

（6）风力发电厂。利用风力推动原动机旋转，带动发电机发电的电厂为风力发电厂。

2. 按产品性质分类

（1）凝汽式发电厂。只供给用户质量合格电力的电厂为凝汽式发电厂。

（2）热电厂。除了供给用户合格的电力，还供给用户所需参数的蒸汽或热水的电厂为热电厂。

（3）综合利用发电厂。该类发电厂除热电联合供应用户外，还将电厂排出的废料、灰渣等作为原料加以利用，如利用灰渣制造建筑材料等。

3. 按发电服务范围分类

（1）系统中发电厂。这类发电厂发出的电能直接向电网供电，然后用户再从电网引下来使用。

（2）孤立电厂。这类电厂建在用户附近，向用户直接供电，与电网没有关联。电厂停电会影响该地区用电。

（3）自备电厂。自备电厂是某企业、矿山或重要部门为保证本部门安全生产和工作建造的电厂。在外界电源中断、停电或供电不足时，自备电厂将发电、供电，保证本企业不受外界供电的影响，使本部门用电不会中断，安全可靠。

（4）列车电站或船舶电站。这类发电厂是将发电厂整套设备安装在列车或船舶上，利用这种交通工具运送发电设备到所需要的地方去发电。列车电站、船舶电站是一座活动的发电厂，它可以到边远地区或遥远的岛屿，也可到第一次开发建设还没有动力电源的地方去供电。

利用热能转换成机械能，最后变成电能的电厂，也称为热力发电厂。热力发电厂的发动机可采用蒸汽机、汽轮机、内燃机或燃气轮机等。蒸汽机的功率太小，热效率很低；内燃机和燃气轮机都不能直接应用廉价的固体燃料；而现代结构的汽轮机机组单机容量可高达1000MW以上，热效率较高，运行稳定，工作可靠。

我国的热力发电厂根据我国实际情况，以燃煤为主。所以，现代中、大型热力发电厂大都是以汽轮机作为发动机的发电厂。今后，本书所提及的“热力发电厂”或“火力发电厂”一概是指汽轮机发电厂。热力发电厂又可分成很多类型（见表1-8）。

表1-8　　热力发电厂的分类

分类方法	热力发电厂类型
一次能源	化石燃料电厂、原子能发电厂、风力发电厂、地热发电厂、太阳能发电厂、磁流体发电厂
能量供应	供应电能的凝汽式电厂，供应电能、热能的热电站

续表

分类方法	热力发电厂类型
原动机类型	汽轮机发电厂、燃气轮机发电厂、内燃机发电厂、蒸汽-燃气轮机发电厂
电厂总容量	小容量发电厂、中容量发电厂、大容量发电厂
蒸汽初参数	中、低压发电厂，高压发电厂，超高压发电厂，亚临界压力发电厂，超临界、超超临界压力发电厂
电厂位置	坑口、港口、路口电厂，负荷中心电厂，位于煤源与负荷中心间电厂
承担负荷	带基本负荷、中间负荷、尖峰负荷电厂
机炉配合	非单元机组电厂、单元机组电厂
服务范围	系统中发电厂、区域性电厂、自备电厂、列车电站、孤立电厂

原子能是巨大的能源，但由于原子能用于发电起步较晚，以致现阶段原子能发电量在全世界总发电量中所占的比重仍然不大；风力发电受到地理环境的很大限制；太阳能发电、地热发电和潮汐发电等，目前规模都还很小，其应用场所也受客观条件的限制。因此，就我国的情况而言，在今后相当长的时期内电能主要还是依靠热力发电厂和水力发电厂来生产与供应。

热力发电和水力发电各有其特点，在电力工业中它们均占有重要的地位。水力发电不需消耗燃料，发电成本较低，运行操作比较简单，但水电站工程浩大、投资多、建设周期长，布局和规模受自然条件的限制，其发电能力在枯水季节将大幅度减小；热力发电要耗用大量燃料，发电成本较高，技术管理较为复杂，但却具有投资较少、建设周期较短、布局和规模灵活、可以既供电又供热等许多优点。这就决定了热力发电在绝大多数国家的电力工业中均占有很大的比重。

据联合国能源统计资料显示，2000 年全世界发电装机容量已超过 32 亿 kW，年发电量超过 148 387.5 亿 kW·h，其中火电占 63.40%，水电占 17.92%，核电占 17.10%，地热及其他能源发电占 1.58%。表 1-9 为中国 2012 年各类发电容量所占的比例。

表 1-9　中国*2012 年各类发电容量所占的比例

发电方式	2012 年	发电方式	2012 年
燃煤发电	65.7%	核电	1.1%
水电	21.8%	生物质发电	0.7%
风电	5.4%	太阳能发电	0.3%
天然气发电	3.2%	其他	1.8%

* 不包括台湾地区。

（二）发电厂容量

发电厂容量用该发电厂所有发电机组的总功率来表示。电功率的单位是瓦［特］（W），所以发电厂的容量也采用瓦［特］来衡量。实用时，瓦［特］这个单位太小，就以千瓦（kW）或兆瓦（MW）为单位。例如，某发电厂最终装有 4 台功率为 600MW 的汽轮发电机组，就说该发电厂的容量为 2400MW。发电厂容量代表了该电厂的规模和等级。

第二节 热力发电厂的生产过程

一、热力发电厂的能量转换过程和能量转换方式

从燃料化学能向电能的转化过程，目前只有下列转换链得到大工业性应用（见图1-1）。

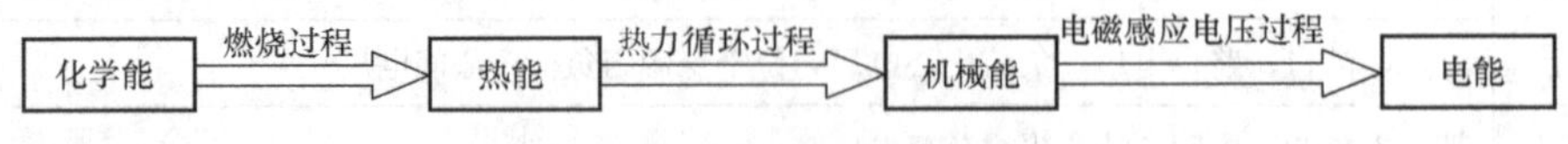

图1-1 能量转换链

下面以燃煤火力发电厂为例，介绍电力生产过程。图1-2为一座燃用煤粉的小型汽轮机发电厂的生产过程示意。燃煤利用运输工具（陆路用火车、汽车、燃煤管道等，水路用船舶等）先运至厂区进行储存。燃煤火力发电厂的生产过程包括以下几部分。

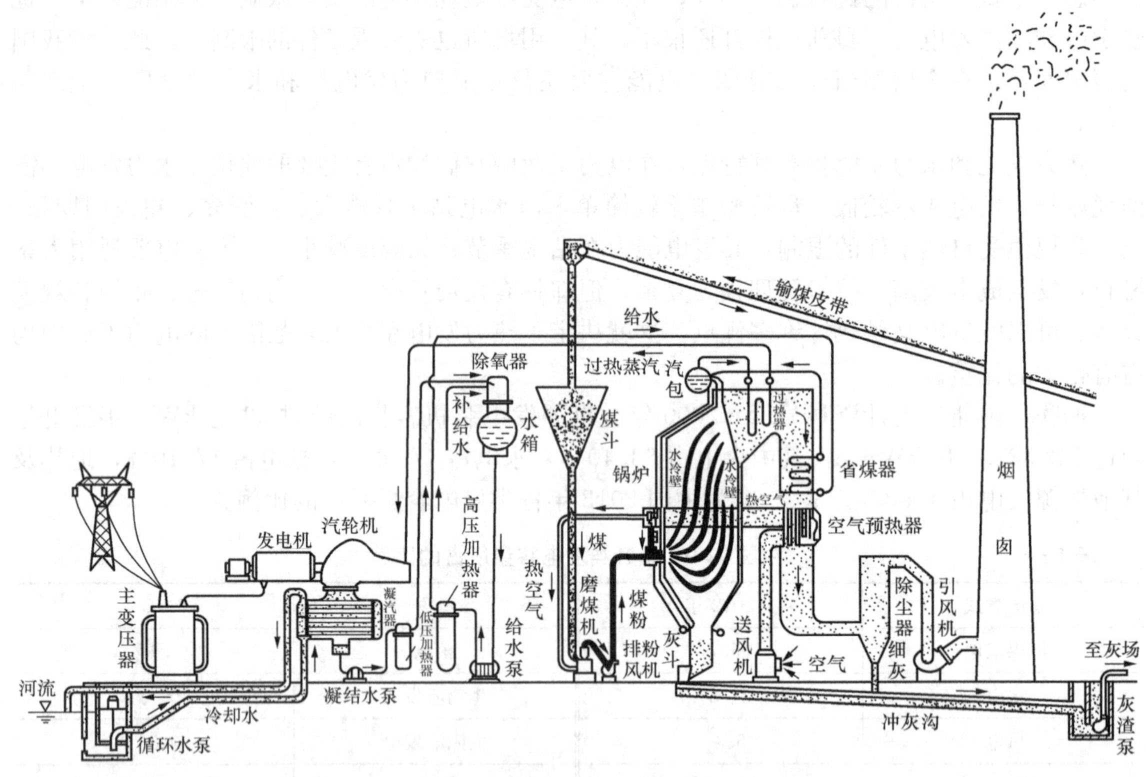

图1-2 发电厂电力生产过程和主要设备示意

1. 燃料系统

燃料系统属于发电厂辅助生产系统，利用输煤设备把煤送上输煤皮带，经转运、碎煤后输送到原煤斗。

2. 制粉系统

制粉系统的任务是将原煤经过磁性金属分离、初步破碎、筛分后进行干燥和磨细，磨成一定细度的煤粉，送入炉膛进行燃烧。制粉系统包括原煤斗、磨煤机、排粉风机等设备及其

管道。

3. 燃烧系统

燃烧系统的任务是供给锅炉所需的燃料及空气在炉膛内进行良好的燃烧，同时将燃料燃烧时放出的热量传递给锅炉各受热面，使受热面内部的水、汽温度提高，成为高热能蒸汽。

4. 汽水系统

热力发电厂电力生产过程中，汽水系统包括主蒸汽管道系统、主给水管道系统、回热抽汽管道系统、主凝结水管道系统、疏放水系统和补水系统等，其主要设备包括锅炉、汽轮机、凝汽器、给水泵、除氧器、加热器、凝结水泵等。

锅炉的给水先进入锅炉尾部的省煤器，利用烟气的余热加热后进入汽包，再从下降管经炉墙外侧流入锅炉下联箱，而后进入由许多水管组成的水冷壁。水在水冷壁内吸收炉膛的热量，被加热直到汽化，汽水混合物沿水冷壁再次进入汽包，经汽水分离器使汽和水分离。分离后的水又通过下降管进入水冷壁继续吸热汽化；而分离出的饱和蒸汽通过饱和蒸汽管进入过热器，在过热器内继续吸热成为过热蒸汽。高压过热蒸汽经主蒸汽管道引到汽轮机，推动汽轮机转子，使汽轮机高速旋转并带动发电机发出电能。

在汽轮机内做功后的乏汽排入凝汽器，并在其中冷却为凝结成水（称为主凝结水）。汇集在凝汽器下部热水井中的主凝结水，用凝结水泵打入低压加热器，预热后再进入除氧器。除氧器也是一种回热加热器，但它还有另外一种作用，就是除去溶解于水中的氧气和其他气体。气体的存在会使传热效果恶化，而氧气还会腐蚀金属，故危害性更大。除氧的机理将在第三章第二节介绍。

在除氧器内除过氧的主凝结水和补充水汇集于除氧器水箱内，成为锅炉的给水，借助给水泵升压后，经过高压加热器加热送入锅炉的省煤器，如此重复上述过程。低压加热器、除氧器和高压加热器的加热汽源来自汽轮机的抽汽。汽轮机的抽汽用于加热锅炉的给水，可以减少乏汽在凝汽器中的放热，提高装置的循环热效率。加热器的高、低压之别，是根据水侧的压力划分的。

由于锅炉和汽轮机对给水品质的要求都很高，而汽水循环过程中总是难免有一部分水和蒸汽的正常消耗和泄漏损失，故一般中、小型锅炉都要求使用经化学水处理设备处理过的高质量除盐水作为补给水进行补充（至于高参数、大容量的直流锅炉则要求更高，常要求对化学补充水和主凝结水作进一步的深度除盐）。

为使乏汽在凝汽器内冷凝成水，必须借助于循环水泵对冷却水（又称为循环水）加压，并使其沿着冷却水进水管进入凝汽器。从凝汽器中出来的升高了温度的冷却水沿冷却水出水管排入江河的下游或送入其他冷却设备中进行冷却，这就形成了汽轮机的冷却水系统。

上述汽水系统可用图 1-3 所示的汽水

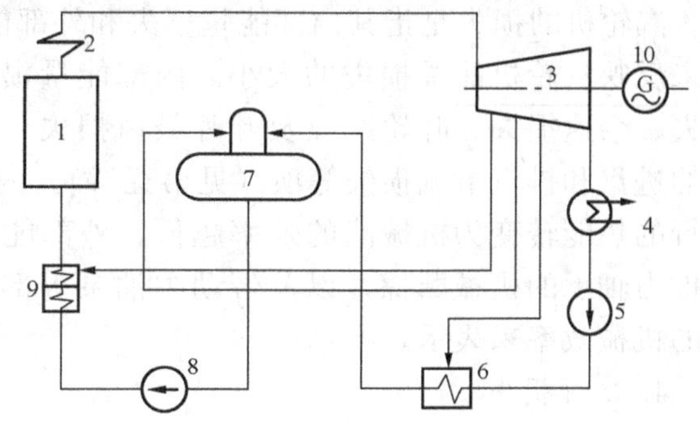

图 1-3　热力发电厂主要汽水系统

1—锅炉；2—过热器；3—汽轮机；4—凝汽器；5—凝结水泵；6—低压加热器；7—除氧器；8—给水泵；9—高压加热器；10—发电机

系统简图表示。

5. 电气系统

热力发电厂电气系统包括：发电机、主变压器、高压配电装置和输电线路等。电气系统中，一路是把发电机产生的电能经主变压器使电压升高，再经高压配电装置和升压站将电能输出；另一路是经厂用变压器通过厂用配电装置由电缆送给电厂的各用电设备。

二、热力发电厂的能量流和能量转换效率

在热力发电厂的生产过程中，任何情况下都不可能把燃料的总热能全部转变为电能，总是会有相当大的一部分能量损失掉。在燃料的燃烧过程（即从燃料的化学能到电能的第一个能量转变过程）中就存在着化学不完全燃烧与机械不完全燃烧热损失（见第四章）；在其他能量转变与输送过程中的各个阶段也都存在着数量不等、原因不同的各项能量损失。因此，提高火力发电厂热经济性的根本任务，归根结底就在于尽可能地减少各个生产环节中的能量损失。凝汽式火力发电厂生产过程中所存在的能量损失可以概括为下列几项。

1. 锅炉设备中的能量损失

此项能量损失包括：排烟热损失、气体不完全燃烧热损失、固体不完全燃烧热损失、散热损失以及灰渣所带走的物理热损失。通常以锅炉效率来表征锅炉设备运行的热经济性。目前大多数大容量现代电厂锅炉的效率可达90%以上。

2. 管道的散热损失

此项能量损失是由于工质流经管道时不可避免地会向温度较低的周围环境散热和泄漏等引起的。管道散热损失越小，表明管道的保温情况越好，而管道的保温是否完善习惯上都用管道效率来表示。

在汽轮机、锅炉等热力设备正常工作时，如不考虑工质的漏泄损失，管道效率可达98%～99%；若计及工质的漏泄损失，则管道效率为95%～97%。必须强调指出，这里的管道效率事实上只是一个习惯上沿用已久的系数，严格讲它并不具有“效率”的意义，因为它仅反映了主蒸汽管的散热损失，而未能反映主蒸汽流经管道时的节流（压降）损失，而后者实际上也将引起工质做功能力的降低。

3. 汽轮机中的能量损失

汽轮机的损失是指其内部能量损失和外部能量损失的总和，常用汽轮机的相对有效效率来反映汽轮机能量损失的大小。内部能量损失中又包括各个工作级的喷管损失、动叶损失、余速损失、叶轮摩擦及叶片鼓风损失、级内漏汽损失、湿汽损失，以及整台汽轮机的进汽和排汽节流损失等项（见第五章）。内部能量损失越大，表示蒸汽在汽轮机中所进行的热能转变为机械能的效率越低。外部能量损失主要由于汽轮机为了克服支持轴承和推力轴承的机械摩擦，以及带动主油泵等部件必须消耗一定的功率而引起，常用汽轮机的机械效率来表示。

4. 冷源损失

在汽轮机中做过功的乏汽，在凝汽器中向冷却水放出汽化潜热变成凝结水，最后这部分热量散失在大气中，它是为热力学第二定律（第二章介绍）所决定、不可避免的一项能量损失。由于乏汽的汽化潜热数值很大，占新汽热量的大部分或绝大部分，所以冷源损失是很大的。

冷源损失的相对量取决于汽轮机的绝对内效率之高低。汽轮机的绝对内效率是指理想循环热效率与汽轮机的相对内效率的乘积，即

汽轮机的绝对内效率＝理想循环热效率×汽轮机的相对内效率

其中，理想循环热效率一般都比较低，对冷源损失起决定性的影响。

5. 发电机中的能量损失

发电机中的能量损失包括两方面的损失：一是机械方面的轴承摩擦损失、转子鼓风损失；二是电气方面的励磁损失、励磁铁芯及绕组发热损失。反映此项能量损失的效率称为发电机效率。现代大型交流发电机的效率可达97%～98%（空气冷却）或98%～99%（氢冷却）。

发电厂的效率是指发电厂输出的电能占供给锅炉总热能的百分数。就整个发电厂的生产过程而言，如果将上述各种能量损失逐项加以考虑，那么凝汽式发电厂的总效率便可近似表示为

凝汽式发电厂的总效率≈锅炉效率×管道效率×理想循环热效率×汽轮机的相对内效率×机械效率×发电机效率

根据以上各个效率的已知数值，即可估算出一般凝汽式发电厂的总效率。目前中、大型凝汽式发电厂的总效率一般为35%～38%，一些现代化大型高效凝汽式发电厂的总效率可达43%以上，但是个别设备比较陈旧的老厂甚至还到不了25%。可见对大多数凝汽式发电厂来说，其燃料的有效利用程度还是相当低的，这主要是由于冷源损失太大。

热力循环效率主要由主蒸汽压力和温度的不断提高而得到改善，从而使凝汽式发电厂的总效率由1900年的约10%提高到今天的超40%以上。

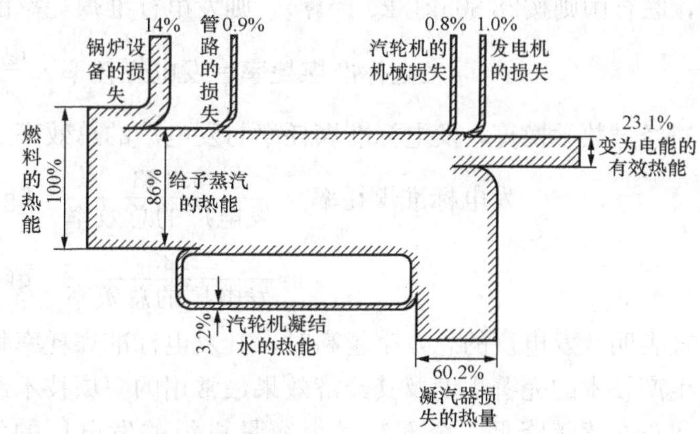

图1-4　最简单凝汽式热力发电厂能流图

图1-4为最简单凝汽式热力发电厂能流图。由此图可以看出能量转换各环节的能量损失大小。该发电厂的总效率仅达23.1%，其冷源损失占燃料发热量的60%以上。这充分说明，大力发展热电联产事业对于节约燃料消耗和降低发电厂生产成本具有重要的意义。

三、热力发电厂的常用技术经济和安全性指标

发电厂的技术经济和安全性指标是衡量电厂技术装备好坏以及管理水平高低的标志。热力发电厂运行情况的好坏可以从不同的角度进行评定，因而有着不同的技术经济和安全性指标。下面仅简单介绍凝汽式热力发电厂运行方面的几项主要指标。

（一）发电厂的总效率

如上所述，在热力发电厂的生产过程中，不可避免地存在一系列的能量损失，最后转变为电能的能量只占燃料总能量的一小部分。所谓发电厂的总效率（也称为发电厂的全厂效率），就是指发电厂发出的电能与同期内消耗的燃料总能量之比，即

$$发电厂的总效率=\frac{全厂运行机组总共发出的电能}{同期所消耗的燃料总能量}\times 100\%$$

凝汽式发电厂的总效率主要与汽轮机的进汽初参数、排汽压力、单机容量以及运行管理水平等因素有关。对于火力发电厂来说，蒸汽参数越高、容量越大，发电厂的总效率就越高。这就是火力发电厂采用大容量、高参数热力设备的重要原因之一。

（二）煤耗率

煤耗率可分为发电煤耗率和供电煤耗率两种。前者指发电厂每发出 1kW·h 电量所需要的煤耗量；后者则是指发电厂对外每输出 1kW·h 电量所需要的煤耗量。显然，凝汽式发电厂的发电煤耗率和供电煤耗率可按下列公式计算，即

$$发电煤耗率=\frac{电厂每小时消耗的煤量(g)}{电厂每小时发出的电量(kW\cdot h)}$$

$$供电煤耗率=\frac{电厂每小时消耗的煤量(g)}{电厂每小时对外输出的电量(kW\cdot h)}$$

由于不同的热力发电厂所用燃料的品种及其发热量均不相同，以致各厂的发电煤耗率数字不足以用来正确地进行厂际间热经济性的评比。为此，我国规定不同电厂都统一按照低位发热量（见第四章第二节）29 308kJ/kg（即 7000kcal/kg）的标准煤发热量来计算各自的发电标准煤耗率（国际上尚无公认 1kg 标准煤热值的统一标准，中国、苏联和日本的规定相同，联合国则按28 805kJ/kg 计算），则发电标准煤耗率的计算式为

$$发电标准煤耗率=发电煤耗率\times\frac{电厂燃料发热量}{标准煤发热量}$$

经过数学换算，发电标准煤耗率与发电厂的总效率之间具有如下关系，即

$$发电标准煤耗率=\frac{0.123}{发电厂的总效率}\quad kg(标准煤)/(kW\cdot h)$$

$$=\frac{123}{发电厂的总效率}\quad g(标准煤)/(kW\cdot h)$$

上式表明，发电厂的总效率越高时，其发电标准煤耗率将越低。标准煤耗率是表征热力发电厂生产技术的完善程度及其经济效果最常用的一项技术经济指标。我国火力发电厂的标准煤耗率正在逐年降低，全部装设大容量机组的发电厂的发电标准煤耗率则已降低至 315～350[g(标准煤)/(kW·h)]。随着热力发电厂技术管理水平的日益提高，发电标准煤耗率将进一步降低。

值得强调指出，大型火力发电厂所消耗的燃料数量是非常惊人的，也是任何其他工厂所不能与之比拟的，节能问题对发电厂来说尤为重要。一项合理化建议或者节煤经验，哪怕发电煤耗率只能降低 1～2g(标准煤)/(kW·h)，一经推广到整个电力网以至全国，就可获得巨大的经济效益。我国近年来火力发电标准煤耗率和供电标准煤耗率见表 1-10。

表 1-10　　我国* 近年来主要技术经济指标（1975—2003）

年　份	装机容量平均年利用小时（h）	发电厂厂用电率（%）	发电标准煤耗率[g/(kW·h)]	供电标准煤耗率[g/(kW·h)]
1975	5197	6.23	450	489
1976	4869	6.34	449	487

续表

年　份	装机容量平均年利用小时（h）	发电厂厂用电率（%）	发电标准煤耗率［g/(kW·h)］	供电标准煤耗率［g/(kW·h)］
1977	4947	6.41	446	484
1978	5149	6.61	434	471
1979	5175	6.54	422	457
1980	5078	6.44	413	448
1981	4955	6.40	407	442
1982	5007	6.32	404	438
1983	5101	6.21	400	434
1984	5190	6.28	398	432
1985	5308	6.42	398	431
1986	5388	6.54	398	432
1987	5392	6.66	398	432
1988	5313	6.69	397	431
1989	5171	6.81	397	432
1990	5041	6.90	392	427
1991	5030	6.94	390	424
1992	5039	7.00	386	420
1993	5068	6.96	384	417
1994	5233	6.90	381	414
1995	5216	6.78	379	412
1996	5033	6.88	377	410
1997	4765	6.80	375	408
1998	4501	6.66	373	404
1999	4393	6.50	369	399
2000	4517	6.28	363	392
2001	4588	6.24	357	385
2002	5272	6.15	356	383
2003	5767	6.07	355	380
2004	5991	6.85	349	376
2005	5865	6.80	343	370
2006	5633	6.85	343	367
2007	5316	6.75	334	356
2008	4885	6.79	322	345
2009	4865	6.62	320	340
2010	5031	6.33	312	333
2011	5305	6.23	308	329
2012	4982	6.08	305	325
2013	5012	6.00	301	321

*　不包括台湾地区。

（三）厂用电率

为了实现各种能量转换过程，发电厂所发出的电能不可能全部供应外界用户，而必须扣除一部分用来带动本厂的各种辅助设备（如燃料运输设备、磨煤机、送风机、引风机、给水泵、凝结水泵、循环水泵以及灰渣泵等），并供应厂房照明。这一部分发电厂本身运行时所必须消耗掉的电能，总称为“厂用电”。厂用电率是指发电厂的厂用电量占同时期内该发电厂总发电量的百分比，即

$$\text{厂用电率}=\frac{\text{电厂的厂用电量}}{\text{电厂总发电量}}\times 100\%$$

对一般凝汽式发电厂而言，此值一般为5%～7%。不言而喻，每个发电厂都应当尽量降低自己的厂用电率，争取多供电。厂用电率的高低与发电厂类型、新蒸汽初压、单机容量、燃料种类及其燃烧方式等许多因素有关。例如：使用高压蒸汽的热力发电厂的厂用电率比使用中、低压蒸汽的发电厂高；而借小汽轮机拖动给水泵的大容量机组又较使用电动给水泵者为低。除此之外，电动辅助机械的选择是否合理，机组承担负荷的大小以及不同负荷下辅机的运行方式等，也都对发电厂厂用电率具有一定的影响。我国近年来凝汽式发电厂厂用电率见表1-10。

（四）装机容量的年利用小时数

发电厂的全年发电量与全厂所装有的发电机组的总容量（简称“装机容量”）之比值代表该厂发电机组在全年内平均工作小时数，称为该厂装机容量的年利用小时数，常以符号 T 表示，是一个恒小于 $24\times365=8760$ 的数字，它的大小反映了机组的利用情况。

一个电厂或一个国家的装机容量比另一个电厂或国家多，并不意味着前者的年发电量一定高于后者。此项指标的数值，一方面与该厂各机组在电力系统中的用途（包括承担基本负荷、变动负荷或作为备用机组）有关，另一方面也与该厂各机组的设计、制造、安装及运行维护水平等因素有关。T 值过小，表明厂内设备未能充分发挥作用，存在浪费；T 值过大，表明全厂全年内大、小修的时间太短，可能会降低机组运行的可靠性，也不可取。但是，在电力系统内电力供应紧张的情况下，有必要在保证设备安全运行的前提下，尽可能充分发挥现有设备的作用。我国火电厂近年来历年装机容量年利用小时数见表1-10。

（五）汽轮发电机组的热耗率

汽轮发电机组每生产1kW·h电能所消耗的热量，称为该汽轮发电机组的热耗率，如用符号 q 表示，则

$$q=\frac{Q_0}{P_{el}}\quad \text{kJ/(kW·h)}$$

式中 Q_0——汽轮机的总热耗量，kJ/h；

P_{el}——发动机所发出的电功率，kW。

汽轮发电机组的热耗率是一项表明该机组总的生产质量的技术经济指标。一般凝汽式机组的 q 值为9000～13 000kJ/(kW·h)，我国新投产的1000MW机组汽轮发电机组保证热耗率可达7316kJ/(kW·h)。

汽轮发电机组的热耗率与锅炉给水温度密切相关，而后者则与给水回热加热系统的运行质量有关。因此，汽轮发电机组的热耗率可比较全面地反映汽轮机、发电机以及汽轮机车间内有关辅助设备的全部工作质量，是考核汽轮机车间的一项主要生产质量指标。

（六）汽轮发电机组的汽耗率

汽轮发电机组每发出1kW·h电能所消耗的蒸汽量称为该汽轮发电机组的汽耗率，用符号d表示，即

$$d=\frac{D}{P_{el}}\quad \text{kg(蒸汽)/(kW·h)}$$

式中　D——汽轮机的总汽耗量，kg（蒸汽）/h；

P_{el}——发动机所发出的电功率，kW。

汽轮发电机组的汽耗率也是一项反映汽轮机车间生产质量的综合性技术经济指标。每当进行发电厂热力系统的汽水平衡或相同型号机组间的经济性评比以及班组间的生产指标竞赛时，往往需要用到此项指标。

汽轮机的各级高压回热加热器和低压回热加热器投入运行时，其汽耗率比回热加热器解列时的汽耗率要大些，但其热耗率却因循环热效率的提高而明显减小，所以仍然是经济的。这是因为回热加热器投入运行时，各级回热抽汽在汽轮机中都只做了一部分功就被抽出来，而要发出与加热器解列时同样大的功率，当然就必须增加进汽量。由于回热加热器投入运行，锅炉给水的温度会提高很多，致使每千克工质在锅炉里的吸热量相应地减小，而此项吸热量的减小比汽轮机进汽量的增大更为显著，因而机组总的热耗量及其热耗率都反而减小了。故热耗率比汽耗率更能确切地反映汽轮机车间的生产质量。

（七）机组安全运行的可靠性指标

1. 电厂安全运行天数

电厂安全运行天数反映了该厂的安全生产综合管理水平。安全运行天数从上一次事故的第二天开始统计。什么样的事故要打破安全生产记录，各个电厂具体执行中会有一些差异。但是如果发生人身死亡或重大设备损坏（达到一定的直接损失），肯定是要终止安全记录的。

2. 运行系数

发电厂的运行系数是机组的运行小时数与统计期间小时数之比。运行系数高，说明机组运行时间长。

3. 可用系数（可用率）

可用系数（availability factor，AF）是表征发电设备可靠性的一个数量指标，用发电设备的可用小时数（运行累计小时数＋备用小时数）与统计期间小时之比的百分数表示。可用系数越高，表示发电设备的可靠性越好。可用系数AF可用下式计算：

$$\text{可用系数}=\frac{\text{可用小时数}}{\text{可用小时数}+\text{计划停运小时数}+\text{非计划停运小时数}}\times 100\%$$

4. 等效可用系数（等效可用率）

实践中还经常采用等效可用系数（EAF），它是可用系数的一种概念的延伸，是考虑到降低出力影响的可用系数。发电机组有时因辅机故障而处于降负荷运行的状态，把降负荷情况下的运行小时数折合成按毛最大容量计算的满负荷停运小时数，便可计算出等效可用系数，计算公式为

$$\text{等效可用系数}=\frac{\text{可用小时数}-\text{机组等效降低出力小时数}}{\text{统计期间小时数}}\times 100\%$$

式中的机组等效降低出力小时数为机组运行中降低出力小时数折算成机组全停的小时数，可以用强迫降低出力小时与出力减少量的乘积除以净最大容量计算。

5. 非计划停运次数

非计划停运是指发电设备处于不可用而又不是计划停运的状态。非计划停运次数是指非计划停运时发电机与电网解列的次数。

对于机组，根据停运的紧迫程度分为以下5类：

第1类非计划停运：需立即停运或被迫不能按规定立即投入运行的状态（如启动失败）。

第2类非计划停运：机组虽不需立即停运，但需在6h以内停运的状态。

第3类非计划停运：机组可延迟至6h以后，但需在72h以内停运的状态。

第4类非计划停运：机组可延迟至72h以后，但需在下次计划停运前停运的状态。

第5类非计划停运：计划停运的机组因故超过计划停运期限的延长停运状态。

上述第1～3类非计划停运状态称为强迫停运。

6. 连续运行时数

发电机组连续运行时数为两次抢修之间的运行小时数。

7. 事故率

$$事故率=\frac{事故停用小时数}{总运行小时数+事故停用小时数}\times 100\%$$

8. 强迫停运率

强迫停运率是指在统计期间机组的强迫停运小时数与统计期间小时数的百分比。

9. 等效强迫停运率

等效强迫停运率为考虑到降低出力影响的强迫停机率。

影响火力发电厂各项安全经济指标的因素很多，除了机炉设备和发电厂设计方案的选择、设备的制造与安装质量、发电厂负荷种类及其变化规律等因素之外，发电厂运行中的技术管理工作尤其具有决定性的意义。即使装备比较先进，倘若运行与维护工作的质量欠佳，运行指标也就不可能太好。热力发电厂技术管理的主要任务就在于提高运行质量，在确保安全的前提下尽可能经济地运行。

安全经济运行的先决条件是根据本厂的具体情况制订并严格执行一整套合理的规章制度，其中包括规定新蒸汽初温、初压和表面式换热器的传热端差等技术参数的控制范围，以及不同工况下各主、辅设备的经济运行方式等。譬如，对新蒸汽的初温，应规定合理的控制范围，并在运行中把初温严格控制在所规定的范围之内。新汽初温不可波动过大，更不允许机组长期超温运行。蒸汽温度波动过大，容易导致金属疲劳损伤，超温运行则必将加快金属的蠕变损伤，虽然近期内未必发生明显的事故，但蒸汽温度波动过大和经常超温运行终将大大缩短设备的使用寿命。

安全经济运行的另一重要条件是经常保持各种设备、部件以及有关仪表处于完好状态。例如：汽轮机的叶片必须完整无损；抽汽管道上的隔绝阀和止回阀必须动作灵活、严密性好；各种保护装置（包括锅炉的安全阀）上的部件都应该动作灵敏、准确等。为此，要求机、炉、电等各方面的运行及检修人员密切配合并保证各自都有良好的工作质量。

运行人员必须严密监视各主要设备的运行情况，每班定时进行巡回检查，并针对出现的异常情况，及时做好必要的调整操作；定期进行设备的维护和调节以及各种保护装置和电动油泵等的试验工作，并做好记录；经常对运行日记和检修记录进行仔细的综合分析，及时发现和处理问题，消除隐患，以确保机组的安全经济运行。

大型火力发电厂实现机、炉、电的综合自动化和应用电子计算机进行控制，可有效地提高其运行可靠性和经济性。

【例1-1】 某凝汽式发电厂总共装有四台汽轮发电机组，其中两台容量为600MW，另两台容量为1000MW。已知该厂装机容量的年利用小时数 $T=5000\text{h/a}$，假定发电厂的总效率40.0%，所用燃料的低位发热量20 934kJ/kg。试求：（1）平均每昼夜所需供给的燃料量是多少？（2）若该厂的发电标准煤耗率降低1g（标准煤）/（kW·h），则每年节省的燃料为多少（t）？

解 （1）依题意，已知该发电厂全厂的装机容量为

$$2\times600\ 000+2\times1\ 000\ 000=3\ 200\ 000\ (\text{kW})$$

而全年发电量为

$$3\ 200\ 000\times5000=160\times10^{8}\ (\text{kW}\cdot\text{h})$$

由于发电厂的总效率40.0%，可得该厂的发电标准煤耗率为

$$\text{发电标准煤耗率}=\frac{123}{\text{发电厂的总效率}}=\frac{123}{0.40}=307.5[\text{g(标准煤)/(kW}\cdot\text{h)}]$$

故全年标准煤的总消耗量为

$$\text{全年标准煤总消耗量}=\frac{160\times10^{8}\times307.5}{10^{6}}=4\ 920\ 000[\text{t(标准煤)/a}]$$

即全厂平均每昼夜所消耗的标准煤为

$$\text{全厂平均每昼夜所消耗的标准煤}=\frac{4\ 920\ 000}{365}=13\ 479[\text{t(标准煤)/d}]$$

如所用燃料的低位发热量为20 934kJ/kg，则平均每昼夜供给该厂的实际燃料量应为

$$\text{平均每昼夜所需燃料量}=\text{平均每昼夜所耗标准煤}\times\frac{29\ 308}{20\ 934}=13\ 479\times\frac{29\ 308}{20\ 934}$$

$$=16\ 854(\text{t/d})$$

（2）若该厂的发电标准煤耗率降低1g（标准煤）/（kW·h），则全年标准煤的总节省量为

$$\text{全年标准煤总节省量}=\frac{160\times10^{8}\times1}{10^{6}}=16\ 000[\text{t(标准煤)/a}]$$

全年燃料的总节省量为

$$\text{全年燃料的总节省量}=\text{全年标准煤总节省量}\times\frac{29\ 308}{20\ 934}=16\ 000\times\frac{29\ 308}{20\ 934}$$

$$=22\ 400(\text{t/a})$$

四、电力生产与环境保护

（一）环境保护的重要性

随着全球经济一体化进程的迅猛推进，环境问题的全球化和对发展中国家的影响日益凸显。在21世纪初的20年内，环境与发展仍然是人类共同面临的重大问题。我国是一个以煤

为主要能源的国家，全国烟尘排放量的70%、二氧化硫（SO_2）排放量的90%来自于燃煤，使得工业和人口集中的城市产生了比较严重的大气污染，有些地区和城市还产生了酸雨并呈发展趋势。

广义的酸雨是指“酸性沉降物”，指的是通过大气中的硫氧化物和氮氧化物一系列复杂的化学变化后，产生的酸性化合物的沉降，包括湿性沉降和干性沉降两种。前者是指空气污染物随雨雪雾等以降水形态而落到地面，也就是我们平时所说的狭义上的酸雨；后者指以非降水的形式，例如落尘等形态出现的酸性沉降物。SO_2 及氮氧化物是导致酸雨产生的主要原因之一。酸雨和 SO_2 污染危害居民健康，腐蚀建筑材料，破坏生态系统，造成巨大的经济损失，已成为制约中国社会经济发展的重要环境因素。

我国的酸雨是继欧洲、北美之后的世界第三大重酸雨区，经过专家多年的研究证明，我国内地排放形成酸雨的污染物主要在境内输送，酸雨主要分布于长江沿线及以南、青藏高原以东地区及四川盆地。环境保护部发布的2012年中国环境状况公报表明：我国酸雨分布区域保持稳定，但酸雨污染仍然较重。2012年全国开展酸雨监测的494个城市（县）中，出现酸雨的城市249个，占50.4%，酸雨程度严重或较重（降水年均pH值小于5.0）的城市有107个，占21.6%，与2011年基本持平。

我国是世界上少数几个燃煤为主的国家之一。燃煤热力发电厂产生的电力，为国民经济的发展提供了巨大的动力，但也带来了严峻的环保问题。我国本着对保护全球气候变化负责的态度，采取了节约能源与发展能源工业并重的方针，努力提高能源利用效率，积极调整能源结构，大力发展水电，积极发展核电。我国已将控制酸雨和 SO_2 污染纳入《中华人民共和国大气污染防治法》。1998年1月国务院批复了酸雨控制区和 SO_2 污染控制区（以下简称“两控区”）划分方案，并提出了“两控区”酸雨和 SO_2 污染控制目标。我国的一次能源以煤炭为主的状况对环境产生污染和生态影响，将制约我国电力工业的发展。所以，我国未来的电力生产将会面临生产与排放制约的矛盾。

世界能源委员会（WEC）于1995年和1998年分别在日本东京和美国休斯敦召开了两次大会。各国对能源工业的可持续发展十分关心，联合国环境与发展大会（UNCED）于1992年由166个国家签订《联合国气候变化框架公约》（以下简称《公约》）（UNFCCC），其第三次缔约方会议（COP3）于1997年在日本京都召开，并签订了《〈联合国气候变化框架公约〉京都议定书》（以下简称《京都议定书》）。该议定书规定，在2008年至2012年期间，发达国家的温室气体排放量要在1990年的基础上平均削减5.2%，其中美国削减7%，欧盟削减8%，日本削减6%。根据规定，该议定书只有在55个国家批准后才能生效。这55个国家温室气体（CO_2）排放量占1990年世界 CO_2 排放总量的55%。为此，各工业国家都先后制定了控制排放计划。

《京都议定书》对发达国家在2008—2012年期间，规定了温室气体减排的具体目标。1998年5月29日，中国政府在联合国秘书处签署了《京都议定书》，成为第37个签约国。

气候谈判进行近20年，各国做出严格意义上减排目标承诺只有两次先例，即《京都议定书》承诺期下的有法律约束力量化减排目标，以及哥本哈根承诺。

哥本哈根世界气候大会全称《联合国气候变化框架公约》第15次缔约方会议暨《京都议定书》第5次缔约方会议，于2009年12月7—18日在丹麦首都哥本哈根召开。来自192个国家的谈判代表召开峰会，商讨《京都议定书》一期承诺到期后的后续方案，即2012年至 2020 年的全球减排协议。会议达成的《哥本哈根协议》有以下几项内容：

（1）维护了《公约》和《京都议定书》确立的“共同但有区别的责任”原则；

（2）在“共同但有区别的责任”原则下，最大范围地将各国纳入了应对气候变化的合作行动，在发达国家实行强制减排和发展中国家采取自主减缓行动方面迈出了新的步伐；

（3）在发达国家提供应对气候变化的资金和技术支持方面取得了积极的进展；

（4）在减缓行动的测量、报告和核实方面，维护了发展中国家的权益；

（5）根据政府间气候变化专门委员会（IPCC）第四次评估报告的科学观点，提出了将每年全球平均气温升幅控制在 1.5～2.0℃以内的目标。

近年来，世界气候大会每年举行一次。2011 年底，德班气候大会通过决议，要求谈判各国在 2015 年底前达成关于 2020 年后各国减排目标的新气候协议。2012 年底，在多哈召开的《公约》第 18 次缔约方大会通过了决议，规定发达国家减排义务的《京都议定书》的第一承诺期为 2008—2012 年，第二承诺期为 2013—2020 年。决议中写入了部分发达国家的温室气体减排目标，挪威等国将参加第二承诺期。2013 年华沙气候大会取得三项成果：

（1）德班增强行动平台基本体现“共同但有区别的原则”；

（2）发达国家再次承认应出资支持发展中国家应对气候变化；

（3）就损失损害补偿机制问题达成初步协议，同意开启有关谈判。

2014 年的联合国气候变化会议将在秘鲁利马举行，届时各方将进一步讨论如何落实巴厘路线图成果和推进德班平台谈判。

（二）火力发电厂对环境的影响

电力工业对国民经济的可持续发展起着重要的支撑作用。大型火力发电厂的建设是工农业生产、国防建设、人民物质文化生活提高的重要物质基础，为社会发展作出贡献，但要耗用大量的一次能源和水资源，还要排放大量废气、废水和废渣（三废），给环境带来一定影响。环境与资源问题就是电力工业的可持续发展问题，环境与资源保护是电力发展的永恒主题。

燃煤电厂对环境造成危害的污染物主要包括：烟气污染物［指烟气中的粉尘、硫氧化物（SO_x）和氮氧化物（NO_x）、一氧化碳（CO）、CO_2、碳氢化合物］、废水排放、灰渣、噪声等。

根据国家环境保护部 2013 年公布的资料，2012 年全国废气中 SO_2 排放量 2117.6 万 t，NO_x 排放量 2337.8 万 t，烟（粉）尘排放量 1234.3 万 t，工业粉尘排放量 1029.3 万 t。

例如，某容量为 2400MW 的燃煤电厂，厂区占地 60 万～80 万 m^2，厂区外灰场占地 200 万 m^2，年耗煤约 750 万 t，助燃油 3 万 m^3，采用循环供水系统时，耗补给水 5000～7000m^3。若以煤的含硫量 1%、除尘器效率 99.5%计，则年排放 $SO_2$14 万 t、氮氧化物 7 万 t、烟尘 0.68 万 t、灰渣 150 万 t，补给水中有相当部分成为废水排放，被循环水排放至大气的热量约为全厂热耗的 55%（相当于年燃烧 400 万 t 标准煤的热量）。

烟气污染物通过高烟囱排入大气。这些一次污染物通过在大气中的迁移转化生成二次污染物，会对环境造成更大的危害。

未被电厂中的除尘器捕集下来的粉尘，粒径小于 1μm，能长期漂浮在大气中，并长距离传输。排放量视除尘效率而定。尘粒内部为铁、铝硅酸盐玻璃体，其表面沉积有硫酸盐，并富集多种微量金属元素和有机化合物，从而大大增加了飘尘的毒性。飘尘通过自然沉降或受雨雪冲刷进入生态系统。在实际工作中，通过安装高效除尘器，作好建设前的环境影响评价以及运行中的监视，就能把飘尘的危害减至最轻。

硫氧化物主要是 SO_2 和少量的 SO_3。SO_2 在大气中被光化学氧化剂（O，OH，HO_2 等）氧化成 SO_3，最后变成硫酸盐微粒。硫酸盐的毒性比 SO_2 大，能传输到几百公里以外，通过自然沉降或雨雪冲刷进入生态系统，造成危害。

氮氧化物也是我国大气污染的主要来源。发电厂排出的 NO_x 主要是 NO 和少量的 NO_2 及 N_2O，通常 NO_x 是指 NO、NO_2。NO_x 最重要的影响是它参与光化学反应，形成光化学烟雾和吸收电磁波，最后在大气中形成硝酸盐，降低天空的亮度以及远处物体的反差，并有害于人体身心健康，特别是呼吸系统。酸雨一般被认为是工业排放的 SO_2 和 NO_x 所造成的。

燃煤电厂 CO_2 排放约占我国因能源使用而排放 CO_2 总量的 25%。CO_2 在大气中的寿命为 50～200 年，被认为是造成全球气温升高的“温室效应”气体中的主要气体。CO_2 排放所造成的温室效应，带来了全球气候的变化和异常，对人类社会和自然界的危害是长期的和难以逆转的。

CO 是燃料在缺氧条件下不完全燃烧的产物。在正常燃烧条件下，排烟中的 CO 浓度非常低，一般为 20mg/m^3 左右。CO 是高毒性物质，能与血红蛋白结合，损害它的输氧能力，严重时导致人员缺氧死亡。

另外燃煤电厂冲灰水的排放及重金属汞的排放等对水质也造成了污染。

到 2013 年底，中国大陆的电力装机容量达到了 12.47 亿 kW，其中煤电超过 8.6 亿 kW。按 1kW 煤电耗 3t 原煤计算，一年约需要 25 亿 t 煤。对这 25 亿 t 煤炭产生飘尘（细烟尘或者是由 SO_2 等气态物质转化而来的细颗粒）、SO_2、NO_x、CO_2 以及废水、灰渣和其他有害物质处理不当，会对大气、水体和生态环境质量造成重大影响。

我国电力工业环境保护工作始于 1973 年。目前电力环保工作取得了长足进步，环保管理体系初具规模，拥有了一支专业环保队伍，对电力建设、生产、供应活动中的各个阶段实现全过程归口管理，领域由以火电为主，逐步扩大到水电、输变电、甚至是新能源发电领域；内容也逐步由污染物排放治理逐步发展到生态保护、水土保持、电磁污染防治、噪声控制等各个方面；阶段由前期与生产运行阶段延伸到宏观规划、项目论证、工程设计、施工建设、生产运行、退役处理的整个电力工业“生命周期”的全过程；范围由污染防治扩展到节能、节水、综合利用等清洁生产工艺方面，同时也深入到对二次污染的影响和治理，如火电厂脱硫废水等的治理，为电力可持续发展奠定了较好的基础。表 1 - 11 为我国 6MW 及以上发电厂排放情况。

表 1 - 11　　我国 6MW 及以上发电厂排放情况　　Mt/a

项　目	用煤量	烟尘排放量	SO_2 排放	灰　渣		
				排放	利用	利用率（%）
1980 年	119.78	4.43	2.87	30.31	4.24	14
1995 年	360.05	3.95	6.00	99.36	51.88	52.2

2000 年 9 月 1 日实施的《大气污染防治法》，对电力环保工作提出了更高要求。

（三）发电厂的废气排放标准

到 2013 年底，我国共颁布了 7 部环境保护法律、11 部相关资源法律和 30 多件环境保护法规，发布了约 100 件环境保护规章，制定了 980 多项国家环境保护标准，地方性环境保护法规达 1000 部。多年来，国家电力专业管理部门也制定了近十项有关电力环保的管理规定。我国法律规定，环境质量标准和污染物排放标准属于强制性国家标准，违反强制性国家标准，必须承担相应的法律责任。

电力行业除了将环保纳入《电力法》外，还制定了 30 余项管理规章，如《环境保护法》、《大气污染防治法》、《水污染防治法》、《固体废物污染环境防治法》、《环境影响评价法》、《环境噪声污染防治法》、《海洋环境保护法》、《标准化法》、《建设项目环境保护管理办法》、《粉煤灰综合利用管理办法》、《排污费征收使用管理条例》、《建设项目竣工环境保护验收技术规范　火力发电厂》、《环境影响评价技术导则　大气环境》等，使火电环境保护工作逐渐进入法制轨道，强化了管理。

与电力生产有关的环境标准包括：GB 3838《地面水环境质量标准》、GB 8978《污水综合排放标准》、GB 3095《环境空气质量标准》、GB 16297《大气污染物综合排放标准》、GB 13223《火电厂大气污染物排放标准》、GB 3096《城市区域环境噪声标准》、GB 12348《工业企业厂界噪声标准》、GB 12523《建筑施工场界噪声限值》、GB 13271《锅炉大气污染物排放标准》等。

1. 大气质量和发电厂“废气”排放标准

2011 年 7 月 29 日，国家环保部和国家质量监督检验检疫总局联合发布的 GB13223《火电厂大气污染物排放标准》，替代 2003 年 12 月份发布的旧标准，于 2012 年 1 月 1 日正式实施。该标准对电力环保工作提出了更高要求。按照规定，烟尘排放限值由 $50mg/m^3$ 降低至 $30mg/m^3$；2012 年 1 月 1 日起，新建火电机组氮氧化物排放标准为 $100mg/m^3$；2014 年 7 月 1 日起，现有火电机组氮氧化物排放标准为 $100mg/m^3$。该标准规定了火力发电锅炉及燃气轮机组大气污染物排放浓度限值（见表 1-12）。并要求：自 2012 年 1 月 1 日起，新建火力发电锅炉及燃气轮机组执行规定的烟尘、SO_2、NO_x 和烟气黑度排放限值；自 2014 年 7 月 1 日起，现有火力发电锅炉及燃气轮机组执行规定的烟尘、SO_2、NO_x 和烟气黑度排放限值；自 2015 年 1 月 1 日起，燃煤锅炉执行规定的汞及其化合物污染物排放限值。

表 1-12　火力发电锅炉及燃气轮机组大气污染物排放浓度限值

mg/m^3（烟气黑度除外）

序号	燃料和热能转化设备类型	污染物项目	适用条件	限值	污染物排放监控位置
1	燃煤锅炉	烟尘	全部	30	烟囱或烟道
		SO_2	新建锅炉	100 200*	
			现有锅炉	200 400*	
		NO_x （以 NO_2 计）	全部	100 200**	
		汞及其化合物	全部	0.03	

续表

序号	燃料和热能转化设备类型	污染物项目	适用条件	限值	污染物排放监控位置
2	以油为燃料的锅炉或燃气轮机组	烟尘	全部	30	烟囱或烟道
		SO_2	新建锅炉及燃气轮机组	100	
			现有锅炉及燃气轮机组	200	
		NO_x（以 NO_2 计）	新建燃油锅炉	100	
			现有燃油锅炉	200	
			燃气轮机组	120	
3	以气体为燃料的锅炉或燃气轮机组	烟尘	天然气锅炉及燃气轮机组	5	
			其他气体燃料锅炉及燃气轮机组	10	
		SO_2	天然气锅炉及燃气轮机组	35	
			其他气体燃料锅炉及燃气轮机组	100	
		NO_x（以 NO_2 计）	天然气锅炉	100	
			其他气体燃料锅炉	200	
			天然气燃气轮机组	50	
			其他气体燃料燃气轮机组	120	
4	燃煤锅炉，以油、气体为燃料的锅炉或燃气轮机组	烟气黑度（林格曼黑度，级）	全部	1	烟囱排放口

注 * 位于广西壮族自治区、重庆市、四川省和贵州省的火力发电锅炉执行该限值。

** 采用W形火焰炉膛的火力发电锅炉，现有循环流化床火力发电锅炉，以及2003年12月31日前建成投产或通过建设项目环境影响报告书审批的火力发电锅炉执行该限值。

国家标准中所谓的重点地区是指根据环境保护工作的要求，在国土开发密度较高，环境承载能力开始减弱，或大气环境容量较小、生态环境脆弱，容易发生大气环境污染问题而需要严格控制大气污染物排放的地区。重点地区的火力发电锅炉及燃汽轮机组执行更为严格的排放限值（见表1-13）。

表1-13　　重点地区大气污染物特别排放限值　　mg/m^3（烟气黑度除外）

序号	燃料和热能转化设备类型	污染物项目	适用条件	限值	污染物排放监控位置
1	燃煤锅炉	烟尘	全部	20	烟囱或烟道
		SO_2	全部	50	
		NO_x（以 NO_2 计）	全部	100	
		汞及其化合物	全部	0.03	

续表

<table>
<tr><th>序号</th><th>燃料和热能转化设备类型</th><th>污染物项目</th><th>适用条件</th><th>限值</th><th>污染物排放监控位置</th></tr>
<tr><td rowspan="4">2</td><td rowspan="4">以油为燃料的锅炉或燃气轮机组</td><td>烟尘</td><td>全部</td><td>30</td><td rowspan="8">烟囱或烟道</td></tr>
<tr><td>SO_2</td><td>全部</td><td>50</td></tr>
<tr><td rowspan="2">NO_x（以 NO_2 计）</td><td>燃油锅炉</td><td>100</td></tr>
<tr><td>燃气轮机组</td><td>120</td></tr>
<tr><td rowspan="4">3</td><td rowspan="4">以气体为燃料的锅炉或燃气轮机组</td><td>烟尘</td><td>全部</td><td>5</td></tr>
<tr><td>SO_2</td><td>全部</td><td>35</td></tr>
<tr><td rowspan="2">NO_x（以 NO_2 计）</td><td>燃气锅炉</td><td>100</td></tr>
<tr><td>燃气轮机组</td><td>50</td></tr>
<tr><td>4</td><td>燃煤锅炉，以油、气体为燃料的锅炉或燃气轮机组</td><td>烟气黑度（林格曼黑度，级）</td><td>全部</td><td>1</td><td>烟囱排放口</td></tr>
</table>

2012 年 9 月，国务院正式批复《重点区域大气污染防治“十二五”规划》，规划范围为京津冀、长三角、珠三角等 13 个重点区域，涉及 19 个省的 117 个地级及以上城市，明确提出“到 2015 年，空气中 PM_{10}、SO_2、NO_2、$PM_{2.5}$ 年均浓度分别下降 10%、10%、7%、5%”的目标；明确了防治 $PM_{2.5}$ 的工作思路和重点任务，增强了区域大气环境管理合力。标志着我国大气污染防治工作逐步由污染物总量控制为目标导向向以改善环境质量为目标导向转变。

国外发达国家早已把对氮氧化物的控制放到防治酸雨的首位，纷纷制定严格的火电厂 NO_x 排放浓度标准。中国、美国、欧洲的火电厂 NO_x 排放标准体系基本类似，欧洲共同体的排放标准是最低要求，各成员国可以制定更加严格、执行时间更早的排放标准；美国联邦政府制定的排放标准也是最低要求，各州可以制定更加严格的排放标准；我国国家排放标准也是最低要求，各省、自治区、直辖市可以制定严于国家的排放标准。需要特别指出的是，由于欧盟成员国较多，经济发展水平差异较大，有些国家的排放标准要比欧盟的标准严格得多。

2. 烟气排放控制

（1）高烟囱排放。烟气中硫分的排放控制应利用大气扩散稀释能力，采用高烟囱排放，其落地浓度要符合该地区级别的环境质量标准。烟囱高度一般不得低于锅炉房高度的 2.5 倍，塔式锅炉的烟囱高度一般不得低于锅炉房高度的 2 倍。若烟囱高度受厂区附近其他条件限制（如机场对烟囱高度的限制），又有较高的环境保护要求时，可采用多管集束式烟囱，以尽可能提高烟气抬升高度，来达到降低地面污染浓度的目的。

（2）高效除尘器。除尘器是将粉尘从烟气中分离出来并加以捕集的装置。火电厂中最常用的除尘器有旋风除尘器、水膜除尘器、文丘里除尘器、干式静电除尘器、袋式除尘器。通常，对于大容量锅炉，一般均采用干式静电除尘器。除尘器的除尘效率随粉尘特性、除尘器结构和运行工况的差异而有所不同。火电厂常用的除尘器性能见表 1-14。

表1-14 火电厂常用的除尘器性能

形　式	适用粒径范围（μm）	总除尘效率（%）	阻力（Pa）
旋风除尘器	3～100	70～85	400～1300
水膜除尘器		85～90	600～1200
文丘里除尘器	0.1～100	92～95	800～1700
袋式除尘器	0.05～20	≥99	1000～2000
静电除尘器	0.05～20	≥99	100～300

2002年以来，全国火电企业对大气污染物控制力度不断加强，新投产的燃煤机组除尘器的平均效率在99%以上，一批在役燃煤电厂装设了高效率的布袋或电布袋除尘器，有力地推动了火电厂的烟尘治理。2002—2006年间，火电厂装机容量增长了82.3%，发电量增长了74.3%，而烟尘排放量仅增长了14.2%，其绩效烟尘排放浓度也由2002年的2.4g/（kW·h）降至2006年的1.6g/（kW·h）。

由于大气雾霾的严重困扰，国家提高了燃煤电厂烟尘控制要求，燃煤电厂面临不同除尘技术路线间的选择难题。2013年12月26日，中国电力企业联合会组织专家研究制定的《燃煤电厂除尘器技术路线指导意见》（中电联研究〔2013〕473号文），可指导燃煤电厂确定除尘技术路线。通用性的指导意见为：①根据烟尘排放标准并考虑湿法脱硫的综合除尘效果，确定合理的除尘器出口烟尘排放浓度；②新建机组应进行电除尘器对煤种的除尘难易性评价，对于评价为“容易”、“较容易”的机组，应优先采用电除尘技术，其他机组应对电除尘器、电袋复合除尘器、袋式除尘器等除尘方式进行技术经济性比较后确定；③当采用电除尘技术改造难度较大、经济性较差或者不能满足烟尘排放要求时，现有机组宜采用电袋复合除尘或袋式除尘技术；④在场地允许的条件下，当要求烟尘排放浓度低于特别排放值，或对多种污染物排放均有较高要求，或除尘器改造难度大、费用高，或湿法脱硫后烟尘浓度增加导致排放超标，且湿法脱硫系统改造难度大，难以实现烟尘稳定达标排放的机组，可考虑采用湿式电除尘技术。

（3）SO_2的控制及脱硫。大气硫污染物中95%以上是SO_2，主要来自矿物燃料燃烧。SO_2除直接危害人体健康外，对工农业生产的危害是以酸雨形式出现的。烟气脱硫是目前控制SO_2的主要手段。但烟气脱硫投资占火电厂投资的比重较大，一般为10%～20%，其运行费用占火电成本也大体在此范围之内。

DL/T 5000《火力发电厂设计技术规程》规定：对位于酸雨控制区和SO_2污染控制区的发电厂，应满足环保对煤种硫份含量、排放浓度、排放量及总量控制的要求。

烟气脱硫是目前火电厂控制大气SO_2污染的主要手段，在美国、日本、德国等发达国家，几乎所有新建燃煤电厂均采用烟气脱硫，在役的老电厂也限期治理。

（4）NO_x的控制及脱硝。控制NO_x的方法有两大类：一类是低NO_x燃烧技术，抑制NO_x的生成；另一类是采用烟气脱硝。烟气脱硝一般用于排放要求严格的场合。烟气脱硝方法主要包括选择性催化还原法（SCR）和选择性非催化还原法（SNCR）。

选择性非催化还原法（SNCR）通过向烟气中喷入氨或尿素等还原剂，在高温条件下，使NO_x还原成N_2。选择性催化还原法（SCR）采用催化剂促进氨和NO_x的还原反应以脱除烟气中的NO_x。SCR法是当前在欧洲和日本得到广泛采用的烟气脱硝技术，其降低NO_x

排放的幅度可达到80%～90%。

据中国电力企业联合会统计分析称，2011年中国电力烟尘排放总量155万t；SO_2排放量为913万t，比2010年下降1.4%。全国脱硫机组容量达到6.3亿kW，占全国煤电机组容量的90%；全国已投运的烟气脱硝机组容量接近1.4亿kW，约占火电机组容量的18%。国家能源局要求2014年力争实现煤电脱硫比重接近100%，火电脱硝比重达到70%。

（四）节约水资源及废水资源化

我国是人均水资源占有量很少的国家，特别是北方缺水地区。保护水资源、节约用水、一水多用、治理废水和废水资源化，是电力工业面临的一项紧迫任务。

1. 节约水资源

据调查，2000年以来，我国火电行业单位发电量的耗水量、排污量逐年递减，单位发电量的耗水量从2000年的4.03kg/（kW·h），下降到2008年的2.78kg/（kW·h），下降比例约为30%。

2004年国家出台了明确的节水政策："在北方缺水地区，新建、扩建电厂禁止取用地下水，严格控制使用地表水，鼓励利用城市污水处理厂的中水或其他废水。原则上应建设大型空冷机组，机组耗水指标要控制在0.18 m^3/（s·GW）以下。这些地区建设的火电厂要与城市污水处理厂统一规划，配套同步建设。坑口电站项目首先考虑使用矿井疏干水。鼓励沿海缺水地区利用火电厂余热进行海水淡化"。目前越来越多的北方燃煤电厂以城市污水处理厂的中水为水源，沿海电厂利用海水淡化，有利于降低火电厂对新鲜淡水资源的消耗。

2. 废污水处理

锅炉房排出的废液很多，如含油污水、输煤系统排水、锅炉酸洗废水、酸碱废水、脱硫废水和生活污水等，主要污染物是有机物、金属及其盐类、颗粒物和重金属。对其进行有效的处理，使废液、污水净化，达到无害排放或循环使用，既可以将废液中的有用物质分离回收加以利用，达到节能、增产的目的，还可以提高工厂的经济效益和改善工厂的环境。位于城市的火电厂，其生活污水宜引入城市的污水处理系统统一处理。无条件者，应因地制宜采取相应措施进行处理，如沉淀、曝气、消毒、生化处理等。

3. 控制热排水的污染

火电厂采用直流或混流供水时的热排水，1000MW火电厂直流供水时约需冷却水36m^3/s（130 000m^3/h），经使用后一般温度升高8～10℃，直接排入水体，使水体含蓄了大量热量，影响水质或水生物。

我国有的电厂把热排水用于养殖鱼类，具有生长快、产量高的优点，并能降低鱼类越冬死亡率。有的电厂把热排水用于农业灌溉，也收益良好。

国外已有利用热排水养殖各种贝类、对虾及藻类等。美国利用加热埋入土中的灌溉管系，使作物早熟、增收。为此，我国《火力发电厂设计规程》规定：对有条件的，设计中应预留利用热排水设施的位置和采取相应的措施。

（五）灰渣治理及综合利用

煤在燃烧后，将排出一定量的灰和渣，从烟气流经的各个部位捕集下来的细灰为炉灰和煤灰，从炉底排出的颗粒状或团块状的燃烧产物为炉渣或煤渣。煤灰和煤渣的颗粒度大小不同，但在化学成分上基本一致，表1-15为煤灰和煤渣的化学成分，其中以SiO_2和Al_2O_3为主。

表 1-15 煤灰和煤渣的化学成分 %

SiO_2	Al_2O_3	Fe_2O_3	CaO	MgO	Na_2O 和 K_2O	SO_3	燃烧损失
40～60	20～30	4～10	2.5～7	0.5～2.5	0.5～2.5	0.1～1.5	3.0～30

灰渣中含有硅、铝、铁、钙、镁等多种元素和砷、铬、镉、铅等微量元素。这些物质经水浸泡和雨淋，均会不同程度地溶入水中，灰水排入地表水体或渗入地下水均会污染水体。因此，灰场排水需经处理达标排放或回收再利用，而灰场的选址和设计必须注意防渗，必要时采用防渗措施。除此之外，干灰在运输和堆放过程中如不及时喷水润湿，或灰渣场表面未被水覆盖，均会引起粉尘飞扬，污染环境。根据我国的水污染防治法，火电厂灰渣严禁排入江、河、湖、海等水域。

我国火电厂燃用煤的灰分高、灰渣量多。传统的灰渣处置是“以储为主，储用结合”，灰场占地（存灰 20 年）问题日益突出，有些电厂原灰场已堆满，而又难以找到新灰场。我国火电装机容量巨大，每年排出的灰渣量十分庞大，灰场占地之大可以想象。

基于“循环经济”的理念，我国近 30 年来在灰渣利用方面有了较大发展，灰渣利用量居世界前列，技术水平与美国大致相当。每利用 1 万 t 灰渣，节约占地 $200m^2$，减少灰场投资和运行费 2 万～8 万元，节约运灰费用 2 万～5 万元，降低火电厂的生产成本，增加利润。

我国开发的灰渣利用技术已达 200 多项，进入工程应用的 50 多项。如粉煤灰生产建筑材料（水泥、砖、砌块、加气混凝土及耐热耐火材料等），粉煤灰用于建筑工程（大体积混凝土、水下混凝土、泵送混凝土等）。某公司灰渣综合利用分项情况统计数据见表 1-16。

表 1-16 6MW 及以上容量电厂灰渣综合利用分项

项目	总利用量	建工	建材	筑路	回填	农业	资源回收	其他
用量（Mt）	51.88	4.15	12.44	15.92	14.97	2.08	0.29	2.03
比例（%）	100	8.0	24.0	30.7	28.8	4.0	0.6	3.9

为规范和引导粉煤灰综合利用行为，促进粉煤灰综合利用健康发展，国家发改委等十部委对《粉煤灰综合利用管理办法》进行了修订，于 2013 年 1 月 5 日发布，自 2013 年 3 月 1 日起施行。1994 年 1 月原国家经贸委等六部门发布施行的《粉煤灰综合利用管理办法》（国经贸节〔1994〕14 号）同时废止。《粉煤灰综合利用管理办法》规定：粉煤灰综合利用应遵循“谁产生、谁治理，谁利用、谁受益”的原则，减少粉煤灰堆存，不断扩大粉煤灰综合利用规模，提高技术水平和产品附加值；新建和扩建燃煤电厂，项目可行性研究报告和项目申请报告中须提出粉煤灰综合利用方案，明确粉煤灰综合利用途径和处置方式；新建电厂应综合考虑周边粉煤灰利用能力，以及节约土地、防止环境污染，避免建设永久性粉煤灰堆场（库），确需建设的，原则上占地规模按不超过 3 年储灰量设计，且粉煤灰堆场（库）选址、设计、建设及运行管理应当符合 GB 18599《一般工业固体废物贮存、处置场污染控制标准》等相关要求。

（六）噪声防治

火电厂是一个噪声源相对集中、噪声辐射量大、噪声种类繁多的场所。噪声水平随工作场所不同而不同，一般在 85～130dB（A），锅炉排汽噪声高达 114～170dB（A）。另外，施工中也会有一定的噪声。这些对厂内、厂外环境均会造成影响。

1. 环境噪声标准

环境噪声标准是根据人体对噪声的生理与心理反应所制定的环境噪声最高容许限值，以A声级[L_A/dB(A)]或等效A声级[L_{eq}/dB(A)]表示。根据国际标准化组织（ISO）的调查，在噪声级为85dB(A)和90dB(A)的环境中工作30年，耳聋的可能性分别为8%和18%；在噪声级为70dB(A)的环境中，谈话感到困难；干扰睡眠的噪声阈值，白天为50dB(A)，夜间为45dB(A)；噪声级为30～40dB（A）是比较安静的正常环境。

噪声的危害：

(1) 长期暴露在80dB(A)以上的噪声中，使听力损伤；在90dB(A)以上会造成爆震性耳聋。

(2) 引起心血管系统、神经内分泌系统的多种疾病。

(3) 妨碍睡眠、休息、交谈等正常活动，使人心情烦躁，注意力分散，工作效率下降，甚至诱发事故。

(4) 使仪器设备受到干扰、失效，使建筑物及设备受损。噪声是人们公认的环境公害之一。根据不同环境和目的，环境噪声标准有多种类型。

1）厂界噪声标准。为控制工业企业、建筑施工场地噪声的危害，国家环保部于2008年8月19日发布的GB 12348《工业企业厂界环境噪声排放标准》对各类地区厂界围墙外1m、高度1.2m以上、距任一反射面距离不小于1m处的噪声限值做了规定，见表1-17。2011年12月5日发布的GB 12523《建筑施工场界环境噪声排放标准》对白天和夜间场界噪声限值做了规定，见表1-18。

表1-17　工业企业厂界噪声排放限值　L_{eq}/dB (A)

类别	适用区域	昼间	夜间
0	康复疗养区等特别需要安静的区域	50	40
1	以居住、文教机关为主的区域	55	45
2	居住、商业、工业混杂及商业中心区	60	50
3	工业区	65	55
4	交通干线道路两侧区域	70	55

表1-18　建筑施工场界噪声排放限值　L_{eq}/dB (A)

施工阶段	主要噪声源	昼间	夜间
土石方	推土机、挖掘机、装载机等	75	55
打桩	各种打桩机	85	禁止施工
结构	混凝土搅拌机、振捣棒、电锯等	70	55
装修	吊车、升降机等	65	55

2）火电厂噪声标准。火电厂是噪声源相对集中、噪声辐射量大、噪声种类繁多的场所，汽轮机和锅炉房是强噪声集中区，其中以汽轮机运转层、锅炉排汽和风机运转噪声最为强烈。为保证火电厂各类工作场所正常工作，保护工人听力不受损伤，在DL/T 5094《火力发电厂建筑设计规程》中对火电厂各类工作场所的噪声标准也做了规定，见表1-19。

表 1-19 各类工作场所的噪声标准 dB（A）

工作场所	噪声限制值
各类生产车间和作业场所的工作地点（每天连续接触噪声 8h）	90
各类生产车间的值班室、休息室（室内背景噪声级）	70
巡回检测室（正常工作状态）	70
集中控制室、主控制室、通信室、计算机室、其他控制室（室内背景噪声级）	60
生产行政办公室、会议室、化验室、试验室（室内背景噪声级）	60
车间所属办公室、化验室（室内背景噪声级）	70

2. 火电厂的噪声防治

对超标噪声，通常可通过以下途径治理：

（1）噪声源控制。根据国家规定的产品噪声标准控制，没有标准的可参考以下数据：

引风机（进风口前 3m 处） 85dB（A）
送风机（进风口前 3m 处） 90dB（A）
钢球磨煤机 95～105dB（A）
其他中、高速磨煤机 86～95dB（A）
汽轮机（包括注油器、距声源 1m 处） 90dB（A）
发电机及励磁机（距声源 1m 处） 90dB（A）
堆料机（距机壳 1.5m 处） 85dB（A）
汽动给水泵 101dB（A）

（2）噪声传播途径控制。

1）对易于封闭的噪声源，如水泵、风机、汽轮发电机组，采用隔板、阻尼和隔声措施，降噪量可达 10～30dB（A）。

2）对不易封闭的设备及系统，如锅炉，加热器和水、煤、汽（气）管道等，采用包覆隔震阻尼材料或设置隔声结构，降噪量达 20～50dB（A）。

3）不能进行噪声声源控制和传播途径的场所，采取个人防护如带护耳器（耳塞、防声头盔等），或在噪声环境中设置隔声间等办法，降噪量为 15～40dB（A）。

（七）火电厂重金属污染防治

1. 重金属污染危害

密度在 5g/cm^3 以上的金属统为重金属。重金属一般以天然浓度广泛存在于自然界中，但由于人类对重金属的开采、冶炼、加工及商业制造活动日益增多，造成不少重金属进入大气、水、土壤中。从环境污染方面，重金属是指汞、镉、铅以及“类金属”——砷等生物毒性显著的元素。重金属对人体的伤害极大，常见的危害如下：

铅：是重金属污染中毒性较大的一种，一旦进入人体将很难排除。能直接伤害人的脑细胞，特别是胎儿的神经系统，可造成先天智力低下。

汞：食入后直接沉入肝脏，对大脑、神经、视力破坏极大。天然水每升水中含 0.01mg，就会导致人中毒。

砷：是砒霜的组分之一，有剧毒，会致人迅速死亡。长期接触少量，会导致慢性中毒。

另外还有致癌性。

镉：导致高血压，引起心脑血管疾病；破坏骨骼和肝肾，并引起肾衰竭。

铬：自然界铬主要以三价铬和六价铬上网形式存在。三价铬参与人和动物体内的糖与脂肪的代谢，是人体必需的微量元素；六价铬则是明确的有害元素，能引起贫血、肾炎、神经炎等疾病，具有诱发基因突变的作用。长期与六价铬接触还会引起呼吸道炎症并诱发肺癌或者引起侵入性皮肤损害，严重的六价铬中毒还会致人死亡。

钴：能对皮肤有放射性损伤。

钒：伤人的心、肺，导致胆固醇代谢异常。

锑：与砷能使银首饰变成砖红色，对皮肤有放射性损伤。

铊：会使人多发性神经炎。

锰：超量时会使人甲状腺机能亢进，也能伤害重要器官。

这些重金属中任何一种都能引起人的头痛、头晕、失眠、健忘、神经错乱、关节疼痛、结石、癌症。

对人体毒害最大的有铅、汞、砷、镉、铬五种。这些重金属在水中不能被分解，人饮用后毒性放大，与水中的其他毒素结合生成毒性更大的有机物。

重金属污染主要由采矿、废气排放、污水灌溉等人为因素所致。2011 年 4 月初，国家首个“十二五”专项规划《重金属污染综合防治“十二五”规划》（本节以下简称《规划》）获得国务院正式批复，《规划》要求重点区域重点重金属污染物排放量比 2007 年减少 15%，非重点区域重点重金属污染物排放量不超过 2007 年水平。《规划》重点防控的 5 大重点行业为：有色金属矿采选业、有色金属冶炼业、含铅蓄电池业、皮革及其制品业、化学原料及化学制品制造业。

燃煤火力发电虽然不是《规划》所列的五大重金属污染重点防控行业，但即使排放浓度很小也将造成污染。火电厂的重金属污染主要来自煤的燃烧。煤燃烧过程中，部分易挥发的重金属如汞、铅、锌、镍、镉、铜等极易气化挥发进入烟气，然后一部分随粉煤灰颗粒一起向烟囱移动并逐渐降温被粉煤灰颗粒吸附，经冲灰渣水排至储灰场。灰渣中部分可溶的重金属微量元素转入水中，如果冲灰渣水外排至江河，则可能对环境水体造成污染；一部分排到大气中造成空气和土壤的污染。大部分重金属污染物在电厂除尘系统中能有效地脱除。但是，汞具有较高的挥发性，不易被除尘器捕获，大部分排放到大气中，对环境的危害较大。GB 13223《火电厂大气污染物排放标准》规定，所有燃煤锅炉自 2015 年 1 月 1 日起执行规定的汞及其化合物污染物排放限值（见表 1 - 12）。

2. 火电厂重金属污染的防控措施

（1）燃烧前处理。采用先进的煤炭洗选技术可使煤中的重金属元素含量明显降低。

（2）燃烧中控制。有研究指出：流化床燃烧、布袋过滤技术、添加固体吸附剂等对控制重金属排放有效。

（3）燃烧后控制。采用高效除尘器、在烟气处理装置中加入凝固剂、在烟道采用多段净化装置等。

3. 重金属污染的治理

一旦形成污染，就要采取措施进行治理。水体重金属污染治理包括：外源控制和内源控制两方面。外源控制主要是对排放的含重金属的废水、废渣进行处理，并限制其排放量；内源控制则是对受到污染的水体进行修复。

土壤污染修复方法包括火烧、淋洗等。可以用耐重金属的植物修复，也可以用来做游乐园等非农业用地，美国有这样的例子。进行生物修复时间需数十年，如安徽铜陵铜尾矿与澳大利亚合作，进行植物修复，效果已初见端倪。

第三节 其他发电技术概述

一、水力发电

水力发电将水能直接转换成电能。水电站主要由水库、引水道和电厂设备组成。水库具有储存和调节河水流量的功能。拦河筑坝形成水库，以提高水位，集中河道落差，是水电站发电的必备条件。引水道的主要功能是传输水量至电厂，冲动水轮机发电。电厂设备主要由水轮发电机组及相应的控制设备和保护装置、输配电装置等组成。

（一）水电站的基本类型

水电站是水能利用中的主要设施。由于河道地形、地质、水文等条件不同，水电站的类型也不相同。按集中河道落差的方式，水电站可以分为堤坝式水电站、引水式水电站、混合式水电站和抽水蓄能式水电站四种基本类型。

1. 堤坝式水电站

堤坝式水电站是在河道上修筑大坝，抬高上游水位，以集中落差，并形成水库调节流量，然后建电厂。根据坝基地形、地质条件的差别，坝和电厂相对布置位置也不同，因此堤坝式水电站又可分为河床式（见图 1-5）和坝后式（见图 1-6）两种基本类型。

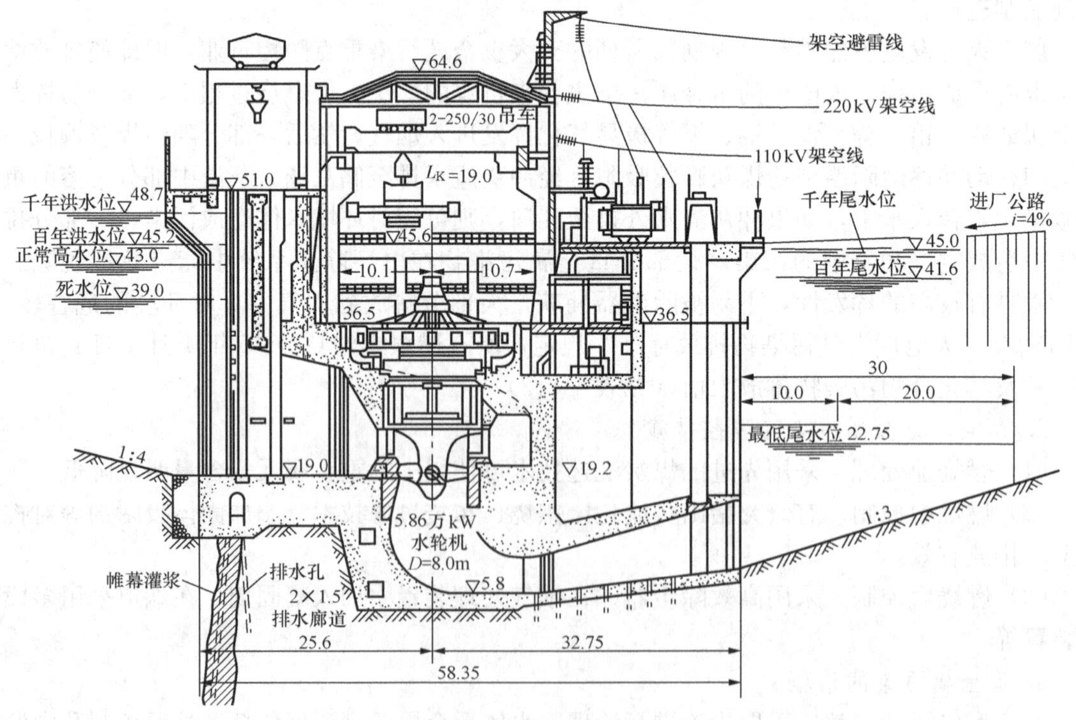

图 1-5 河床式水电站

河床式多建在平原地区河床中下游、河床纵向坡度比较平缓的河段上。因受地形限制，为避免淹没面积过多，只能修筑不高的拦河坝。由于水头不高，电站的厂房可以直接和大坝并排建在河床中。厂房本身足以承受上游的水压力。在这种电站中，引用的流量均较大，多选用大直径、低转速的轴流式水轮发电机组。它是一种低水头、大流量的水电站，葛洲坝水电站就是我国目前最大的河床式水电站。

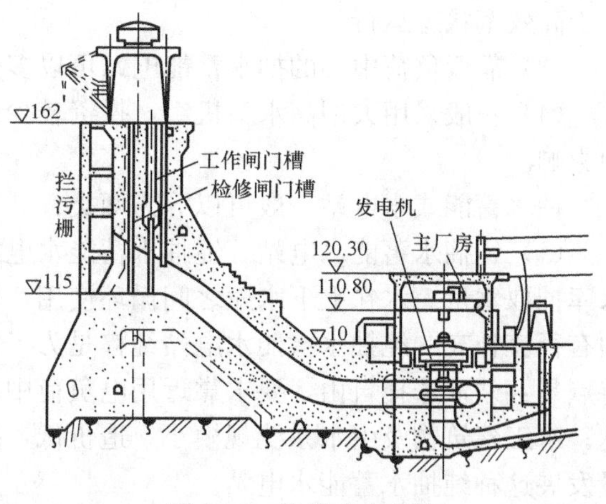

图 1-6　坝后式水电站

坝后式多建在河流中、上游的峡谷中。由于淹没相对较小，坝可以建得较高，以获得较大的水头。此时上游水压力大，厂房不足以承受水压，因此不得不将厂房与大坝分开，将电厂移到坝后，让大坝来承受上游的水压。坝后式水电站不仅能获得高水头，而且能在坝前形成可调节的天然水库，有利于发挥防洪、灌溉、发电、水产等几方面的效益，因此是我国目前采用最多的一种厂房布置方式。目前世界上最大的坝后式水电站为我国的三峡水电站，该电站也是世界上最大的水力发电站。

2. 引水式水电站

引水式水电站是在地势险峻、水流湍急的河流中上游，或坡度较陡的河段上，采用人工修建引水建筑物（如明渠、隧道、管道等），引水以集中落差发电（见图 1-7）。这种水电站不存在淹没，不仅可沿河引水，甚至可以利用两条河流的高程差进行跨河引水发电。引水式水电站多建在山区河道上，受天然径流的影响，发电引用流量不会太大，故多为中、小流量水电站。

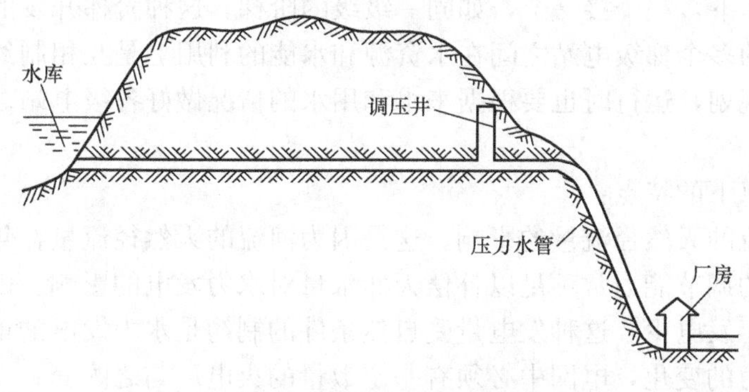

图 1-7　引水式水电站

3. 混合式水电站

混合式水电站的水头是由筑坝和引水道共同形成。它多建在上游地势平坦宜于筑坝处，形成水库，而下游坡度较陡或有较大河湾的地方。鲁布格水电站（装机 600MW，水头 372m）就是目前我国最大的混合式水电站。

4. 抽水蓄能式水电站

抽水蓄能式水电站是一种特殊的水电站，它是利用电力系统负荷低谷时的剩余电能，把水从下池（库）由抽水蓄能机组抽到上池（库）中，以势能形式储存起来，当系统负荷超出总的可发电容量时，将存水用于发电，供电力系统调峰用，其主要特点如下：

（1）适用于电力系统峰谷差显著的情况，日负荷率为 0.45 ～ 0.5 时，是灵活性很高的调峰电源，能适用负荷的急剧变化。

（2）在电力系统负荷的低谷时，是耗电很大的调节用户，可使火电机组保持负荷稳定，处于高效率状态运行。

（3）靠近负荷中心的抽水蓄能电站可以多带无功，调节系统电压，维持系统频率稳定。

（4）一般采用大型高水头机组，投资较少，发电成本较低，送电量不受天然径流量丰枯的影响。

抽水蓄能式水电站一般可以分为两类：

（1）纯抽水蓄能水电站。纯抽水蓄能水电站是指上水库无天然的径流量，全凭动力从下水库抽取水量。水在上下水库之间循环使用，但由于蒸发与渗透要损失水量，所以下水库必须有径流补充。纯抽水蓄能水电站纯粹是为了满足电力系统调峰填谷的需要而兴建的，它的特点是：站址选择自由，要求靠近用电负荷中心或电源点，水头高，水源充沛，地质条件优越；水工建筑物及引水系统规模小，造价低，投资少。它以日、周调节为主。西方国家已大量发展这种纯抽水蓄能水电站。

（2）混合式抽水蓄能水电站。在混合式抽水蓄能水电站内通常装有一定容量的抽水蓄能机组，发电用水来源一部分靠径流，一部分靠抽储的水量。它在电力系统中兼有常规水电站和纯抽水蓄能水电站的双重功能，对于解决发电用水与其他季节性用水之间的矛盾特别有用。利用抽水蓄能，可以使某些只能在雨季发电的电站也能全年发电。

一条长数百千米或数千千米的河流，其落差通常达数百米或数千米，不可能将所有的落差都集中在一个水电站上。因此必须根据河流的地形、地貌和地质条件，合理地分段进行开发利用，即河段上的开发工程自上而下，一个接一个，如同一级级的阶梯。这种阶梯开发的水电站又称为梯级电站。同一河流的多个梯级电站之间在水资源和水能的利用上是互相制约的，在进行梯级开发时，必须做好规划，运行时也要根据来水和用水的情况做好各级电站之间的协调工作，以发挥总体效益。

与火力发电相比，水力发电有以下的特点：

（1）水力发电的发电量易受河流的天然径流量的影响。这是因为河流的天然径流量在年内和年际间常有较大的变化，水库的调节能力常不足以补偿天然水量对水力发电的影响。因此水电站在丰水年发电多，在枯水年发电少。这种发电量受自然条件的制约是水力发电的最重要的特点。为了克服水力发电出力的变化，电网中必须有一定数量的火电厂与之配套。

（2）水电站在运行中不消耗燃料。天然径流量多时，发电量大，但运行费用并不因此增加。此外水电站厂用电少。根据这一特点，对电网而言，应让水电机组在丰水期多发电，以节约火力发电煤耗，提高电网的经济性。

（3）水电机组启停方便，机组从静止状态到满负荷运行仅需几分钟。因此，宜在电网中担负调峰、调频、调相任务，并作为事故备用电源。

（4）水电站的主要动力设备简单，辅机数量少，易于实现自动化。因此，运行和管理人员少，运行成本低。

（5）水电站不消耗燃料，没有有害气体、粉尘和废渣排放。

（二）水电站的主要参数

由于天然来水流量不均匀以及发电和综合用水量的变化，水库的特征水位及相应的库容也是变化的。一般用水库的特征水位来表示其变化特征（见图1-8）。由于水库的全部容积并不能都用于径流调节，因此水库在运行中存在一个最低位，即死水位。死水位以下的库容称为死库容，它不参与径流调节。死水位是由水库泥沙淤积情况、保障自流灌溉的引水高程、航运水深及鱼类栖息等多方面因素决定的。死水库中的水量是不能被利用的。死水位也是最低的发电水头。

水库正常运行时，为满足各部门在枯水期的正常用水，水库在丰水期末将水蓄至正常高水位，高水位与死水位之间的库容称为有效库容。这部分库容将参与正常的径流调节。有效库容所对应的水层深度为水库的工作深度。正常高水位是水库设计中的重要参数之一，也直接关系到一些主要水工建筑物（如大坝、溢流坝、水闸门等）的尺寸、投资、水库回水的淹没量、水力发电的正常最高水头及综合利用效益等指标。此外大坝的结构设计、强度的稳定性分析计算也以此为依据。水库的工作深度直接关系到水电站的调节性能的出力。

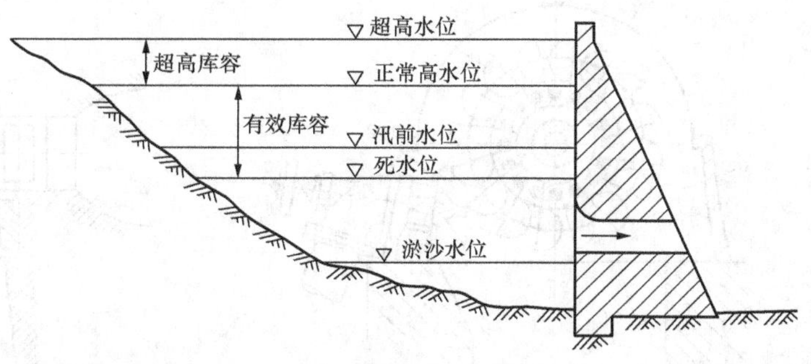

图 1-8　水库的特征水位示意

水电站的经济指标包括水电站的总投资、年运行费用和年效益。水电站的总投资是指水电站在勘测、设计、施工、安装过程中投入资金的总和，包括水工建筑物和电厂的投资，前者为总投资除以装机容量，后者为总投资除以多年平均发电量。

水电站的年运行费用是指水电站在运行过程中每年支出的总和，通常包括建筑物和设备折旧费、大修费、经常支出的行政管理费和人员工资等。水电站的年效益则为水电站每年的售电收入扣除年运行费用后所得的净收益。

（三）水轮机

水轮机是将水能转换成机械能的水力原动机，主要用于带动发电机发电，是水电站厂房中主要的动力设备。通常将水轮机与发电机一起统称为水轮发电机组。

水能即水流的能量，包括动能和势能，而势能又包括位置势能和压力势能。根据水轮机利用水流能量的不同，可将水轮机分为两大类，即单纯利用水流动能的冲击式水轮机和同时利用动能和势能的反击式水轮机。

冲击式水轮机主要由喷嘴和转轮组成。来自压力管道的高压水流通过喷嘴变为极具动能的自由射流，冲击转轮叶片，将动能传给转轮，从而使转轮旋转。按射流冲击转轮方式的不同，冲击式水轮机又可分为水斗式、斜击式和双击式三种。后两种形式结构简单，易于制造，但效率低，多用于小水电站中。水斗式水轮机是目前应用最广泛的一种冲击式水轮机，结构特点是在转轮周向布置有许多勺形水斗（见图 1-9）。这种水轮机适用于高水头、小流量的水电站，其应用水头范围为 400～1000m。

反击式水轮机的转轮是由若干具有空间曲面形状的刚性叶片组成的。当压力水流过转轮时，弯曲叶片迫使水流改变流动方向和流速，水流的动能和势能则给叶片以反作用力，迫使叶轮转动做功。按转轮区的水流相对于水轮机主轴方位的不同，反击式水轮机又可分为混流式、轴流式、贯流式和斜流式四种。

混流式水轮机是一种应用广泛的反击式水轮机，其特点是水流沿辐向从四周进入转轮，而后沿轴向流出（见图 1-10）。它结构简单，运行稳定，效率高，水头使用范围为 2～

670m。我国三峡水电站的水轮机就是混流式。

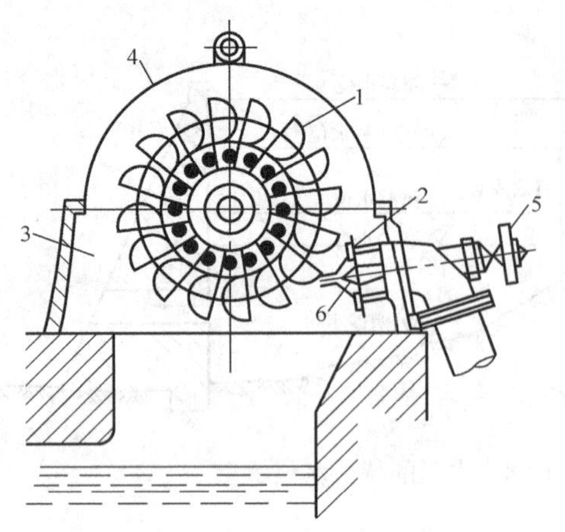

图 1-9 水斗式水轮机

1—转轮；2—喷嘴；3—转轮室；4—机壳；5—调节手轮；6—针阀

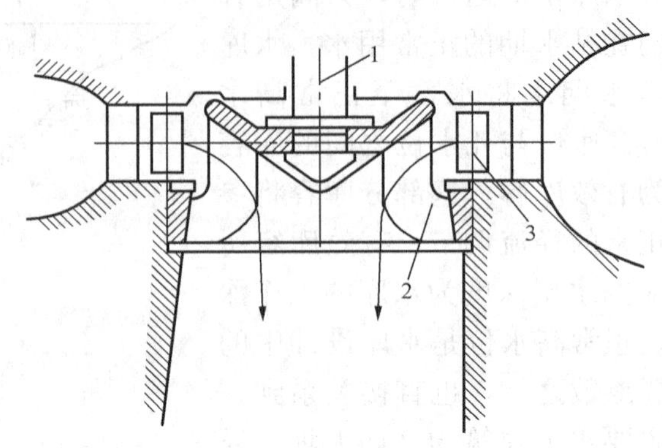

图 1-10 混流式水轮机

1—主轴；2—转轮；3—导叶

轴流式水轮机是另一种采用较多的反击式水轮机，其特点是水流从转轮的轴向进和出。根据转轮的特点，轴流式水轮机又可分为定桨式和转桨式两种（见图 1-11）。定桨式水轮机运行时，叶片是固定不动的，结构简单，但水头和流量变化时其效率相差很大，不适宜于水头和负荷变化加大的水电站，多用于负荷变化不大，流量和水头比较固定的小水电站。水头使用范围为 3～50m。转桨式水轮机在运行时叶片可以转动，故能适应负荷的变化，且平均效率比混流式水轮机高，使用水头范围为 2～88m。它多用在低水头和负荷变化大的水电站。我国葛洲坝水电站的 125MW 和 170MW 的机组就采用这种水轮机。

适用于低水头电站的另一类反击式水轮机是贯流式水轮机。当轴流式水轮机主轴水平或倾斜放置，且没有蜗壳，使水能直贯轮机，这种形式的水轮机就是贯流式水轮机。根据水轮机与发电机的装配方式，它又可分为全贯流式和半贯流式。全贯流式水轮机转子安装在转轮外缘，由于转轮外缘线速度大，且密封困难，目前已较少采用。在半贯轮式水轮机中，以灯泡贯流式应用最广。它将发电机布置在灯泡形壳体内，并与水轮机直接连接（见图 1-12）。这种形式结构紧凑，流通平直，效率高。贯流式水轮机的使用水头一般在 25m 以下，潮汐电站因为水头低也多采用贯流式。

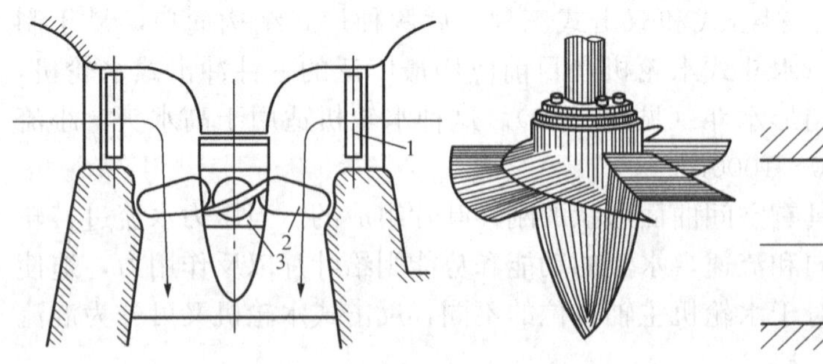

图 1-11 轴流式水轮机

1—导水叶；2—轮叶；3—轮毂

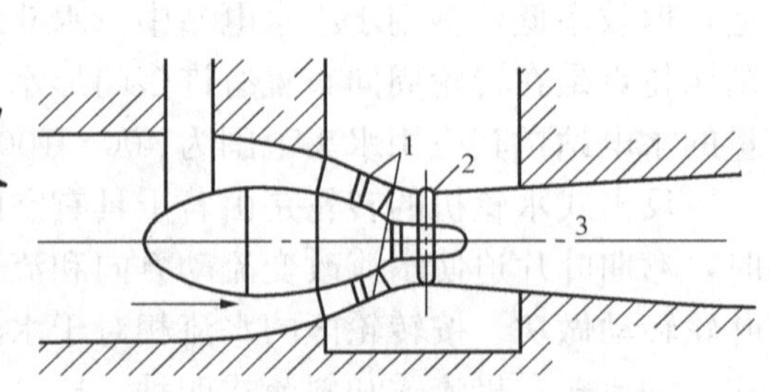

图 1-12 灯泡贯流式水轮发电机组

1—导向叶片；2—转轮叶片；3—尾水管

斜流式水轮机也是一种新型水轮机，轮叶轴线与主轴线斜交，进出叶轮的水流与叶轮主轴也是斜交的，转轮结构可做成转桨式或定桨式。斜流式水轮机兼有轴流式水轮机运行效率高和混流式水轮机强度高、抗汽蚀的优点，适于高水头下工作，其适用水头范围为 40～200m。斜流式水轮机是可逆机组，既能作水轮机，又能作水泵，因此特别适宜于在抽水蓄能电站中应用。

在生产和使用中，常按照水轮机的单机出力及转轮直径大小，将水轮机分为小型、中型和大型。大型水轮机一般是指出力大于 30MW 的水轮机，大型混流式水轮机和大型轴流式水轮机的转轮直径在 2.25～3m 以上；单机出力小于 30MW 的水轮机一般称为中、小型机组，其中混流式水轮机的转轮直径为 1.0～2.25m，轴流式水轮机的转轮直径为 1.2～3.0m。各类水轮机的机型见表 1-20。

表 1-20　各类水轮机的机型

型式		代号	比转速范围（r/min）	使用水头范围（m）
反击式	贯流式：贯流定桨式	GD	500～900	<20
	贯流转桨式	GZ	500～900	<20
	轴流式：轴流定桨式	ZD	250～700	<70
	轴流转桨式	ZZ	200～850	30～80
	斜流式	XL	100～350	40～120
	混流式	HL	50～300	<700
冲击式	水斗式	CJ	10～15（单喷嘴）	100～1700
	斜击式	XJ	30～70	20～300
	双击式	SJ	35～150	5～100

二、原子能发电

（一）原子能发电发展概况

原子能发电（也称核电）是将原子能转换为电能的一种发电形式。完成这种转换的工厂称为核电站（厂）。原子能能量密度高，作为发电燃料，其运输量非常小，发电成本低。例如，一座 1000MW 的火电厂，每年约需几百万吨原煤，相当于每天需 3 列火车用来运煤。同样容量的核电站，若采用天然铀作燃料只需 130t，采用 3% 的浓缩铀^{235}U 作燃料则仅需 28t。

自从 1954 年苏联第一座 5MW 试验性核电厂投入运行以来，核电在 30 多个国家和地区得到应用。根据世界核协会数据，从 2012 年已运行的核电站装机容量来看，美国居首位，装机容量占全世界的四分之一，其次是法国、日本、俄罗斯、韩国和中国，见表 1-21。全世界核电机组平均提供了世界 11%左右的电力需求。中国台湾有 6 座反应堆在运行，总装机容量为 4937MW，2012 年发电量 387 亿 kW·h，占台湾省用电需求的 18.4%。

核电站和火电厂的主要区别是热源不同，而将热能转换为机械能，再转换成电能的装置则基本相同。火电厂靠燃烧煤、石油和天然气来获得热量，而核电站则依靠核燃料裂变链式反应产生热量。

利用原子能发电还可避免化石燃料燃烧所产生的日益严重的温室效应。作为电力工业主要燃料的煤、石油和天然气又都是重要的化工燃料。基于以上原因，世界各国对核电的发展都给予了足够的重视。

表 1-21 世界主要核电装机国家

序号	国家	2012 年原子能发电		2014 年 2 月在役核反应堆	
		发电量（亿 kW·h）	本国核电比例（%）	数量（座）	净功率（MW）
1	美国	7707	19.0	100	99 098
2	法国	4074	74.8	58	63 130
3	日本	172	2.1	48	42 569
4	俄罗斯	1663	17.8	33	24 253
5	韩国	1435	30.4	23	20 656
6	中国大陆	927	2.0	20	17 042
7	加拿大	891	15.3	19	13 553
8	乌克兰	849	46.2	15	13 168
9	德国	941	16.1	9	12 003
10	英国	640	18.1	16	10 038
11	瑞典	615	38.1	10	9508
12	西班牙	587	20.5	7	7002
13	比利时	385	51.0	7	5943
14	印度	297	3.6	21	5302

数据来源：世界核协会。

第一代核电技术即早期原型反应堆，主要目的是为通过试验示范形式来验证核电在工程实施上的可行性。苏联在 1954 年建成 5MW 实验性石墨沸水堆型核电站；英国 1956 年建成 45MW 原型天然铀石墨气冷堆型核电站；美国 1957 年建成 60MW 原型压水堆型核电站；法国 1962 年建成 60MW 天然铀石墨气冷堆型核电站；加拿大 1962 年建成 25MW 天然铀重水堆型核电站。这些核电站均属于第一代核电站。

第二代核电技术是在第一代核电技术的基础上建成的，它实现了商业化、标准化等，包括压水堆、沸水堆和重水堆等，单机组的功率水平在第一代核电技术基础上大幅提高，达到千兆瓦级。美国成批建造了 500～1100MW 的压水堆、沸水堆，并出口其他国家；苏联建造了 1000MW 石墨堆和 440、1000MW 的 VVER 型压水堆；日本和法国引进、消化了美国的压水堆、沸水堆技术，其核电发电量均大幅度增加。

第三代核电技术指满足美国“先进轻水堆型用户要求”和“欧洲用户对轻水堆型核电站的要求”的压水堆型技术核电机组，是具有更高安全性、更高功率的新一代先进核电站。第三代先进压水堆型核电站主要有 ABWR、System80＋、AP600、AP1000、EPR、ACR 等技术类型，其中具有代表性的是美国的 AP1000 和法国的 EPR。中国已引进 AP1000 等技术，分别应用在浙江三门和山东海阳等地的核电厂。

第四代核电是由美国能源部发起，并联合法国、英国、日本等 9 个国家共同研究的核电技术，该技术仍处于开发阶段，预计可在 2030 年左右投入应用。第四代核能系统将满足安全、经济、可持续发展、极少的废物生成、燃料增殖的风险低、防止核扩散等基本要求。

2003 年，国务院核电自主化工作领导小组成立，要求实现设计、建造、运营、管理四个自主以及设备国产化。在岭澳核电二期、秦山核电二期扩建等工程中，出现了中国“自主设计、自主制造、自主建设、自主运行”的“二代加”核电技术。其中，2005 年 12 月开工、2011 年 8 月建成投产的岭澳核电二期项目，作为中国核电技术自主品牌 CPR1000 示范工程，在中国核电发展中具有承上启下的作用，加快了中国全面掌握第二代改进型百万千瓦级核电站技术，基本形成自主技术品牌核电站设计自主化和设备制造国产化能力。以 CNP1000 和 CPR1000 为代表的、具有自主知识产权的“二代加”核电机型，占据了中国在运和在建核电机组的绝大多数。

核聚变发电是 21 世纪正在研究中的重要技术，主要是把聚变燃料加热到 1 亿℃以上高温，让它产生核聚变，然后利用热能。核聚变发电的最终实现还需很长的时间。人们认识热核聚变是从氢弹爆炸开始的，氢弹爆炸时释放出极大的能量，给人类带来的是灾难，而科学家们却希望发明一种装置，可以有效地控制“氢弹爆炸”的过程，让能量持续稳定的输出，以解决人类面临的能源短缺危机。

从核电发展总趋势来看，积极发展核电是中国能源的长期重大战略选择。中国核电发展的技术路线和战略路线是当前发展压水堆，中期发展快中子堆，远期发展聚变堆，即近期发展热中子反应堆核电站；中期发展快中子增殖反应堆核电站；远期发展聚变堆核电站。按照压水堆 - 快堆 - 聚变堆“三部曲”的基本路线图，实现长期可持续发展，从而基本上解决能源需求的矛盾。

（二）核电站的组成

核电站的系统和设备通常由两部分组成：核系统和设备（又称核岛）、常规系统和设备（又称常规岛）。核岛的核心装置是核反应堆。目前核电站中广泛采用的是轻水堆，即压水堆和沸水堆。表 1 - 22 给出了 2013 年世界核电站中各种堆型发电站机组的概况。

表 1 - 22 2013 年世界核电站中各种堆型发电站机组概况

堆 型	运行中机组	运行中净功率（MW）	总计机组	总计净功率（MW）
压水堆（PWR）	274	253 531	365	327 377
沸水堆（BWR）	82	76295	118	96 573
各种气冷堆（GCR、HTGR）	15	8040	56	15 461
各种重水堆（HWGCR、HWLWR、PHWR、SGHWR）	48	23 961	68	29 904
轻水冷却石墨慢化堆（LWGR）	15	10219	24	16 357
液态金属快中子增殖堆（FBR）	2	580	12	3790
总 计	436	372 626	643	489 462

图 1 - 13 是压水堆核电站的示意。压水堆核电站的最大特点是整个系统分成两部分，即一回路系统和二回路系统。一回路系统中，压力为 15MPa 的高压水被主冷却剂泵送进反应堆，吸收燃料元件的释热后，进入蒸汽发生器下部的 U 形管内，将热量传给二回路系统的水；然后返回主冷却剂泵入口，形成一个闭合回路。二回路的水在 U 形管外部流过，吸收一回路水的热量后沸腾，产生的蒸汽进入汽轮机的高压缸做功；高压缸排汽经再热器再热提高温度后，再进入汽轮机的低压缸做功；膨胀做功后的蒸汽在凝汽器中被凝结成水，然后送回蒸汽发生器形成另一个闭合回路。

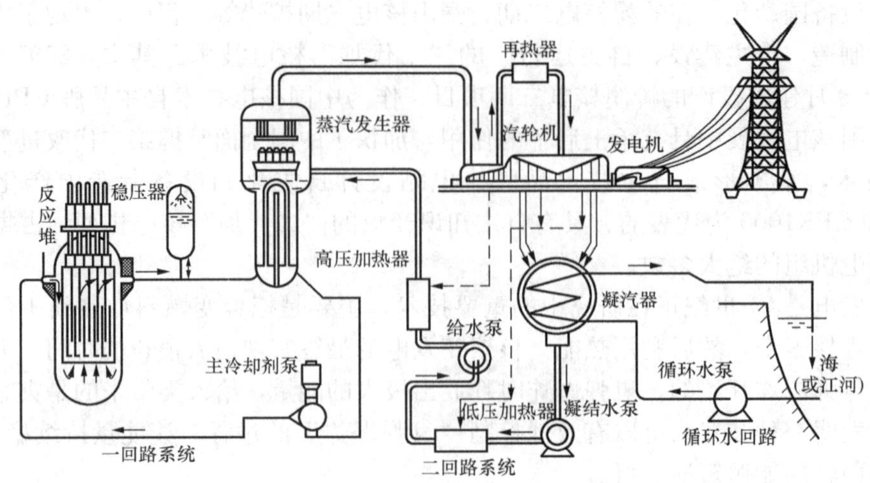

图 1-13 压水堆核电站的示意

一回路系统和二回路系统是彼此隔绝的，万一燃料元件的包壳破损，只会使一回路水的放射性增加，而不影响二回路水的品质。这样就大大增加了核电站的安全性。

稳压器的作用是使一回路水的压力维持恒定。它是一个底部带电的加热器，顶部有喷水装置的压力容器，其上部充满蒸汽，下部充满水。如果一回路系统的压力低于额定压力，则接通电加热器，增加稳压器内的蒸汽，使系统的压力提高；反之，如果系统的压力高于额定压力，则喷水装置喷冷却水，使蒸汽冷凝，从而降低系统压力。

通常一个压水堆有 2～4 个并联的一回路系统（又称环路），但只有一个稳压器。每一个环路都有 1 台蒸发器和 1、2 台主冷却剂泵。压水堆的主要参数见表 1-23。

表 1-23　　压水堆的主要参数

主要参数	环路数		
	2	3	4
堆热功率（MW）	1882	2905	3425
净电功率（MW）	600	900	1200
一回路压力（MPa）	15.5	15.5	15.5
反应堆入口水温（℃）	287.5	292.4	291.9
反应堆出口水温（℃）	324.3	327.6	325.8
压力容器内径（m）	3.35	4	4.4
燃料装载量（t）	49	72.5	89
燃料组件数	121	157	193
控制棒组件数	37	61	61
回路冷却剂流量（t/h）	42 300	63 250	84 500
蒸汽量（t/h）	3700	5500	6860
蒸汽压力（MPa）	6.3	6.71	6.9
蒸汽含湿量（%）	0.25	0.25	0.25

压水堆核电站由于以轻水作慢化剂和冷却剂，反应堆体积小，建设周期短，造价较低；加之一回路系统和二回路系统分开，运行维护方便，需处理的放射性废气、废液、废物少，因此在核电站中占主导地位。

（三）核电站的安全性

1. 核电与核弹

在核电迅猛发展的今天，公众最关心的仍是核电的安全问题。公众首先提出的问题是：核电站的反应堆发生事故时会不会像核武器一样爆炸。回答是否定的。核弹是由高浓度（大于90%）裂变物质（几乎是纯^{235}U或纯^{239}Pu）和复杂精密的引爆系统组成的，当引爆装置点火起爆后，弹内的裂变物质被爆炸力迅猛地压紧到一起，大大超过了临界体积，巨大原子能在瞬间释放出来，于是产生破坏力极强的、毁灭性的核爆炸。

核电站反应堆的结构和特性与核弹完全不同，既没有高浓度的裂变物质，又没有复杂精密的引爆系统，不具备核爆炸所必需的条件，当然不会产生像核弹那样的核爆炸。核电站反应堆通常采用天然铀或低浓度（约3%）裂变物质作燃料，再加上一套安全可靠的控制系统，从而能使原子能缓慢地有控制地释放出来。

2. 核电站放射性影响

核电站的放射性也是公众最担心的问题。其实自然界中放射性是到处存在的，人们一直在接受天然本底的辐照。天然本底辐射有两个来源：一个是高能粒子形式的辐射，它来自外层空间，统称宇宙射线；另一个来源是天然放射性，即天然存在于普通物质（如空气、水、泥土和岩石，甚至食物）中的放射性辐射。人们每时每刻都在不知不觉地接受来自天然放射源的本底和各种人工放射性辐照。据法国资料显示，人体每年受到的放射性辐射的剂量约为1.3毫希沃特（mSv），其中包括：

（1）宇宙射线：0.4～1mSv，它取决于海拔高度。

（2）地球辐射：0.3～1.3mSv，它取决于土壤的性质。

（3）人体：约0.25mSv。

（4）放射性医疗：约0.5mSv。

（5）电视：约0.1mSv。

（6）夜光表盘：约0.02mSv。

（7）烧油电站：约0.02mSv。

（8）烧煤电站：约1mSv。

（9）核电站：约0.01mSv。

此外，饮食、吸烟、乘飞机都会使人们受到辐照的影响。从以上资料看，核电站对居民的辐射是微不足道的，甚至比起燃煤电站要小得多，因为煤中含镭，其辐射更强。

3. 防止放射性泄漏的屏障

为了防止放射性裂变物质泄漏，核安全规程对核电站设置了如下七道屏障：

（1）陶瓷燃料芯块。芯块中只有小部分气态和挥发性裂变产物释出。

（2）燃料元件包壳。它包容燃料中的裂变物质，只有不到0.5%的包壳在寿命期内可能产生针眼大小的孔，从而有漏出裂变产物的可能。

（3）压力容器和管道。200～250mm厚的钢制压力容器和75～100mm钢管包容反应堆的冷却剂，防止泄漏进冷却剂中的裂变产物的放射性。

（4）混凝土屏蔽。厚达 2～3m 的混凝土屏蔽可保护运行人员和设备不受堆芯放射性辐照的影响。

（5）圆顶的安全壳构筑物。它遮盖电站反应堆的整个部分，如反应堆泄漏，可防止放射性物质溢出。

（6）隔离区。它把电站和公众隔离。

（7）低人口区。把厂址和居民中心隔开一段距离。

有了以上七道屏障，加上核工业和核技术的进步，发生苏联切尔诺贝利电站和日本福岛核电站那样事故的几率是很低的。

三、燃气轮机及燃气-蒸汽联合循环发电

燃气轮机及燃气-蒸汽联合循环发电技术是从 20 世纪 50 年代开始登上发电工业舞台的，但是由于当时燃气轮机及其联合循环的容量小、效率低，且只能燃用气体或液体燃料，所以长时期内一直无法与传统燃煤发电技术相匹敌。电力系统只是从紧急备用和调峰的角度出发而采用了少量的燃气轮机和燃气-蒸汽联合循环发电机组。

在 20 世纪 80 年代以后，燃气轮机的单机容量和热效率都有了大幅度提高，常规燃油和燃天然气的燃气-蒸汽联合循环发电技术日趋成熟。燃煤的燃气-蒸汽联合循环发电技术也取得了重大突破，加之世界范围内能源资源的结构有了重大变化，人们对环境保护的要求也日益加强，燃气轮机及其联合循环发电机组在电力系统中的地位发生了明显变化。

在发达国家，燃气轮机及其联合循环发电机组已经成为承担各种负荷的主力机组。世界发电设备市场已经发生了重大转变。

（一）燃气-蒸汽联合循环发电技术的发展历程

人们对燃气轮机在原理方面的认识可以追溯到公元 800～900 年，那时我国已有了走马灯（见图 1-14）。走马灯就是利用蜡烛燃烧产生的高温气体来推动纸糊的叶轮转动的。从原理上讲，这就是现代燃气轮机的雏形，所不同的是在走马灯中仅用了自然对流来使气体流动，而没有压气机。1510 年，意大利达·芬奇也曾设计利用壁炉烟道气体来转动叶轮。

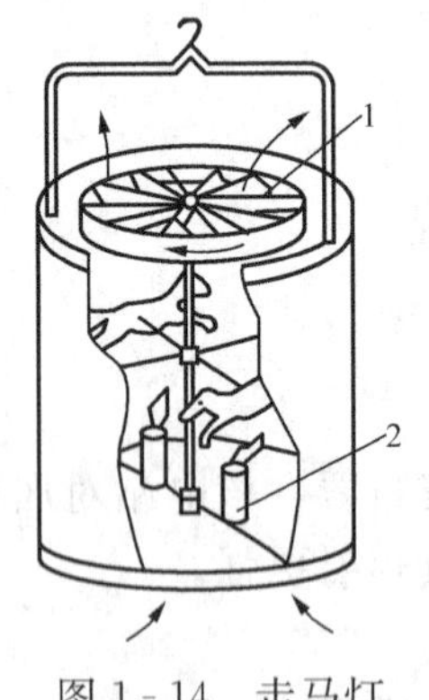

图 1-14 走马灯
1—纸糊的叶轮；2—蜡烛

1872 年，侨居美国的英国工程师布雷顿（G. Brayton）创建了一种把压缩缸与膨胀做功缸分开的往复式煤气机，它与燃气轮机的简单循环是一样的。因此，在不少的论著中把燃气轮机循环称为布雷顿循环。但由于当时冶金工业还不能提供在高温、高速条件下可靠工作的透平叶片材料，人们还不能设计较高效率的压气机，制造工艺水平也难以达到预期的技术要求。因此，在 20 世纪之前，设计制造燃气轮机的愿望未能获得实现。

现代燃气轮机技术是从 1939 年德国 Heinkel 厂研制成功第一台航空涡轮喷气发动机和瑞士 BBC 公司研制成功第一台工业发电用燃气轮机开始的。二次大战后，航空燃气轮机的发展是飞跃性的，仅仅五年，在作战飞机上就取代了航空活塞式发动机，实现了喷气化。20 世纪 60 年代初期，涡轮风扇发动机的问世，大大加快了民用运输机燃气轮机化的进程并迅速成为各种军用飞机的动力装置。几乎在同一时期，各种类型的工业燃气轮机在电力、石油、化工、交通运输和国防等部门也得到了广泛应用和大力发展。在电力工业中，燃气轮机不但在中、小功率范围内逐渐取代了柴油机，而且在大功率火电厂也打破了由汽轮机作主机的一统天下的局面，并步入千兆瓦以上的火电站行列。

早期联合循环是以蒸汽为主，燃气轮机不过是作蒸汽锅炉的炉膛增压之用。第一台实用的联合循环机组，是用燃气轮机来扩建汽轮机电站形成的发电机组，于 1949 年投入运行。它不仅提高了原有电站的发电量，同时也提高了电站效率。到了 20 世纪 60 年代，整个概念被颠倒过来。燃气轮机在循环中作为主要的动力设备，而它的排气余热则被用来产生蒸汽，在汽轮机中做功。

（二）燃气－蒸汽联合循环发电的主要优点

（1）电厂的整体循环效率高。常规燃煤电厂由于其循环及设备的限制，其热效率已很难有突破性的提高。目前超临界压力 600MW 火电机组，其供电效率约 40%，而燃气－蒸汽联合循环供电效率可达 55%以上。

（2）对环境污染小。燃气－蒸汽联合循环采用油或天然气为燃料，燃烧效率高，没有 SO_2 排放，NO_x、CO 排放量降低到几个至几十毫升/米^3 的水平，燃气轮机噪声可作隔声处理，距机组 1m 处可降至 80dB（A），100m 处为 60dB（A）。

（3）在同等条件下，单位投资较低。

（4）调峰性能好，启停快捷。为了提高电网运行的机动性和安全性，用占电网总容量 15%～20%的燃气轮机作为应急备用电源或负荷调峰机组是必要的。

（5）占地少。联合循环电厂由于无需煤场、输煤系统、除灰等系统，厂区占地面积比火电厂小得多。燃气轮机和余热锅炉都是户外布置，安装场地少。与同容量火电厂相比，联合循环电厂占地面积只有火电厂的 30%～40%，建筑面积也只有火电厂的 20%。

（6）耗水量少。燃气轮机不需要大量冷却水，一般燃气轮机单循环只需火电厂 2%～10%的用水量，联合循环的用水量为同容量火电厂用水量的三分之一左右，这对于北方缺水地区建电厂尤为重要。

（7）建厂周期短，且可分期投产。由于燃气轮机在制造厂完成了最大的可能装配后，集装运往现场，施工安装简便，建厂周期短，并可分单循环和联合循环两期建设：一般单循环只需 5～6 个月就可商业运行，而联合循环一般一年内可发电运行。

（8）自动化程度高，运行人员少。由于联合循环电厂采用先进的集散式控制系统，因此控制人员可以大大减少，一般只有同容量火电厂人员的 20%～25%。

总之，燃气－蒸汽联合循环是一种有显著优点的和有较大发展潜力的动力装置。随着世界性的电力体制改革，电力市场的建立，环境意识的增强，联合循环发电技术的发展步伐也加快了。

（三）燃气－蒸汽联合循环的类型

视燃气与蒸汽两部分组合方式的不同，常见的燃气－蒸汽联合循环有纯余热锅炉型、排气补燃余热锅炉型、增压燃烧锅炉型等三种基本方案。

1. 纯余热锅炉型联合循环

将燃气轮机的排气通至余热锅炉中，加热锅炉中的水产生蒸汽驱动汽轮机做功，其方案如图 1－15 所示。

这种形式的联合循环的优点：技术成熟，系统简单，造价低，启停速度快。但在燃气轮机排气温度较低的情况下，存在着余热锅炉效率低、蒸汽参数受限、蒸汽流量不能单独调节的缺陷。其汽轮机功率一般占机组总功率的 30%～35%。20 世纪 80 年代以前，燃气轮机的

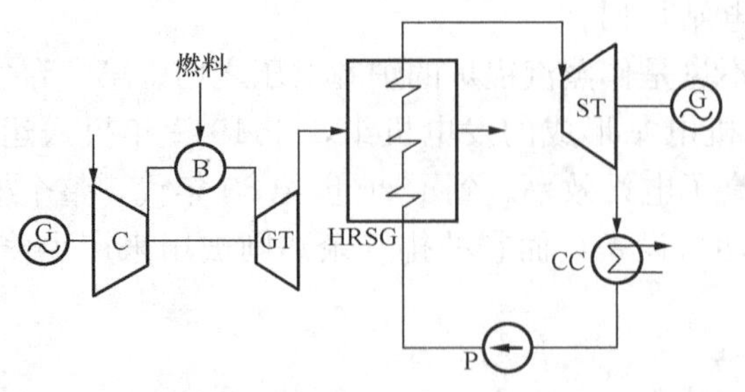

图 1-15 理想余热锅炉型联合循环的热力系统图
C—压气机；B—燃烧室；GT—燃气轮机；HRSG—余热锅炉；
ST—蒸汽轮机；CC—凝汽器；P—给水泵；G—发电机

单机功率较小，燃气初温较低，排气温度也较低，在这种情况下，余热锅炉型联合循环由于余热锅炉效率较低，汽轮机的功率和效率也低，所以不仅机组功率不大，而且效率也不是很高。为克服这些缺陷，当时人们又分别发展了补燃余热锅炉型和增压锅炉型联合循环。

2. 排气补燃余热锅炉型联合循环

理想排气补燃余热锅炉型联合循环的热力系统图如图 1-16 所示。它与纯余热锅炉型联合循环的主要不同在于在余热锅炉中也加入一定燃料，利用燃气中剩余的氧气燃烧，提高余热锅炉效率以及蒸汽的参数和流量。

排气补燃余热锅炉型联合循环的优点：在燃气轮机排气温度较低的情况下，可使蒸汽参数及流量大幅度提高，从而使机组的容量增大，效率提高，同时，机组的变工况性能也可得到改善。但是，排气补燃余热锅炉型联合循环中，或多或少地有一部分热量只参与了蒸汽轮机循环。

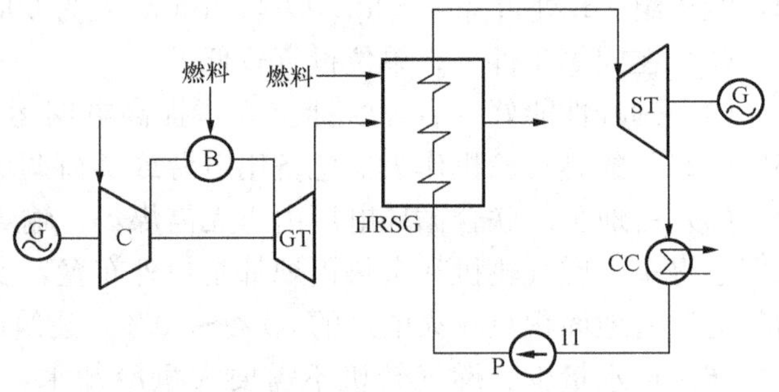

图 1-16 理想排气补燃余热锅炉型联合循环的热力系统图

3. 增压燃烧锅炉型联合循环

理想增压锅炉型联合循环的热力系统如图 1-17 所示。它将产生燃气的燃烧室与产生蒸汽的锅炉合二为一，利用外置的锅炉省煤器来回收燃气轮机排气的余热。

增压燃烧锅炉型联合循环的优点是：在燃气轮机排气温度较低的情况下，可使蒸汽参数及流量不受任何限制，从而可达到较大的机组容量和较高的机组效率；同时，由于燃烧是在较高的压力下进行的，且烟气的质量流速较高，所以锅炉的传热效率高，所需的传热面积小，锅炉尺寸紧凑。但是，与补燃余热型联合循环类似，有一部分热量只参与了蒸汽轮机循环。另外，它还存在着系统复杂、制造技术要求高、燃气轮机不能单独运行的缺点。

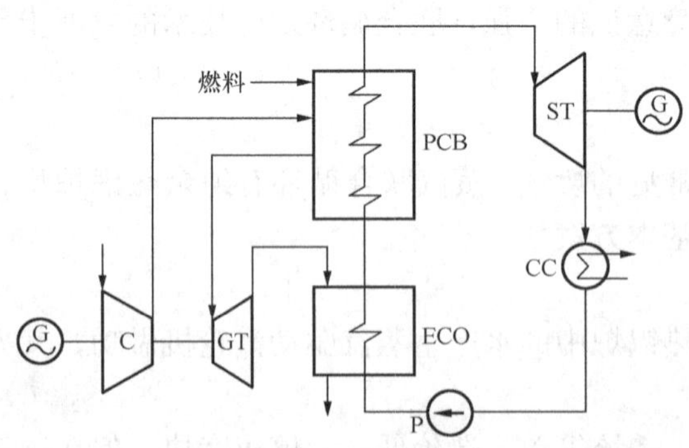

图 1-17 理想增压锅炉型联合循环的热力系统图
PCB—增压锅炉；ECO—省煤器

余热锅炉型联合循环是目前应用最多、发展最快的联合循环，也将是今后主要的发展形势。

传统的联合循环是燃油（气）型的联合循环，但是，由于全世界石油和天然气的储量有限，在 30～50 年之后，该循环不大可能会被继续鼓励大规模用于发电，因此以后的发展速度会逐渐减慢下来，取而代之的将很可能会是燃煤的联合循环——洁净煤发电技术。而在各种燃煤的联合循环形式中，增压流化床锅炉联合循环（pressurized fluidized bed combustion combined cycle，PFBC-CC）和整体煤气化联合循环（integrated gasification combined cycle，IGCC）是最有发展前途的两种形式。

四、洁净煤发电技术

洁净煤发电技术是目前学术界进行探索和研究的热点领域之一。

（一）增压流化床锅炉联合循环发电技术（PFBC - CC）

增压流化床燃烧联合循环的基础是燃料的流化燃烧，而流化床被设置在处于增压设备形成的压力容器内。因此，在继承了流化床高效燃烧、传热和低污染排放的所有优点的同时，还具有其独特的优越之处。根据燃烧室内流化的方式不同，增压流化床燃烧也分为鼓泡流化床燃烧和循环流化床燃烧两种方式。

增压流化床燃煤联合循环具有以下突出的优点。

1. 主要优点

（1）在炉内压力达到1.0～1.6MPa的条件下，一方面，化学反应速度加快，燃料燃烧进一步强化，炉膛热强度提高，即使在较低过量空气系数下，燃烧效率也在99%以上；另一方面，炉内换热强度高，锅炉受热面较少。因此，锅炉结构更加紧凑。

（2）增压流化床锅炉燃烧室内物料中，可燃物所占比例极小，不超过0.5%，其余是灰渣和脱硫剂等惰性物料。因此，增压流化床锅炉所用燃料的适应范围更广，几乎可以设计成燃烧所有的煤种。

（3）在压力较高的条件下，脱硫化学反应速度加快，炉内脱硫的效果更好，脱硫效率高于常压流化床。当钙硫摩尔比等于1.8左右时，脱硫效率可达到90%以上，而常压情况下达到同样的脱硫效率时所需的钙硫摩尔比通常在2以上。

（4）由于燃烧温度一般为850～920℃，因而抑制了NO_x的生成。

（5）与常压流化床燃烧相比，增压流化床燃烧具有可同时降低NO、SO_2、CO和粉尘等污染物排放的优点，这些污染物的排放量一般只有常规火电机组的1/10～1/5。

（6）由于采用燃气-蒸汽联合循环方式，所以可以直接利用压气机所提供的空气气源。经压气机压缩后的空气，不仅具有较高的压力，而且温度也高达300℃左右。因此，锅炉既不需要空气预热器，也不需要装备送、引风机，送风系统简单，节约厂用电，发电机组占地面积小，安装工期相应比较短。

（7）与整体煤气化联合循环相比，由于采取直接燃煤的方式，因此，所需设备较少，控制系统也相对简单。与其他类型的洁净煤发电技术相比，其单位投资和发电成本均相对较低，并适合老机组的增容技术改造。

2. 典型PFBC联合循环发电系统简介

世界上第一座进入商业化运行的PFBC联合循环发电装置由ABB公司生产，安装在瑞典斯德哥尔摩市的凡登热电厂。该电厂于1990年建成投运，该厂的PFBC联合循环装置如图1-18所示。

该装置的增压鼓泡床燃烧室和旋风分离器组合在同一压力容器之内。经两级旋风分离器除尘后，烟气中的含尘量已降到200mg/m³左右，粉尘颗粒的尺寸也已小于2.5μm。一般来说，可以满足燃气轮机安全运行的标准，但不能满足当地环境保护法对粉尘排放的要求。

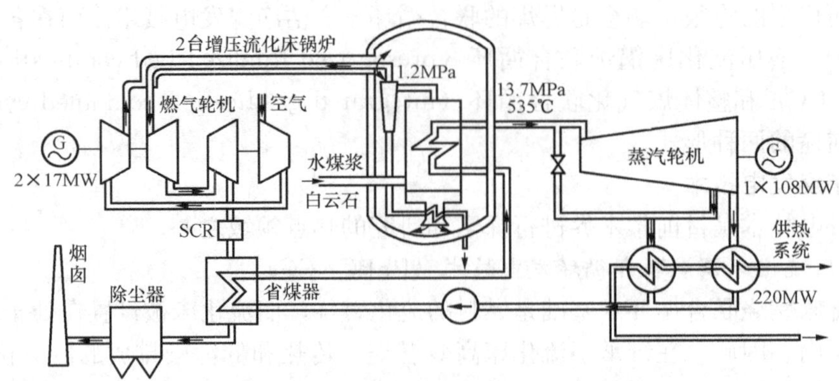

图 1-18 瑞典凡登热电厂的 PFBC 联合循环装置

所以，从燃气轮机排出的烟气还需用布袋除尘器进一步除尘后才经烟囱排出。

图 1-19 所示为 Siemens 等几家公司在德国东部建造的 158MW 增压循环流化床（简记为 PCFBC）联合循环电厂的系统图。这套装置的特点是采用了增压循环流化床锅炉和高温陶瓷过滤除尘技术。

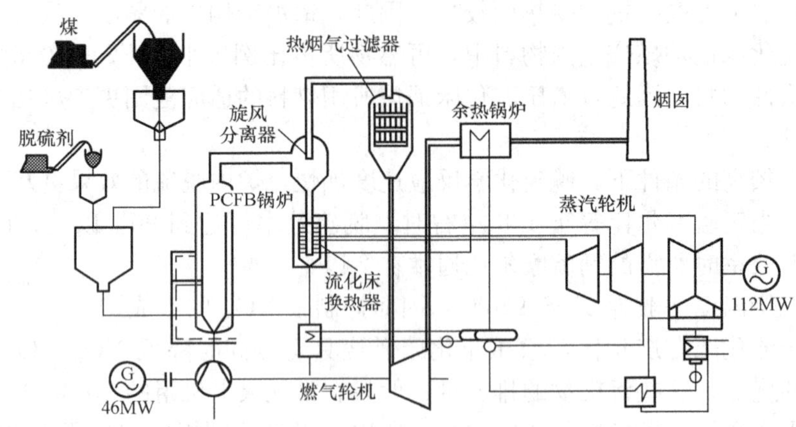

图 1-19 在德国东部建造的 PCFBC 联合循环电厂

建于日本 Karita、容量为 360MW 的 PFBC 联合循环电厂如图 1-20 所示。它是世界上第一座单机容量达到 300MW 以上水平的 PFBC 联合循环电厂，其燃气轮机的发电功率为 70MW，进口参数为 1.3MPa/850℃；蒸汽轮机的发电功率为 290MW，蒸汽参数为 24.6MPa/566℃/566℃。这台机组首次将 PFBC 联合循环蒸汽循环的参数提高到了超临界的水平。

3. 第二代 PFBC 联合循环发电系统

以上介绍的 PFBC 联合循环发电系统，无论容量多大，其燃气轮机的入口温度均在 900℃以下，这是由 PFBC 锅炉的燃烧温度所决定的。这样，即使蒸汽循环部分采用超临界参数，所能达到的供电效率也不过 42%左右。由此可见，要使 PFBC 联合循环发电技术具有更大的竞争力，必须设法提高燃气轮机的入口温度。为此，美国、英国、瑞典等相继提出第二代 PFBC 联合循环发电技术的概念及开发计划。

第二代 PFBC 联合循环发电系统如图 1-21 所示。该系统是在前述 PFBC 联合循环系统

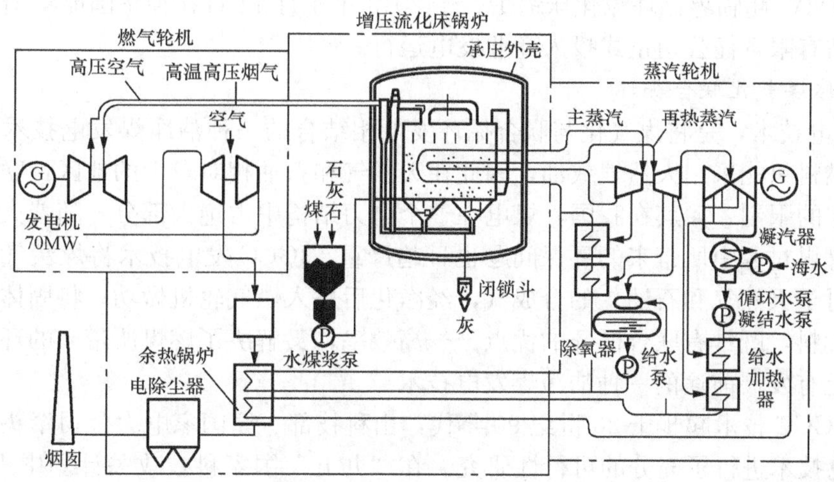

图 1-20　建于日本的 360MW PFBC 联合循环电厂

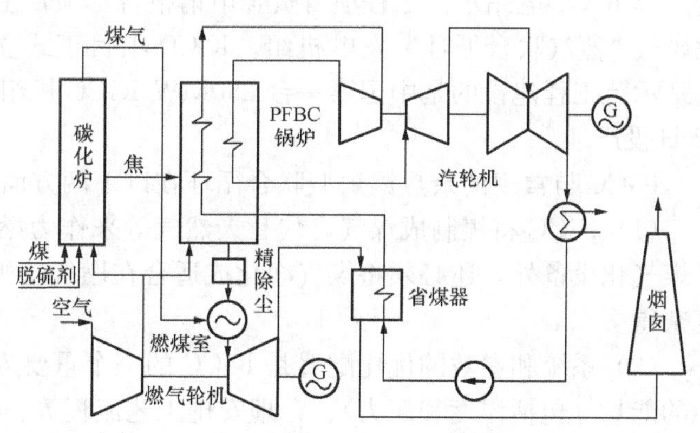

图 1-21　第二代 PFBC 联合循环发电系统

（称为第一代 PFBC 联合循环）的基础上，增加 1 个碳化炉（或部分气化炉）和 1 个燃气轮机顶置燃烧室形成的。碳化炉或部分气化炉产生两种燃料，一种是低热值的煤气，另一种是半焦。低热值煤气经过高温陶瓷过滤器过滤后送入顶置燃烧室进行补燃，将来自 PCFBC 锅炉烟气的温度进一步提高后再送入燃气轮机。半焦则作为 PCFBC 锅炉的燃料使用。在碳化炉和 PCFBC 锅炉内均加入脱硫剂进行炉内脱硫。这样就在保持第一代 PFBC 联合循环低温燃烧优点的基础上，克服了燃气轮机进口温度低、效率低的缺点。预计这种联合循环的供电效率最终可能会达到 50%以上。

4. 燃煤流化床联合循环发电技术展望

燃煤增压流化床联合循环发电技术目前被公认是最有发展前途的洁净煤发电技术之一，在国际上已经形成开发热潮。这是因为这种技术既具有流化床燃煤技术低污染、可燃用劣质煤等优点，又具有联合循环高效率的优点，特别是第二代 PFBC 联合循环。但是，作为一项新发电技术，它还必须做到有高的运行可靠性和低的比投资费用后，才能真正具有竞争力。

从全球来看，第一代 PFBC 联合循环发电机组目前已经进入商业示范运行，在取得经验并加以改进之后，有望扩大在发电设备市场上的份额。第二代 PFBC 联合循环目前尚无商业运行经验，但已显示出巨大潜力，预计在 21 世纪会获得快速发展。

我国在应用流化床技术燃烧劣质煤方面的研究工作从 20 世纪 60 年代开始，1965 年研制出第一台流化床锅炉，20 世纪 80 年代末，研制出循环流化床锅炉。目前已有 20 多个厂家可以生产不同型号的流化床锅炉。由东方电气集团东方锅炉股份有限公司研制的世界首台最大容量 600MW 超临界循环流化床锅炉，于 2013 年 4 月 14 日在神华国能集团白马循环流化床示范电站有限责任公司正式投入商业发电运行。

（二）整体煤气化联合循环

IGCC 发电技术，是将煤气化与联合循环发电相结合的一种洁净煤发电技术。由于联合循环机组的燃料只能采用天然气或油，因此在天然气和石油相对较少的地区，联合循环的发展受到了一定的限制。尤其在我国，煤电在整个电力结构中占绝大部分。随着火力发电厂的逐年增加，燃煤过程中所带来的环保问题也日趋严重。IGCC 发电技术将煤炭气化，产生出低热值（相对于天然气和石油）的合成气，经净化后进入燃气轮机做功，将固体燃料转化成清洁的气体燃料，既具有联合循环的优点——高效率，又解决了燃煤所带来的环保问题，因此成为世界上有发展前途的一种洁净煤发电技术。

中国的 IGCC 技术起步于 20 世纪 90 年代，由科技部、原国家电力公司牵头，对中国发展 IGCC 发电技术进行了充分的可行性研究。在“九五”国家科技攻关计划中进行了 IGCC 关键技术的研究。在此基础上，2009 年 11 月，国家发展改革委批准了亚洲开发银行贷款华能天津 IGCC 电站示范工程项目资金申请报告。项目主要内容为新建 250MW 级“整体煤气化燃气-蒸汽联合循环”发电机组。IGCC 项目正式立项建设地址为天津。华能天津 IGCC 电站示范工程建设的是中国第一台 250MW IGCC 机组，历经三年多建设，于 2012 年 12 月 12 日投产。

IGCC 与常规的余热锅炉型联合循环在以下两方面存在显著不同：

（1）IGCC 将煤制成煤气，代替天然气等来作为燃气轮机的燃料。因此，系统中除增加了煤气化设备外，还必须将煤气净化成适合在燃气轮机中直接燃烧的气体燃料，因而系统要复杂得多。

（2）系统和参数的优化配置是 IGCC 的一个重要内容，包括有效合理地利用各个子系统中的能量（包括温度和压力）、合理安排工艺流程等。

目前典型的 IGCC 系统中，煤和来自空气分离装置的富氧气化剂送入加压（2～3MPa）气化装置中，气化生成煤气，煤气经过净化后作为燃气轮机的燃料进入燃烧室。燃烧室产生的高温高压燃气进入燃气轮机，带动发电机做功发电，并驱动压气机。压气机输出的压缩空气的一部分送入燃气轮机燃烧室，作为燃烧所需空气；另一部分供空气分离装置利用。燃气轮机的排气进入预热锅炉产生蒸汽，并送入汽轮机做功发电，实现了在燃气-蒸汽联合循环发电中间接地使用固体燃料煤的目的。图 1-22 为一种典型的整体煤气化联合循环系统简图。

1. IGCC 的主要优点

（1）燃料的适应性广。就目前已投运的 IGCC 电站和示范装置运行情况来看，燃料的适应范围是比较广的，可利用高硫分、高灰分、低热值的低品位煤。但是，一般气化炉是根据某一种燃料进行设计的。为了保证气化炉的经济、稳定运行，其煤种的适应性还是有限的。

（2）具有进一步提高效率的前景。IGCC 的净效率主要取决于燃气轮机的进口温度、煤气化显热的利用程度、电站系统的整体化程度以及厂用电率等。由于在煤气化和粗煤气的净化过程中能量转换所造成的损失，再加上目前采用富氧作为气化剂，空气分离装置所消耗的电力，使 IGCC 的效率低于燃气-蒸汽联合循环机组的效率。因此，IGCC 具有较大幅度提高燃煤发电效率的潜力。目前，IGCC 发电效率可达 45%以上。

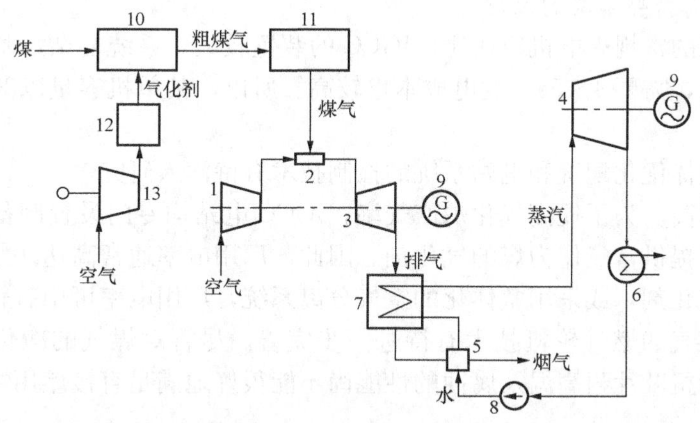

图 1-22 整体煤气化联合循环的基本型式（独立空气分离系统）

1—压气机；2—燃烧室；3—燃气透平；4—汽轮机；5—给水加热器；6—凝汽器；7—余热锅炉；8—给水泵；9—发电机；10—煤气发生炉；11—煤气净化装置；12—空气分离装置；13—空气压缩机

（3）IGCC 克服了单独煤气化的缺点。在单独煤气化的过程中，煤的化学能中约 15%的热量损失在冷却水中。在 IGCC 中，将煤气的生产与燃气 - 蒸汽联合循环发电连接成一个整体，直接利用在单独煤气化中不可避免要损失的热量，比如利用这一部分热量加热余热锅炉的给水，从而体现整体化的优势。

（4）优良的环保性能。IGCC 发电系统在将固体燃料比较经济地转化为燃气轮机能燃用的清洁气体燃料的基础上，很好地解决了燃煤污染严重且不宜治理的问题，因此，它具有大气污染物排放量少、废物处理量小等突出优点，足以满足对未来燃煤发电系统日益严格的环保指标要求。

（5）耗水量较少，节水效果显著。IGCC 的燃气轮机发电量占机组总发电量的 50%～60%，蒸汽轮机占 40%～50%，而燃气轮机动力循环装置消耗水量很少。因此，联合循环电站的耗水量只有常规火电厂耗水量的 50%～70%，适宜于缺水地区和建设坑口电站。

（6）充分利用煤炭资源，组成多联产系统。煤气化炉产生的煤气除了可直接用于联合循环发电外，还可同时供热，煤气又能用于制作合成氨、尿素等化工产品，也可直接供城市居民生活用煤气，还可以作为燃料电池的燃料组成效率更高的联合循环发电系统。因此，具有利用煤炭建造联合生产各种产品的所谓多联产系统的潜力。

（7）宜大型化，并能与其他先进发电技术结合。目前，IGCC 所涉及的基本技术已趋于成熟，单机容量已能做到 300～600MW 等级。从技术和经济的角度出发，整体煤气化联合循环发电装置适合于大型化。在先进制造工业和高科技的促进下，正朝着新一代的大型化 IGCC 技术发展，比如，亚临界或超临界蒸汽参数的 IGCC 发电装置、整体煤气化湿空气透平联合循环发电装置、整体煤气化燃料电池复合发电装置等。

（8）便于分段、分步建设电站。IGCC 可采用分阶段建设的方式，第一阶段：燃气轮机发电（比如使用天然气），可提供约三分之二的电站额定出力；第二阶段：汽轮机发电；第三阶段：IGCC 发电，达到机组的额定出力。当天然气和石油资源枯竭或价格昂贵时，可用于改造燃气 - 蒸汽联合循环电站，还可用于对现有蒸汽轮机电站进行增容改造。

2. IGCC发电尚需要解决的问题

（1）与同容量的常规火电机组相比，IGCC的装置较大，系统复杂，基本建设投资费用比较高，工期较长，需要4～5a，发电成本也较高。所以，其单机容量以300～600MW及以上较为合适。

（2）系统的整体优化配置和电站系统的控制技术有待深入研究。

（3）厂用电率高。为了提高气化炉产气率，IGCC电站均专门设置制备氧气的空气分离系统及设备，用于提供富氧作为煤的气化剂。因此，厂用电率通常高达10%～13%。如果采用压缩空气作为气化剂，或采用整体化的空气分离系统，厂用电率可望有较大幅度的降低。

（4）适合燃煤气的燃气轮机技术有待进一步完善。尽管对煤气的净化提出了很高的要求，但目前燃气轮机叶片耐高温及腐蚀的性能尚不能很好地满足直接燃用煤气的要求，需要进一步的改进。

（5）大容量煤气化设备、高温煤气除尘及脱硫技术有待于进一步开发。

五、燃料电池发电

燃料电池发电不同于传统的火力发电，其燃料不经过燃烧，没有复杂的从燃料化学能转化为热能，再转化为机械能，最终转换为电能的过程，而是直接将燃料（天然气、煤制气、石油等）中的氢气借助于电解质与空气中的氧气发生化学反应，在生成水的同时进行发电。因此，燃料电池发电的实质是化学能发电。燃料电池发电是目前唯一同时兼具无污染、高效率、适用广、无噪声和可连续工作的动力装置，被认为是21世纪最有发展前景的高效清洁发电技术。

燃料电池也不同于平时所说的干电池与蓄电池。平时所说的干电池与蓄电池，没有反应物质的输入与生成物质的排出，所以其寿命有一定限度；而燃料电池可以连续地对其供给反应物（燃料）及不断排出生成物（水等），因而可以连续地输出电力。

1. 燃料电池发电技术的发展过程

燃料电池的历史可以上溯到19世纪。1839年，英国人格罗夫（W. Grove）就提出了氢和氧反应可以发电的原理，这就是最早的氢-氧燃料电池（fuel cell，FC）。但直到20世纪60年代初，由于航天和国防的需要，才开发了液氢和液氧的小型燃料电池，应用于空间飞行和潜水艇。1968年，美国又在阿波罗登月飞船上将碱性燃料电池作为主电源，为人类首次登上月球作出了贡献。随着技术的发展，美国在1967年开始了以民用为目标的研究计划，首先开发磷酸型燃料电池。之后，以美国、日本为中心，进行了磷酸型燃料电池实用化的工作。目前，燃料电池已用于航天、汽车、舰船、发电站、移动电话、笔记本电脑等众多领域。燃料电池受到世界各国的普遍重视，许多国家和地区将燃料电池技术上升为国家战略、城市战略高度，制定了系列扶持政策和发展规划。例如：美国的“展望21世纪（Vision 21）”、“自由车（Freedom CAR）”、“自由燃料（Freedom Fuel）”、“氢燃料电池开发计划（Hydrogen Fuel Initiative）”，日本的“新日光计划（New Sunshine Program）”，以及欧洲的“焦耳计划（Joule）”、“第六科研框架计划”、欧盟的燃料电池客车计划，中国、巴西、埃及、印度和墨西哥等国的燃料电池客车示范项目等。

美国已将燃料电池发电列为国家安全关键技术之一，将燃料电池技术提高到“国家能源安全关键技术”的战略高度。美国政府已促使所有的军事基地安装200kW燃料电池发电机组。通过这些措施加速燃料电池的商业化，并提高国家能源的安全性。美国政府投入巨资研究开发燃料电池发电技术的另一个目的，就是要保持美国在这一领域的领先地位。

日本走的是一条通过与美国合作、引进技术并消化吸收实现产业化的路线。日本政府对燃料电池给予高度重视，先后列入了“月光计划”和“新阳光计划”，大力投入研究开发。目前，日本的磷酸型燃料电池技术已赶上了美国，商业化程度超过了美国。日本“新阳光计划”的目标是实现煤气化燃料电池联合循环发电，并逐步替代常规火电厂。

燃料电池起源于欧洲，但是，现在欧洲的燃料电池技术已远远落后于美国和日本。主要原因是政府和企业对燃料电池发电技术重视不够。欧洲已经意识到这一点，于1990年成立了一个“欧洲燃料电池集团”，引进美国、日本的技术，并进行研究开发。在目前复杂的国际环境下，高技术的垄断日趋严重，掌握清洁高效发电的高新技术对未来国家的能源和电力安全具有重要的战略意义，而燃料电池发电技术，正是这种高效清洁的高新发电技术之一。

我国燃料电池的研究始于1958年，当时人们凭着一股热情推动燃料电池上马，不过很快就偃旗息鼓了。20世纪70年代初，在航天计划的带动下，我国燃料电池的研究掀起高潮，武汉大学、中国科学院大连化物所、原电子部天津电源研究所等单位研制碱性燃料电池并取得一定的成果，后因航天计划改变，燃料电池的研究也就基本中止，中间停顿了约15年。20世纪90年代，环境保护、能源短缺的双重压力，以及国际上燃料电池的突破性进展的带动，我国第二次燃料电池研制高潮逐渐形成。“九五”期间，燃料电池被列入国家重点科技项目攻关计划，研究开发力度加大。由于燃料电池具有良好的发展前景，国内越来越多的单位投入到燃料电池的研究工作中。由于我国燃料电池研制停顿多年，研究经费少，因此我国燃料电池研究与国外先进水平和实际应用均有相当大的距离。

2. 燃料电池的原理

燃料电池发生电化学反应的实质是氢气的燃烧反应。与一般电池不同之处在于燃料电池的正、负极本身不包含活性物质，只是起催化转换作用，所需燃料（氢或通过甲烷、天然气、煤气、甲醇、乙醇、汽油等化石燃料或生物能源重整制取）和氧（或空气）不断由外界输入。因此燃料电池是名副其实的把化学能转化为电能的装置。

燃料电池的化学反应与电子运动如图1-23所示。在氢与氧结合生成水时，氢气放出电子，具有正电荷；同时，氧气从氢气中得到电子，具有负电荷，两者结合成为中性的水。在氢与氧进行化学反应的过程中，发生电子的移动，把电子的移动取出，加到外部连接的负载上面，这种结构即为燃料电池。

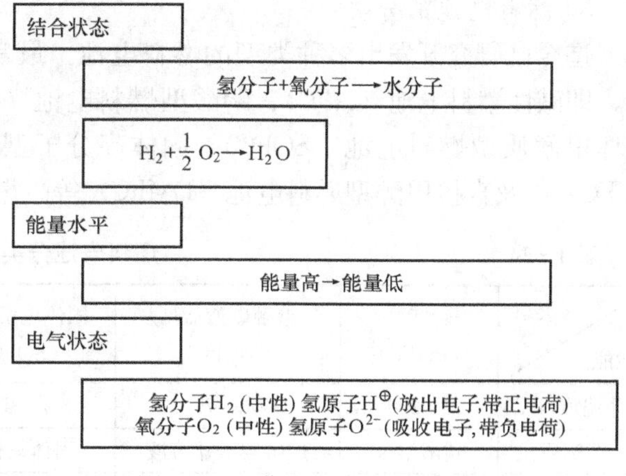

图1-23　化学反应与电子运动

为使移动的电子能够取出加到外部连接的负载上，有必要把氢与氧用以离子为导体的电解质将其分开，在电解质的两边进行反应。氢气反应的地方为燃料极，氧气反应的地方为空气极，夹在这两个极中间通过离子传导电力的地方为电解质。燃料电池的构成如图1-24所示。

燃料极中流动的氢，通过金属的催化剂，分离成氢离子（H^+）与电子（e^-）。氢离子

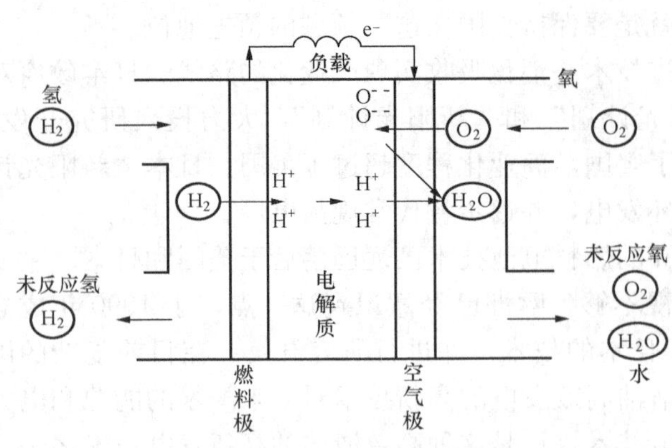

图 1-24　燃料电池构成

通过电解质或者通过外部负载，到达空气极。在空气极，通过外部负载得到电子，同时也由于金属催化剂，氧气变为氧离子（O^{2-}）。氧离子与电解质中流来的氢离子进行反应，生成水。

燃料极与空气极统称为电极，由金属或炭等制成，而且为了对电极提供氢与氧，以及排出化学反应生成的水，电极中有相当多的细小毛孔。燃料极为阳极，空气极为阴极。

电解质是由不透气的通过离子导电的导体组成。离子导体是指离子移动而使电子传递。碱性液体和酸是良好的离子导体；熔融碳酸盐也是良好的离子导体；在固体中，锆也是一种良好的离子导体。

在图 1-24 的燃料极中必须有以下反应：

$$H_2 \longrightarrow 2H^+ + 2e^- \tag{1-1}$$

到达燃料极中的细小毛孔中的氢在电极与电解质的交界处，借助于金属的催化作用分离出氢离子与电子，如果这个氢离子与电子能各自通过电解质与外电路传递的话，就能够连续地发生式（1-1）的化学反应。

在空气极处，利用燃料极所产生的氢离子与电子产生以下化学反应：

$$2H^+ + 2e^- + O_2 \longrightarrow H_2O \tag{1-2}$$

综合式（1-1）及式（1-2），最终只有一个由氢与氧反应生成水的结果。可以通过把燃料极所产生的电子通过外部负载流入到空气极的方法，从燃料电池中获取电力。

由一个燃料极和空气极及电解质、燃料、空气通路所组成的一组电池称为单体电池，多个单体电池的重叠称为电堆。实用的燃料电池均由电堆组成。

3. 燃料电池的分类

迄今已研究开发出多种类型的燃料电池。最常见的分类方法是按电池所采用的电解质分类，即碱性燃料电池（AFC）、磷酸型燃料电池（PAFC）、熔融碳酸盐型燃料电池（MCFC）、固体电解质型燃料电池（SOFC）、固体高分子型（对称质子交换膜）燃料电池（PEMFC 或 PEFC）以及直接甲醇型燃料电池（DMFC）等。燃料电池分类及特性见表 1-24。

表 1-24　燃料电池分类及特性

类型 / 性能	磷酸型（PAFC）	熔融碳酸盐型（MCFC）	固体电解质型（SOFC）	碱性（AFC）	固体高分子型（PEFC/PEMFC）	直接甲醇型（DMFC）
工作温度（℃）	约 200	600～700	800～1000	60～80	约 100	约 100
电解质	磷酸溶液	熔融碳酸盐溶液	固体氧化物	KOH	全氟磺酸膜	全氟磺酸膜
反应离子	H^+	CO_3^{2-}	O^{2-}	OH^-	H^+	H^+
可用燃料	天然气、甲醇	天然气、甲醇、煤	天然气、甲醇、煤	纯氢	氢、天然气、甲醇	甲醇
适用领域	分散电源	分散电源	分散电源	移动电源	移动电源、分散电源	移动电源
备注	CO 中毒	无	无		CO 中毒	CO 中毒

有时也把燃料电池按照电池的工作温度进行分类。工作温度低于100℃的为低温燃料电池，包括碱性燃料电池和固体高分子型燃料电池；工作温度在100～300℃的为中温燃料电池，包括直接甲醇型燃料电池和磷酸型燃料电池；工作温度在600～1000℃的为高温燃料电池，包括熔融碳酸盐型燃料电池和固体电解质型燃料电池。

4. 燃料电池系统

燃料电池发电装置除了燃料电池本体外，还必须和以下周边装置共同构成一个系统。燃料电池系统因燃料电池本体的形式及使用燃料的不同和用途的不同而有所区别，主要有燃料重整系统、空气供应系统、交-直逆变系统、预热回收系统以及控制系统等周边装置。在高温燃料电池中，还有剩余气体循环系统。燃料电池发电装置的系统构成如图1-25所示。

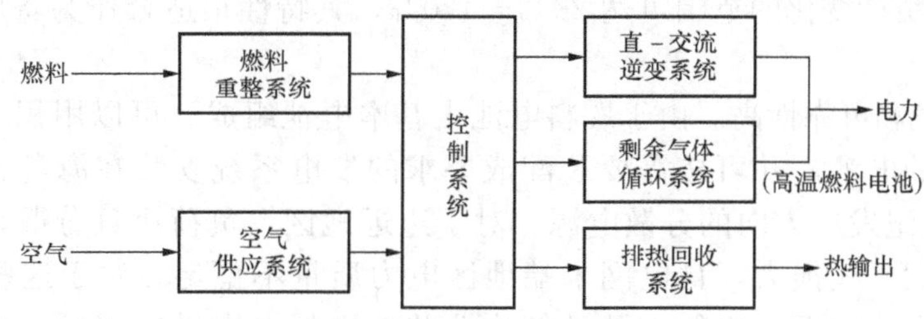

图1-25　燃料电池发电装置的系统构成

构成系统各周边装置的作用如下：

(1) 燃料重整系统。燃料重整系统是将所得到的燃料转化为燃料电池能够使用燃料（以氢为主要成分）的一个转换系统。碳氢化合物的气体燃料（如天然气等）或者液体燃料（石油、甲醇等）用作燃料电池的燃料时，通过水蒸气重整法等对燃料进行重整。而在使用煤炭时，则通过煤制气的反应，制造出以氢与CO_2为主要成分的气体燃料。这些转换的主要反应装置，称为重整器和煤气化炉。

(2) 空气供给装置。空气供给装置是对燃料电池供应反应时用的空气系统。

(3) 直-交流逆变系统。燃料电池所产生的是直流电，而所需要的往往是交流电，因此要有一个将燃料电池本体所产生的直流电变换成交流电的装置。

(4) 排热回收系统。排热回收系统指回收燃料电池本体发电时所产生的热（电池排气的含热及燃料重整系统的排热等）的系统。

(5) 控制系统。控制系统是燃料电池发电装置启动、停止、运转、外接负载等的控制装置，由控制运算的计算机以及测量与控制执行机构等组成。

(6) 剩余气体循环系统。在高温燃料电池发电装置中，由于电池排热温度高，因此装设有可以使用剩余气体的燃气轮机与蒸汽轮机循环系统。

5. 燃料电池的特点

(1) 小型高效，能量转换效率高。由于燃料电池的质量比功率和体积比功率均比常规的小型发电装置大，因此，它是理想的移动电源，适合于各种建设工地、野外作业和临时急用。与常规的火力发电不同，燃料电池发电时不会燃烧出火焰，也没有旋转发电机，所以燃料的化学能直接转化为电能，能量转换效率高，燃料电池本体的发电效率可达到50%～60%。如果将排出的燃料进行重复利用，再利用其排热，燃料电池发电的理论能量转换效率可达90%，且燃料电池的发电效率受负荷和容量的影响较小。其他物理电池，如温差电池效率为10%，太阳能电池效率为20%，均无法与燃料电池相比。组成的联合循环发电系统在10～50MW规模即可达到70%以上的发电效率。

（2）污染小，噪声低。燃料电池作为大、中型发电装置使用时其突出的优点是减少污染排放，是保护环境的绿色能源。由于燃料电池发电过程没有燃烧，几乎不排出NO_x和SO_x，与传统的火电机组相比，CO_2排出量可减少40%～60%。对于氢燃料电池而言，发电后的产物只有水，可实现零污染。另外，由于燃料电池无热机活塞引擎等机械传动部分，燃料电池工作时很安静且无机械磨损，故操作环境无噪声污染。

（3）变负荷率高，负荷响应范围广。当燃料电池的负载有变动时，它会很快响应。燃料电池可在1s之内迅速提供满负荷动力，变负荷率可达到（8%～10%）/min，并可承受短时过负荷（几秒），负荷变化的范围可达20%～120%，其特性很适合作为备用电源或安全保证电源。

（4）供电质量和可靠性高。由于燃料电池由基本电池组成，可以用积木式的方法组成不同规格、功率的电池，并可按需要装配成要求的发电系统安装在海岛、边疆、沙漠等地区，构成21世纪发展方向的分散电源。对于边远地区，负荷小且分散，若建设完善的电网，不仅投资大，线损大，且电网末端地区电力质量不稳定。对于这些区域若辅助燃料电池发电的分布式电源，更能有效地解决这些地区的电力供应问题，在国防安全上可发挥重要的作用。

（5）燃料电池可与水电、风电和太阳能发电等结合。在其他发电形式高出力时，利用电解水制氢，低出力时用燃料电池发电，达到既储能又高效发电的目的。

（6）燃料电池可使用的燃料有氢气及多种多样的初级燃料，资源广泛，如天然气、煤气、甲醇、乙醇、汽油；也可使用发电厂不宜使用的低质燃料，如褐煤、废木、废纸，甚至城市垃圾，但需经专门装置对它们重整制取。

（7）不需要大量的冷却水，适合于内陆及城市地下应用，对缺水的中国极为有利。

（8）模块化结构，扩容和增容容易，建厂时间短，占地面积小。

（9）自动化程度高，可实现无人操作。

虽然燃料电池有上述种种优点，然而由于燃料电池在价格和技术上存在一些瓶颈，至今一切已有的燃料电池均没有达到大规模民用商业化程度。这些瓶颈包括：造价偏高、启动性能尚不及内燃机、甲醇以外的许多碳氢燃料无法直接利用、氢气储存技术不完善、氢燃料基础建设不足等。

六、风力发电

风能作为一种清洁的可再生能源，越来越受到世界各国的重视。地球上风能蕴量巨大，约为2.74×10^9MW，其中可利用的风能约为2×10^7MW，比地球上可开发利用的水能总量还要大10倍。

我国是世界上最早利用风能的国家之一。公元前数世纪，我国人民就利用风能提水、灌溉、磨面，用风帆推动船舶前进。在国外，公元前2世纪，古波斯人就利用风能碾米；10世纪，伊斯兰人用风能提水；11世纪，风力机已在中东获得广泛的应用；13世纪，风力机传至欧洲；14世纪，风力机已成为欧洲不可缺少的原动力机，除了汲水外还用于榨油和锯木；19世纪，风力机更为荷兰、丹麦、美国等国的经济发展做出了重要贡献，例如，19世纪初，荷兰约有1万台叶片长达28m的大型风力机；19世纪的后半叶，风力机在丹麦还很流行，当时约有 3000 多台风力机在运行，总功率达 150～200GW，当时丹麦工业 1/4 的能源依靠风能。

工业革命后，特别是 20 世纪，由于煤炭、石油、天然气的开放，农村电气化的逐步普及，风能利用呈下降趋势，风能技术的发展缓慢，直到 20 世纪 70 年代中期，能源危机才使人们重新重视风能的研究和发展。现在，人们感兴趣的是如何利用风来发电。目前全世界每年燃烧煤所获得的能量，只有风力在一年内所提供能量的三分之一。因此，国内外都很重视利用风力来发电。利用风力发电已越来越成为风能利用的主要形式，受到世界各国的高度重视，而且发展速度很快。

1. 风力发电概况

风电的优点：蕴藏量大、可再生、无污染、不淹地、占地少、建设周期短、投资灵活、自动控制水平高、运行管理人员少等；缺点：它是一种密度小的随机性能源。

风力发电通常有三种运行方式：一是独立运行方式，通常是一台小型风力发电机向一户或几户提供电力，用蓄电池蓄能，以保证无风时的用电；二是风力发电与其他发电形式相结合，向一个单位或一个村庄或一个海岛供电；三是风力发电并入常规电网运行，这是风力发电的主要发展方向。

我国风能资源丰富，可开发利用的风能储量约 10 亿 kW，其中，陆地可利用风能资源 3 亿 kW，海上可开发和利用的风能储量约 7 亿 kW。主要分布在两大风带：一是“三北地区”（东北、华北北部和西北地区）；二是东部沿海陆地、岛屿及近岸海域。另外，内陆地区还有一些局部风能资源丰富区。

《中华人民共和国电力法》规定：国家鼓励和支持利用可再生和清洁能源发电。国务院各部委出台了一系列促进可再生能源发电产业发展的政策。原国家计委和科技部联合下发了《国家计委、科技部关于进一步支持可再生能源发展有关问题的通知》（计基础〔1999〕44 号文），提出了促进可再生能源发展特别是针对风力发电的几项优惠政策。国家发展改革委 2006 年下发了《可再生能源发电有关管理规定》（发改能源〔2006〕13 号文），进一步促进了可再生能源发电产业的发展，并再于 2007 年 8 月 31 日印发了国务院审议通过的《可再生能源中长期发展规划》（发改能源〔2007〕2174 号）。财政部于 2008 年 4 月 14 日下发了《关于调整大功率风力发电机组及其关键零部件、原材料进口税收政策的通知》，规定自 2008 年 1 月 1 日起，对国内企业为开发、制造大功率风力发电机组而进口的关键零部件、原材料所缴纳的进口关税和进口环节增值税实行先征后退，所退税款作为国家投资处理，转为国家资本金，主要用于企业新产品的研制生产以及自主创新能力建设。国家发展改革委 2009 年发布了《关于完善风力发电上网电价政策的通知》（发改价格〔2009〕1906 号），对风力发电由招标定价改为实行标杆上网电价政策。

自 1986 年山东省荣成第一个风力发电厂并网发电以来，我国风力发电的发展迅速。从 2005 年开始，中国的风电总装机连续 5 年实现翻番。2009 年，中国以 25 800MW 的总累计装机容量超过德国，成为世界第二。至 2010 年底，中国全年风力发电累计装机容量达到 41 827MW，首次超过美国，跃居世界第一。2012 年末，中国（不包括台湾地区）累计安装风电机组 53764 台，装机容量 75 324.2MW（见表 1-25）。根据全球风能理事会统计，至 2013 年底，风电装机累计前十位的国家见表 1-26。

表 1-25　2012 年中国各省市新增及累计风电装机情况　MW

序号	省（自治区、直辖市）	2011 年累计	2012 年新增	2012 年累计
1	内蒙古	17 504.4	1119.4	18 623.8
2	河北	7070.0	908.8	7978.8
3	甘肃	5409.2	1069.8	6479.0
4	辽宁	5249.3	869.0	6118.3
5	山东	4562.3	1128.7	5691.0
6	黑龙江	3445.8	818.6	4264.4
7	吉林	3564.4	433.0	3997.4
8	宁夏	2875.7	690.0	3565.7
9	新疆	2316.1	990.0	3306.1
10	山西	1881.1	1026.0	2907.1
11	江苏	1967.6	404.5	2372.1
12	云南	932.3	1031.8	1964.0
13	广东	1302.4	388.9	1691.3
14	福建	1025.7	265.0	1290.7
15	陕西	497.5	212.0	709.5
16	贵州	195.1	312.0	507.1
17	安徽	297.0	197.0	494.0
18	河南	300.0	192.6	492.6
19	浙江	367.2	114.5	481.7
20	上海	318.0	34.0	352.0
21	海南	256.7	48.0	304.7
22	江西	133.5	154.0	287.5
23	天津	243.5	34.5	278.0
24	湖南	185.3	64.0	249.3
25	广西	79.0	124.5	203.5
26	湖北	100.4	93.5	193.9
27	青海	66.5	115.0	181.5
28	北京	155.0	0.0	155.0
29	重庆	46.8	57.6	104.4
30	四川	16.0	63.5	79.5
31	香港	0.8	0.0	0.8
汇总		62 364.2	12 960.0	75 324.2
32	台湾	564.05	57.0	621.05
总计		62 928.2	13 017.0	75 945.2

注　资料来源：中国风能协会。

表 1-26　**风电装机前十位的国家或地区（至 2013 年底）**

序号	国家	2012 年新增加的容量（MW）	2013 年底累计容量（MW）	占比（%）
1	中国大陆	16 100	91 424	28.7
2	美国	1084	61 091	19.2
3	德国	3238	34 250	10.8
4	西班牙	175	22 959	7.2
5	印度	1729	20 150	6.3
6	英国	1883	10 531	3.3
7	意大利	444	8552	2.7
8	法国	631	8254	2.6
9	加拿大	1599	7803	2.5
10	丹麦	657	4772	1.5
世界前十国家总计			269 785	84.8
世界其他地区总计			48 352	15.2
全世界风电装机总计			318 137	100.0

注　数据来源：全球风能理事会。

尽管风力发电具有很大的潜力，但目前对世界电力的贡献还很小，这是因为风力发电的大规模发展仍受到许多因素的影响，如：能量输出不稳定，特别是大型风力机的利用率低，作为独立能源的条件还不具备；安全可靠性尚无充分保障；成本在短期内尚不足以与矿物燃料相竞争等。另外，公众和政府部门对风力发电的认识也在某种程度上影响了风力发电的发展（如认为建风力发电厂妨碍土地在其他方面的使用等）。

2. 风力机

风力机是将风能转换为机械功的动力机械，又称风车。它是一种以太阳为热源，以大气为工作介质的热能利用发动机。风力机的类型很多，通常将其分为水平轴风力机、垂直轴风力机和特殊风力机三大类。但应用最广的还是前两种类型的风力机。

（1）水平轴风力机。水平轴风力机是目前国内外最常见的一种风力机。图 1-26 为目前应用最广的各种不同迎风式水平轴风力机的示意。大容量并网风电场采用上风向式水平轴风力机较多。

（2）垂直轴风力机。垂直轴风力机叶轮的转动与风向无关，因此不需要像水平轴风力机那样采用迎风装置，但其输出功率一般比水平轴风力机小。图 1-27 为各种类型的垂直轴风力机的示意。

由于风力机安装地点的风力和风速是不断变化的，为了使风力机能稳定地工作，并有效地利用风能，风力机上都必须有调向和调速装置。调速装置的作用是使风力机在风速变化时能保持转速不变。此外，在风速过高时还能起到速保护作用，在需要停机时能实现气动刹车。

3. 风力机对环境的影响

如果不考虑风能中利用所采用的材料（如钢铁、水泥等）在生产过程中对环境的污染，通常认为风能利用是无污染的。但是由于人们对环境的要求越来越高，以及环境保护的意义

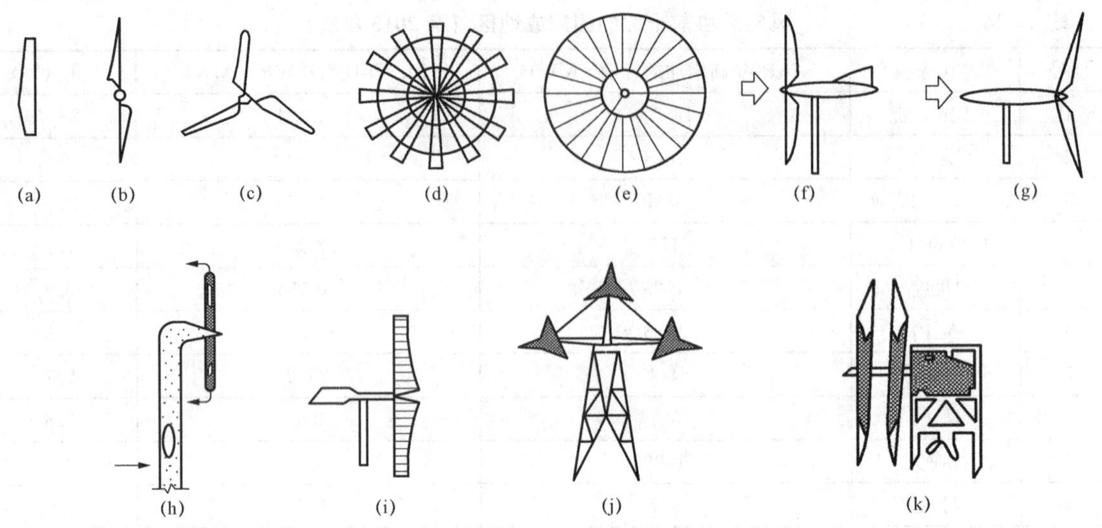

图 1-26 各种类型迎风式水平轴风力机的示意

（a）单叶片式；（b）双叶片式；（c）三叶片式；（d）美国多叶片式；（e）自行车车轮多叶片式；（f）上风向式；（g）下风向式；（h）恩菲德·安德量奥式；（i）帆翼式；（j）多转轮式；（k）叶片反向旋转式

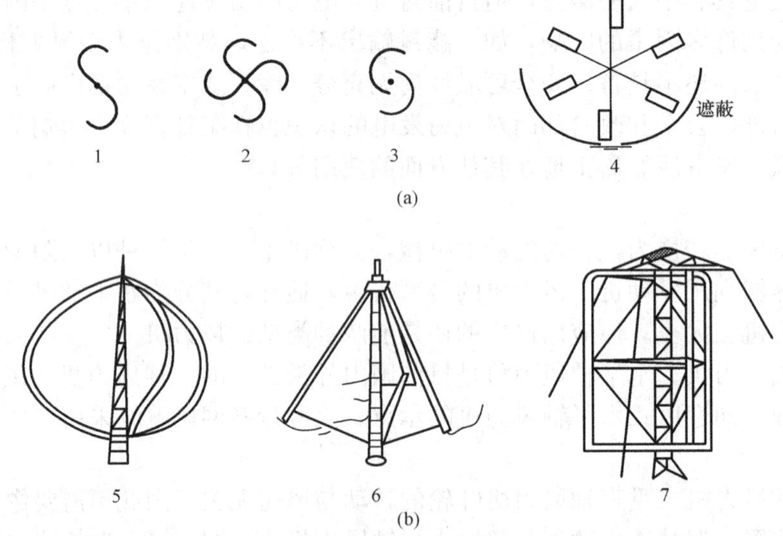

图 1-27 各种类型的垂直轴风力机示意

（a）竖轴风机（阻力型）；（b）竖轴风机（升力型）

1—S 形；2—多叶片型；3—开裂式 S 形；4—平板式；5—Φ 形；6—△形；7—旋翼型

越来越广，在风能利用中必须考虑风力机对环境的影响。这种影响有以下几方面：

（1）风力机的噪声。风车的噪声是风能发电对环境的影响之一。风力机产生的噪声包括机械噪声和气动噪声，风轮直径小于 20m 的风机，机械噪声是主要的，但风轮直径更大时，气动噪声就成为主要的噪声。噪声会对风力机设置处的居民产生一定的影响，特别是对人口稠密的地区，噪声问题更加突出，因此应采用各种技术措施来减少风力机的噪声。

（2）对鸟类的伤害。风力机的运行常常会对鸟类造成伤害，如鸟被叶片击落。大型风力场也影响附近鸟类的繁殖和栖息。虽然许多研究表明上述影响不大，但对一些特殊地区，例如鸟类大规模迁徙的路线上，应充分考虑对鸟类的影响，在选址上避开。

（3）对景观的影响。风力机或因其庞大，或因其数量多（大型风力发电厂风力机可多达数百台），势必对视觉景观产生影响，对人口稠密和风景秀丽区域更是如此。这一问题处理得好，会有正面影响，使风力机变成为一个景观；处理不好，则会产生严重的负面效应。因此在风景区和文化古迹区，安装风力机尤应慎重。

（4）对通信的干扰。风力机运行会对电磁波产生反射、散射和衍射，从而对无线通信产生某种干扰，因此在建设大型风力发电站时应考虑这一因素。

七、太阳能发电

太阳是一个巨大、久远、无尽的能源。尽管太阳辐射到达地球大气层的能量仅为其总能量（约 3.75×10^{20}MW）的 22×10^{8} 分之一，但已高达 1.73×10^{11}MW，换句话说，太阳每秒钟照射到地球上的能量相当于 500×10^{4}t 煤。太阳能是各种可再生能源中最重要的基本能源，地球上风能、水能、海洋温差能、波浪能和生物质能以及部分潮汐能都是来源于太阳，广义地说，太阳能包含以上各种可再生能源。地球上的化石燃料从根本上说也是远古以来储存下来的太阳能。太阳能既是一次能源，又是可再生能源，既可免费使用，又无需运输，对环境无任何污染。但太阳能也有两个主要缺点：一是能流密度低；二是其强度受各种因素（季节、地点、气候等）的影响，不能维持常量。这两大缺点大大限制了太阳能的有效利用。

通常所说的太阳能作为可再生能源的一种，是指太阳能的直接转化和利用。据记载，人类利用太阳能已有 3000 多年的历史。将太阳能作为一种能源和动力加以利用，只有 300 多年的历史。近代太阳能利用历史可以从 1615 年世界上发明第一台太阳能驱动的发动机算起。该发明是一台利用太阳能加热空气使其膨胀做功而抽水的机器。1615—1900 年期间，世界上又研制成多台太阳能动力装置和一些其他太阳能装置。这些动力装置几乎全部采用聚光方式采集阳光，发动机功率不大，工质主要是水蒸气，价格昂贵，实用价值不大，大部分为太阳能爱好者个人研究制造。

真正将太阳能作为“近期急需的补充能源”、“未来能源结构的基础”，则是近来的事。20 世纪 70 年代以来，太阳能科技突飞猛进，太阳能利用日新月异。

1. 太阳能资源分布概况

通过转换装置把太阳辐射能转换成热能利用的属于太阳能热利用技术，再利用热能进行发电技术的称为太阳能热发电。通过转换装置把太阳辐射能转换成电能利用的属于太阳能光发电技术，光电转换装置通常是利用半导体器件的光伏效应原理进行光电转换的，因此又称为太阳能光伏技术。

根据国际太阳能热利用区域分类，全世界太阳能辐射强度和日照时间最佳的区域包括北非、中东地区、美国西南部和墨西哥、南欧、澳大利亚、南非、南美洲东/西海岸和中国西部地区。根据德国航空航天技术中心的推荐，不同地区太阳能热发电技术经济潜能和技术潜能，基于太阳年辐照量测量值大于 6480MJ/m^2，经济潜能基于太阳年辐照量测量值大于 7200MJ/m^2。为了按照各地不同条件更好地利用太阳能，20 世纪 80 年代，中国的科研人员根据各地接受太阳总辐射量的多少将全国分为四类地区。

一类地区：全年日照时数为 3200～3300h，一年内太阳辐射总量为 6680～8400MJ/m^2，相当于225～285kg标准煤燃烧所发出的热量。主要包括：西藏西部、青海西部、新疆东南部、宁夏北部、甘肃北部等地，是中国太阳能资源最丰富的地区。尤以西藏西部的太阳能资源最为丰富，全年日照时数达2900～3400h，年辐射总量高达7000～8000MJ/m²，仅次于撒哈拉沙漠，居世界第2位。

二类地区：全年日照时数为3000～3200h，一年内太阳辐射总量为5852～6680MJ/m²，相当于200～225kg标准煤燃烧所发出的热量。主要包括：河北西北部、山西北部、内蒙古南部、宁夏南部、甘肃中部、青海东部、西藏东南部和新疆南部等地，为中国太阳能资源较丰富区，相当于印度尼西亚雅加达一带。

三类地区：全年日照时数为2200～3000h，一年内太阳辐射总量为5016～5852MJ/m²，相当于170～200kg标准煤燃烧所发出的热量。主要包括：山东东南部、河南东南部、河北东南部、山西南部、新疆北部、吉林、辽宁、云南、陕西北部、甘肃东南部、广东南部、福建南部、江苏北部、安徽北部、天津、北京和台湾西南部等地，为中国太阳能资源的中等类型区，相当于美国的华盛顿地区。

四类地区：全年日照时数为1000～2200h，一年内太阳辐射总量为3344～5016MJ/m²，相当于115～170kg标准煤燃烧所发出的热量。主要包括：湖南、湖北、广西、江西、浙江、福建北部、广东北部、陕西南部、江苏南部、安徽南部、黑龙江、台湾东北部、四川、贵州、重庆等地。此区是中国太阳能资源最少的地区，相当于欧洲的大部分地区。

2. 太阳能热动力发电

太阳能热动力发电一直是太阳能热利用的主要研究方向。根据太阳能热动力发电系统中所采用的集热器的形式不同，该系统可以分为分散型和集中型两大类。

（1）分散型。分散型太阳能热动力发电系统是将抛物面聚光器配制成很多组，然后把这些集热器串联和并联起来，以满足所需的供热温度。分散型系统包括：槽式太阳能热动力发电系统、碟式太阳能热动力发电系统、线性菲涅尔式太阳能热动力发电系统。

槽式太阳能热动力发电系统就是将多个槽型抛物面聚光集热器经过串并联的排列，聚焦太阳直射光，加热真空集热管里面的工质，产生高温，再通过换热设备加热水产生高温高压的蒸汽，驱动汽轮机发电机组发电。图1-28为槽式太阳能热动力发电系统示意。

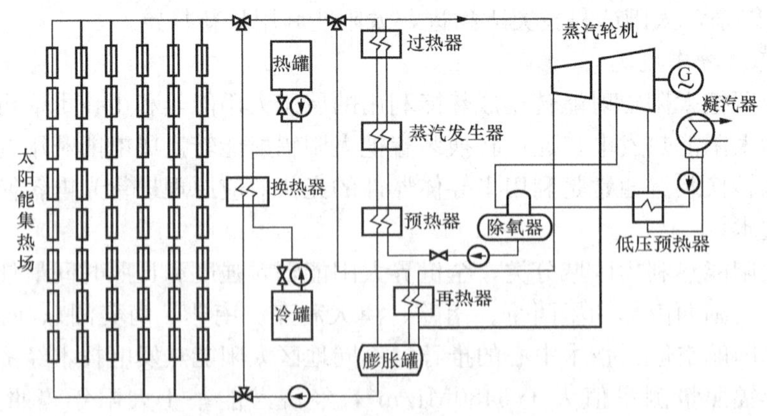

图1-28 槽式太阳能热动力发电系统示意

槽式太阳能热动力发电系统主要包括：聚光集热系统、换热系统、储热系统及蒸汽发电系统。其中：聚光集热系统由大量的聚光集热器及其阵列串、并联而成。聚光集热器包括：高温集热管、聚光反射板、支撑架、驱动系统和追日系统。数个集热器阵列串联成集热器回路，大量的集热器回路并联到高、低温主管道上，从而构成规模庞大的太阳能聚光集热场。低温工质（导热油、熔盐）经过聚光集热系统被加热成高温工质，将太阳辐射能转换成热能；换热系统由换热器组成，包括预热器、蒸汽发生器和过热器；储热系统主要由冷罐、热罐、储热工质、绝热材料及换热器组成。冷罐中的工质采用泵向热罐输送，经过换热器变成高温工质存储于热罐中，即热能储存。反过来，热罐工质转移到冷罐中，即热能释放。储热系统将部分太阳热能储存起来，保证了太阳能热发电系统稳定发电；蒸汽发电系统由蒸汽轮机、发电机及其相关设备组成，实现热能、机械能到电能的转变。槽式太阳能热发电系统的优点是技术较成熟，转换效率在15%左右，装机比例较大；缺点是用水量较多，在沙漠中发电这是其重要的局限性。

碟式太阳能热动力发电系统也称为盘式系统，主要特征是采用盘状抛物面镜聚光集热器，其结构从外形上看类似于大型抛物面雷达天线。由于盘状抛物面镜是一种点聚焦集热器，其聚光比可以高达数百到数千，因而可以产生非常高的温度。这种系统可以作为无电边远地区的小型电源独立运行，功率为10～25kW，聚光镜直径为10～15m。碟式太阳能热动力发电系统也可以做成较大的系统，将多台装置并联起来组成小型太阳能热发电电站。

线性菲涅尔式太阳能热动力发电站是一种结构更为简单的系统，它采用靠近地面放置的多个几乎是平面的镜面结构（带单轴太阳跟踪的线性菲涅尔反射镜），先将阳光反射到上方的二次聚光器上，再由其汇聚到一根长管状的热吸收管，并将其中的水加热产生270℃左右的蒸汽直接驱动后端的蒸汽轮机发电。

（2）集中型。集中型发电系统也称为塔式太阳能热发电系统，它由平面镜、跟踪机构、支架等组成定日镜阵列，这些定日镜始终对准太阳，把入射光反射到位于场地中心附近的高塔顶端的接收器上。图1-29为塔式太阳能热动力发电的示意。塔式太阳能热发电系统的优点是转换效率为20%～35%，接收器较槽式简单，提高效率和降低成本的潜力较大，用水

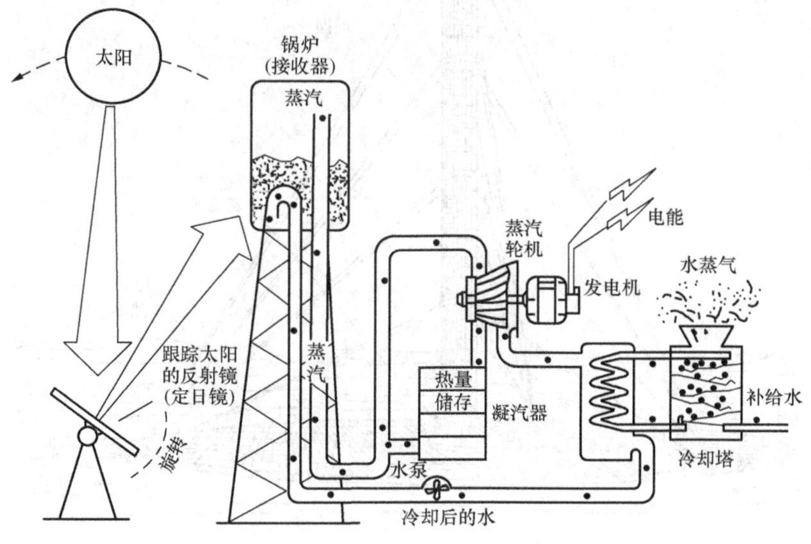

图1-29　塔式太阳能热动力发电的示意

量也相对槽式较低；缺点是定日镜跟踪系统复杂，成本较高。

目前，世界最大的塔式太阳能热发电站是位于美国内华达州和加州交界莫哈韦沙漠的伊凡帕（Ivanpah）电站，电站占地 $8km^2$，总采光面积 262.5 万 m^2，共采用 15 m^2 的定日镜 175000 套，总装机 392MW，由三座装机分别为 133、133、126MW 的塔式电站构成，占当前美国总投运太阳能热发电站装机容量的 30%左右，于 2014 年 2 月 13 日正式并网商业运行，项目总投资 22 亿美元。

为了降低塔式太阳能热动力系统的成本，研究人员开发了一种太阳坑发电技术（见图 1-30）。它是在地面挖一个球形大坑，坑壁贴上许多反射镜，使大坑成一个巨大的凹面半球镜，它将太阳能聚焦到接收器，以获得高温蒸汽。

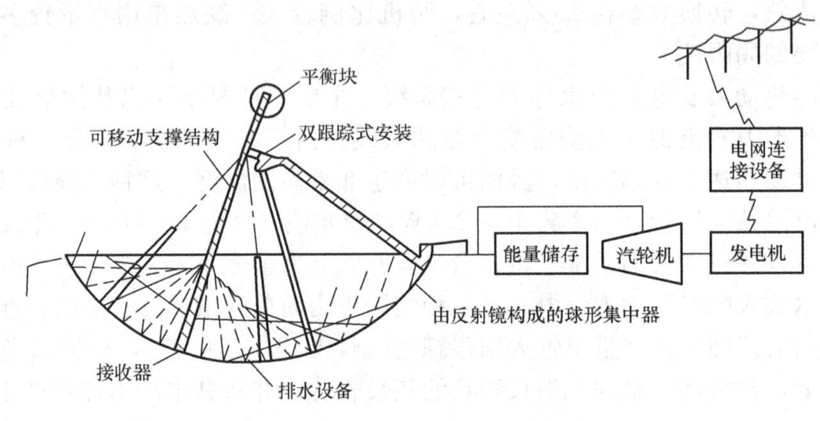

图 1-30 太阳坑发电技术

另一种有前途的太阳能热动力发电技术是太阳能烟囱发电（见图 1-31）。它是在一大片圆形土地上盖满玻璃，圆中心建一个高大的烟囱，烟囱底部装有风力透平机。透明玻璃盖板

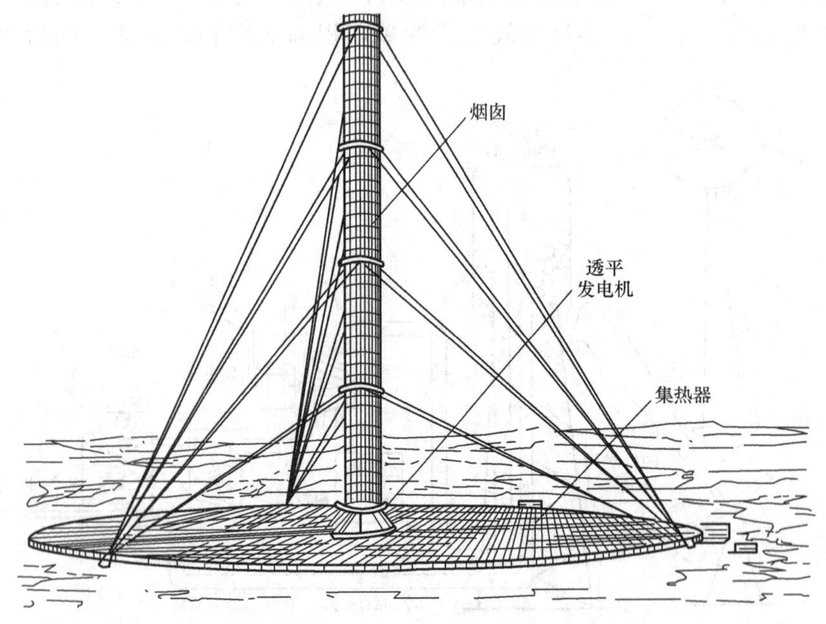

图 1-31 太阳能烟囱发电示意

下被太阳加热的空气通过烟囱被抽走，驱动风力透平机发电。在西班牙已建有一座容量为100kW的试验电站。这种发电装置简单可靠，非常适合我国广大的西部地区。

在上述几种类型的太阳能热动力发电系统中，目前只有槽式太阳能热动力发电系统和塔式太阳能热动力系统已进入商业化阶段，其他均处于中试和示范阶段。太阳能热动力发电系统既可以单纯应用太阳能运行，也可以安装成为与常规火电联合运行的混合发电系统。表1-27是几种太阳能热动力发电的比较。

表1-27　不同类型太阳能热动力发电的比较

参数	槽式系统	塔式系统	碟式系统	菲涅尔式系统
规模	30～320MW	20～30MW	5～25kW	50～100MW
运行温度	565～1049℃	390～734℃	750～1382℃	390～737℃
转换效率	15%	20%～35%	25%～46%	8%～10%
年净效率	11%～16%	7%～20%	12%～25%	—
商业化情况	可商业化	开始商业化建设	开始商业化建设	实验阶段
发电用水量[L/(MW·h)]	3000（或干式）	3000（或干式）	0	2000（或干式）
占地面积	大	中	小	中

3. 太阳能光伏发电

用光-电转换原理制成的太阳电池（又称光电池）是太阳能光利用最成功的方式。太阳电池于1954年诞生于美国贝尔实验室，1958年被用作“先锋1号”人造卫星的电源上了天。这种电池一下子就使人造卫星的电源可安全工作达20年之久，从而彻底取代了只能连续工作几天的化学电池，为航天事业的发展提供了一种新的动力。

太阳能光伏发电系统由太阳能电池组、控制器、蓄电池（组）和逆变器等构成。太阳能电池板是太阳能光伏发电系统的核心部分，其质量和成本直接决定了太阳能光伏发电系统的质量和成本。

太阳电池利用半导体内部的光电效应，当太阳光照射到一种称为“P-N结”的半导体上时，波长极短的光很容易被半导体内部吸收，并去碰撞硅原子中的“价电子”，使“价电子”获得能量变成自由电子而逸出晶格，从而产生了流动。太阳电池的结构如图1-32所示。

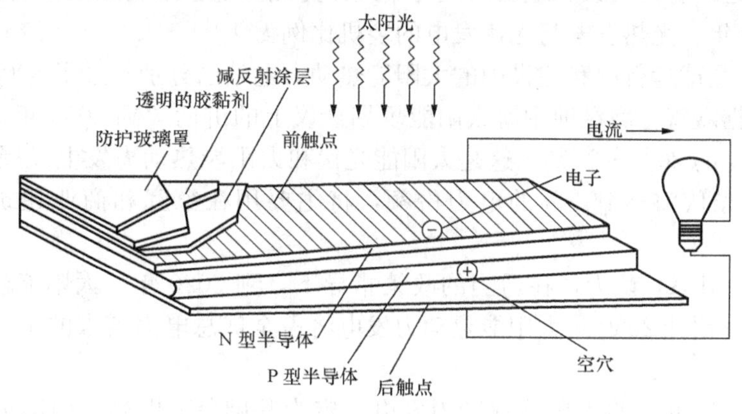

图1-32　太阳电池的结构

常用的太阳电池按其材料可以分为晶体硅电池、硫化镉电池、硫化锑电池、砷化镓电池、非晶硅电池、硒铟铜电池、叠层串联电池等。晶体硅电池应用最广，其中单晶硅的光电转化效率在实验室已高达24.2%，工厂规模化生产的单晶硅电池效率也在12%以上。为了降低成本，多晶硅电池得到了发展，现在多晶硅电池的效率已达12%，而成本仅为单晶硅电池的70%，是一种很有前途的太阳电池。砷化镓电池转化效率很高，达25.7%，规模生产效率也可达18%，但价格较贵，目前主要用于空间领域。非晶硅电池价格最便宜，但转换效率低（6%～8%），且长期使用后性能下降，因此多用作袖珍计算器、电子表和玩具的电源。

由于各种不同的材料制成的太阳电池所吸收的太阳光谱是不同的，因此将不同材料的电池串联起来，就可以充分利用太阳光谱的能量，大大提高了太阳电池的效率。叠层串联电池的研究已引起世界各国的重视，成为最有前途的太阳电池。

太阳电池质量轻，无活动部件，使用安全，单位质量输出功率大，既可作小型电源，又可组合成大型电站。目前其应用已从航天领域走向各行各业，走向千家万户，太阳能汽车、太阳能游艇、太阳能自行车、太阳能飞机都相继问世，它们中有的已经进入市场。利用太阳能电池建立太空太阳电站也成为人类努力的目标。

4. 太阳能热动力发电技术与太阳能光伏发电技术的比较

首先，太阳能光伏发电技术发展较为成熟，技术实用性强，但光伏电池的生产（主要是提纯硅）会产生高污染、高能耗。因而光伏发电看似清洁，实际对环境影响较大。

其次，从布局上讲，光伏发电布局较为灵活，可以建设大规模的太阳能光伏发电站，也可以将光伏电池安装在屋顶上。而太阳能热动力发电规模效应明显，电站规模越大，电价成本就越低。太阳能热动力蒸汽轮机发电只适合大规模电站。

再次，从成本上讲，太阳能光伏发电除去日常维护和更换之外，几乎没有其他费用，而太阳能热动力发电则不然。槽式和塔式发电系统均需要水来冷却，也可以用空气冷却，但是会增加制造成本，并降低发电效率。

5. 太阳能发电技术发展现状及趋势

太阳能热动力发电技术需要边发展边改进。未来，太阳能光伏发电技术与太阳能热动力发电技术会相辅相成地发展。由于光伏产业尤其是晶硅太阳能，在发展过程中会带来高能耗、高污染等问题，有些国家和地区已经开始鼓励光热发电，限制光伏发电。美国加州的规划是要求到2030年，光热发电与光伏发电的装机比例为4∶1。

到2010年，全球运行中和建设中的太阳能热动力电站已分别超过了800MW和900MW的装机规模。根据欧盟主席在地中海太阳能规划会议上的讲话“到2050年，全球太阳能发电将占总电量比例的20%～25%，这是太阳能光伏和太阳能热动力发电发展的总蓝图。”到2030年，太阳能光伏将达到5%的电力份额，将主要用在家庭和商业建筑上，相对比较分散。

国际能源署（IEA）认为，在适当的政策指导下，到2020年，太阳能热动力发电将变得非常有竞争力，预计2050年太阳能热动力发电将占全球总电力需求的11%，未来成长空间巨大。

美国能源部（DOE）将太阳能热动力发电站定为基础负荷电站，美国加州规划到2030年太阳能热动力占可再生能源的40%。

德国有12家大公司2009年10月宣布成立联合企业，投资4000亿欧元在北非撒哈拉沙漠打造一座人类有史以来最大的太阳能发电站。这个项目暂被命名为“沙漠技术”（Desertec），占地面积约为50万km^2，预计造价达4000亿欧元。根据该计划，这项工程到2050年的时候，所产生的电能产量顶峰值将达到100GW，相当于100座火力发电厂的发电量，届时将满足欧洲地区15%的用电需求。另外，该计划还将采用高压直流输电技术，整个送电工程会横跨地中海，而主要的线路穿越直布罗陀海峡，由摩洛哥至西班牙，经巴利阿里群岛，由阿尔及利亚至法国、突尼斯至意大利、利比亚至希腊、经塞浦路斯，由埃及至土耳其。此外，该计划还包括建设一个覆盖范围更广的欧洲超级电网，涵盖北海风力发电、斯堪的那维亚半岛水力发电、冰岛地热发电、东欧地区生物能发电以及太阳能发电。该项目面临的最大挑战是缺水的难题。如果要在撒哈拉沙漠中建设一座这样的太阳热能发电厂，预计每年每平方公里面积能够生产约1.2×10^8kW·h的电能，但也大致需要35万t水。

建在北京延庆的太阳能光热示范电站是亚洲首座兆瓦级塔式太阳能热动力发电站。该项目聚光镜面积为10 000m^2，总装机容量1.5MW。大唐天威10MW太阳能热发电试验示范项目是中国首座兆瓦级太阳能热发电试验示范项目。该示范项目标志着我国太阳能热发电领域翻开了实际应用的新篇章。项目的建成运行将使我国成为少数掌握完整太阳能热动力发电技术的国家之一，并以此验证光热发电关键部件国产化技术，启动国内太阳能热动力发电装备制造业的发展。根据中电联快报统计，2013年中国大陆全年新增并网太阳能发电11 300MW，2013年末全口径并网太阳能发电设备容量14 790MW。我国未来在太阳能发电方面具有广阔的发展空间。

太阳能热动力发电对环境的影响尚未进行过仔细评估。工作人员最近在目前世界上最大的伊凡帕塔式太阳能发电站发现，飞越发电站的鸟类会被灼伤。

八、地热发电

1. 地热资源概况

所谓“地热”，就是地球内部所蕴藏的热能。人类很早以前就开始利用地热，开采温泉用来洗澡、取暖等。如我国著名的骊山“华清池”，在历史上就负有盛名。地热的数量是相当大的，地球每一层的温度很不相同的，从地表以下平均每下降100m，温度就升高3℃，在地热异常区，温度随深度增加的更快。我国华北平原某一个钻井钻到1000m时，温度为46.8℃；钻到2100m时，温度升高到84.5℃。另一钻井，深达5000m，井底温度为180℃。根据各种资料推断，地壳底部和地幔上部的温度为1100～1300℃，地核为2000～5000℃。据估计，仅储藏在地球表层10km之内的地热就有10.5×10^{25}J，相当于9950万亿t标准煤当量，可满足人类几十万年能源之用。这些地热随着地球内部的剧烈运动，通过火山爆发、地震和温泉等途经释放出来。据推算，一次大地震所释放出来的能量相当于一座1000MW发电厂在25年发电的总和。

地壳内部的温度产生的热量是哪里来的呢？一般认为，是由于地球物质中所含的放射性元素衰变产生的热量。1981年8月，在肯尼亚首都内罗毕召开了联合国新能源会议，据会议技术报告介绍，全球地热能的总量约为煤全部燃烧所放出热量的1.7亿倍。由于构造原因，地球表面的热流量分布不匀，这就形成了地热异常，如果再具备盖层、储层、导热、导水等地质条件，就可以进行地热资源的开发利用。

作为地热资源的概念，它也和其他矿产资源一样，有数量和品位的问题。就全球来说，地热资源的分布是不平衡的。

环球性的地热带主要有四个。

(1) 环太平洋地热带。它是世界最大的太平洋板块与美洲、欧亚、印度板块的碰撞边界。世界许多著名的地热田，如美国的盖瑟尔斯、长谷、罗斯福；墨西哥的塞罗、普列托；新西兰的怀腊开；中国台湾的马槽；日本的松川、大岳等均在这一地热带。

(2) 地中海-喜马拉雅地热带。它是欧亚板块与非洲板块和印度板块的碰撞边界。世界第一座地热发电站意大利的拉德瑞罗地热田就位于这个地热带中。中国的西藏羊八井及云南腾冲地热田也在这个地热带中。

(3) 大西洋中脊地热带。这是大西洋海洋板块开裂部位。冰岛的克拉弗拉、纳马菲亚尔和亚速尔群岛等一些地热田就位于这个地热带。

(4) 红海-亚丁湾-东非裂谷地热带。它包括吉布提、埃塞俄比亚、肯尼亚等国的地热田。

除了在板块边界部位形成地壳高热流区而出现高温地热田外，在板块内部靠近板块边界部位，在一定地质条件下也可形成相对的高热流区。如中国东部的胶东半岛、辽东半岛、华北平原及东南沿海等地。

按照地热资源储藏形式，地热可分为蒸汽型、热水型、地压型、干热岩型、岩浆型和土壤型。目前，地热利用仅限于地热蒸汽、地热水和土壤热三类。

地热资源十分丰富，但直到20世纪，人们才把地热视为一种储量巨大、有经济竞争力的能源，并且可用于发电。地热发电是把地下热能转变为机械能，然后再把机械能转变为电能的生产过程。能够把地下热能带到地面并用于发电的载热介质主要是天然蒸汽（干蒸汽和湿蒸汽）和地下热水。

目前有两种地热发电方式，即蒸汽型地热发电和热水型地热发电。地热发电的原理与普通火电厂发电原理相似，即利用地热资源产生蒸汽，推动汽轮发电机组发电。所不同的是地热发电所需的蒸汽能量直接来源于地热能，省去了锅炉，不用煤、石油、天然气等燃料。利用地热发电，具有建造电站投资少，系统简单、运行成本低的优点。地热发电后排出的热水只是降低了一些温度，还可以用于取暖、医疗等。地热电站不会排出污染环境的烟气和灰尘。

2. 蒸汽型地热发电

蒸汽型地热发电是把蒸汽田的干蒸汽直接引入汽轮机组发电，但在引入发电机组前，应把蒸汽中所含的岩屑和水滴分离出去。这种发电方式最为简单，但干蒸汽地热资源十分有限，且多存在于较深的地层，开采技术难度大，故发展受到限制。

3. 热水型地热发电

热水型地热发电是地热发电的主要方式。目前热水型地热电站有以下两种循环系统。

(1) 扩容发电方式。高压地热水从热水井中抽出引至热水箱部分扩容后进入厂房扩容器。由于热水扩容压力降低，部分热水会沸腾并“闪蒸”成蒸汽。蒸汽送至汽轮机做功。这种一次扩容系统热利用率仅为3%左右。将一级扩容器出口的蒸汽引入汽轮机前几级作功，一级扩容器后的地热水进入二级扩容器，经二级扩容后进入汽轮机中间级做功，这就是两次扩容地热发电，其热利用率可达6%左右。而分离后的热水可继续利用后排出，最好是回注入地层。扩容发电系统如图1-33 (a) 所示。西藏羊八井地热发电站属此种发电方式的机组，单机容量为3000kW。

（2）双工质循环地热发电方式。双工质循环地热发电系统的流程如图1-33（b）所示。当地热参数较高，即温度在150℃以上时，采用扩容发电很合适。但参数较低时扩容发电就很困难，这种情况适宜采用双工质发电方式。地热水首先流经热交换器，将地热能传给另一种低沸点的工作流体，使之沸腾而产生蒸汽。蒸汽进入汽轮机做功后进入凝汽器，再通过热交换器完成发电循环。地热水则从热交换器回注入地层。这种系统特别适合于含盐量大、腐蚀性强和不凝结气体含量高的地热资源。发展双循环系统的关键技术是开发高效的热交换器。

4. 干热岩地热发电

地热发电的前景取决于如何开发利用地热储量大的干热岩资源。图1-34是利用干热岩发电的示意。其关键技术是能否将深井打入热岩层中。美国新墨西哥州的洛斯阿拉莫斯国家科学实验室正在对这一系统进行远景实验。

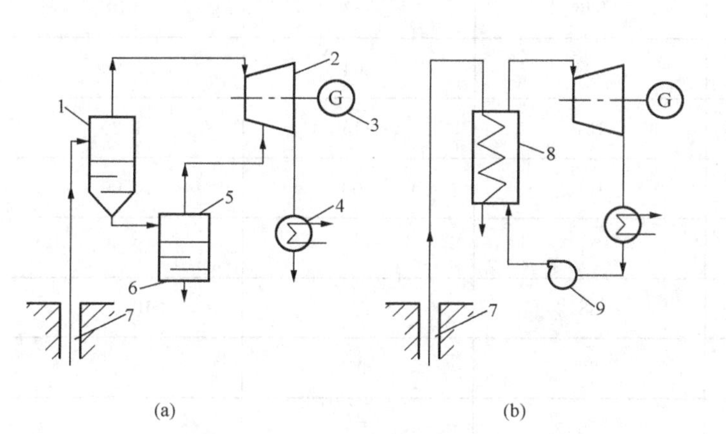

图1-33　地热发电系统

（a）蒸汽型地热发电；（b）热水型地热发电

1—汽水分离器；2—汽轮机；3—发电机；4—凝汽器；5—闪蒸器；6—回灌井；7—生产井；8—换热器；9—泵

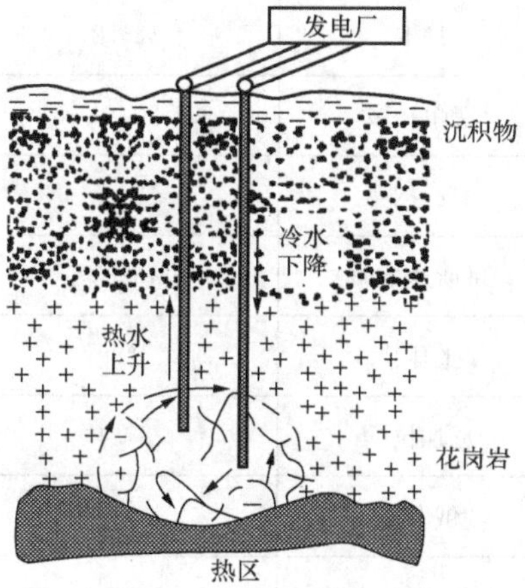

发电厂
沉积物
冷水下降
热水上升
花岗岩
热区

图1-34　利用干热岩发电的示意

地热电站与常规电站相比，除可减少污染物，特别是CO_2的排放外，另一个突出的优点是占地面积小于采用其他能源的电站。在世界各国鼓励可再生能源利用的政策影响下，地热发电将有一个很大的发展。

5. 地热发电发展现状

世界上第一个地热发电站是在1904年意大利的拉德雷诺小型地热电站，但功率非常小，只有15kW。第一座实用型的地热发电站是美国1960年建成的盖瑟斯（Geysers，又叫间歇泉）地热发电站，装机容量11MW。目前，世界上有很多国家都在开发地热资源，用于发电。自20世纪70年代开始，全球地热发电装机容量连续持续增长。据统计，到2013年8月，全球地热发电装机容量已经达到11765MW，近期在70多个国家在建和处于开发阶段前期工作的地热发电容量还有11 766MW。表1-28为世界各地在役的地热装机容量概况。目前美国地热发电的装机容量居世界首位。表1-29为世界上目前装机容量最大的五个地热发电站。

表 1-28 全球在役的地热发电站装机容量

国家	2007 年容量（MW）	2010 年容量（MW）	2013 年容量（MW）	国内发电占比（%）
美国	2687	3086	3389	0.30
菲律宾	1969.7	1904	1894	27.00
印度尼西亚	992	1197	1333	3.70
墨西哥	953	958	980	3.00
意大利	810.5	843	901	1.50
新西兰	471.6	628	895	10.00
冰岛	421.2	575	664	30.00
日本	535.2	536	537	0.10
萨尔瓦多	204.4	204	204	25.00
肯尼亚	128.8	167	215	11.20
哥斯达黎加	162.5	166	208	14.00
土耳其	38	94	163	0.30
尼加拉瓜	87.4	88	104	10.00
俄罗斯	79	82	97	
巴布亚新几内亚	56	56	56	
危地马拉	53	52	42	
葡萄牙	23	29	28	
中国	27.8	24	27	
法国	14.7	16	15	
埃塞俄比亚	7.3	7.3	8	
德国	8.4	6.6	13	
奥地利	1.1	1.4	1	
澳大利亚	0.2	1.1	1	
泰国	0.3	0.3	0.3	
总计	9731.9	10 709.7	11 765	

表 1-29　世界最大的 5 个地热电站

排名	地热电站	国家	地理位置	容量（MW）
1	赫里舍迪电站（Hellisheidi Power Station）	冰岛	北纬 64°02′14″ 西经 21°24′03″	303
2	马利博格地热电站（Malitbog Geothermal Power Station）	菲律宾	北纬 11°09′07″ 东经 124°38′58″	233
3	哇扬・温杜地热电站（Wayang Windu Geothermal Power Station）	印度尼西亚	南纬 07°12′00″ 东经 107°37′30″	227
4	切罗普列托第 2 地热电站（Cerro Prieto Geothermal Power Station Ⅱ）	墨西哥	北纬 32°23′27″ 西经 115°13′33″	220
5	切罗普列托第 3 地热电站（Cerro Prieto Geothermal Power Station Ⅲ）	墨西哥	北纬 32°23′52″ 西经 115°14′18″	220

在各种可再生能源的应用中，地热能显得较为低调，人们更多地关注太阳能和风能，却忽略了地热能。相对于太阳能和风能的不稳定性，地热能是较为可靠的可再生能源，美国的地热能使用仅占全国能源组成的 0.5%。麻省理工学院的一份报告指出，美国现有的地热系统每年只采集约 3000MW 能量，而保守估计，可开采的地热资源达到 100GW。相关专家指出，倘若给予地热能源相应的关注和支持，地热能很有可能成为与太阳能、风能等量齐观的新能源。地热能的利用在技术层面上有待发展的主要是对于开采点的准确勘测，以及对地热蕴藏量的预测。由于一次钻探的成本较高，找到合适的开采点对于地热项目的投资建设至关重要。

我国西藏境内主要有羊八井地热田、谷露地热田、查布地热田、卡乌地热田、古堆地热田和朗久地热田等，蕴藏丰富的地热发电潜力。地热发电装机情况如：山南地区 80MW、日喀则地区 160MW、那曲地区 27MW、阿里地区 92MW、拉萨地区 47MW、昌都地区 7.5MW，总发电潜力超过 400MW。西藏地热资源发电总量占拉萨电网的 30%左右。我国地热资源储量丰富，分布面广，已发现的热沸泉 2500 处，地热田 270 多个。地热资源可开采量相当于 46 265 亿 t 标准煤，地热利用在我国具有广阔前景。

6. 岩浆地热发电技术发展动态

美国能源部在 20 世纪 80 年代初开始进行火山岩浆发电的可行性基础研究，并在夏威夷岛基拉厄阿伊基熔岩湖设立实验场。美国于 1989 年选定了用岩浆发电的发电厂址，在加利福尼亚州的隆巴列伊地区打了一口 6000m 的深井，利用地下岩浆发电。其设计思想是用泵把水压入井孔直达高温岩浆，水遇到岩浆变成蒸汽后喷出地面，驱动汽轮发电机发电。计算机模拟表明，从一口井中得到的蒸汽热能发电，可以抵得上一台 50MW 的发电机组。美国能源部计算后宣称，美国的岩浆能源量可折合为 250 亿～2500 亿桶石油，比美国矿物燃料的全部蕴藏量还多。

日本也从 1980 年开始进行高温火山岩发电的实验。日本新能源开发机构成功地从 3500m深处的地下高温岩体中提取出了 190℃的高温热水。方法是在花岗岩体中打两口井，往其中一口井中灌入凉水，再从另一口井中抽出高温热水。每分钟灌入 1.1t 凉水，可连续回收 0.9t 温度为 190℃的高温水。1989 年，日本新能源开发部又利用高温岩体连续地获得高温热水和蒸汽。他们在相隔 35m 的距离内钻了两口 1800m 的深井，以每分钟 0.5 t 的流量向一口井中灌进凉水，从另一口井抽出的水就被岩体加热到 100℃以上。他们的目标是设法使凉水变成 200℃的蒸汽，最终实现发电。

英国从 1987 年开始进行岩浆发电实验。在英国一个温度最高的热岩地带，其 2000m 深处的岩体温度约 100℃，在 6000m 深处的热岩可以把水加热到 200℃。一口井就能产生 10MW 的电力，可持续用 25 年时间。

九、海洋能发电技术

地球表面积约为 $5.1\times10^{8}km^{2}$，其中陆地表面积为 $1.49\times10^{8}km^{2}$，占 29%；海洋面积达 $3.61\times10^{8}km^{2}$，占 71%。以海平面计，全部陆地的平均海拔约为 840m，而海洋的平均深度为 3800m，整个海水的容积高达 $1.37\times10^{9}km^{3}$。一望无际的汪洋大海，不但为人类提供了航运、水产和丰富的矿藏，而且还蕴藏着巨大的能量。海洋能的表现形式多种多样，通常包括潮汐能、波浪能、海洋温差能、海洋盐差能、海流能等。

国家海洋局 2013 年 12 月印发的《海洋可再生能源发展纲要（2013—2016 年）》指出：把开发利用海洋能作为增加可再生能源供应、优化能源结构、发展海洋经济，缓解沿海及海岛地区用电紧张状况的战略举措。近期优先发展技术相对成熟的潮汐能、波浪能、潮流能发电。做好温差能、盐差能等技术储备，为远期开发打好基础。优先支持八尺门、健跳、马銮湾、乳山口、温州瓯飞等站址的潮汐能开发，建设万千瓦级大型潮汐电站。

（一）潮汐能发电技术

1. 潮汐能

潮汐能是以势能形态出现的海洋能。海水涨落的潮汐现象是由地球和天体运动以及它们之间的相互作用而引起的。月球对地球的引力方向指向月球中心，其大小因地而异。同时地表的海水又受到地球运动离心力的作用，月球引力和离心力的合力正是引起海水涨落的引潮力。

除月球外，太阳和其他天体对地球同样会产生引潮力。虽然太阳的质量比月球大得多，但太阳离地球的距离要比月球与地球之间的距离大得多，所以其引潮力还不到月球引潮力的一半。其他天体或因远离地球，或因质量太小，所产生的引潮力微不足道。如果用万有引力计算，月球所产生的最大引潮力可使海平面升高 0.536m，太阳引潮力的作用为 0.246m，但实际的潮差却比上述计算值大得多，如我国杭州湾的最大潮差达 8.93m，北美加拿大芬地湾最大潮差更达 19.6m。这种实际与计算的差别目前尚无确切的解释。

全世界潮汐能的理论蕴藏量约为 3×10^{6}MW。我国海岸线曲折，全长约 1.8×10^{4}km，沿海还有 6000 多个大小岛屿，组成 1.4×10^{4}km 的海岸线，漫长的海岸蕴藏着十分丰富的潮汐能资源。我国潮汐能的理论蕴藏量达 1.1×10^{5}MW，可开发总装机容量为 21.79GW，其中浙江、福建两省蕴藏量最大，约占全国的 80.9%。

潮汐能的主要利用方式是潮汐发电。利用潮汐发电必须具备两个物理条件：首先，潮汐的幅度必须大，至少要有几米；第二，海岸地势必须能储蓄大量海水，并可进行土建工程。潮汐发电的工作原理与一般水力发电的原理是相近的，即在河口或海湾筑一条大坝，以形成天然水库，水轮发电机组就装在拦海大坝里。

2. 潮汐电站

海水位在大多数地区每日涨落两次，两次涨潮时间约为 12h 25min。一天内海水位的变化大致为正弦曲线。潮汐电站可以是单水库或双水库。图 1-35 是单水库潮汐电站的示意，它只筑一道堤坝和一个水库。老的单水库潮汐发电站是涨潮时使海水进入水库，落潮时利用水库与海面的潮差推动水轮机组发电。它不能连续发电，因此又称为单水库单程式潮汐电站。新的单水库潮汐电站利用水库的特殊设计和水闸的作用，既可涨潮时发电，又可在落潮时运行，只是在水库内外水位相同的平潮时才不能发电。这种电站称为单水库双程式潮汐电站，它大大提高了潮汐能的利用率。

为了使潮汐电站能够全日连续发电，必须采用双水库潮汐电站。图 1-36 是双水库潮汐电站的示意。这种电站建有两个相邻的水库，水轮发电机组设在两个水库之间的隔坝内。一个水库只在涨潮时进水（高水位库），一个水库（低水位库）只在落潮时泄水；两个水库之间始终保持水位差，因此可以全日发电。

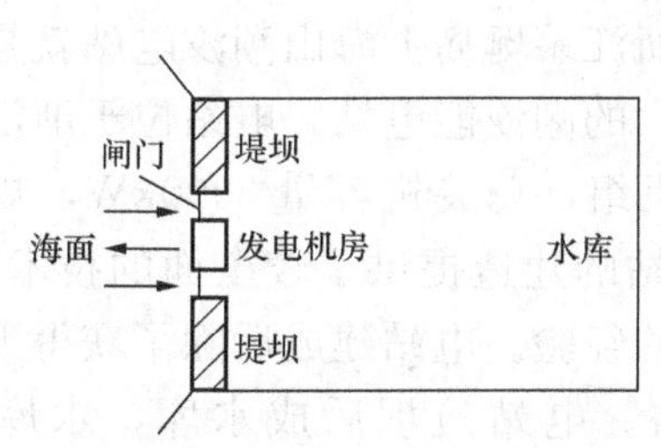

图 1-35　单水库潮汐电站的示意

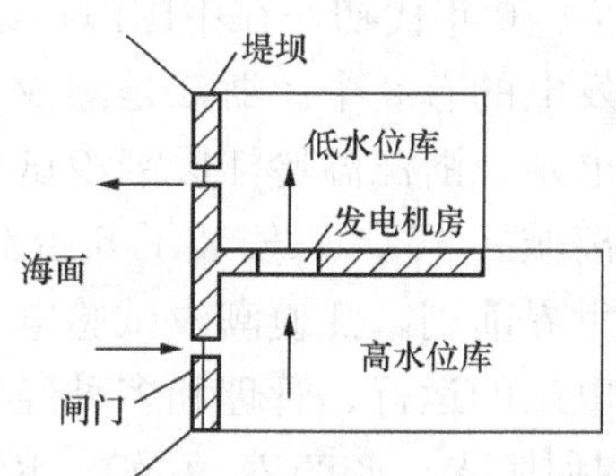

图 1-36　双水库潮汐电站的示意

由于海水潮汐的水位差远低于一般水电站，所以潮汐电站应采用低水头、大流量的水轮发电机组。目前全贯流式水轮发电机组由于其外形小、质量轻、管道短、效率高，已为各潮汐电站广泛采用。

3. 潮汐电站的优点

（1）能源可靠，可以经久不息地利用；

（2）虽然有周期性间歇，但具有准确的规律，可用计算机预报，有计划地纳入电网运行；

（3）一般离用电负荷中心近，不必远距离送电；

（4）无淹没损失、移民等问题；

（5）水库内可发展水产养殖、围垦和旅游综合效益。

4. 潮汐电站的缺点

（1）单库潮汐电站发电有间歇性，这种间歇性周期变化又和日夜周期不一致；

（2）发电设备受海水、盐雾和海洋生物的影响，在防腐和防污等方面有特殊要求；

（3）潮汐电站会改变潮差和潮流，还会改变海水温度和水质；

（4）单位千瓦的造价较常规水电站高。

拦潮后形成的水库对生态既有有利影响，又有不利影响。例如，它能为水产养殖提供合适的条件，但同时也会给地下水和排水等带来不利影响。此外，在建设潮汐电站时，还必须考虑海岸的侵蚀和对鸟类栖息环境的影响，特别是在河口建潮汐电站时，更应注意环境问题，如对鱼类的影响等。

5. 潮汐发电发展概况

国外利用潮汐发电始于欧洲，20世纪初德国和法国已开始研究潮汐发电。美、英、加拿大、苏联、瑞典、丹麦、挪威、印度等国都陆续研究开发潮汐发电技术，兴建各具特色的潮汐电站，并已取得巨大成功。

1912年德国在胡苏兴姆建成了世界上第一座潮汐电站，从此开始了将潮汐能转变为电能的历史。1967年世界上第一座大型潮汐电站——朗斯潮汐电站在法国投入商业运行，该电站装机24×1万kW，电站开发方式为单库双向发电，是目前世界第二的潮汐发电工程。2011年8月3日韩国京道安山市始华湖潮汐电站建成发电，10台发电机合并装机容量254MW，目前为世界第一大潮汐电站，年发电量可达5.52亿kW·h。由于前期投入巨大，工期较长，且在选址上极为苛刻，再加之与常规电站相比电价较为昂贵，目前在全世界建成投产的商业用潮汐电站不多，潮汐发电尚未成为主流的电力来源。

20世纪70年代初，在中国海岸线从北到南，几年里就建起50多座潮汐电站，目前仍正常运行发电的有8个。浙江是潮汐发电的主力省，浙江茅埏岛上海山潮汐电站就是国内最早的潮汐电站。浙江温岭江厦潮汐试验电站是我国最大的潮汐能电站，电站位于浙江省温岭市西南，离城区16km，安装了5台双向灯泡贯流式机组，总装机容量3900kW，规模居全国第一，世界前列。江厦潮汐试验电站为中国潮汐电站的建造提供了较全面的技术，同时，也为潮汐电站的运行、管理和多种经营等积累了丰富的经验。电站建成后除了获得大量的电量，还包括围垦、水产养殖及旅游等综合利用效益。电站筑坝后成水库，水库水面积1.37km^2，可用于水产品养殖。由于库区受自然灾害影响小，水库四周溪流有淡水入库，富有营养，而且使海水盐度降低，有利于水产品生长，养殖的对虾、鲈鱼、黄鱼、贝类，常年获得丰收。

近些年，面对环境污染和能源危机，我国潮汐能开发进程加速。浙江温州欲打造世界一规模最大的潮汐能电站，预计发电成本可低于内陆地区的风电站。到2020年，我国潮汐发电装机容量有望达到300MW。

随着拦潮坝建造设计技术的进步，如修围堰时采用特别的沉箱技术等，建坝工期缩短，工程造价降低；新型水轮机的研制，可以利用超低水头发电。这些因素都有利于潮汐发电的发展。在各国政府鼓励政策的激励下，2010年和2020年潮汐能利用的前景预测见表1-30。

表1-30　2010年和2020年潮汐能利用的前景预测　10^6 t油当量

地　区	2010年	2020年
北美洲	0.8	3.8
西欧	4.2	4.3
俄罗斯和东欧	1.4	4.7
中亚和南亚	0.2	0.7

（二）波浪能发电技术

1. 波浪能

波浪能是以动能和势能形态出现的海洋能。波浪是由风引起的海水起伏现象，它实质上是吸收了风能而形成的。波浪的能量与波高的平方、波浪的运动周期以及迎波面的宽度成正比。波浪能是海洋能源中能量最不稳定的一种能源。

全世界波浪能的理论估算值为 10^6MW 量级。利用中国沿海海洋观测台站资料估算得到，中国沿海理论波浪年平均功率约为 1.3×10^4 MW。但由于不少海洋台站的观测地点处于内湾或风浪较小位置，故实际的沿海波浪功率要大于此值。我国的浙江、福建、广东和台湾沿海为波浪能丰富的地区。

海洋波浪能属低品位能源，在自然状态下，由于大部分波浪运动没有周期性，故很难经济地开发利用。以波浪为动力的装置必须具备以下特点：

（1）能够增大与波浪高度有关的水位差。

（2）对波浪的幅度和频率有广泛的适应性。

（3）既能适应小的波浪，又能承受大风暴引起的滔天巨浪。

从海洋波浪中吸取能量的方法有以下几类：

（1）利用前推后拥波浪的垂直涨落来推动水轮机或空气涡轮机。

（2）用凸轮或叶轮利用波浪的来回或起伏运动推动涡轮机。

（3）利用汹涌澎湃的波浪冲力先汇聚到蓄水柜或高位水槽中，再推动水轮机。

2. 波浪能发电

利用波浪能发电的装置很多。但通常具有两个部分：第一部分为采集系统，该系统的作用是俘获波浪能；第二部分为转换系统，该系统把俘获的波浪能转换为某种特定形式的机械能或电能。采集系统的形式有振荡水柱式、振荡浮标式、鸭式、筏式、收缩坡道式。世界上大部分波浪能装置采用的是振荡水柱技术。运用这种技术进行波浪能发电时，通常是采用一个气室俘获波浪能。当波浪作用在气室内时，水柱就会上下运动（振荡水柱因此而得名），从而俘获波浪的能量。振荡浮标式波浪能技术近年来发展很快。该技术采用浮标俘获波浪能，通过与浮标连接的液压装置或机械装置将波浪能转换成某种机械能，再通过发电机转换成电能，或通过其他设备制造淡水或冰。图 1 - 37 是应用广泛的浮标式波浪发电的示意。放置在海面上的浮标 5 由于波浪的作用而上下浮动，中央管道 4 中的水位却维持不变，于是随着浮标的上下浮动，空气活塞室 1 中的空气反复地经历压缩和膨胀过程，从而驱动空气涡轮机 3 运转并带动发电机 2 发电。这种浮标式波浪发电装置已广泛应用于航标和灯塔的照明。

另一种固定式的波浪发电装置如图 1 - 38 所示。它不用浮标，而是将空气室固定地建在海边，利用海浪使空气活塞室内的空气反复压缩、膨胀，从而推动涡轮机发电。这种固定式的波浪发电装置对小岛渔村和边防哨所很有实用意义。

我国从 20 世纪 80 年代初开始对固定式和漂浮式波能装置进行基础研究，经过多年的发展，已有 10～450W 多种型号产品用于中国沿海的航标灯上。建于广东省汕尾市遮浪镇的 100kW 岸式振荡水柱电站及山东省即墨市大管岛的一个天然港内的 30kW 摆式波浪能电站，均已试发电成功。其中，100kW 岸式振荡水柱电站，气室为圆柱形，厚 0.5m，内径为 6.4m，前港开口迎波宽度为 18m；30kW 摆式波浪能电站，摆板宽度 4m，喇叭口宽度 8.4m。我国波浪能发电虽起步较晚，但发展很快。微型波浪能发电技术已经成熟，小型岸式波力发电技术已进入世界先进行列。但受波浪资源限制，我国波浪能开发的规模远小于挪威和英国，小型波浪发电距实用化尚有一定的距离。随着波浪能利用技术的进一步成熟，波浪能利用将有较大的发展。

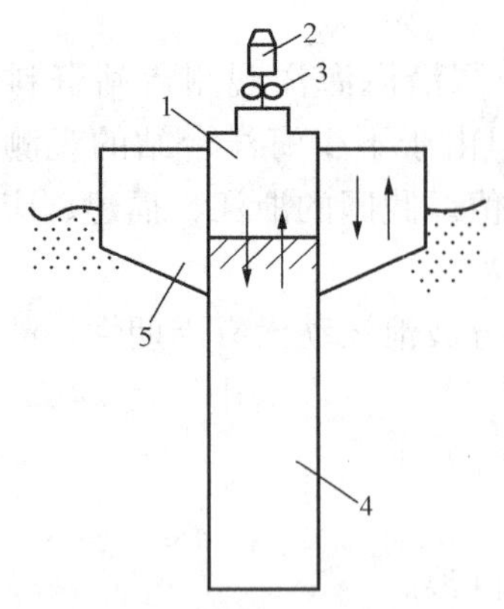

图 1-37 浮标式波浪发电示意
1—空气活塞室；2—发电机；3—空气涡轮机；
4—中央管道；5—浮标

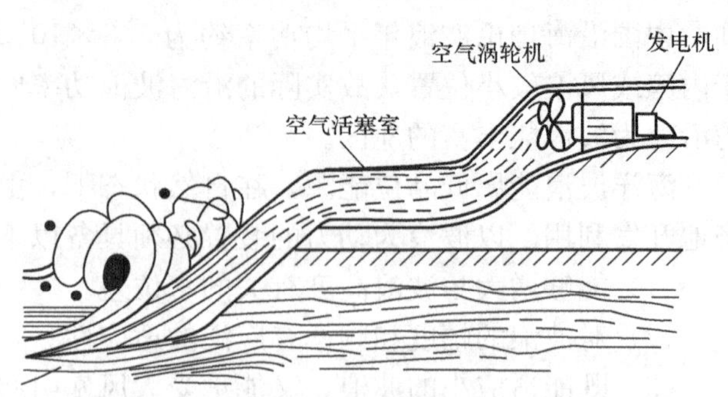

图 1-38 固定式波浪发电装置

在大多数情况下，波浪能装置输出的是电能，但输送功率不稳定，且离电网较远。因此直接将这部分电能用于海水淡化是波浪能利用的一种理想选择，当然也可以利用波浪能装置产生高压水，再利用反渗透法来生产淡水。通常只有约 20%的高压水流经反渗透膜，其余 80%的高压水仍可通过小型冲击式水轮机发电。目前这种利用波浪能既发电又进行海水淡化的装置已投入市场。海水淡化市场包括干旱地区的迎风沿海和一些岛屿，现在这些地区每人每天的需水量约为 40L，到 2020 年，随着人口增加，50%的用水将靠海水淡化。据估计，届时这些地区约有 1/3 的淡化水将依靠波浪能。

（三）温差能发电

温差能是以热能形态出现的海洋能，又称海洋热能。海洋是地球上一个巨大的太阳能集热和储热器。投射到地球表面的太阳能大部分被海水吸收，使海水表层水温升高。赤道附近太阳直射多，其海面的表层温度可达 25～28℃；波斯湾和红海由于被炎热的陆地包围，其海面水温可达 35℃；在海洋 500～1000m 深处，海水温度却只有 3～6℃。这个垂直的温差就是一个可供利用的巨大能源。据估计，如果利用这一温差发电，其功率可达 2×10^6MW。

海洋温差能主要用于发电，在海洋上修建海洋温差电站一直是人类的理想。自 1979 年 8 月在美国夏威夷建成世界上第一座温差发电装置以后，世界各国都对海洋温差发电给予了足够的重视，目前 186MW 级的海洋温差电站已投入试运营。

温差能发电原理：首先利用表层海水蒸发工质，使其汽化推动汽轮发电机发电，然后利用深层冷海水冷却工质成液态，再反复使用。海水温差发电涉及机械、热能、流体等多个交叉学科，因此也存在着包括热交换器、冷却管、汽轮机及海洋工程技术在内的一系列有待解决的难题。海洋温差发电主要采用开式和闭式两种循环系统。

1. 开式循环系统

开式循环系统如图 1-39 所示。表层温海水在闪蒸蒸发器中由于闪蒸而产生蒸汽，蒸汽进入汽轮机做功后再流入凝汽器。来自深层的冷海水作为凝汽器的冷却介质。由于水蒸气是负压下工作，所以必须配置真空泵。这种系统简单，还可以兼制淡水，但设备和管道体积庞大，真空泵及抽水水泵耗功较多，影响发电效率。

2. 闭式循环系统

闭式循环系统如图 1-40 所示。表层海水先在热交换器里将热量传给低沸点工质——丙烷、氨等，使之蒸发，产生的蒸汽再推动汽轮机做功。深层冷海水蒸发器仍作为凝汽器的冷却介质。这种系统不需要真空泵，是目前海洋温差发电中常采用的循环系统。

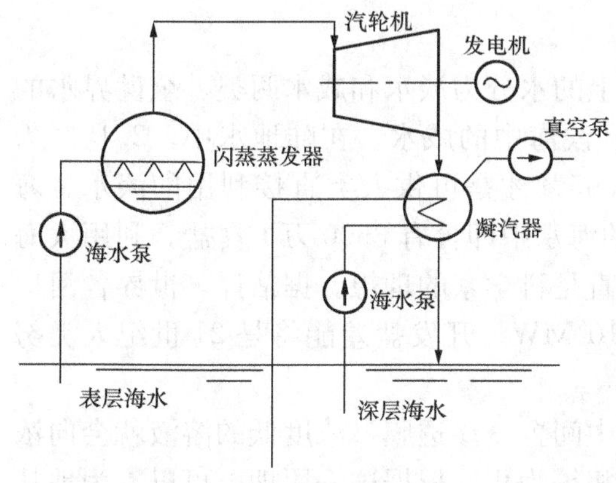

图 1-39　海洋温差发电开式循环系统

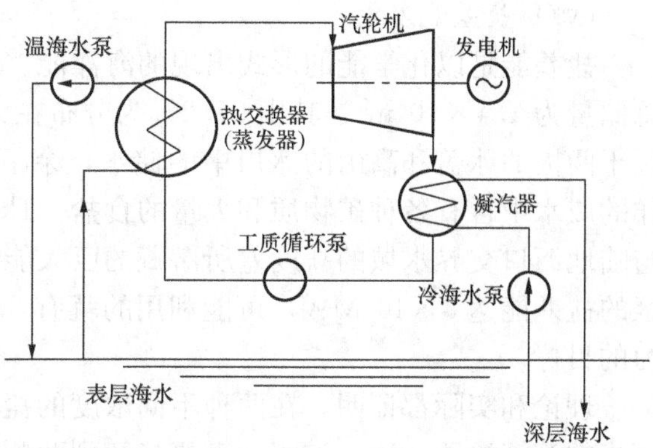

图 1-40　海洋温差发电闭式循环系统

利用海洋温差发电，由于冷热温差很小，其效率远低于普通火电厂，仅为 3%左右，且换热面积大，建设费用高；海水腐蚀和海洋生物的吸附以及远离陆地输电困难等不利因素都制约着海洋温差发电的发展。但海洋辽阔，储能丰富，修建海上温差发电站仍具有广阔的前景。其发出的电能可以采用以下几种方式利用：

（1）离陆地较近时，可用海底电缆向陆地变电站送电。

（2）离陆地较远时，可利用电能先蒸发海水，制取淡水，再将淡水电解成氢和氧，然后用船将它们分别送往陆地，其中氢是一种宝贵的燃料。

（3）用电能从浓缩海水中提取铀和重水，然后运往陆地供核电站使用。

（4）利用电能从海水中提取稀有金属，其中锂也是一种热核燃料。

（5）向海上采油和锰矿开采提供电力。

3. 海洋温差能利用实例

（1）美国 50KW MINI-OTEC 号海水温差发电船。该装置锚泊在夏威夷附近海面，采用闭式循环，工质是氨，冷水管长 663m，冷水管外径约 60cm，利用深层海水与表面海水21～23℃的温差发电。1979 年 8 月开始连续 3 个 500 h 发电，发电机发出 50kW 的电力，大部分用于水泵抽水，额定功率为 12～15kW。从深海里抽出的水营养丰富，在实验船周围引来很多鱼类，这是海洋温差能利用的历史性的发展。

（2）瑙鲁海水温差发电站。瑙鲁海水温差发电站是日本“阳光计划”内容的一部分，1973 年选定在太平洋赤道附近的瑙鲁共和国建 25MW 温差电站，1981 年 10 月完成 100kW 实验电站。该电站建在岸上，将内径 70cm、长 940m 的冷水管沿海床铺设到 550m 深海中。最大发电量为 120kW，获得 31.5kW 的额定功率。

（3）中国台湾红柴海水温差发电厂。中国台湾红柴海水温差发电厂计划利用马鞍山核电站排出的 36～38℃的废热水与 300m 深处的冷海水（约 12℃）的温差发电。铺设的冷水管内径为 3m，长约 3200m，延伸到台湾海峡约 300m 深的海沟。预计电厂发电量为

14.25MW，扣除泵水等动力消耗后可得净发电量约 8.74MW。

海洋温差电站对环境有一定的潜在影响，由于电站要大量地抽取冷水，因此有可能对鱼卵、幼鱼和成鱼造成伤害。此外，大型温差电站不仅会改变当地的生态系统，危及珊瑚，还可能影响到海区的温度、盐度、海流或气候等大尺度的海洋过程，目前对于这些问题的研究还很不充分。

（四）盐差能发电

盐差能是以化学能的形式出现的海洋能。地球上的水分为淡水和咸水两类。全世界水的总储量为 $1.4\times10^{9}m^{3}$，其中 97.2%为分布在大洋和浅海中的咸水。在陆地水中，2.15%为位于两极的冰盖和高山的冰川中的储水，余下的 0.65%才是可供人类直接利用的淡水。海洋的咸水中含有各种矿物质和大量的食盐。$1km^{3}$ 的海水中即含有 3600 万 t 食盐。利用大海与陆地河口交界水域的盐度差所潜藏的巨大能量一直是科学家的理想。据估计，世界各河口区的盐差能达 3×10^{7}MW，可能利用的就有 2.6×10^{6}MW。开发盐差能将是 21 世纪人类努力的目标。

理论和实际都证明，在两种不同浓度的盐溶液中间置一渗透膜，浓度低的溶液就会向浓度高的溶液渗透。这一过程一直要持续到两侧盐度相等为止。根据这一原理，可以人为地从淡水水面引一股淡水与深入海面几十米的海水混合，在混合处将产生相当大的渗透压力差，该压差将足以带动水轮机发电。据测定，一般海水的含盐度为 3.5%时，所产生的渗透压力相当于 25 个标准大气压（atm）❶，而且浓度越大，渗透压力也越大。例如在死海，其渗透压力甚至相当于 5000m 的水头。盐差能的利用方式主要是发电。其工作原理是将不同盐浓度的海水之间的化学电位差能转换成水的势能，再驱动水轮机发电。图 1-41 就是根据上述原理设计的一种盐差能发电方案。

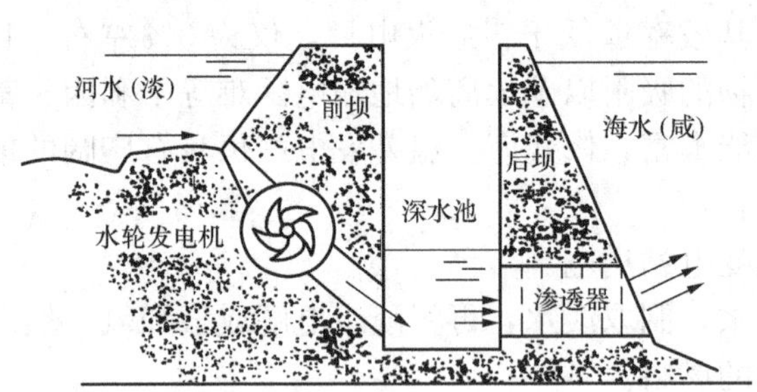

图 1-41　利用盐差能发电的示意

盐差能的研究以美国、以色列为先，中国、瑞典和日本也开展了一些研究。但总体上盐差能还处于试验水平，离示范应用还有较长的路程。尽管盐差能发电还处于研究之中，但其潜力已日益为人们所认识。美国有人估计，若利用密西西比河流量的 1/10 去建设盐差能电站，其装机容量可达千兆瓦，即每 $1m^{3}$ 的淡水入海可获得约 0.65kW・h 的电力。

渗透压式盐差能发电系统的关键技术是半透膜技术和膜与海水界面间的流体交换技术。除非半透膜的渗透流量能够在目前水平的基础再提高一个数量级，并且海水可以不用经过预处理，否则，盐差能利用难以实现商业化。

（五）海流能发电

海流能是另一种以动能形态出现的海洋能。所谓“海流”，就是海水的运动，主要是指海水的水平运动及大量的海水从一个海域长距离地流向另一个海域。这种海水运动通常由以下两种因素引起：

❶ 1 标准大气压（atm）＝101.325kPa。

(1) 海面上常年吹着方向不变的风，如赤道南侧常年吹着不变的东南风，北侧则是不变的东北风。风吹动海水，使水表面运动起来，而水的黏性又将这种运动传到海水深处。随着深度的增加，海水流动速度降低；有时流动方向也会随着深度的增加而逐渐改变，甚至出现下层海水流动方向与表层海水流动方向相反的情况。在太平洋和大西洋的南北两半部以及印度洋的南半部，占主导地位的风系造成了一个广阔的、按反时针方向旋转的海水环流。在低纬度和中纬度海域，风是形成海流的主要动力。

(2) 不同海域的海水，其温度和含盐度常常不同，这会影响海水的密度。海水温度越高，含盐量越低，海水密度就越小。两个邻近海域海水密度的不同也会造成海水环流。

世界著名的海流有大西洋的墨西哥湾海流、北大西洋海流、太平洋黑潮暖流、赤道潜流等。墨西哥湾海流和北大西洋海流是北大西洋里两支相连的最大的海流，它们以每小时1～2nmile的流速贯穿大西洋，从冰岛和大不列颠岛中间通过，最后进入北冰洋。太平洋黑潮暖流的宽度约为100nmile，平均厚度约400m，平均日流速在30～80nmile之间，其流量相当于全世界河流总流量的20倍。赤道潜流是一支深海潜流，总长达8000nmile，宽度在120～250nmile之间，流速为每小时2～3nmile。海水流动会产生巨大的能量。据估计，全区海流能高达5×10^6MW。

利用中国沿海的各种观测及分析资料，计算统计获得中国沿海海流能的年平均功率理论值约为1.4×10^7kW。其中辽宁、山东、浙江、福建和台湾沿海的海流能较为丰富，不少水道的能量密度为15～30kW/m^2，具有良好的开发价值。值得指出的是，中国的海流能属于世界上功率密度最大的地区之一，特别是浙江舟山群岛的金塘、龟山和西堠门水道，平均功率密度在20kW/m^{2}以上，开发环境和条件很好。

海流能发电和一般水力发电的原理类似，也是利用水轮机。目前，海流发电站通常浮在海面上，用钢索和锚加以固定。图1-42是一种降落伞式海洋发电方案。

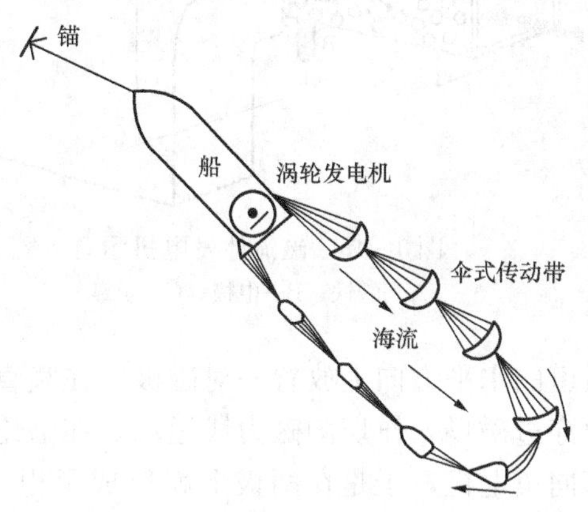

图1-42　降落伞式海洋发电方案

世界上从事海流能开发的主要有美国、英国、加拿大、日本、意大利和中国等。20世纪80年代初，哈尔滨工程大学开始研究一种直叶片的新型海流透平，获得较高的效率并于1984年完成60W模型的实验室研究，之后开发出千瓦级装置在河流中进行试验。美国于1985年在佛罗里达的墨西哥湾流中试验小型海流透平。加拿大也进行了类似于达里厄型垂直风机的海流透平试验，试验机组为5kW。但整个20世纪80年代较成功的海流项目也许是日本于1980—1982年在河流中进行的直径为3m的河流抽水试验，以及1988年在海底安装的直径为1.5m，装机容量3.5kW的达里厄海流机组，该装置连续运行了近1年的时间。

20世纪90年代以来，欧共体和中国均开始计划建造海流能示范应用电站。意大利在欧共体“焦耳”计划支持下，已完成40kW的示范装置，并与中国合作在舟山地区开展了联合海流能资源调查，计划开发140kW的示范电站。英国、瑞典和德国也在“焦耳”计划的支持下，从1998年开始，研建300kW的海流能商业示范电站。

海流能利用研究在透平设计制造、装置的海水防腐、水下安装与锚定、固定等技术方面均有很大进展。海流透平的能量转换效率已超过30%。中国主要利用船舶技术开发浮体悬吊式装置，英国等主要是借用风力发电技术开发海底固定式水平轴装置。

作为能源，海流比陆地上的水力更可靠，不像水力那样会受枯水和洪水等水文因素的影响。目前海流能已用于海岸灯和航标导航等方面。目前，海流能发电在国际、国内均属探索和实验项目，还没有进入实际应用阶段。随着科学技术的进步，海流能利用必将有很大发展。

十、磁流体发电

1. 磁流体发电概述

磁流体发电是根据电磁感应原理，用热等离子气体或液态金属等导电流体与磁场相互作用，把热能直接转换成电能的发电方式。

常规火力发电需将燃料的热能通过汽轮机先转换成机械能，带动发电机发出电能，比磁流体发电多一个环节，效率自然较低。磁流体发电不仅少一个转换环节，而且允许采用更高的入口温度，如果与常规火力发电机组联合循环运行，其综合热效率可达50%～60%。磁流体发电装置没有高温、高速的旋转运动部件，能减少大气污染，节省冷却用水，是一种很有发展前途的发电方式。

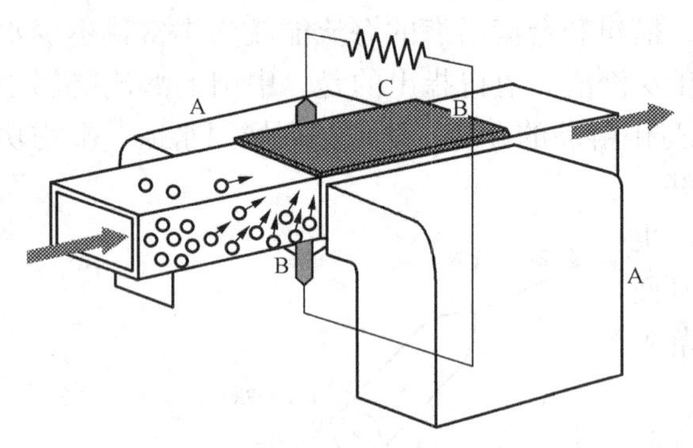

图1-43　磁流体发电机示意
A—磁铁；B—电极；C—负载

磁流体发电按工质的循环方式分为开式循环系统、闭式循环系统和液态金属循环系统。最简单的开式磁流发电机由燃烧室、发电通道和磁体组成，如图1-43所示。燃料在燃烧室中燃烧，产生出温度很高（可达3000℃）的等离子体，在燃烧室的末端装有加速喷管，使高温等离子体以约1000m/s的速度喷出，并穿越发电通道。等离子体是在高温下电离的气体，由离子、电子和未经电离的中性粒子组成。由于正负电荷密度几乎相等，所以从整体上看呈现电中性。在发电通道的水平方向上放置一对磁极，在竖直方向放置一对电极。由于高速运动的等离子体垂直地穿过磁场，作切割磁力线运动。在洛伦兹力的作用下，带正电的离子移向正电极，而电子移向负电极，于是在两极上就形成了很高的电势差。当与外电路接通时，负载上就有电流通过。

磁流体发电的研究始于20世纪50年代末，被认为是最现实可行、最有竞争力的直接发电方式。它涉及磁流体动力学、等离子物理、高温技术及材料、低温超导技术和热物理等领域，是一项大型工程性课题。许多先进国家都把它列为国家重点科研项目，有的建立国际间协作关系，以期早日突破。

磁流体发电机没有运动部件，结构紧凑，环境污染小，有很多优点。特别是它的排气温度高达2000℃，可通入锅炉产生蒸汽，推动汽轮发电机组发电。这种磁流体-蒸汽动力联合循环电站，一次燃烧两级发电，比现有火力发电站的热效率高10%～20%，节省燃料30%，发电效率可达到60%以上，是火力发电技术改造的重要方向。由于气流中混有约1%的腐蚀性极强的电离剂（钾离子），因此要求电极材料既能耐高温，经得起高速离子的不断冲击，又能抵抗钾离子的腐蚀。另外，磁流体发电机启动速度快，从点火启动到满负载工作只需几十秒钟。这要求电极材料能经受骤冷骤热的急剧变化。

磁流体发电比一般的火力发电效率高得多，但在相当长一段时间内它的研制进展不快，其原因在于伴随它的优点而产生了一大堆技术难题。磁流体发电机中，运行的是温度在三四千摄氏度的导电流体，它们是高温下电离的气体。由于进行有效的电力生产，电离了的气体导电性能还不够，因此，还要加入钾、铯等金属离子。但是，当这种含有金属离子的气流，高速通过强磁场中的发电通道，达到电极时，电极也随之遭到腐蚀。电极的迅速腐蚀是磁流体发电机面临的最大难题。另外，磁流体发电机需要一个强大的磁场，真正用于生产规模的发电机必须使用超导磁体来产生高强度的磁场，这自然就带来了技术和设备上的难题。

最近几年，科学家在导电流体的选用上有了新的进展，发明了用低熔点的金属（如钠、钾等）作导电流体，在液态金属中加进易挥发的流体（如甲苯、乙烷等）来推动液态金属的流动，巧妙地避开了难以克服的“高温困难”。由于液态金属黏滞性较大，故在液态金属中掺进易挥发的流体（如甲苯、乙烷、水蒸气等），这些流体一旦加入液态金属中，立刻沸腾成气泡，膨胀的气泡像多级活塞泵一样推动液态金属快速流过发电管道。制造电极的材料和燃料的研制方面也有了新进展。但想一下子省钱省力地解决磁流体发电中技术、材料等方面的所有难题是不现实的。随着新的导电流体的应用，技术难题逐步解决，磁流体发电的前景还是乐观的。美国磁流体发电机的容量已超过32MW；日本、西德、波兰等许多国家都在研制碘流体发电机；我国也已研制出几台不同形式的磁流体发电机。

2. 燃煤磁流体发电技术

燃煤磁流体发电技术——等离子体发电，就是磁流体发电的典型应用，燃烧煤得到的2600℃以上的高温等离子气体以高速流过强磁场时，气体中的电子受磁力作用，沿着与磁力线垂直的方向流向电极，发出直流电，经直流逆变为交流送入交流电网。

磁流体发电本身的效率仅20%左右，但由于其排烟温度很高，从磁流体排出的气体可送往一般锅炉产生蒸汽，驱动汽轮机发电，组成高效的联合循环发电，总的热效率可达50%～60%，是目前正在开发中的高效发电技术中最高的。同样，它可有效地脱硫，有效地控制 NO_x 的产生，也是一种低污染的煤气化联合循环发电技术。

在磁流体发电技术中，高温陶瓷不仅关系到在2000～3000K磁流体温度能否正常工作，且涉及通道的寿命，即燃煤磁流体发电系统能否正常工作的关键。氧化锆陶瓷是一种具有陶瓷各种良好性能的工业材料，在氧化锆陶瓷中加入10%的氧化钇，可制成一种耐高温、抗氧化的复合氧化物陶瓷。这种复合氧化物陶瓷具有良好的导电性能，能像金属一样把电能转变为热能、光能，能耐2000℃以上的高温，且寿命在1000h以上。目前高温陶瓷的耐受温度最高已可达到2800℃以上。导电陶瓷的研制成功使磁流体发电机的研究工作前进了一大步。

燃煤开环磁流体发电将对节能和减少 CO_2 排放、实现电力行业的绿色生产作出重大贡献。20世纪80年代后期，世界上最先进的磁流体发电装置是莫斯科北郊U-25装置，是以天然气作燃料的开环装置，额定功率为20.5MW。

复习思考题

1. 什么是一次能源？什么是二次能源？
2. 什么是可再生能源？什么是不可再生能源？
3. 举例说明当今的新能源有哪些。
4. 能源强度的定义是什么？
5. 电力生产的特点和基本要求是什么？
6. 电力弹性系数的定义是什么？
7. 按所利用的一次能源分类，发电厂可分为哪几类？
8. 按产品性质分类，发电厂可分为哪几类？
9. 按发电服务范围分类，发电厂可分为哪几类？
10. 发电厂的效率定义？一般凝汽式发电厂的效率有多大？
11. 凝汽式发电厂生产过程存在的能量损失可以概括为哪几项？
12. 什么是发电厂的总效率？
13. 什么是发电煤耗率？发电标准煤耗率？供电煤耗率？
14. 什么是厂用电率？
15. 什么是装机容量的年利用小时数？
16. 简述标准煤的定义。
17. 汽轮发电机组热耗率的定义是什么？
18. 汽轮发电机组汽耗率的定义是什么？
19. 机组安全运行的各可靠性指标定义是什么？
20. 燃煤电厂对环境造成危害的污染物主要包括哪些？
21. 火电厂烟气排放控制措施有哪些？
22. 火电厂重金属污染的防控措施有哪些？
23. 按集中河道落差的方式，水电站可以分为哪几种类型？
24. 抽水蓄能式水电站是一种什么起什么作用的水电站？
25. 与火力发电相比，水力发电有哪些特点？
26. 第一代、第二代、第三代和第四代核电站是如何区分的？
27. 核电站的核岛指什么？核电站的常规岛指什么？
28. 核电站的安全性是如何得到保障的？
29. 燃气-蒸汽联合循环发电的主要优点有哪些？
30. 目前最有发展前途的洁净煤发电技术是什么？
31. 燃料电池发电的基本原理是什么？
32. 燃料电池的特点有哪些？
33. 风电的优点是什么？缺点是什么？
34. 风力机对环境的影响主要包括哪几个方面？
35. 太阳能的优点是什么？缺点是什么？
36. 比较太阳能热动力发电技术与太阳能光伏发电技术的特点。

37. 地热发电的优点是什么？

38. 海洋能的表现形式通常包括哪些？

39. 潮汐电站的优缺点是什么？

40. 磁流体发电的基本原理是什么？

41. 已知：某凝汽式发电厂总共装有两台汽轮发电机组，均为1000MW。已知该厂装机容量的年利用小时数T＝5000h/a，假定发电厂的总效率平均为40.0%，所用燃料的低位发热量23440kJ/kg。试求平均每昼夜所需供给的燃料量。

第二章 热工基础理论

热工基础包括工程热力学和传热学。工程热力学是热力学的一个分支，它主要研究热能转变为机械能的规律以及提高能量转变效率的途径。工质及其热力性质、热力过程以及热力学第一、第二定律一起，构成了工程热力学的理论基础。工程热力学为人们正确理解热力发电厂的能量转换过程、主要热力设备的工作原理及其运行特性等提供了必要的理论基础知识。传热学是一门研究热能传递规律的学科。只要物体之间有温度差存在，就必然引起热量从高温物体向低温物体的传递。本章介绍工程热力学和传热学的基础理论知识。

第一节 工质及其状态参数

一、工质

热能转变为机械能必须借助于某种设备来实现。将热能变为机械功的设备称为热机，例如，蒸汽机、汽轮机、内燃机以及燃气轮机等。在热机中，热能转变为机械功是通过某种物质的一系列状态变化过程实现的，人们将这种用以实现热功转换的媒介物质称为工质。为了使工质在状态变化过程中获得较多的功，工质应具有良好的膨胀性；在热机的不断工作中，为了使工质易于流入与排出，还要求工质具有良好的流动性。因此，在物质的三态中，气态物质（包括水蒸气）最适合作为工质。如汽轮机以水蒸气作为工质，内燃机以燃气为工质。

二、基本状态参数

描述工质在某一给定瞬间物理特性的各个宏观物理量称为工质的状态参数。在工程热力学中常用的状态参数有六个，即压力、比体积、温度、比热力学能、比焓和比熵。

要强调指出的是，状态参数是热力状态的单值函数，即状态参数的值仅取决于给定的状态而与达到这一状态的路径无关。任意两个独立的状态参数即可确定工质的状态。常用的六个状态参数中，温度 T、压力 p 和比体积 v 可以直接或容易用仪表测定，称为基本状态参数。

（一）温度

温度是表示物体冷热程度的物理量。温度的数值表示称为温标。国际单位制中采用热力学温标，又称绝对温标或开尔文温标，符号为 T，单位为开尔文（K）。与热力学温标并用的还有摄氏温标，以符号 t 表示，单位为摄氏度（℃）。热力学温标 T 与摄氏温标 t 之间的换算关系为

$$T = t + 273.15 \quad \text{K} \tag{2-1}$$

（二）压力

压力是指单位面积上承受的垂直作用力。根据分子运动论，气体的压力是大量分子向容器壁面撞击的平均结果。

1. 压力的单位

在国际单位制单位（SI 单位）中，压力的单位为帕斯卡，简称帕（Pa）。实际应用中，

“帕”太小，故工程上常用兆帕（MPa）作单位（$1MPa=10^6 Pa$）。

过去我国使用工程大气压（at）和液柱（毫米汞柱 mmHg 或毫米水柱 mmH_2O）高度作为压力单位，遇到这些压力单位时，应按下列关系进行换算：

$$1at=1kgf/cm^2=98\,067Pa$$

$$1mmHg=133.321Pa$$

$$1mmH_2O=9.806\,7Pa$$

2. 表压力、绝对压力和真空度

压力是一个可测的状态参数。由于压力计本身处在大气压环境中，其测量都是以大气压为基准的。因此，用压力计测得的读数并不是被测工质的实际压力，而是相对于当地大气压力的相对值，即工质的实际压力与当地大气压力的差值（见图 2-1）。

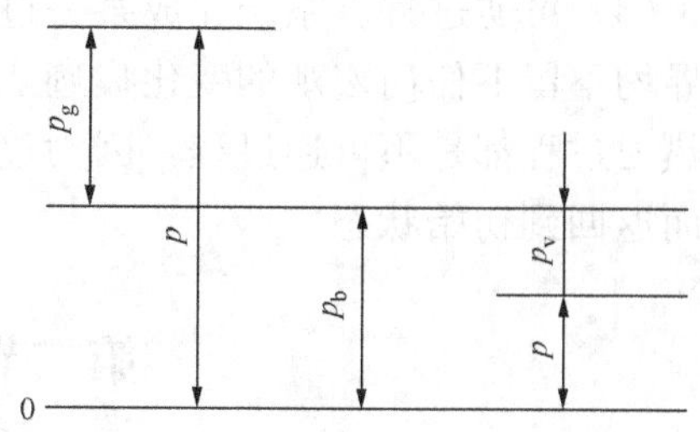

图 2-1　绝对压力、大气压力、表压力的关系

习惯上，称工质的实际压力 p 为绝对压力。当绝对压力高于当地大气压力 p_b 时，称测压计的读数为表压力 p_g，即

$$p_g=p-p_b \tag{2-2}$$

当绝对压力低于当地大气压力时，称测压计读数为真空度或负压 p_v，即

$$p_v=p_b-p \tag{2-3}$$

（三）比体积

单位质量物质所占有的体积称为比体积❶，以符号 v 表示，单位 m^3/kg。设质量为 m（单位 kg）的工质所占容积为 V（单位 m^3），则其比体积为

$$v=\frac{V}{m}\quad m^3/kg \tag{2-4}$$

根据定义，比体积与质量密度 $\rho(kg/m^3)$ 互为倒数。

三、热能转换的基本概念

（一）热力系统

在热力学中，总是用一定的边界将研究对象与周围的物体分割开来。这种由一定的边界围起来作为研究对象的物质的总和称为热力系统，简称系统。边界以外的物质世界统称外界。系统与外界的分界面称为边界。边界在图上通常用虚线标出，它可以是真实的，也可以是假想的。系统通过边界可与外界发生各种相互作用，如热量交换、功量交换及质量交换等。按照系统与外界相互作用的特点，在热力学中把系统分为下述几类：

（1）封闭系统（简称闭口系）。系统与外界没有物质的交换。例如，把内燃机气缸中正进行膨胀的燃气选作系统。

（2）开口系统（简称开口系）。系统与外界有物质的交换。例如，把汽轮机的汽缸选作系统，它有工质的流入和流出，这就是开口系统。

（3）绝热系统。系统与外界没有热量的交换。例如，在汽轮机的汽缸外包以绝热材料，当工质流经汽轮机时，其散热量非常小，可略而不计，则此热力系统可认为是绝热系统。

---

❶　国标《量和单位》（GB 3100～3102—1993）中废止的“比容”名称的替换名称。

(4) 孤立系统。系统与外界既没有物质交换，也没有热和功的交换。

(二) 热力状态的变化过程

(1) 平衡状态。在外界条件不变的情况下，即使经历较长时间，热力系统的宏观特性仍不发生变化，称热力系统处于平衡状态。经典热力学所研究的热力学状态都是平衡状态。

(2) 热力过程。系统由其初始平衡状态，经过一系列中间状态而达到某一新的平衡状态的变化过程称为热力过程，简称过程。

(3) 可逆过程。系统完成某一过程之后，若能够沿原路径返回其初始平衡态，且系统和外界均不留下任何宏观的变化痕迹，则称该过程为可逆过程；反之则为不可逆过程。实际中的热力过程都是不可逆过程，因为过程中存在着各种各样的能量损失，系统与外界会留下变化而返回到初始状态。

第二节 热力学基本定律

一、热力学第一定律

(一) 工质的热力学能

热力学能（又称为内能）是指工质在某种状态下内部所蕴藏的总能量，包括内动能和内势能。通常用 u 表示 1kg 工质的热力学能，称为比热力学能，单位是 J/kg 或 kJ/kg；用 U 表示 $m$kg 工质的热力学能，单位是 J 或 kJ。

内动能是分子热运动的动能。从分子运动观点来看，内动能大小与温度有关，温度越高，内动能就越大，即工质的内动能是温度的单值函数。内势能是分子之间由于相互作用力而具有的能量。它的大小和分子间的距离有关，即和工质的比体积有关，是比体积的函数。因此，工质的比热力学能（用符号 u 表示）取决于工质的温度（用符号 T 表示）和比体积（用符号 v 表示），即 $u=f(T, v)$。这表明：工质比热力学能的大小完全取决于它所处的热力学状态，是工质的一个状态参数。

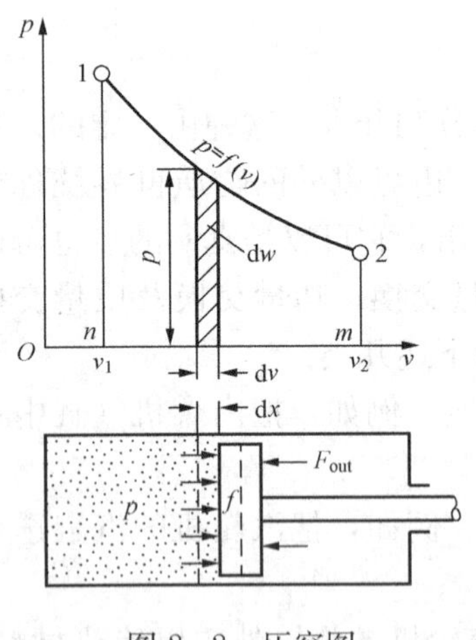

图 2-2 压容图

比热力学能是无法直接测量的，通常也没有必要去确定比热力学能的绝对数值，因为在热力学中只需要计算工质由某一状态到另一状态比热力学能的相对变化量 Δu。

热力学中规定：工质比热力学能增加时，其比热力学能变化量为正，即 $\Delta u>0$；比热力学能减小时，比热力学能变化量为负，即 $\Delta u<0$。

(二) 功与压容图

在力学中，功的定义为力与沿力方向所产生位移的乘积。国际单位制中，功的单位是焦耳，用符号 J 表示。

设气缸中盛有 1kg 气体，缸内装有一个可移动的无摩擦的活塞，如图 2-2 所示。活塞截面积为 f，若某一瞬间缸内气体的总压力为 p，则气体的内力为 pf 并稍大于外力 F_{out}，迫使活塞往右移动 dx 的距离，气体容积随之膨胀并对外做功，这就是膨胀功。气体在此微小膨胀过程中对活塞所做的功为

$$dw=pf\,dx=p\,dv \tag{2-5}$$

1kg 气体从状态 1 变化到状态 2 时，整个膨胀过程所做的功为

$$w=\int_{v1}^{v2}p\mathrm{d}v \quad \mathrm{J/kg} \tag{2-6}$$

该定积分值可由压容图（p-v 图）上过程曲线 1—2 下面的面积（$12mn1$）表示。该面积表示了气体在膨胀过程中所做之功的大小，因此，p-v 图又称为示功图。可见，热力学上运用压容图来分析发动机的做功情况是十分方便的。

若气缸内的气体受到外力的压缩，比体积逐渐减小，压力相应增高，过程依反方向2—1进行。此时，dv 为负值，故所得的功也是负值。热力学上规定，正值代表膨胀功，如蒸汽在汽轮机中所做的功是膨胀功；而负值代表压缩功，如压气机压缩空气所做的功就是压缩功。

上式是对 1kg 工质而言，如果气缸中的工质为 $m$kg，则所做的总功为

$$W=m\cdot w=m\int_{v1}^{v2}p\mathrm{d}v=\int_{V_1}^{V_2}p\mathrm{d}V \quad \mathrm{J} \tag{2-7}$$

由以上分析可知，功是系统与外界交换能量的一种方式，是在压力差的作用下，通过宏观有规则运动所传递的能量。工质与外界所交换的功量，借助于两个状态参数 p 和 v 来描述。其中压力 p 是促使功量发生传递的推动力，只要气体与外界之间有微小的压力差就有可能做功；而比体积的改变与否标志着有无做功，例如，$\mathrm{d}v>0$ 表示工质对外膨胀做功；$\mathrm{d}v<0$ 表示工质被压缩获得功；$\mathrm{d}v=0$ 表示气体既未做膨胀功，也未获得压缩功。在压容图上以过程曲线下面的面积表示其状态变化过程中功量的大小。

从图 2-2 还可以看出，工质由状态 1 可以经过多条途径到达状态 2，由于途径的不同，导致做功大小的不同。可见，工质所做功的大小，不仅与过程的初态和终态有关，而且还取决于过程所经过的途径。这说明功是和过程有关的量，而不是状态参数。

在工程上，只知道功的大小是不够的，更需要知道热机功率的大小。功率是指机器在单位时间内所做的功。国际单位制中，功率的单位是瓦[1]（W）或千瓦（kW）。

（三）热量与温熵图

热量是系统与外界交换能量的另一种方式，是在温差的推动下，通过微观粒子无规则运动所传递的能量。国际单位制 SI 中，热量与功的单位相同，均为焦耳（J）。

做功和传热是能量传递的两种基本方式。“功”是由压力差的作用传递的能量；“热量”是由温度差的作用传递的能量。两者都是能量在传递过程中的量度，而且是可相互转换的，仅仅是传递方式有区别而已。与功量交换相似，热量的传递也可以用两个类似的状态参数来描述。在传热过程中，温度 T 就是使热量发生传递的推动力，只要气体与外界之间有温差存在，就有可能传热。还有一个状态参数，它的改变与否标志着有无传热，这一状态参数已为热力学所确定，称为比熵，用符号 s 表示。

传热量的数学表达式为

$$\mathrm{d}q=T\mathrm{d}s \tag{2-8}$$

或

$$q=\int_{s1}^{s2}T\mathrm{d}s \tag{2-9}$$

[1] 1 瓦（W）=1 焦耳/秒（J/s）。

由此得到比熵的定义式为

$$ds=\frac{dq}{T} \tag{2-10}$$

式中　s——1kg 工质的熵，称为比熵，J/（kg·K）。

工质的比熵不能用仪器直接测量，它和比热力学能一样，不必知道其绝对值，只需要确定其变化量 Δs。比熵的物理意义比较抽象，不易理解，但比熵的引用大大简化了许多热力学问题的分析研究。

在热力学中，常用以热力学温度 T 为纵坐标、比熵 s 为横坐标的温熵图（T-s 图）（见图 2-3）来分析热力过程，它可以形象地反映过程中热量传递的多少和传热的方向。

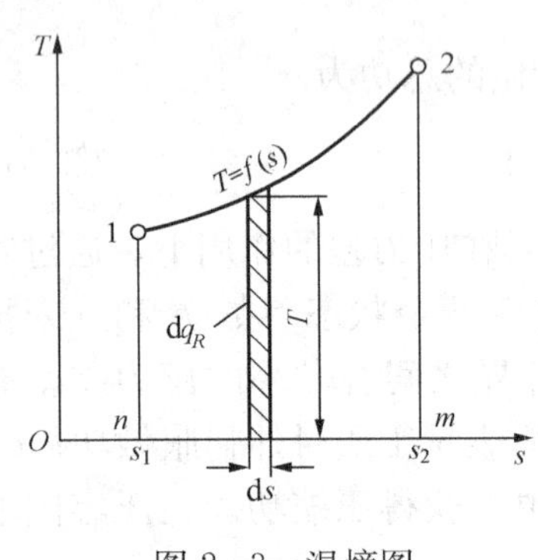

图 2-3　温熵图

在温熵图上，每一点代表一个平衡状态，每一条曲线代表一个可逆过程，而过程曲线下面的面积，如图 2-3 中的面积（12mn1），表示过程 1—2 中 1kg 工质与外界所交换的热量。

例如，$ds>0$，q 为正值，表示气体从外界吸入热量；$ds<0$，q 为负值，表示气体向外界放出热量；$ds=0$，则 $dq=0$，表示气体与外界没有发生热量交换，称为定比熵过程或绝热过程，其状态变化过程在 T-s 图上表现为一垂直线。因此，在温熵图上不仅可以用过程曲线下面的面积来表示热量的大小，而且还可以判断气体在过程中是从外界吸入热量还是向外界放出热量。

（四）热力学第一定律的表述形式

热力学第一定律可表述为：热可以变为功，功也可以变为热。一定量的热消失时，必产生数量与之相当的功；消耗一定量的功时，也必将出现相应数量的热。用数学式表示，即

$$Q=AW \tag{2-11}$$

式中　A——将功转换为热量的换热系数，称为功的热当量。

在国际单位制中，热量和功都采用焦耳（J）作为基本单位，则 $A=1$，故

$$Q=W \tag{2-12}$$

热力学第一定律是能量守恒与转换定律在热力学中的具体应用，阐明了热能和机械能相互转换和守恒的关系。历史上，曾有人试图制造一种不消耗任何能量而能连续不断做功的所谓第一类永动机，其结果终因违背能量守恒和转换定律而告失败。所以，热力学第一定律也可表述为：第一类永动机是制造不成的。

（五）热力学第一定律的解析式

$Q=W$ 这个关系式只表明了热功转换的等量性，它却无法准确地反映工质在状态变化过程中能量转换的平衡关系。根据能量守恒原则，应列出参与能量转换过程的各种能量之间的数量关系式，这种关系式即为热力学第一定律的解析式。

1. 闭口系的热力学第一定律解析式

如图 2-2 所示假定有 1kg 工质封闭在气缸与活塞之中，形成一个闭口系统，当外界对工质加入热量 q ，工质受热从状态 1 变化到状态 2，工质的比热力学能由 u_1 变化到 u_2，所做的膨胀功为 w。根据能量守恒与转换定律，可得 $u_1+q-w=u_2$，即

$$q = u_2 - u_1 + w = \Delta u + w \tag{2-13}$$

若工质的质量是 $m$kg，则

$$Q = \Delta U + W \tag{2-14}$$

式（2-14）即为热力学第一定律用于闭口系统的能量方程，称为热力学第一定律的解析式。它表明：加给工质的热量，一部分用来改变工质的比热力学能，另一部分用于使工质膨胀而对外做功。以上方程式不受过程性质（可逆或不可逆）和工质性质的限制，是普遍适用的。

2. 开口系的热力学第一定律解析式（稳定流动能量方程式）

在常见的热力设备中（如电厂锅炉、汽轮机、给水泵等），工质是连续不断地进出系统的，工质在这种开口系统中的流动状况接近稳定流动。稳定流动是指工质的流动情况不随时间而变化。为实现稳定流动，必须确保系统与外界进行物质和能量的交换不随时间改变，这是实现稳定流动的必要条件，即

（1）进、出口截面的参数不随时间变化。

（2）系统与外界进行功和热的交换不随时间变化。

（3）系统与外界进行物质的交换不随时间改变，且进口的质量流量与出口的质量流量相等。

下面来讨论稳定流动情况下工质的状态变化规律及其能量方程。

图 2-4 是一概括性热力设备示意，设有 1kg 工质由 1—1 截面流入某一概括性热力设备，工质的状态参数为 p_1、v_1、u_1，截面积 f_1、流速 c_1、高度 z_1，外界对工质加热量为 q，工质对外界做功（轴功）w_s；工质由 2—2 截面流出设备，相应的状态参数为 p_2、v_2、u_2，截面积 f_2、流速 c_2、高度 z_2。

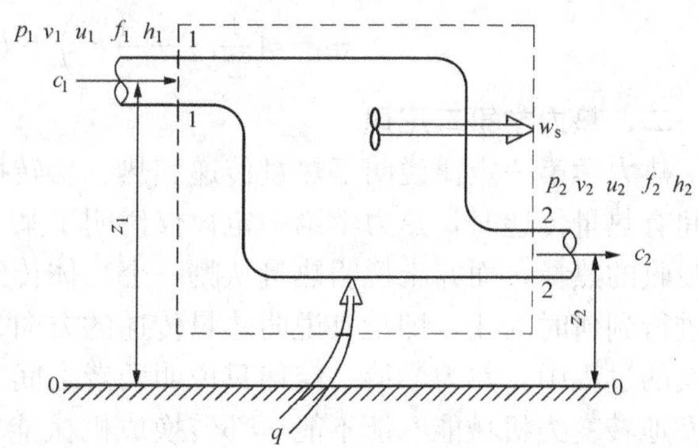

图 2-4 概括性热力设备示意

1kg 工质由 1—1 截面进入设备时，必须克服前面的阻力 $p_1 f_1$，对工质做功，才能将工质推入，这部分功称为推动功，即 $p_1 f_1 l_1 = p_1 v_1$。故 $p_1 v_1$ 是随着工质流入设备时由外界传递给系统的能量，而 $p_2 v_2$ 是随着工质流出设备时由系统传递给外界的能量。

在进口截面 1—1 处，工质带入系统的能量为：比热力学能 u_1、宏观动能 $\frac{1}{2}c_1^2$、宏观势能 gz_1 和推动功 $p_1 v_1$，则加入系统的总能量为

$$u_1 + \frac{1}{2}c_1^2 + gz_1 + p_1 v_1$$

同样，在出口截面 2—2 处，工质带出系统的总能量为

$$u_2 + \frac{1}{2}c_2^2 + gz_2 + p_2 v_2$$

考虑到外界对工质加热量为 q，工质对外界做功为 w_s，根据能量守恒与转换定律，工质的能量平衡方程式可写为

$$u_1+\frac{1}{2}c_1^2+gz_1+p_1v_1+q=u_2+\frac{1}{2}c_2^2+gz_2+p_2v_2+w_s$$

即

$$q=(u_2-u_1)+(p_2v_2-p_1v_1)+\left(\frac{1}{2}c_2^2-\frac{1}{2}c_1^2\right)+(gz_2-gz_1)+w_s \quad (2-15)$$

令 $h=u+pv$，$w_t=\left(\frac{1}{2}c_2^2-\frac{1}{2}c_1^2\right)+(gz_2-gz_1)+w_s$，则

$$q=(h_2-h_1)+w_t=\Delta h+w_t \quad (2-16)$$

式（2-16）即为开口系的热力学第一定律解析式，又称为稳定流动能量方程式。

比焓的定义式为

$$h=u+pv \quad \text{J/kg} \quad (2-17)$$

由于 u、p、v 都是状态参数，所以比焓也是状态参数。引用比焓的概念可以使热力过程的分析计算大大简化。

式（2-15）中的动能差 $\left(\frac{1}{2}c_2^2-\frac{1}{2}c_1^2\right)$ 和势能差 (gz_2-gz_1) 都属于机械能形态，二者只要传出系统，就和轴功 w_s 一样，可看作是工质对外界做功，所以，将这三项之和称为技术功，用符号 w_t 表示，即

$$w_t=\left(\frac{1}{2}c_2^2-\frac{1}{2}c_1^2\right)+(gz_2-gz_1)+w_s \quad (2-18)$$

二、热力学第二定律

热力学第一定律说明了热量传递和热、功转换时的数量关系。例如，两个温度不同的物体间有热量传递时，热力学第一定律仅说明了某一个物体所放出的热量必定等于另一个物体所吸收的热量，而并未说明热量从哪一个物体传给另一个物体，在什么条件下才能传热，传热进行到何时为止，即没有说明热量传递的方向、条件和限度。同样，在热能和机械能相互转换的过程中，热力学第一定律只说明两者之间在数量上有一定的当量关系，至于热是否能自发地转变为机械能？能不能全部转换成机械能？在极限情况下有多少可以转变为机械能？热力学第一定律并不能确定这些有关过程进行的方向、条件和限度等问题。所以，单纯依靠热力学第一定律来分析热力过程是不够的，还必须对过程进行的方向、条件进行研究。热力学第二定律就是解决这些过程进行的方向、条件和限度等问题的规律，其中最根本的是关于方向问题的规律。

热力学第二定律是人们长期实践经验的科学总结。在热力学发展史上，热力学第二定律曾以各种不同形式表述，形成了各种说法。

第一种［克劳修斯（Rudolph Clausius，1822—1888 年）说法］：热量不可能自发地、无代价地从低温物体传向高温物体。这种说法指出了传热过程的方向性。例如，按逆向循环工作的制冷机，其结果不仅使低温物体向高温物体传热，而且它所消耗的机械能也变成热能一起传给高温物体。如果没有这一功变热过程作补偿，制冷机是不可能使热量从低温物体传到高温物体的。

第二种［开尔文-普朗克（Lord Kelvin，1824—1907 年；Max Planck，1858—1947 年）说法］：不可能制成一种循环工作的热机，只从一个热源取热，并完全变为有用功，而不发生任何其他改变。这种说法是从热、功转换的角度表述热力学第二定律，指出热功转换过程

的方向性以及热变功所需要的条件。有人曾设想制造出一种只需要一个热源并能连续工作的机器，试图把从单一热源吸取的热量全部转变为功，而不引起其他改变。这种机器虽然不违反热力学第一定律，但是不存在温度差的两个热源，热机是不可能周期运转的。所以，单一热源的热机，即所谓的第二类永动机是不可能制造成功的。

上述两种说法是从不同方面表述了同一个客观规律，其实质完全是等效的，都说明能量的传递和转换过程具有方向性，非自发的过程必须在一定条件下才能进行。

第三节　水蒸气及其动力循环

水蒸气是人类在热力发动机中应用最早的工质。虽然以后也应用燃气和其他工质，但由于水蒸气具有易于获得、有适宜的热力参数和不会污染环境等优点，至今仍是热力发动机的主要工质，同时水蒸气也常被当作传递热量的介质使用，例如，用水蒸气对热用户进行供热等。

一、水蒸气在定压下的形成过程

工程上所用的水蒸气通常是水在锅炉内定压汽化而产生的。水的定压汽化过程，不仅在技术上易于实现，而且能为热力发动机提供质量（汽温和汽压）稳定的工质。下面讨论与锅炉中的定压汽化过程相仿、而又比较简单的情况。

假定在汽缸内盛有1kg温度为0℃的水，汽缸一端装有一个可无摩擦移动的活塞。活塞上置以重物，活塞和重物施加于水面的压力为 p，水的比体积为 v_0，此时的水为未饱和水，如图2-5（a）所示。对该未饱和水进行加热，水温逐渐升高，水的比体积稍有增大。当水温达到压力 p 对应的饱和温度 t_s 时，水开始沸腾，称为饱和水，如图2-5（b）所示。水在定压下从未饱和状态加热到饱和状态，即为预热阶段，相当于锅炉中省煤器内水的定压预热过程。把预热到饱和温度 t_s 的水继续加热，水开始沸腾并逐渐变为蒸汽。这时饱和压力不变，t_s 也不变。这种蒸汽和水的共存状态称为湿蒸汽，如图2-5（c）所示。随着加热过程的继续进行，水逐渐减少，蒸汽逐渐增多，直至水全部变为蒸汽，这时的蒸汽称为干饱和蒸汽，如图2-5（d）所示。由饱和水定压加热为干饱和蒸汽的汽化过程中，温度 t_s 保持不变，比体积随蒸汽增多而迅速增大，这一过程称为水的汽化过程，相当于锅炉水冷壁内的吸热过程，吸收的热量称为汽化潜热。对饱和蒸汽继续定压加热，蒸汽温度将升高，比体积增大。这时的蒸汽称为过热蒸汽，如图2-5（e）所示。其温度超过饱和温度，称为过热度，

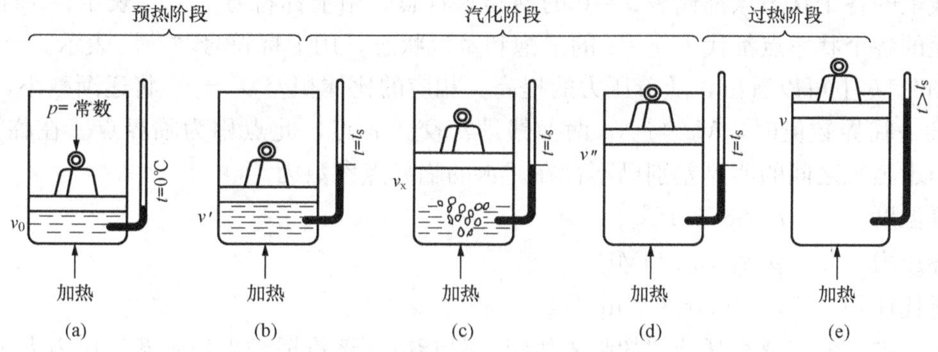

图2-5　水蒸气的定压形成过程

这一过程相当于蒸汽在锅炉的过热器中定压加热过程。

为了进一步分析水在定压下加热为蒸汽的全部过程，下面用 p - v 图及 T - s 图来表示上述过程，以及各个阶段中所吸入的热量。如图 2 - 6 所示，过程线 $a—a'—a''—d$ 即是压力 p 下水蒸气的定压形成过程。点 a 相应于 0℃（273.15K）水的状态，点 a' 为饱和水状态，a'' 为干饱和蒸汽状态，d 为过热蒸汽状态，点 a_x 相应于某种汽、水混合比例的湿蒸汽状态，湿蒸汽中所含干蒸汽的质量百分数称为湿蒸汽的"干度"，用符号 x 表示。$a—a'$ 表示未饱和水的预热过程；$a'—a''$ 表示水的汽化过程，$a''—d$ 表示水蒸气的过热过程。

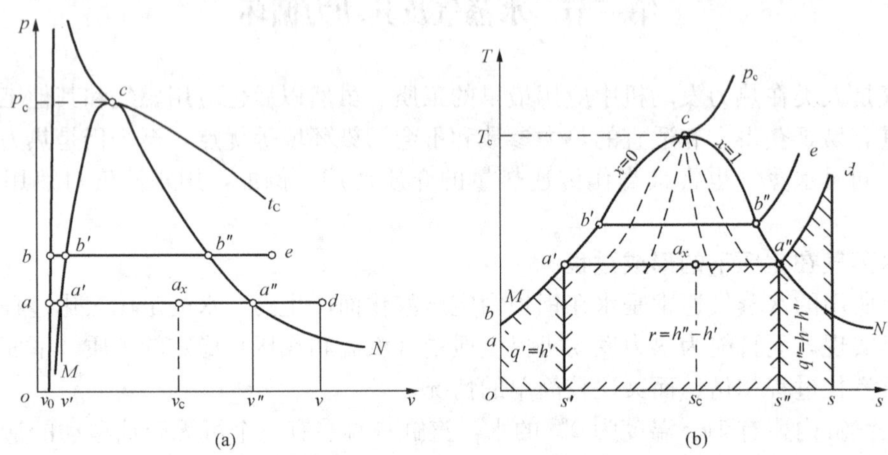

图 2 - 6 水蒸气的定压形成过程

如果在另一较高的压力下观察水的定压汽化过程，则对初始状态点 b 来说，由于温度仍为 0℃，而液态水是不可压缩的，故水的比体积仍然是 $v_0=0.001\text{m}^3/\text{kg}$ 。由于压力加大，水的汽化过程将在较高的饱和温度下开始，于是开始汽化时的比体积也略有增大，即压容图上代表饱和水的状态点 b' 较 a' 点靠右。对饱和水继续加热，同样可以得到干饱和蒸汽。由于压力提高，干饱和蒸汽的比体积将明显减小，因为代表干饱和蒸汽的状态点 b'' 较 a'' 靠左。

按此依次把压力提高，并分别研究水在不同压力下的定压汽化过程，则可在 p - v 图和 T - s 图上取得相应上述的一系列坐标点。表示 0℃水的初始状态的各个点 a、b…将落在一根基本平行于 p - v 图纵坐标轴的直线上。连接 a'、b'…各点的曲线 Mc（向右倾斜），叫做"饱和水线"；连接 a''、b''…各点的曲线 Nc（向左倾斜），叫做"干饱和蒸汽线"。所有位于饱和水线上的各个状态点都代表 $x=0$ 的饱和水状态，用上标符号"′"表示；位于干饱和蒸汽线上的各个状态点都代表 $x=1$ 的干饱和蒸汽状态，用上标符号"″"表示。

从图 2 - 6 上可以看出，随着压力的提高，相应的比体积差 $v''-v'$ 将逐渐减小，当压力提高到某一临界数值时，Mc 与 Nc 两曲线即汇交于 c 点，此点称为临界点。在临界点上，饱和水与水蒸气之间的明显差别已不存在。水的临界点参数为

临界温度 $t_c=374.15$℃

临界压力 $p_c=22.129\text{MPa}$

临界比体积 $v_c=0.00326\text{m}^3/\text{kg}$

目前，被人们广泛称呼的"超临界机组"是指电厂蒸汽锅炉出口主蒸汽压力大于水的临界压力（22.129MPa）的机组。习惯上又将超临界机组分为两个层次：① 常规超临界参数

机组，其主蒸汽压力一般为24MPa左右，主蒸汽温度为540～560℃；② 高效超临界机组，通常也称为“超超临界机组”或“高参数超临界机组”，其主蒸汽压力为25～35MPa及以上。

二、水蒸气的典型热力过程

1. 定压流动过程

水在锅炉中的加热过程、汽化过程，饱和蒸汽在过热器中的过热过程，乏汽在凝汽器中的凝结过程，以及给水在高、低压加热器中的加热过程，均可近似地看作是工质在定压下进行的流动过程（见图2-7）。定压流动的热力过程特点是：工质流经上述热力设备时，只和外界有热交换，而没有功的交换，即 $w_s=0$；工质流进流出热力设备时流速相差不大，动能近似相等；势能基本上无变化，则应用能量方程式（2-15）可得

$$q=h_2-h_1 \tag{2-19}$$

式（2-19）表明，工质在热力设备中进行定压流动过程时，吸入（或放出）的热量等于比焓的增加（或减少）。

2. 绝热流动的做功过程

当水蒸气流经汽轮机时，其压力降低并对机器做功，如图2-8所示。若汽缸壁保温情况良好，可近似地认为工质与外界无热量交换，即 $q=0$；进、出口动能相差很小，可忽略不计；势能基本上无变化，应用能量方程式（2-15）可得

$$w_t=h_1-h_2 \tag{2-20}$$

式中，h_1-h_2 称为“绝热比焓降”，简称“比焓降”。式（2-20）表明，水蒸气在绝热情况下流经汽轮机时，是依靠它的比焓降转变为机械功的。

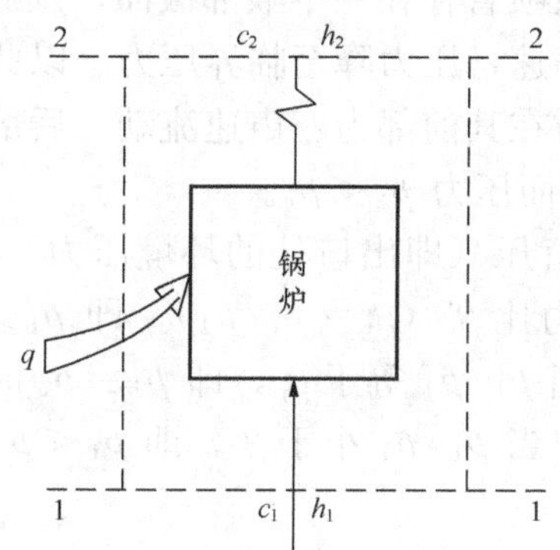

图2-7 定压流动过程示意

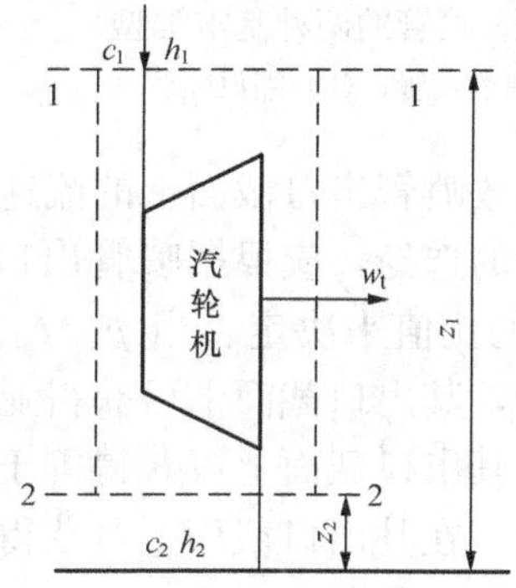

图2-8 绝热流动的做功过程示意

3. 通过喷管的绝热流动

汽轮机中热能转变为机械能是分两步来完成的，首先工质在喷管中进行绝热膨胀，将热能转变为汽流的动能（见图2-9），然后汽流的动能进一步转变为机械能。

工质在喷管内流动时速度很高，流经喷管的时间又极短，几乎来不及与外界交换热量，可以近似地认为是绝热流动过程，即 $q=0$；同时，工质对设备不做功，即 $w_s=0$；势能差可忽略不计。故按能量方程式（2-15）可得

$$\frac{1}{2}(c_2^2-c_1^2)=h_1-h_2 \tag{2-21}$$

式（2-21）表明，工质流经喷管时，如果发生绝热膨胀（压力降低，比焓降低），则动能必将增大。由式（2-21）得出喷管出口的流速为

$$c_2=\sqrt{2(h_1-h_2)+c_1^2} \tag{2-22}$$

当 $c_1 \ll c_2$ 时，c_1 可忽略不计，则

$$c_2=\sqrt{2(h_1-h_2)}=1.414\sqrt{\Delta h}\quad \text{m/s} \tag{2-23}$$

考虑工质在喷管内的流动为稳定流动，那么通过喷管各个截面上的质量流量是相等的。一般取喷管出口截面 A_2 上的参数来计算通过喷管的质量流量，即

$$G=\frac{A_2c_2}{v_2}$$

喷管按其外形可分为渐缩喷管和缩放喷管两种。图 2-9 表示出了这两种喷管的基本类型，同时表示出了工质流经喷管时的压力和速度变化。可见，工质流过喷管时，其流速 c 随压力 p 的降低而升高。当流速达到声速 a 时所对应的截面上的压力称为临界压力，用 p_c 表示。对于渐缩喷管，其出口截面上压力降至 $p>p_c$ 或 $p=p_c$ 时，相应流速增大到亚声速或声速，即 $c_2 \leqslant a$，而缩放喷管［也称拉伐尔（Laval）喷管］的出口截面上的流速为超声速，压力相应低于临界压力，即 $c_2>a$，$p_2<p_c$。缩放喷管存在一个喉部截面，该截面上流速达到声速，压力降至临界压力。以此截面为界，工质在其前部为亚声速流动，后部则为超声速流动，故缩放喷管出口截面上的流速，即 $c_2>a$，而压力 $p_2<p_c$。

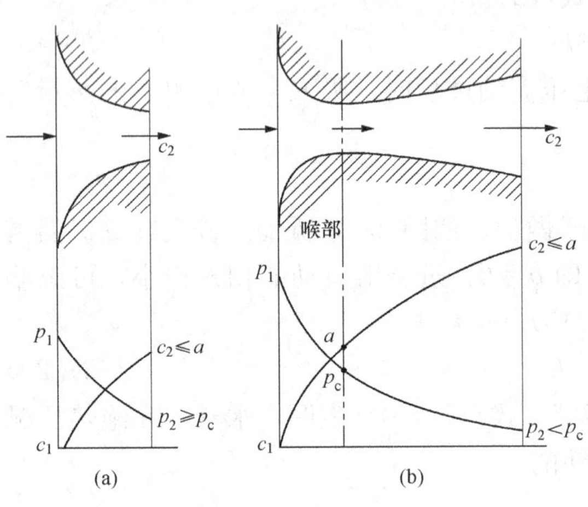

图 2-9　喷管的两种基本类型

（a）渐缩喷管；（b）缩放喷管

对两种喷管的选择，应根据喷管出口截面以外的背压（即出口处的环境压力）p_b 与喷管进口压力 p_1 的比值来决定。当 p_b/p_1 大于临界压力比 β_c（$\beta_c=p_c/p_1$），即 $p_b>p_c$ 时，应选用渐缩喷管，其出口截面上可获得亚声速流速；当 p_b/p_1 等于 β_c，即 $p_b=p_c$ 时，也应选用渐缩喷管，其出口截面上可获得等于声速的流速；当 p_b/p_1 小于 β_c，即 $p_b<p_c$ 时，应选用拉伐尔喷管，在其出口截面上可获得超声速流速。

理论推导证明，临界压力比 β_c 完全决定于工质的性质，即

$$\beta_c=\frac{p_c}{p_1}=\left(\frac{2}{\kappa+1}\right)^{\frac{\kappa}{\kappa-1}}$$

此式虽然是以理想气体作为工质推得的，但也适用于水蒸气，仅是式中的等熵指数 κ 纯属经验数据。据上式可得到几种常用工质的 β_c 如下：

双原子理想气体	$\kappa=1.4$，	$\beta_c=0.528$
过热蒸汽	$\kappa=1.3$，	$\beta_c=0.546$
湿蒸汽	$\kappa=1.035+0.1x$，	β_c 随干度 x 而定。

4. 绝热节流

工质在管道内流动时，经常需要流经阀门、孔板等设备。阀门、孔板处的局部阻力使工

质压力明显降低的现象称为节流。因节流进行得很快，过程中工质来不及对外散热，故一般认为节流是绝热节流。

节流现象如图 2-10 所示。由于节流时缩口处工质内部存在着强烈扰动，其状态极不平衡，为此取距缩口稍远处、工质状态趋于稳定的两截面 1—1、2—2 作为热力学分析的系统边界面。在该系统内，工质与外界无热交换，且不对外做功；工质的流速在两个边界面上差别不大，由式（2-15）可得

$$h_2 = h_1 \tag{2-24}$$

此式仅说明了节流前后稳定界面上的比焓相等，但节流不是等比焓过程。这是因为在缩口附近，存在着强烈的扰动、摩擦等，工质的部分动能转变成摩擦热并被工质吸收，造成了比焓的变化和比熵的增加。另外，缩口附近工质流速的剧烈变化也造成了比焓的变化，使得节流过程不是等比焓过程。虽然节流前后工质的比焓不变，但工质的做功能力将随着节流后压力的降低和比熵的增加而减小。图 2-10 的下部表示了节流时压力、速度及比焓的变化情况。

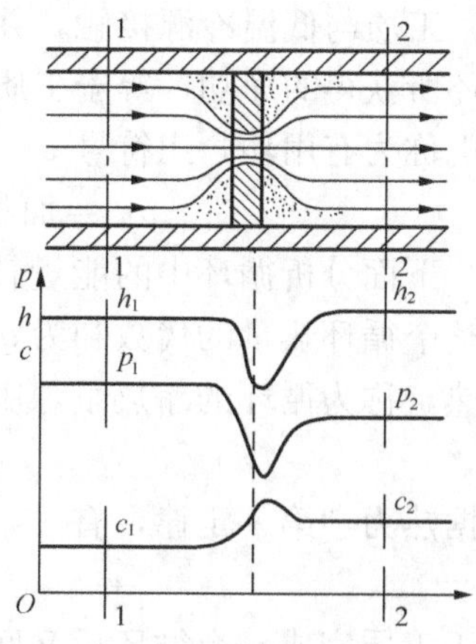

图 2-10 通过孔板的绝热节流

三、循环

通过工质的热力状态变化过程，可以将热能转化成机械能做功。当然，要做出功必须通过工质的膨胀过程，但是任何一个热力膨胀过程都不可能一直进行下去，而且连续不断地做出功。因此，为使连续做功成为可能，工质在膨胀做功后还必须经历某些压缩过程，使它回复到原来的状态，以便重新进行膨胀做功的过程。这种使工质经过一系列的状态变化，重新回复到原来状态的全部过程，就叫做一个循环。在状态参数的平面坐标图上，循环的全部过程一定构成一个闭合曲线，整个循环可看作一个闭合过程，所以也称为循环过程，简称循环。工质在完成一个循环之后，可以重复进行下一个循环，如此周而复始，就能连续不断地把热能转化为机械能。

按照效果的不同和进行方向的不同，可以分为正向循环和逆向循环。

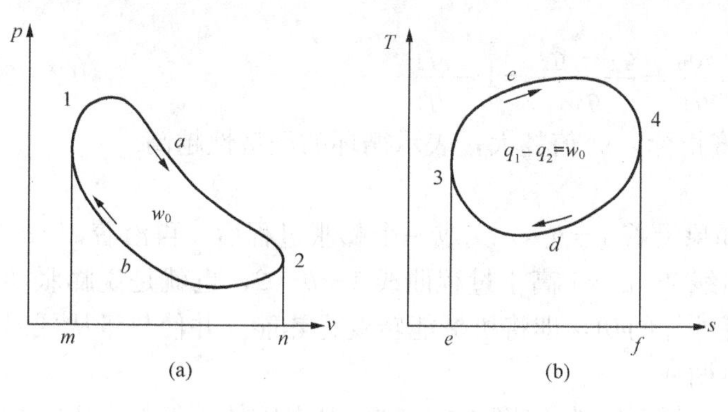

图 2-11 循环

1. 正向循环、循环的热效率

如果循环产生的总效果，是将热能变为机械能则称为正向循环，或称热机循环。循环的全部过程可以在一个气缸内进行，也可以分别在几个设备中进行。下面以 1kg 工质在封闭气缸内进行一个任意的正向循环为例，概括说明正向循环的性质。图 2-11（a）和（b）分别为该循环的 p-v 图及相应的 T-s 图。

设 1kg 质量的工质，从状态 1 经 1—a—2 过程膨胀到状态 2，为使工质回到初态，须对工质进行压缩。从图 2-11（b）中看出，膨胀过程的 1—a—2 曲线高于压缩过程的 2—b—1

曲线，显然工质所做的膨胀功大于外界消耗的压缩功。为此，可使工质在膨胀过程开始前，或在膨胀过程中，与高温热源接触，并从中吸入热量；而在压缩过程开始前，或在压缩过程中，工质与低温冷源接触，并向冷源放出热量，这样就可做到膨胀线位于压缩线之上。整个循环所获得的净功，等于工质对外界所做的膨胀功和外界对工质所做的压缩功的代数和。净功也称为有用功，用符号 w_0 表示。净功的大小，在 p-v 图上表示为

$$w_0 = 面积(1a2nm) - 面积(2b1mn) = 面积(1a2b1)$$

下面分析循环中的能量转换关系。工质从高温热源吸入热量 q_1，向冷源放出热量 q_2，则整个循环热量的代数和为 q_1-q_2，如图 2-11（b）所示。这部分热量差是热机工作的有用热，称为循环的净热量，用符号 q_0 表示，即

$$q_0 = q_1 - q_2 \tag{2-25}$$

根据热力学第一定律，有

$$q_0 = \Delta u + w_0 \tag{2-26}$$

由于工质完成一个循环后又回到初始状态，故 $\Delta u=0$，所以

$$q_0 = q_1 - q_2 = w_0 \tag{2-27}$$

上式说明：工质从热源吸收热量 q_1，向冷源放出热量 q_2，而循环的净热量 q_0（有用热）则转化为循环的净功 w_0（有用功）。

由此可见，热能连续不断地转变为机械能，是以向冷源放热为补充条件的。综上所述，完成一个正向循环后的全部效果如下：

（1）高温热源放出了热量 q_1；

（2）低温热源获得了热量 q_2；

（3）将（q_1-q_2）$=q_0$ 的热量转化为功。

工质与机器设备则回复到原来状况，没有变化。于是可得出如下的结论：从高温热源得到的热能 q_1，其中只有一部分可以转化为功，在这部分热能（q_2-q_1）转化为功的同时，必有另一部分 q_2 传向低温热源，后者是使热能经过循环转化成为功的必要条件，或称补充条件。

通常将正向循环所做的循环净功与工质从高温热源吸收的热量之比，称为循环热效率（或称循环效率），即

$$\eta_t = \frac{w_0}{q_1} = \frac{q_1 - q_2}{q_1} = 1 - \frac{q_2}{q_1} \tag{2-28}$$

循环热效率 η_t 是评价热机循环的经济指标，η_t 值越大，表示循环的经济性越高。

2. 逆向循环

从图 2-11（a）中看到，工质如果沿着 1—b—2 完成一个膨胀过程后，再沿着 2—a—1 过程回到初始状态 1 时，由于过程曲线 2—a—1 高于过程曲线 1—b—2，也就是说膨胀功小于压缩功，所以循环的总效果是消耗外界的功，即将机械能转变为热能，并使热量从低温物体传到高温物体，这种循环称为逆向循环。

将逆向循环应用于制冷，则工质从低温物体中吸取热量排向高温物体。例如，用机械能使冷藏库或冰箱中的热量排向温度较高的大气，这种循环称为制冷循环。

由图 2-11（a）和（b）可见，正向循环在坐标图上是顺时针方向进行的，而逆向循环则是反时针方向进行的。

四、卡诺循环

热力学第二定律从原则上阐明了循环中热功转换的方向、条件和限度，但是还没有直接找出提高循环热效率的途径。为了确定给定条件下热机循环热效率可能达到的最大限度，需要来分析卡诺循环及循环热效率。

卡诺循环是个理想循环，是由两个可逆的定温过程和两个可逆的绝热过程组成的。图2-12中，过程1—2是可逆的定温膨胀过程，工质在温度 T_1 下自同温度的高温热源吸入热量 q_1，在 T-s 图中表示为面积（12561），即

$$q_1 = 面积(12561) = T_1(s_2 - s_1) \tag{2-29}$$

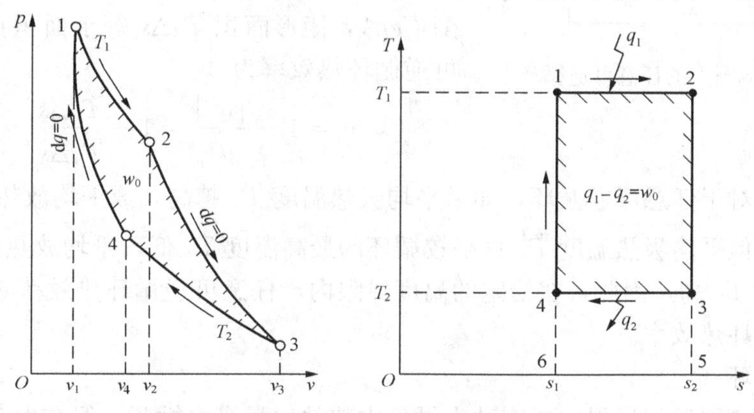

图2-12 卡诺循环

过程2—3是可逆的绝热膨胀过程，在绝热膨胀过程中工质的温度自 T_1 降到 T_2；过程3—4为可逆的定温压缩过程，工质在温度 T_2 下向同温度的低温热源放出热量 q_2，在 T-s 坐标图中表示为面积（34653），即

$$q_2 = 面积(34653) = T_2(s_2 - s_1) \tag{2-30}$$

过程4—1是可逆的绝热压缩过程，在压缩过程中工质的温度由 T_2 升高到 T_1，这样完成了一个可逆卡诺循环。则卡诺循环的热效率可写为

$$\eta_t = \frac{q_1 - q_2}{q_1} = 1 - \frac{q_2}{q_1} = 1 - \frac{T_2(s_2 - s_1)}{T_1(s_2 - s_1)} = 1 - \frac{T_2}{T_1} \tag{2-31}$$

式中 T_1——工质在等温吸热过程中的温度，即热源温度；

T_2——工质在等温放热过程中的温度，即冷源温度。

从卡诺循环热效率公式（2-31）可得到以下结论：

（1）卡诺循环的热效率取决于高、低温热源的温度 T_1 和 T_2，与工质的性质无关。提高 T_1 或降低 T_2 都可以提高循环的热效率。

（2）卡诺循环的热效率只能小于1，不可能等于1。因为 $T_1 \neq \infty$，$T_2 \neq 0$，所以 $\eta_t < 1$。这说明在热机中不可能将从热源得到的热量全部转变为机械能，必然有一部分热源损失。

（3）当 $T_1 = T_2$ 时，$\eta_t = 0$，这就说明只有单一热源的热力发动机是不可能存在的。要利用热能产生动力，就一定要有温差。

因为在热机的热力过程中，实际上存在着摩擦、扰动、有温差的传热等损失，故其循环为不可逆循环，循环热效率必然低于理想的可逆卡诺循环热效率。

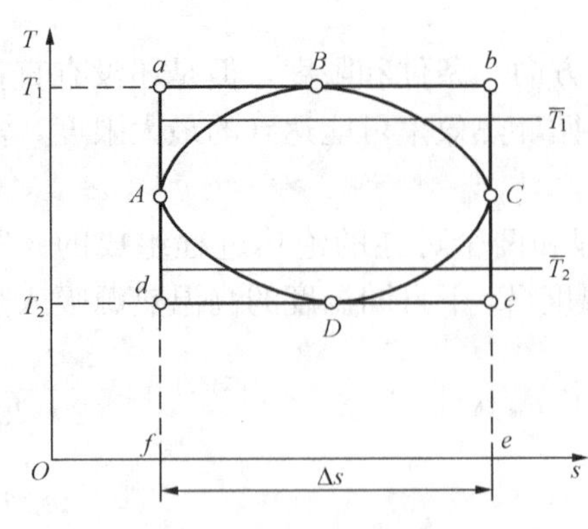

图 2-13　温熵图上的任意可逆循环

可以证明：在给定的温度界限内，所有动力循环中以卡诺循环热效率最高。

如图 2-13 所示，设 $ABCDA$ 代表一任意可逆循环，循环的最高温度为 T_1，最低温度为 T_2。显然 1kg 工质在该循环中的吸热量 q_1 可用面积 $ABCefA$ 表示，1kg 工质在循环中的放热量 $|q_2|$ 可用面积 $CDAfeC$ 表示。倘若各取一平均吸热温度 $\overline{T}_1$ 和平均放热温度 $\overline{T}_2$，分别使得矩形面积 $\overline{T}_1\Delta s$ 等于面积 $ABCefA$，矩形面积 $\overline{T}_2\Delta s$ 等于面积 $CDAfeC$，则此可逆循环热效率为

$$\eta_t = 1 - \frac{|q_2|}{q_1} = 1 - \frac{\overline{T}_2\Delta s}{\overline{T}_1\Delta s} = 1 - \frac{\overline{T}_2}{\overline{T}_1}$$

由此可见，对于任意可逆循环，如果平均吸热温度 $\overline{T}_1$ 越高，或平均放热温度 $\overline{T}_2$ 越低，热效率就越高。但平均吸热温度 $\overline{T}_1$ 总是较循环的最高温度 T_1 低，平均放热温度 $\overline{T}_2$ 总是较循环的最低温度 T_2 高，因此，在给定的温度界限内，任意可逆循环热效率必将低于该温度界限内的卡诺循环热效率。

五、朗肯循环

卡诺循环是相同温度界限内所有动力循环中热效率最高的循环，但在生产实践中卡诺循环是很难实现的。热机的循环热效率要尽量提高，但只能接近于卡诺循环效率，而不能等于卡诺循环热效率。当从热力学的角度去研究如何提高热效率时，蒸汽所经历的过程与所选用的热机型式无关。蒸汽机和汽轮机都是将水蒸气的热能转变为机械能的热力原动机，水蒸气在这些动力设备中的状态变化过程是按朗肯循环进行的。

1. 朗肯循环的构成

简单蒸汽动力装置的理想循环称为朗肯循环。朗肯循环的 p-v 图和 T-s 图以及设备连接系统，如图 2-14 所示。朗肯循环是由以下四个过程构成的：1—2 为过热蒸汽在汽轮机内的可逆绝热膨胀做功过程，每千克工质所做的功为

$$w_t = h_1 - h_2 \tag{2-32}$$

2—3 为乏汽（即汽轮机排汽）向凝汽器（冷源）的可逆定压放热的完全凝结过程，其放热量为

$$|q_2| = h_2 - h_3 \tag{2-33}$$

3—4 为凝结水通过水泵的可逆绝热压缩过程，所消耗的功为

$$|w_p| = h_4 - h_3 \tag{2-34}$$

4—5、5—6、6—1 为给水在锅炉内经定压预热、汽化、过热而成为过热蒸汽的可逆吸热过程，所吸收的热量为

$$q_1 = h_1 - h_4 \tag{2-35}$$

2. 朗肯循环的热效率

1kg 工质按照朗肯循环工作，每循环一次所做的循环净功应为汽轮机输出功 w_t 与水泵

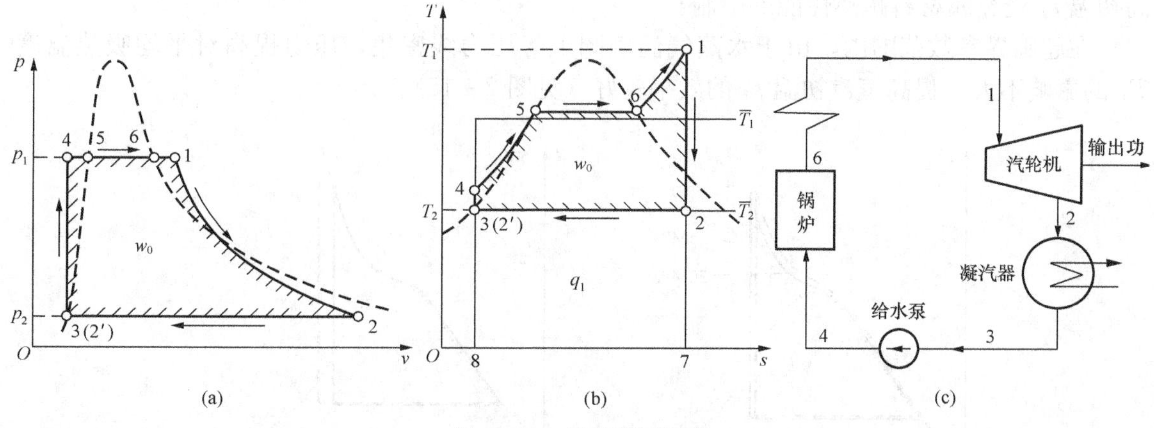

图 2-14　朗肯循环示意

(a) p-v 图；(b) T-s 图；(c) 设备连接系统

耗功 w_p 之差，即

$$w_0 = w_t - |w_p| = (h_1 - h_2) - (h_4 - h_3) \tag{2-36}$$

而吸热量为

$$q_1 = h_1 - h_4 = (h_1 - h_3) - (h_4 - h_3) \tag{2-37}$$

根据循环热效率的定义式，可得朗肯循环的热效率为

$$\eta_t = \frac{w_0}{q_1} = \frac{(h_1 - h_2) - (h_4 - h_3)}{(h_1 - h_3) - (h_4 - h_3)} = \frac{(h_1 - h_2) - |w_p|}{(h_1 - h_3) - |w_p|} \tag{2-38}$$

事实上，水泵耗功的比例甚小，如 p_1 高达 17MPa 时，w_p 仅占 w_t 的 1.5%左右。因此分析，水泵耗功一般可略去不计，此时上式变为

$$\eta_t = \frac{w_0}{q_1} = \frac{h_1 - h_2}{h_1 - h_3} = \frac{h_1 - h_2}{h_1 - h'_2} \tag{2-39}$$

式中　h_3——凝汽器压力 p_2 下的饱和水比焓，故用 h'_2 代替，其值可从水蒸气热力参数表（附表 2）查出；其他的比焓值可利用 h-s 图或水蒸气表确定。

3. 提高朗肯循环热效率的途径

由式（2-39）可知，循环热效率 η_t 仅取决于 h_1、h_2、h'_2 的大小。进一步分析可知，h_1 是汽轮机的进汽比焓，其值决定于蒸汽的初压 p_1 和初温 t_1；h_2、h'_2 分别是排汽压力 p_2 下的排汽比焓和饱和水比焓，显然决定于终压 p_2 的高低。因此 η_t 最终是蒸汽的初压 p_1、初温 t_1 及终压 p_2 的函数。下面分别分析它们对 η_t 的影响。

在亚临界参数范围内，在相同的初温 t_1 及终压 p_2 下，提高蒸汽初压 p_1，可明显提高汽化吸热过程的饱和温度 T_s，由此可提高工质在锅炉内的平均吸热温度 $\overline{T}_1$，从而使 η_t 提高。但提高 p_1 会造成蒸汽膨胀终点干度 x 的急速下降。当 x 低于某一限度时，汽轮机的工况将变坏，故初压 p_1 的提高受到排汽干度 x 的限制，通常使 x 值不低于 0.88。若在提高 p_1 的同时提高初温 t_1，可以部分消除不利影响，因此，提高 p_1 时，总是相应提高 t_1。在相同的蒸汽初压 p_1 及终压 p_2 下，提高蒸汽的初温 t_1 也使循环的平均吸热温度 $\overline{T}_1$ 增高，η_t 随之增大。但提高蒸汽的初温 t_1 的效果不如提高蒸汽初压 p_1 显著，因此，提高 t_1 的真正价值还在于使汽轮机的排汽干度增大，这也就是 p_1 提高时 t_1 也随之提高的主要原因。但提

高初温 t_1 受金属材料耐热性能的限制。

在超临界参数范围内，由于水蒸气温熵图上等压力线密集，压力提高对平均吸热温度 T_1 的影响不大，提高蒸汽初温 t_1 的效果较好（见图 2-15）。

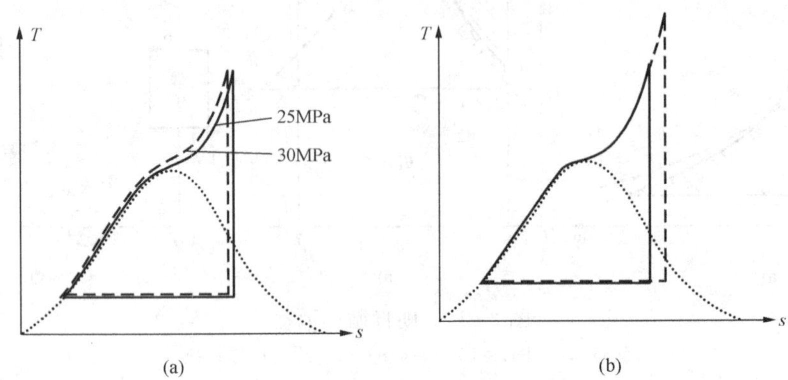

图 2-15 超临界参数范围提高初参数对朗肯循环效率的影响

(a) 压力提高；(b) 温度提高

在相同的初压 p_1 及初温 t_1 下，降低蒸汽的终压 p_2 可以使工质向冷源的放热温度 T_2 降低，从而使 η_t 提高。可见，提高朗肯循环热效率的根本途径是提高蒸汽的初参数 p_1 和 t_1，并尽可能地降低乏汽的压力 p_2。但因 T_2 为 p_2 相对应的饱和温度 T_{s2}，而 T_2 最终也不能低于凝汽器的冷却水温（环境温度），故 p_2 的降低受到了环境温度的限制。若冷却水温为 30℃，则终压（或称背压）p_2 为 4.2kPa 左右。对于同一设备，冬、夏季的冷却水温不同，p_2 也将随之变化。

综上所述，朗肯循环的最大缺点在于工质的平均吸热温度比循环的最高温度低得多。实际上热力发电厂都不直接采用简单的朗肯循环，而采用设备结构及热力系统均较复杂的再热循环和回热循环等，这主要是为了提高循环中工质的平均吸热温度，从而提高循环的热效率。

六、再热循环

再热循环是在朗肯循环的基础上加以适当改进得到的。在一般情况下提高初压对提高发电厂的热经济性是有利的，但可能会使汽轮机乏汽的湿度失之过大，影响汽轮机的安全性与经济性。如果在提高初压的同时也提高初温，那么既可大幅度地提高发电厂的热经济性，又有助于克服提高初压时所遇到的困难。然而初温的提高受到过热器等设备所用金属材料耐高温强度的限制，因此，单纯提高初温来消除提高初压时所带来的不利因素，往往受到限制。为了在初温不允许继续提高的情况下，继续提高初压以改进发电厂的热经济性，常采用蒸汽中间再（过）热的办法，即采用再热循环。

所谓再热循环，就是指新蒸汽在汽轮机内做了一部分功以后，从汽轮机的某一中间位置（一般为高压缸排汽）全部引出来送到锅炉再热器中再一次进行加热，经再热升高温度后的蒸汽又送回汽轮机的中、低压缸中继续做功，最后成为乏汽。再热循环在 T-s 图上的表示及其设备连接系统如图 2-16 所示。

由 T-s 图可见，过热蒸汽在汽轮机高压缸中沿 1—b 膨胀做功至某一中间压力 p_b 后，将其抽出并引入再热器中沿 b—a 再次过热至状态 a，然后引入汽轮机中、低压缸中继续膨胀做功，直至凝汽器压力下的状态 2，乏汽在凝汽器中被冷凝成水后由给水泵压入锅炉重新

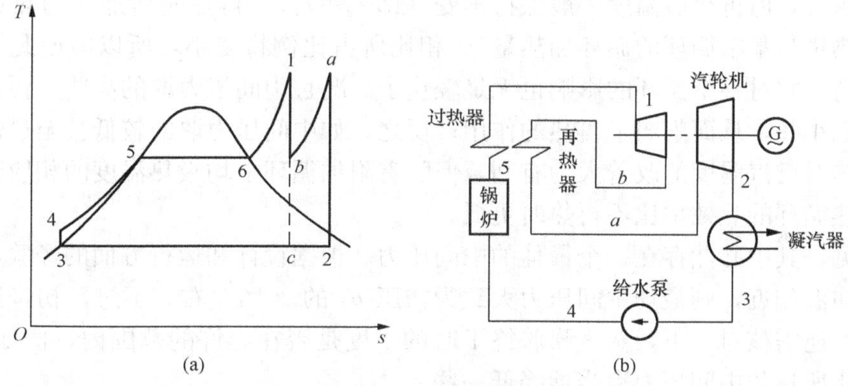

图 2-16 再热循环

(a) T-s 图；(b) 设备连接系统

加热，这样就完成了一个再热循环。再热循环 $1-b-a-2-3-4-5-6-1$ 与朗肯循环 $1-c-3-4-5-6-1$ 比较起来，前者增加了 $b-a$ 这一段蒸汽再热过程。若终压 p_2 不变，在没有再热（即实现简单的朗肯循环）的情况下，新蒸汽从状态 1 膨胀做功至状态 c 时即成为乏汽；有了再热段后，蒸汽尚需从状态 a 膨胀做功至状态 2 才成为乏汽。不难看出，状态 2 下乏汽的干度 x_2 必然要比状态 c 下乏汽的干度 x_c 大。可见在材料允许到达的最高初温为一定的情况下，采用再热措施同样可以提高乏汽的干度。这就为大幅度地提高初压从而提高循环的热效率创造了良好的条件。

由于液态水的压缩性极小，水被绝热压缩后其比体积 v、温度 T 以至比热力学能 u 都很少变化，实际上温熵图上的 T_4 只比 T_3 略高，完全可以近似地看作 $T_4 \approx T_3$，也就是说在该图上可认为 3、4 这两点重合，故通常都用 p_2 压力下的饱和水状态 2 来代替它们。

以下分析再热循环的热效率，为简单起见，可暂且忽略水泵功。再热循环所做的功，等于蒸汽在汽轮机在高压缸和中、低压缸中所做的功的总和，即

$$W_0 = (h_1 - h_b) + (h_a - h_2) = (h_1 - h_2) + (h_a - h_b)$$

而工质在该循环中的吸热量 q_1 也包括两部分，即

$$q_1 = (h_1 - h_2') + (h_a - h_b)$$

故再热循环的热效率可表示为

$$\eta_{t(Reh)} = \frac{w_0}{q_1} = \frac{(h_1 - h_2) + (h_a - h_b)}{(h_1 - h_2') + (h_a - h_b)} \tag{2-40}$$

式中，$h'_2 \approx 4.1868\, t_{2s}$，其他各个比焓值以及相应于 p_2 压力下的饱和温度 t_{2s}，均可从附录中的焓熵图上查到。

采取再热措施对循环热效率的影响究竟如何，可以在温熵图上，运用平均吸热温度的概念，把整个再热循环看作是由两个部分叠加而成：一是基本部分，即原来的朗肯循环 $1-c-3-4-5-6-1$，另一是因再热而附加的部分，即附加循环 $a-2-c-b-a$；这样只需分析附加循环的热效率对基本循环的影响就可以。显然，附加循环的热效率与再热时所取的中间压力 p_b 有关。如中间压力取的较高，则附加循环的平均吸热温度将比基本循环高，而两者的平均放热温度相同，这样前者的热效率也就高于后者，因而将使整个再热循环的热效率有所提高。但中间压力越是提高，再热对提高总的热效率的影响就越小。这是因为虽然

提高了中间压力，但再热后温度一般保持不变（即 $t_a=t_1$），再热时所加入的热量相应有所减少，此加热量与基本循环的循环加热量 q_1 相比所占比例将变小，所以即使此时附加循环的热效率甚高，它对整个循环的影响也无足轻重了。况且中间压力取的高些，再热对乏汽湿度的改善也就小些，从而削弱了再热的作用；反之，如中间压力取的较低甚至过低，虽然这种情况下再热对乏汽湿度的改善大为有利，但随着附加循环平均吸热温度的相应降低，反而有可能使再热循环的热效率比不再热时更低。

由此可见，其中必然存在一个最佳的中间压力。根据设计和运行方面的经验，如果再热后的温度与初温相近，则最佳中间压力大致为初压 p_1 的 20%左右。不过，初步选出最佳的中间压力后，还需核对一下，蒸汽膨胀终了时的干度是否在容许的范围内，假如干度偏低，就应当将初步所选的中间压力适当地降低一些。

采用再热循环后，由于每千克新蒸汽所做的功增大了，汽耗率相应降低，通过设备的水和蒸汽的流量亦相应减小，故可减轻凝结水泵、给水泵、循环水泵以及凝汽器的负担。另一方面，由于管道、阀门和金属受热面随之增多，既增加了初次投资费用，又使运行管理工作复杂化。综合来看，对于初压超过 13.7MPa 的大容量机组，采用中间再热无疑是利多弊少。所以，再热循环机组已成为超高压以上的大容量机组发展的必然趋势。

若中间压力选择得当，通常一次再热可使循环热效率提高 3%～4.5%。增多机组的再热次数，固然可进一步提高 $\eta_{t(Reh)}$，但因投资过大，反而得不偿失，故一般再热次数不宜超过两次。例如国产 125MW 和 300MW 的机组均仅采用一次再热。另外，对于初压低于 12MPa 的机组而言，因为在初压较低而初温又相对较高的条件下，即使在汽轮机的最后几级也不至出现乏汽干度过分小的情况，所以就没有再热的必要了。

七、回热循环

朗肯循环不同于卡诺循环最根本的一点在于：朗肯循环的给水加热过程不在定温下进行，而且这一给水加热段的平均吸热温度过低，较循环最高温度低得太多，见图 2 - 14 (b)。显然，这对循环热效率的提高最为不利。应用回热循环，便可消除这一不利影响，使循环的热效率得到显著提高。

回热循环也是在朗肯循环的基础上，从汽轮机的某些中间部位抽出一部分做过部分功的蒸汽，送入回热加热器中用来加热凝结水和锅炉给水，使锅炉省煤器入口水温提高。由于锅炉中水的预热起点温度提高，使得工质在锅炉内的平均吸热温度也将提高，从而使循环热效率提高。

从汽轮机内抽出一股蒸汽来加热锅炉给水，称为一级回热。回热可具有任意多级。从理论上讲，当回热具有无穷多级时，其热效率趋于卡诺循环。但由于技术上无法实现无穷多级，且随着级数的增加，热效率增加的幅度将随之减小，而循环系统的设备投资等费用却随之增加，故实际上只采用有限的几级回热，一般超高压以上的机组采用 7～9 级回热。下面以两级回热为例说明回热循环的构成原理及其循环热效率的计算。

如图 2 - 17 所示，分别为两级抽汽回热循环的设备连接系统图与 $T-s$ 图。设有 1kg 状态为 1 的新蒸汽进入汽轮机，绝热膨胀做功到状态 O_1 时，抽出 $\alpha_1$kg 蒸汽引入第一级回热加热器Ⅰ，在其中蒸汽按 $O_1-O'_1$ 定压过程凝结放热，成为 $\alpha_1$kg 的凝结水，凝结时所放出的热量用以加热（$1-\alpha_1$）kg 来自第二级加热器Ⅱ的状态 O'_2 的饱和水，使其从状态 O'_2 变到 O'_1，即水温相应地从 t'_{02} 提高到 t'_{01}。剩下的（$1-\alpha_1$）kg 蒸汽在汽轮机中继续膨胀做功，

到状态 O_2 时再抽出 $\alpha_2$kg 蒸汽并将其引入第二级回热加热器Ⅱ，在其中按 $O_2-O'_2$ 定压过程凝结放热，成为 $\alpha_2$kg 的凝结水，凝结时所放出的热量用以加热（$1-\alpha_1-\alpha_2$）kg 的主凝结水，使其从状态 2′变到 O'_2，而温度由 t'_2 提高为 t'_{02}。其余 $(1-\alpha_1-\alpha_2)$kg 蒸汽再继续膨胀做功到状态 2，然后从汽轮机中排出，进入凝汽器向冷却水（外冷源）放热。乏汽在凝汽器中被凝结为 2′状态下的饱和水，由凝结水泵打入回热加热器Ⅱ，在其中接受 $\alpha_2$kg 抽汽凝结时所放出的热量，以提高温度到状态 O'_2，并与此 $\alpha_2$kg 抽汽的凝结水汇合而成（$1-\alpha_1$）kg 状态为 O'_2 的饱和水，由另一水泵打入回热加热器Ⅰ，接受 $\alpha_1$kg 抽汽凝结时所放出的热量，以升高温度到状态 O'_1，且与此 $\alpha_1$kg 抽汽的凝结水汇合而成 1kg 状态为 O'_1 的给水，最后由给水泵打入锅炉中接受外热源的定压加热，使之重新成为状态 1 的新蒸汽，从而完成了一个两级抽汽的回热循环。

当汽轮机的抽汽压力 p_{01}、p_{02} 和终压 p_2 选定后，其第一、第二级的抽汽份额 α_1 和 α_2，可按由热力学第一定律列出的各该级加热器的热平衡方程式确定。

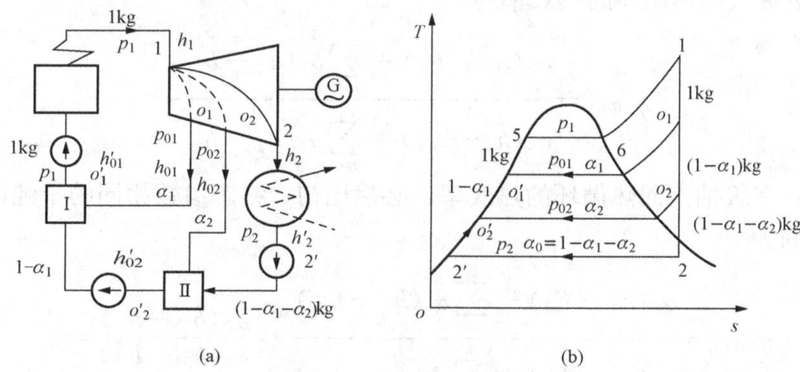

图 2-17 两级抽汽回热循环
(a) 设备连接系统；(b) T-s 图

对第一级加热器，如忽略散热损失，则其热平衡方程式为

$$\alpha_1(h_{01}-h'_{01})=(1-\alpha_1)(h'_{01}-h'_{02})$$

其中只有 α_1 是未知量，故可解得

$$\alpha_1=\frac{h'_{01}-h'_{02}}{h_{01}-h'_{02}} \tag{2-41}$$

同理，对第二级加热器亦可列出

$$\alpha_2(h_{02}-h'_{02})=(1-\alpha_1-\alpha_2)(h'_{02}-h'_2)$$

从而得

$$\alpha_2=\frac{(1-\alpha_1)(h'_{02}-h'_2)}{h_{02}-h'_2} \tag{2-42}$$

综上所述，主凝结水由状态 2′经 O'_2 到达 O'_1 的加热过程是在回热加热器中进行的，由系统内部的汽轮机抽汽来对主凝结水进行加热。作为外热源的锅炉设备的任务是对状态为 O'_1 的给水进行定压加热，使之变为状态 1 的新蒸汽。再者，$\alpha_1$kg 和 $\alpha_2$kg 抽汽在做了一部分功后不再到凝汽器中向冷却水放热，因而向冷却水（外冷源）放热的蒸汽只有所剩下的（$1-\alpha_1-\alpha_2$）kg 乏汽部分。这就是多级抽汽回热循环最基本的特点。

下面讨论两级抽汽回热循环的热效率。循环中的加热量（即外热源锅炉设备加给每千克工质的热量）为

$$q_1 = h_1 - h'_{01} = \alpha_0(h_1 - h'_2) + \alpha_1(h_1 - h_{01}) + \alpha_2(h_1 - h_{02})$$

循环中的放热量（即每千克工质在凝汽器中向外冷源放出的热量）为

$$q_2 = \alpha_0(h_2 - h'_2)$$

其中，$\alpha_0 = (1 - \alpha_1 - \alpha_2)$，$\alpha_0$ 代表进行基本循环的凝汽份额。而1kg工质在该循环中所做的功（水泵功忽略不计）为

$$\begin{aligned} w_0 &= (h_1 - h_{01}) + (1 - \alpha_1)(h_{01} - h_{02}) + (1 - \alpha_1 - \alpha_2)(h_{02} - h_2) \\ &= \alpha_0(h_1 - h_2) + \alpha_1(h_1 - h_{01}) + \alpha_2(h_1 - h_{02}) \end{aligned}$$

于是，两级抽汽回热循环的热效率为

$$\eta_{t(Reg)} = \frac{w_0}{q_1} = \frac{\alpha_0(h_1 - h_2) + \alpha_1(h_1 - h_{01}) + \alpha_2(h_1 - h_{02})}{\alpha_0(h_1 - h'_2) + \alpha_1(h_1 - h_{01}) + \alpha_2(h_1 - h_{02})} \tag{2-43}$$

依此类推，n 级抽汽回热循环的热效率为

$$\eta_{t(Reg)} = \frac{\alpha_0(h_1 - h_2) + \sum_{i=1}^{n} \alpha_i(h_1 - h_{0i})}{\alpha_0(h_1 - h'_2) + \sum_{i=1}^{n} \alpha_i(h_1 - h_{0i})} \tag{2-44}$$

上式表明：多级抽汽回热循环的热效率，必然比初、终态参数相同的单纯朗肯循环的热效率高。这是因为

$$\eta_{t(Reg)} = \frac{\alpha_0(h_1 - h_2) + \sum_{i=1}^{n} \alpha_i(h_1 - h_{0i})}{\alpha_0(h_1 - h'_2) + \sum_{i=1}^{n} \alpha_i(h_1 - h_{0i})} > \frac{\alpha_0(h_1 - h_2)}{\alpha_0(h_1 - h'_2)} = \eta_t$$

对式（2-44）可从物理概念上作如下理解：1kg新蒸汽中的 α_0 部分蒸汽仍按单纯朗肯循环工作；被抽出来的 α_1、α_2…部分蒸汽用其在锅炉设备中得到的一部分热量做了功，余下的部分通过回热方式加热给水，换句话说，后者仍旧留在系统的内部而没有向外冷源冷却水放热，最后被直接送回到锅炉的省煤器。如果将有关各处的散热损失忽略不计，那么仅仅从这部分抽汽的吸热、做功而不向外冷源放热的情况来看，抽汽部分的热效率便相当于100%。因此，作为由各部分综合而成的抽汽回热循环，其热效率必将高于单纯朗肯循环的热效率。

从理论上来说，抽汽级数越多，循环热效率就越高。但是，抽汽级数越多，热效率增加的幅度越小。采用一次回热时，热效率的提高最为显著，采用二次回热时热效率增加比较少，三次回热时更少。另外，增加回热级数意味着回热系统设备投资费用大为增加，因此，回热级数不宜过多，否则反而会提高发电成本。故一般中、高压的汽轮机发电厂多半采用4～6级，超高压的发电厂也不过采用6～8级。

采用了抽汽回热，除可显著提高循环热效率外，还带来一些其他有利的影响。诸如，对锅炉设备来说，热负荷减小了，此时虽然汽耗率由于每千克新蒸汽做功减少而有所增大，但热效率却因循环热效率的提高而明显地降低了，因此，锅炉设备的受热面可以减少一些。就汽轮机而言，前面几级（第一抽汽点之前）的蒸汽流量增大了，末了几级（最后抽汽点之后）的蒸汽流量减小了，这都是十分有利的，因为蒸汽在汽轮机中从初压 p_1 绝热膨胀到终

压 p_2，其比体积往往会增大数百倍甚至上千倍，故设计汽轮机时，要使第一级动叶不致太短和最后一级动叶不致太长，常有很大的困难，而汽轮机的最大设计功率总是受制于末级叶片的通流能力。采用抽汽回热措施后既增大了前面的新汽流量，又减少了后面的乏汽流量，正好有助于解决这一困难，何况还可以提高机组的相对内效率及单机效率。另外，进入凝汽器的乏汽量减少了，随着热负荷的减小，凝汽器换热面积也可以减少一些。综上所述，应用抽汽回热确是有利而无弊，故现代大、中型火力发电厂几乎毫无例外地采用回热循环。

按结构形式的不同，回热加热器可分为混合式和表面式两类。图 2 - 17 所表示的都是采用混合式回热加热器的情况。采用这种结构，一般说来每级都应附有一台水泵，以便将本级回热加热器中混合后的水打入压力较高的前一级回热加热器。这样一来，具有 n 级抽汽的回热系统，就要求总共配备（$n+1$）台水泵，从而使整个回热系统复杂化，而且运行的稳定性和可靠性也将随之降低。所以，目前国内多数火力发电厂的给水回热系统，都采用一台混合式回热加热器，此加热器兼作给水除氧（即除氧器），而其余各级的回热加热器通常采用表面式的结构。有关回热加热器等设备的结构和回热加热系统的内容，将在第三章介绍。

八、热电联产循环

现代凝汽式汽轮机发电厂虽然采用了高参数的抽汽回热循环和再热循环等项措施，但其理想循环热效率仍然没有到达 50%，这就意味着还有一半多的热能不起任何有益的作用而散失于大自然环境中。这些热量中的绝大部分最终是在凝汽器内被冷却水带走的，即所谓"冷源损失"。这部分热能是否还有可能加以有效利用？应当怎样利用？这正是本节所要分析讨论的内容。

如前所述，为了提高蒸汽动力装置的循环热效率，总是尽可能地把乏汽压力降低，现代大型凝汽式汽轮机的乏汽压力常低至 3.4～5kPa。在如此低的背压下，相应的乏汽温度只有 26～33℃。由于存在传热端差，冷却水出口温度必然更低些。此时，虽然乏汽凝结时所放出的汽化潜热的数量非常大，但终因温度太低，即能量的品位太低而没有利用的价值，只能任其排向江河而损失掉。但另一方面，现代工业上的许多工艺过程常迫切需要大量的低压蒸汽和热水，发电厂如果能使汽轮机的排汽压力稍许提高一些，譬如提高至 0.12MPa，若相应的饱和温度为 104.8℃，即可满足一般建筑物的冬季采暖以及日常生活的需要；若提高到 0.6～1.3MPa，其相应的饱和温度达 159～192℃，则可满足诸如化学、石化、造纸、炼油、食品、制药、纺织和印染等各种工业上的广泛需要，也就是以发电厂中高效率的大型锅炉代替了各种用热工厂自备的、分散的、低效率的中小型锅炉来生产水蒸气，而且使已在汽轮机中已经做了功（至少是一部分功）的蒸汽余热来对外供热，以取代各热用户自备的中小型锅炉的直接供热。比较这两种不同的供热方式，显然前者可以在很大程度上节省燃料消耗。

热电联产循环是既发电又供热的动力循环。图 2 - 18（a）为一种最简单的热电联产循环的设备示意图。当蒸汽在汽轮机中绝热膨胀做功到达某一规定压力 p_{2b}后，即将此乏汽全部引出以供工业或者生活方面使用。为了满足热用户对此供热温度的要求，通常这种汽轮机的排汽压力均高于 98.1kPa（1at）。此类供热汽轮机直接以其热用户的用热设备作为自己的凝汽器，称为"背压式汽轮机"。

下面以背压式机组为例来讨论热电联产循环的热经济性。如图 2 - 18（b）所示，其中 1—2—3—5—6—1 为乏汽在凝汽器内进行凝结的常规朗肯循环，点 2 代表膨胀终了时乏汽

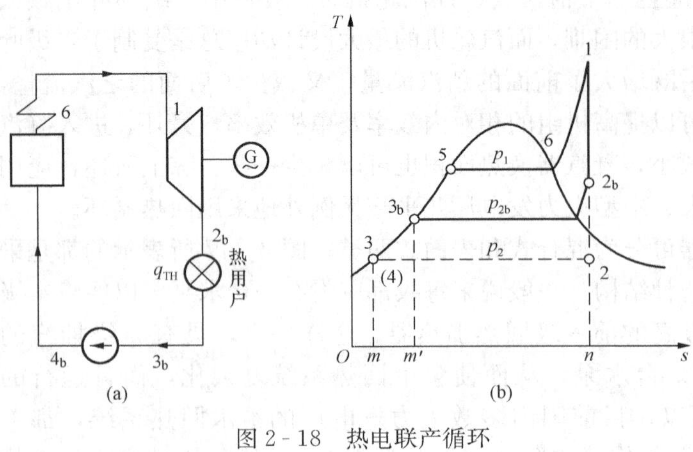

图 2-18 热电联产循环

(a) 设备连接系统；(b) T-s 图

的状态。利用乏汽中的汽化潜热，使蒸汽在背压式汽轮机中仅膨胀到点 2_b 为止，形成热电联产循环$1-2_b-3_b-5-6-1$。由于排汽压力（即背压）的提高，使得这种热电联产循环效率低于朗肯循环效率。但是，热电联产循环效率并不能完全表明燃料发热量的有效利用程度，因为，此时乏汽所放出的热量（q_2）已不再损失掉，而是有效地加以利用了。所以，常常另外引入热量利用系数（K），以便综合评价热电联产循环的经济性。K 值用下式计算：

$$K=\frac{w+|q_2|}{q_1}$$

显然，热量利用系数的大小，说明工质从热源所吸收到的热量中究竟有多大部分已经得到利用。在理想条件下，K 值应为 100%，实际上由于不可避免地会有各种外部损失，例如，因工质泄漏而引起的热损失和管道的散热损失等，一般 K 值只能达到 70%左右。热电厂的循环效率仍然是一个很重要的经济指标，因为机械能（或电能）与热能是两种不等价的能量，即使两座热电厂的 K 值相等。它们的热经济性也未必相同，产生电能更多者，当然更为经济。为此常常把 $w/|q_2|$ 这一比值称为热电厂的“供热电能生产率”，$w/|q_2|$ 越大意味着供热汽流在汽轮发电机组中所发出的电能越多。因此，欲全面、确切地评价热电厂生产的热经济性，应当同时给出热量利用系数 K 和循环效率 η_t，或者同时给出 K 和供热电能生产率。

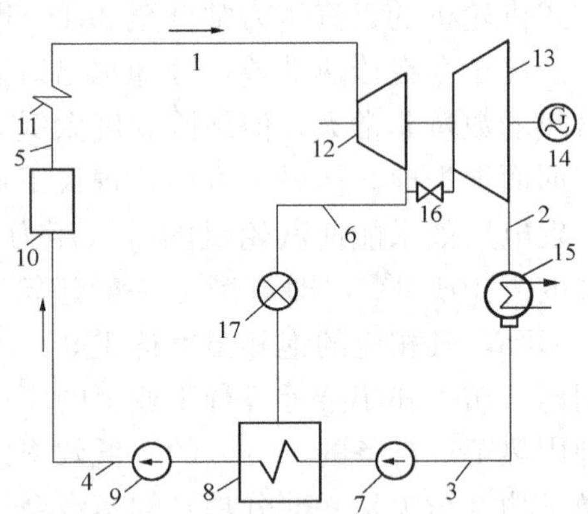

图 2-19 调节抽汽式热电联产循环

1—主蒸汽管；2—排汽管；3—凝结水管；4—给水管；5—饱和蒸汽引出管；6—抽汽管；7—凝结水泵；8—加热器；9—给水泵；10—锅炉；11—过热器；12—汽轮机高压缸；13—汽轮机低压缸；14—发电机；15—凝汽器；16—调节阀；17—热用户

如果热电厂仅选用上述背压式汽轮机，则不能互相协调用户的电能需求量与供热需求量之间的关系，往往彼此牵制。为了避免这一缺点，多数热电厂通常还采用调节抽汽式汽轮机，如图 2-19所示。采用这种装置之后，当外界热负荷变动时，可以同时调节供热用的抽汽量和汽轮机总的进汽量，使发电量保持不变。

第四节 传 热 学 基 础

传热学是一门研究热能传递规律的学科。只要物体之间有温度差存在，就必然引起热量从高温物体向低温物体进行传递。

火电厂的生产过程，很多是和传热过程密切联系的。火力发电厂的各种管道、锅炉、汽轮机、发电机、变压器及电动机等设备中都有热传递现象。一类是增强热传递，如设计传热效率高、材料消耗少、结构紧凑的换热器；另一类是削弱热传递，如管道、汽轮机外壳等设备的保温问题。要掌握增强或削弱传热的方法，必须学习传热基础知识，分析和认识传热规律，有效地控制热量传递。

传热是一种十分复杂的物理过程，根据热量传递的物理本质的不同，传热方式可分为导热、对流换热和辐射换热三种。

一、导热

导热是指物体各部分之间不发生相对位移，依靠分子、原子、自由电子等微观粒子的热运动而产生的热量传递。

1. 傅里叶定律

傅里叶定律：在导热现象中，单位时间内通过给定截面的热量（热流量 Q），与该截面法线方向的温度梯度 dt/dx 和截面面积 F 成正比，传递方向与温度梯度方向相反，即

$$Q=-\lambda F\frac{dt}{dx} \quad \text{W}$$

单位时间内通过单位导热面积的热流量，称为热流密度或热流通量，即

$$q=\frac{Q}{F}=-\lambda\frac{dt}{dx} \quad \text{W/m}^2 \tag{2-45}$$

式中 λ——导热系数，W/（m·℃）。

2. 导热系数

导热系数表示物质导热能力的大小，它是物质的一个物性参数，其表达式为

$$\lambda=-\frac{q}{dt/dx} \quad \text{W/(m·℃)} \tag{2-46}$$

导热系数的大小取决于材料的种类、结构、温度、压力等因素。一般而言，在固、液、气三种相态中，固体的导热系数最大，气体的导热系数最小，液体的导热系数介于两者之间。

某些导热系数小于0.23W/(m·℃）的材料常被用来作为保温材料或绝热材料。表2-1为各种固体材料在20℃时的导热系数。

3. 通过平壁的一维稳态导热计算

如图2-20所示，设有一厚度为 δ 的无限大平壁，其长度和宽度均比壁厚大得多，这样平壁的端部散热所造成的温差可忽略不计。当平壁两侧壁温分别为 t_1 和 t_2，且不随时间而改变，则可认为导热是仅沿壁厚方向的稳态导热。材料的导热系数 λ 当作常数处理，根据傅里叶定律

表 2-1　　**各种固体材料在 20℃ 时的导热系数**　　W/（m·℃）

材料名称	λ	材料名称	λ
银	427	泡沫塑料	0.04～0.06
纯铜	398	矿渣棉	0.05～0.058
青铜（89%Cu，11%Zn）	24.8	软木板	0.044～0.079
黄铜（70%Cu，30%Zn）	109	甘蔗板	0.067～0.072
纯铝	236	蛭石	0.10～0.13
碳钢（0.5%C）	49.8	锯木屑	0.083
碳钢（1.5%C）	36.7	耐火砖	1.0～1.3
铬钢（26%Cr）	22.6	红砖（建筑用砖）	0.7～0.8
镍钢（35%Ni）	13.8	瓷砖	1.32
不锈钢（18%Cr；8%Ni）	17	混凝土	1.28
硅钢（1%Si）	42	玻璃	0.76
灰铸铁	39.2	松木	0.15～0.35
锌	121	干黄砂	0.28～0.34
钛	22	锅炉水垢	0.6～2.4
石棉板	0.10～0.12	烟煤	0.12～0.24
玻璃纤维	0.035～0.05	烟炱	0.058～0.116

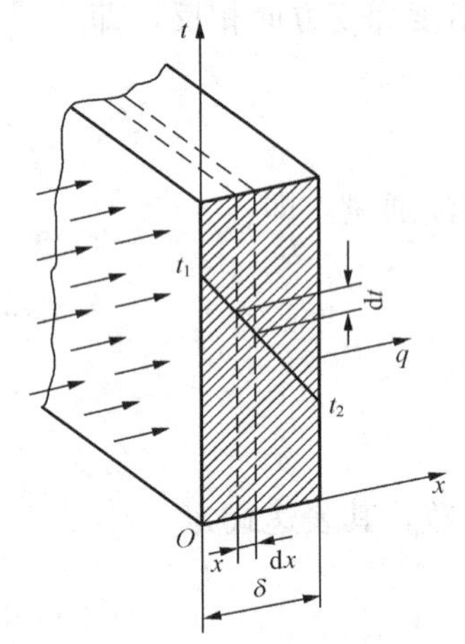

图 2-20　单层平壁导热

$$q=-\lambda\frac{\mathrm{d}t}{\mathrm{d}x}$$

分离变量后进行积分，即得

$$t=-\frac{q}{\lambda}x+C$$

将边界条件：$x=0$ 时，$t=t_1$；$x=\delta$ 时，$t=t_2$ 代入上式得

$$q=\frac{t_1-t_2}{\delta/\lambda}=\frac{\Delta t}{R_\lambda}\quad \mathrm{W/m^2} \tag{2-47}$$

式中　R_λ——平壁的导热热阻，$R_\lambda=\dfrac{\delta}{\lambda}$。

式（2-47）表明：热流密度 q 与温差（又称温压）成正比，而与热阻 R_λ 成反比。可以看出，该式与欧姆定律的形式相似。事实上，许多复杂的导热以及其他形式的热传递，都可借助串、并联电路的概念来求解。

工程上会遇到导热系数不同的材料紧密贴合而组成的多层平壁的导热问题，例如锅炉的炉墙常由耐高温材料、保温材料和密封材料组成。

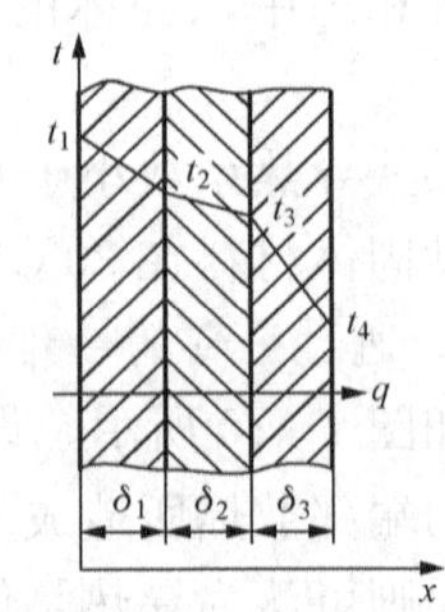

图 2-21　多层平壁的导热

如图 2-21 所示，三层平壁的导热系数分别为 λ_1、λ_2 和 λ_3，厚度分别为 δ_1、δ_2、δ_3，多层平壁两侧外表面的温度分别为 t_1 和 t_4，且 $t_1>t_4$，各层之间接触面温度分别为 t_2 和 t_3，考虑为稳态导热，通过各层的热流密度相同，此时多层平壁的总温压为

(t_1-t_4)，总热阻为各层热阻之和，因而

$$q=\frac{\Delta t}{R_1+R_2+R_3}=\frac{t_1-t_4}{\frac{\delta_1}{\lambda_1}+\frac{\delta_2}{\lambda_2}+\frac{\delta_3}{\lambda_3}}\quad \text{W/m}^2 \tag{2-48}$$

推而广之，对于 n 层平壁，其热流密度为

$$q=\frac{\Delta t}{\sum_{i=j}^{n}R_i}=\frac{t_1-t_{n+1}}{\sum_{i=j}^{n}\frac{\delta_i}{\lambda_i}}\quad \text{W/m}^2 \tag{2-49}$$

4. 通过圆筒壁的一维稳态导热计算

火力发电厂中的绝大多数换热器及各种管道均为圆筒壁结构，如锅炉各受热面、凝汽器等。

如图 2-22 所示，若有一长度为 lm，内外半径各为 r_1 和 r_2 的单层圆筒壁，假定圆筒长度尺寸较壁厚尺寸大得多，其内外表面各维持一定的温度 t_1 和 t_2，且 $t_1>t_2$，则可认为温度场是仅沿半径方向变化的一维稳定温度场。等温面是以圆筒体纵轴中心线的许多同心的圆柱面。现取出一半径为 r，厚度为 dr 的薄层来研究，该薄圆筒壁内的温度梯度为 dt/dr，根据傅里叶定律得

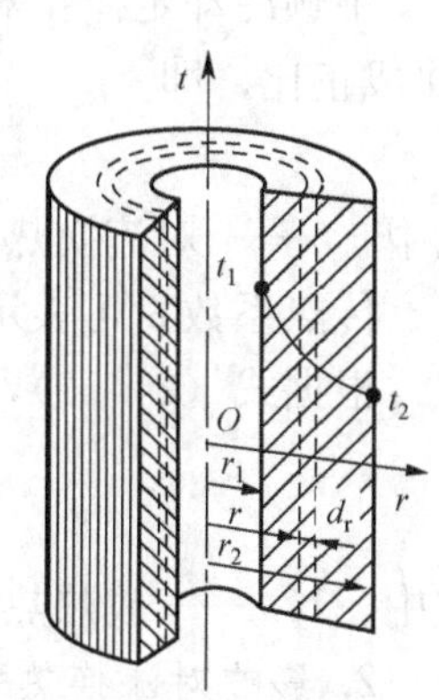

图 2-22　单层圆筒壁的导热

$$Q=-\lambda F\frac{\mathrm{d}t}{\mathrm{d}r}$$

式中　F——半径为 r 的薄圆筒壁的表面积。

将 $F=2\pi rl$ 代入得到

$$Q=-\lambda F\frac{\mathrm{d}t}{\mathrm{d}r}=-\lambda 2\pi rl\frac{\mathrm{d}t}{\mathrm{d}r}$$

分离变量后得

$$\mathrm{d}t=-\frac{Q}{2\pi\lambda l}\frac{\mathrm{d}r}{r}$$

对上式积分并代入边界条件：$r=r_1$ 时，$t=t_1$；$r=r_2$ 时 $t=t_2$，则得

$$t_2-t_1=-\frac{Q}{2\pi\lambda l}\ln\frac{r_2}{r_1}=-\frac{Q}{2\pi\lambda l}\ln\frac{d_2}{d_1}$$

整理得

$$Q=\frac{t_1-t_2}{\frac{1}{2\pi\lambda l}\ln\frac{d_2}{d_1}}\quad \text{W} \tag{2-50}$$

式中　d_1、d_2——圆筒壁的内、外直径。

显然，圆筒壁沿壁厚（即半径）方向的温度分布呈一对数曲线（见图 2-22）。

在实际工作中常计算通过每米管长的热流量：

$$q_l=\frac{Q}{l}=\frac{t_1-t_2}{\frac{1}{2\pi\lambda}\ln\frac{d_2}{d_1}}\quad \text{W/m} \tag{2-51}$$

式中，$\frac{1}{2\pi\lambda}\ln\frac{d_2}{d_1}$为每米管长圆筒壁的导热热阻。

同理，对于n层圆筒壁，其总温压为(t_1-t_{n+1})，总热阻等于各层热阻之总和，则每米管长圆筒壁的热流量可按下式计算：

$$q_l=\frac{Q}{l}=\frac{t_1-t_{n+1}}{\sum_{i=1}^{n}\frac{1}{2\pi\lambda_i}\ln\frac{d_{i+1}}{d_i}}\quad \text{W/m} \tag{2-52}$$

二、对流换热

当温度不同的各部分流体之间产生宏观的相对运动时，各部分流体因相互掺混所引起的热量传递过程，称为热对流。流动着的流体与其相接触的固体壁面之间的热量传递过程，称为对流换热。对流换热时，流体内部各部分流体之间存在着热对流，并同时伴随有热传导。

1. 牛顿冷却定律

牛顿冷却定律：对流换热量Q与换热表面积F以及固体壁面和流体之间的温度差(t_w-t_f)成正比，即

$$Q=\alpha F(t_w-t_f)\quad \text{W} \tag{2-53}$$

式中　α——对流换热表面传热系数或放热系数，W/（m²·℃）。

传热系数α可表示流体和固体壁面之间的换热强度。

根据式（2-53），对流换热时的热流密度可表示为

$$q=\alpha(t_w-t_f)=\frac{t_w-t_f}{1/\alpha}\quad \text{W/m}^2 \tag{2-54}$$

式中　$1/\alpha$——放热热阻。

2. 影响对流换热强度的主要因素

（1）流动发生的原因。按流体流动起因分类的强制对流和自然对流这两种换热过程，由于流体流动的动力不同，故两者的流速不同、流体被扰动的程度不同，其换热效果也相差很大。强制对流换热的效果要明显好于自然对流换热。

（2）流体流动状况。流体的流动状况有层流和紊流（湍流）两种。在层流情况下，传热主要靠流体本身的导热作用，导热系数小，即热阻较大，传热量就较小。在紊流情况下流动较为剧烈，扰动和混合十分强烈，总热阻较小，传热量就较大。

（3）流体的物理性质。流体的物理性质如流体导热系数λ、比定压热容c_p、流体密度ρ和动力黏度μ等对对流换热强弱有影响。

（4）流体是否有相变。在对流换热过程中，流体发生相变与无相变有很大区别。无论在沸腾还是凝结的过程中，流体的温度总是等于相应压力下的饱和温度，这时热量的传递是由于流体吸收或放出汽化潜热所造成的。流体在相变时的运动也与单相流动时有所不同。

（5）几何因素的影响。几何因素主要指流体所触及的固体表面的几何形状、大小以及流体与固体表面间的相对位置等。

三、辐射换热

1. 热辐射的基本概念

物体对外发射电磁波的过程称为辐射。只有波长为0.4～1000μm的电磁波才具有较显著的热效应，通常称这些电磁波为“热射线”。热量通过辐射的方式由高温物体传向低温物体的过程叫做辐射换热。它与导热和对流换热有所不同，在辐射换热中，参与换热的物体相互间不需要接触或介质。

锅炉炉膛内高温火焰的热量90%以辐射的方式传递给周围的受热面。

如图2-23所示，外界投入到一物体表面上的总辐射能量为Q_0，其中被反射的能量为Q_r，被物体所吸收的能量为Q_a，穿过该物体的能量为Q_d。根据能量守恒定律，则

$$Q_0 = Q_a + Q_r + Q_d \tag{2-55}$$

等式两边同时除以Q_0，得

$$\frac{Q_a}{Q_0} + \frac{Q_r}{Q_0} + \frac{Q_d}{Q_0} = 1$$

$$A + R + D = 1 \tag{2-56}$$

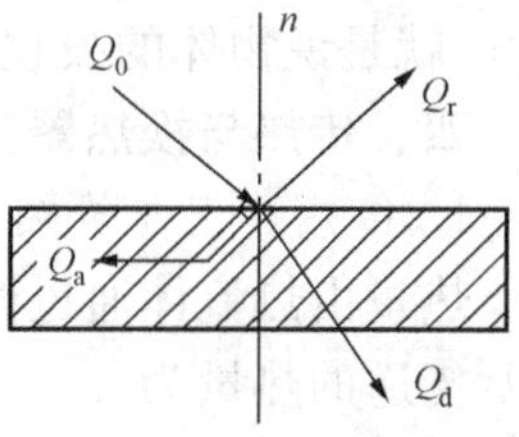

图2-23 投射到物体上的辐射能分配

其中 $A = \frac{Q_a}{Q_0}$为吸收比；

$R = \frac{Q_r}{Q_0}$为反射比；

$D = \frac{Q_d}{Q_0}$为穿透比。

当$A=1$时，该物体被称为“黑体”；

当$R=1$时，该物体被称为“白体”或“镜体”；

当$D=1$时，该物体被称为“透热体”。

2. 斯忒藩-玻尔兹曼定律

斯忒藩-玻尔兹曼定律：黑体的辐射力E_0与黑体的绝对温度T的四次方成正比，即

$$E_0 = C_0\left(\frac{T}{100}\right)^4 \quad \mathrm{W/m^2} \tag{2-57}$$

式中 C_0——黑体辐射系数，其值为5.67W/（$m^2 \cdot K^4$）。

令一般物体的辐射力为E，其与黑体的辐射力E_0的比值定义为ε，即$\varepsilon = E/E_0$，ε称为物体的黑度（黑率），则

$$E = \varepsilon E_0 \quad \mathrm{W/m^2} \tag{2-58}$$

某些常用材料的黑度见表2-2。

表2-2 某些常用材料的黑度

材料类别和表面状况	温度（℃）	黑度ε	材料类别和表面状况	温度（℃）	黑度ε
磨光的纯银	200～600	0.02～0.03	经车床加工过的铸铁	880～1000	0.60～0.70
粗糙的黄铜	38	0.74	红砖	20	0.93
无光泽的黄铜	50～350	0.22	耐火砖	500～1000	0.80～0.90
稍加磨光的黄铜	40～250	0.12	磨光的玻璃	38	0.90
磨光的紫铜	20	0.03	平滑的玻璃	38	0.94
氧化了的紫铜	20	0.78	石棉	20～300	0.93～0.96
磨光的铝	225～575	0.04～0.06	木材	20	0.80～0.92
灰色、氧化的铝	38	0.11～0.20	各种颜色的油漆	100	0.92～0.96
具有很粗糙氧化层的铜板	20～600	0.80	烟炱	95～270	0.95～0.97
磨光的铸铁	425～1020	0.15～0.38	水（厚度大于0.1*mm*）	0～100	0.96

3. 基尔霍夫定律

基尔霍夫定律：在热平衡条件下，物体的吸收率等于同温度下该物体的黑度，即 $A=\varepsilon$。这就是说物体的吸收能力越强，其辐射能力就越强。

四、传热与换热器

1. 传热过程与传热系数

热量由热流体通过固体壁面传递给冷流体的过程称为传热过程。单位时间内通过单位面积所传递的热量为

$$q=K(t_{f1}-t_{f2})=\frac{t_{f1}-t_{f2}}{R_0} \tag{2-59}$$

式中　K——传热系数；

R_0——总热阻；

t_{f1}、t_{f2}——热流体和冷流体的温度，℃。

总热阻等于三个局部热阻之和，对于平壁固体壁面，有

$$R_0=R_{\alpha1}+R_\lambda+R_{\alpha2}=\frac{1}{\alpha_1}+\frac{\delta}{\lambda}+\frac{1}{\alpha_2} \tag{2-60}$$

（1）强化传热的措施。强化传热可采取减小传热总热阻、增大传热面积以及增加传热温差 Δt 等措施。

（2）削弱传热的措施。削弱传热必须增大传热总热阻。通常采用增加附加导热热阻的方法。例如，在管道外壁面上敷设热绝缘层来削弱传热。

2. 换热器

使热量从温度较高的流体传给温度较低的流体的设备，称为换热器。换热器按工作原理不同可分为以下三类：

（1）表面式换热器。在换热器中，热流体通过固体壁面将热量传给流体而热流体与冷流体互不接触。如火力发电厂的蒸汽过热器、再热器、省煤器、管式空气预热器、表面式蒸汽减温器、冷油器、汽轮机的各级抽汽回热加热器以及凝汽器等。

（2）混合式换热器。在这种换热器中，热流体与冷流体依靠直接接触和互相混合来进行热量交换。如火力发电厂中的除氧器、冷水塔和喷水式蒸汽减温器，均属于混合式换热器。

（3）回转式换热器。在这种换热器中，热流体和冷流体先后交替地流过同一换热面。热流体流过时热量被换热表面吸收并储存在其内部，待冷流体流过换热表面时再将储存的热量传递给冷流体。这样冷流体被加热而热流体被冷却。锅炉中的回转式空气预热器就是回转式换热器。

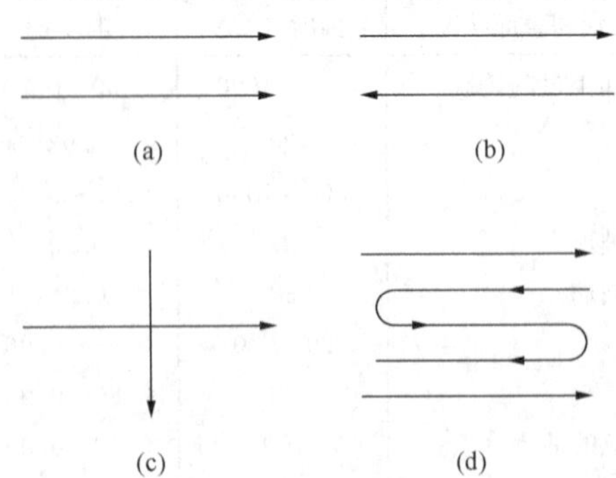

图 2-24　流体在换热器中的流动方式

3. 换热器内冷热流体的相对流向

以表面式换热器为例来说明冷热流体的相对流向。两种流体的相对流向可根据需要任意布置，图 2-24 所示为几种典型的布置方式。其中图（a）为顺流；图（b）为逆流；图（c）为交叉流；图（d）为混合流。火电厂中的绝大多数换热器，如锅炉过热器、再热器等，多为混合流布置。在上述布置中，顺流和逆流是最为基本的流动方式。

表面式换热器的换热量为

$$Q = KF(t_1 - t_2) = K\ F\Delta t_m \quad \text{W}$$

$$\Delta t_m = \frac{\Delta t_{max} - \Delta t_{min}}{\ln \dfrac{\Delta t_{max}}{\Delta t_{min}}}$$

式中　Δt_m——冷热流体的沿途平均温压；

Δt_{max}——热、冷流体出入口处温差中的较大者；

Δt_{min}——热、冷流体出入口处温差中的较小者。

相同温度条件下，逆流时的平均温压总是比顺流时的大。因此，在条件相同时，逆流比顺流可以获得较好的传热效果。但同时也应看到逆流布置时，因两种流体的最高温度集中在换热器的同一端面上，容易造成该面的金属壁过热超温而导致毁坏；顺流时则不会出现这种情况。因此，流动方式的选择，应根据具体情况而定。一般来说，在温度十分高的场合以采用顺流方式为宜，当温度不太高时则尽可能采用逆流方式，这样既可以保证设备的安全运行，又能增强传热效果。

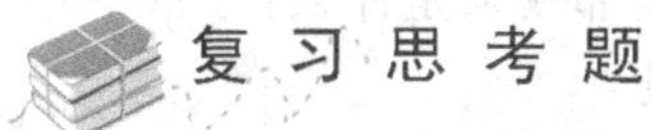

复习思考题

1. 工程中常见的热机有哪些？
2. 什么是工质？
3. 什么是工质的状态参数？
4. 什么是工质的基本状态参数？
5. 什么是温标？常用的温标有哪些？其单位是什么？
6. 绝对温标与摄氏温标之间的换算关系是什么？
7. 国际单位制中，压力的单位是什么？
8. 工程上曾经使用的压力单位有哪些？它们之间的换算关系是什么？
9. 什么是绝对压力？什么是表压力？什么是真空度？它们之间有什么关系？
10. 比体积的定义是什么？单位是什么？比体积与密度是什么关系？
11. 什么是热力系统？什么是热力系统的边界？什么是外界？
12. 什么是开口系统？什么是闭口系统？什么是绝热系统？什么是孤立系统？
13. 什么是热力系统的平衡状态？
14. 什么是热力过程？
15. 什么是可逆过程？什么是不可逆过程？
16. 什么是比热力学能？比热力学能与温度是什么关系？
17. 功的定义是什么？单位是什么？热力学对功的正负是如何规定的？
18. 正功称为什么功？负功称为什么功？
19. 哪种图被称为示功图？如何在示功图上表示功的大小？
20. 功是否是热力状态参数？
21. 比熵的定义式是什么？单位是什么？比熵在热量传递分析中可起什么作用？
22. 用什么图可以方便地表示热量传递的大小？

23. 热力学第一定律是如何表示的？其实质是什么？
24. 闭口系的热力学第一定律解析式如何表示？
25. 开口系的热力学第一定律解析式如何表示？
26. 比焓的定义式是什么？
27. 技术功是指什么？
28. 热力学第二定律的表示形式有哪些？
29. 什么是水的未饱和水态、饱和水态、湿蒸汽态、干饱和蒸汽态、过热蒸汽态？
30. 水的过热度是如何定义的？
31. 水在锅炉中的加热过程、汽化过程的能量方程式是什么？
32. 水蒸气流经汽轮机时的能量方程式是什么？
33. 工质在喷管中进行绝热膨胀的能量方程式是什么？
34. 喷管的基本类型有哪两种？哪种喷嘴可以产生超声速气流？
35. 节流过程前后的工质比焓有什么特点？
36. 什么是循环？什么是正向循环？什么是逆向循环？
37. 完成一个正向循环后的全部效果是什么？
38. 循环热效率是如何定义的？
39. 逆向循环通常用于哪些领域？
40. 什么是卡诺循环？卡诺循环的效率如何表示？
41. 什么是朗肯循环？朗肯循环的热效率如何表示？
42. 提高朗肯循环热效率的途径有哪些？
43. 什么是再热循环？再热循环与朗肯循环的区别是什么？
44. 采取再热措施对循环热效率有哪些影响？
45. 为什么说再热次数不宜超过两次？
46. 什么是回热？什么是回热循环？
47. 为什么说抽汽回热循环的热效率必将高于单纯朗肯循环的热效率？
48. 是否回热级数越多越好？
49. 什么是热电联产循环？热量利用系数的定义及其作用是什么？
50. 该如何全面、确切地评价热电厂生产的热经济性？
51. 调节抽汽式汽轮机的应用与背压式汽轮机有何不同？
52. 传热方式可分为哪几种？
53. 傅里叶定律用于定量描述哪种传热方式的热流量？
54. 牛顿冷却定律用于定量描述哪种传热方式的热流量？
55. 影响对流换热强度的主要因素有哪些？
56. 什么叫辐射？什么叫辐射换热？
57. 什么物体被称为“黑体”？什么物体被称为“白体”？什么物体被称为“透热体”？
58. 斯忒藩-玻尔兹曼定律用于定量描述哪种传热方式的热流量？
59. 什么叫换热器？
60. 换热器按工作原理不同可分为哪几类？

第三章 热力发电厂

第一节 热力发电厂概述

一、热力发电厂技术发展动态

从世界电力的技术发展动态角度看，热力发电表现出以下特点：

（1）火电机组向超高参数、大容量、高效率和建设大电厂方向发展。世界总发电量中火电比重一直保持在63%左右，提高火电机组热效率最有效的措施是提高蒸汽参数（见表3-1）和采用大机组。

表3-1 各类燃煤机组的供电煤耗率

蒸汽压力	高压		超高压		亚临界参数		超临界参数		超超临界参数
机组容量（MW）	50	100	125	200	国产300	进口300	进口350	500～600	700
供电煤耗率[g/(kW・h)]	419	392	364	369	357	327	316	300	285～297

目前，超临界参数机组技术上已经成熟，其可用率与亚临界参数机组基本相同，负荷适应性好，机组热效率为41.4%～43.1%。随着技术进步和材料工业的发展，超超临界参数机组（USC）也投入了运行，供电效率可达45.3%。

目前，火电双轴机组最大单机容量为1300MW，共有9台，均在美国运行；火电单轴机组最大容量为1200MW，仅有1台，在俄罗斯运行。

（2）洁净煤发电技术异军突起。煤电比重的不断增加和环境保护问题的日益突出，使燃烧煤炭必须走洁净燃烧的路子。

（3）电力工业管理体制和经营方式的变革普遍展开。各国电力工业管理体制变革的共同点是从垄断经营转向市场经济。目前各国的情况大致可分成五种类型：

1）地区性垄断经营型。以发、输、配电统一管理的电力企业为中心，对一定地区垄断经营电力，如日本、法国、意大利。

2）发电市场开放型。输、配电区域垄断，可以根据用户要求通过当地电网出售电力，如美国。

3）输电线路公用化，发电市场自由化。输电线路所有者或经营者可以向第三者提供输电服务，促进售电市场的竞争，美国以此作为进一步变革的方向。

4）发、输、配电分离经营型。输、配电网推行公有化，发电企业可以向电力市场出售电力，也可通过输、配电网直接向用户售电，向电网交一定的电网使用费，如英国。

5）电业股份化类型。如俄罗斯，自1992年以来，组建了"俄罗斯统一电网股份公司"、"地方电力股份公司"、"发电站股份公司"、"俄罗斯原子能公司"等，各发电公司向电网交付一定的电网运行和服务费用，通过统一电网运行电力批发市场。

在一片私有化、民营化、股份制的潮流中，法国电力公司（EDF）独树一帜，坚持国有化。但是不管哪种电力体制，积极参与市场竞争是共同的特点。法国政府与法国电力公司签订四年的合同，明确电力公司的发展目标和对国家承担的效益指标，如用边际成本控制电价，使供电成本最少；优化发输电设施，使其长期边际成本等于短期边际成本，投资贴补率不高于8%，以控制工程造价；四年中电价要降低14%等。

竞争的结果，电力经营者都向改革、优胜劣汰、科技进步要效益，结果是在自身得到发展与效益的同时，用户也得到了好处。如英国电力工业民营化六年后，电价降低了26%；1988—1995年德国工业用电电价下降了22%，法国下降了6%；家庭用电电价都下降了约6%；美国能源部能源情报署分析认为，由于开放电力市场，短时期内全方位的竞争将可能使美国电价下降8～15美分/（kW·h）。

目前，我国的电力行业主要呈现出以下几个基本特点：

（1）电力生产的特殊性首先表现在电力产品不能保存，因此，电力行业具有很强的计划性。电力企业的经济效益主要取决于核定发电量尤其是上网电量，相应地还要受到核定上网电价以及各种税费政策的影响。

（2）由于我国煤炭资源相对丰富，因此，电力生产以火力发电为主，水力发电次之，其他如风电、燃气电站、核电、新能源发电等所占比重较小。相对而言，火电类公司受煤炭价格影响较大；水电类公司成本低廉，但受气候影响大。

（3）电力需求增长存在地区性不平衡状况。东南沿海等经济发达地区电力需求增速明显高于全国平均增长水平。我国的电力消费主力集中在沿海地区以及华北、四川两大区域。就全国而言，由于资源、人口分布和经济发展程度不同，会造成某些地区电力的供需缺口。

（4）由于电力项目往往投资额巨大，投资周期长，规模的大小对经济效益的影响比较显著。一般而言，电力企业规模越大，效益就越好。那些规模较小的企业由于生产成本高，相对缺乏竞争力。

（5）电力体制改革会继续深化。逐步形成发电和售电价格由市场决定、输电和配电价由政府制定的电力价格形成机制，打破电网企业单一买、卖的垄断格局。

（6）生态环境保护对未来电力企业的经营影响越来越大。

根据规划，我国制定了“安全高效开发煤炭，加快常规油气勘探开发，大力开发非常规天然气资源，积极有序发展水电，安全高效发展核电，加快发展风能等其他可再生能源”的能源发展战略。为落实国家“十二五”能源规划纲要提出的“严格用能管理”、“明确总量控制目标和分解落实机制”的具体行动，提出了全国能源消费总量控制目标，即2015年全国能源消费总量和用电量分别控制在40亿t标准煤和6.15万亿kW·h左右。

二、热力发电厂建设选址考虑因素

根据DL/T 5000—2000《火力发电厂设计技术规程》，发电厂的设计必须按国家规定的基本建设程序进行。设计文件应按规定的内容和深度完成批准手续。发电厂的建厂地点，规划容量、本期建设规模和建设期限、选用机组容量、联网方式、燃料来源和品种、投资控制指标等，应以经过批准的可行性研究报告书作为依据。

发电厂的厂址选择工作一般分规划选厂和工程选厂两个阶段，并分别作为初步可行性研究和可行性研究的主要工作内容之一。规划选厂应以中长期电力规划为依据；工程选厂应以批准的项目建议书和审定的初步可行性研究报告为依据，同时要综合考虑电网结构、电

(热)负荷、中长期电力规划、燃料来源、运输条件、地区自然条件、环境保护要求和建设计划等因素，做到从全局出发，正确处理与农业、其他工业、国防设施和人民生活等方面的关系；贯彻节约用地的国策，尽量利用非可耕地和劣地；还应注意少拆迁房屋，减少人口迁移，尽量不破坏原有森林、植被和减少土石方开挖量。

大型区域性电厂的厂址有条件时应首先考虑靠近矿口、路口和港口。供热电厂在满足环境保护要求的情况下应尽量靠近供热负荷中心。

1. 厂址选择的主要内容

规划选厂与工程选厂的工作内容基本相同，其区别在于，前者范围较广，深度较浅，后者工作范围基本限定，但内容的深度、广度更详尽。主要包括：

(1) 从区域角度研究电网结构、资源情况（包括一次能源和水资源）和运输系统的现状与规划、环境状况，解决电源点的区域布局问题。在规划选厂阶段，当有多个推荐的厂址时，应对各厂址的建设顺序和规模提出意见。

(2) 在上述工作的基础上，选定厂址，落实建厂的外部条件。如燃料供应、水源、灰渣处理、出线走廊、交通、燃料及大件设备的运输、地形、地质、地震、水文气象、环境保护与人文、占地拆迁和施工等。

(3) 提出工程设想，即对厂址建设规模、最终容量、投产时间提出建议；对汽轮机、锅炉等主要设备提出选型意见。在初步拟定主要工艺系统的基础上开展电厂总体布局和总布置方案的优化工作，同时对主要建（构）筑物的地基处理及上部结构形式进行研究论证。

(4) 进行投资估算和经济评价。在工程设想原则的基础上进行厂址的技术与经济比较优选，同时通过财务评价和国民经济评价为项目决策提供科学、可靠的依据。

(5) 征询并取得有关部门对电厂建设的相应外部条件所持的同意或认可的文件。如土地使用、燃料和水源供应、铁路运输及接轨、公路和码头建设、输电线路及供热管网走廊、环境保护、城市规划等。若厂址附近有机场或军事设施，除考虑其影响外，还必须取得有关主管部门同意或认可的文件。

(6) 工程选厂作为可行性研究报告的主要内容，还应满足以下要求：

新建工程应有两个及两个以上的厂址。对拟建厂址进行全面的技术经济比较，提出推荐意见。进行必要的调查、收资、勘测和试验工作，落实建厂的外部条件。煤、灰、水、路、接入系统、环境保护、地基处理等应有方案比较，国产机组主厂房内原则上采用已审定的参考设计。为给主机招标创造条件，应对其主要技术条件进行论证。

对于成套引进设备和直接利用外资的工程，其建设标准应考虑国际通用标准和供货方所在国的标准。利用外资并采用国际招标的工程，应提出标书技术条件和供货范围，其标准和供货范围应符合有关规定。投资估算应能满足控制概算的要求，并应与已审定的参考造价进行对比分析。经济评价所需的边界条件应切合实际，以使确定的上网电价合理、可信。利用外资项目的经济评价指标应符合国家规定的有关利用外资项目的技术经济政策。有多种投融资渠道时，应进行优化分析。

2. 特殊地形、地质区域的厂址

(1) 发电厂厂址设计标高应符合高于百年一遇洪水水位的防洪标准。低于上述标高时，厂区应有防洪围堤或其他可靠的防洪设施。例如，位于海滨的发电厂，江、河、湖旁的发电厂，内涝地区的电厂，山区的发电厂等应考虑防洪、排洪设施，且设施的建设应在初期工程中一次建成。

（2）厂址选择时，应根据不同阶段对勘察工作深度的要求，分别对拟选厂址的区域稳定性或选定厂址场地的稳定及工程地质条件作出评价。厂址的地震基本烈度应按国家颁布的《中国地震烈度区划图》确定。

（3）位于地区性土地区和特殊性土地区的电厂厂址，要特别重视工程地质勘察，要针对湿陷性黄土、红黏土、软土、冻土、膨胀土、盐渍土进行专门的勘察和试验工作，查明其年代、成因、厚度、范围、分类及其物理力学特征，对场地的稳定性和适宜性作出评价，尤其是对处在较厚的Ⅲ级自重湿陷性黄土、新近堆积黄土、Ⅲ级膨胀土等地区的厂址要特别谨慎，进行专题论证。

3. 发电厂厂址应避开的地段和地区

发电厂厂址应避开的地段和地区如下：

（1）地震断裂地带以及 9 度以上地震区。

（2）有泥石流、滑坡及危岩滚石直接危害的地段。

（3）岩溶发育程度高的地区和有土洞及地下采空区。

（4）水库坝下易受洪水直接危害，或防洪工程量很大，尚难确保电厂安全运行的地段。

（5）对飞机起落、电信、电视、雷达导航以及重要军事设施等具有相互影响的范围内。

（6）国家规定的风景区，森林、自然保护区和水土保持禁垦区。

（7）国家及省级人民政府确定的历史文物古迹保护区。

（8）有重要开采价值的矿藏区。

（9）有爆破危险的范围内。

另外，机组容量为 300MW 及以上，或全厂规划容量为 1200MW 及以上的发电厂也不宜建在 9 度地震区。发电厂的储灰场不得任意占用江河、湖泊的蓄洪区和行洪区，并满足环境保护的要求。

4. 厂址选择的运作程序

（1）厂址选择一般分规划选厂（对老厂改造则称扩建、改造鉴定）和工程选厂两个大阶段进行。

（2）规划选厂由国家或地方（省、市）计划发展部门，根据国民经济发展规划和电力系统布局授权电网规划管理部门负责组织，并编制初步可行性研究报告，经电力集团公司审查、批复后，报请国家计划发展委员会或经济贸易委员会审批立项。

（3）工程选厂由项目法人负责组织并编制完整的可行性研究报告，经国家电力建设规划管理部门、国家有关银行评估后报国家计划发展委员会或经济贸易委员会批准。

（4）厂址选择工作要与接入系统、铁路（或码头）可行性研究、工程勘测、环境影响评价等工作协调同步进行。

（5）对项目法人未成立的工程，可分两步开展工作，即先完成厂址外部条件的论证与审查。工程设想可以简化一些，待厂址商品化、项目法人成立后再开展第二步工作，完成可行性研究补充报告。

（6）利用外资并采用国际招标的工程也要分两步进行，在厂址审定的基础上提出标书编写原则后送审，此时，应附技术部分的全部附件；经济评价部分的融资协议、并网协议和电价承诺文件可暂不附。待设备评标后修改投资估算和经济评价，再补送审。

（7）在可行性研究阶段项目法人须向审批部门提交厂址技术部分的附件和经济评价部分的附件。

三、发电厂总体规划的基本原则

1. 统筹规划原则

发电厂的总体规划，应根据发电厂的生产、施工和生活需要，结合厂址及其附近地区的自然条件和建设计划，按批准的发电厂规划容量，对厂区、施工区、生活区、水源地、供排水设施、污水处理设施、灰管线、储灰场、灰渣综合利用、交通运输、出线走廊及供热管网等，从近期出发，考虑远景，统筹规划。

2. 节约用地的原则

全厂生产用地、生活区用地和施工用地的面积，应遵守现行的国家和行业有关标准的规定。发电厂用地范围应根据建设和施工的需要，按规划容量确定。发电厂用地宜分期分批征用。

3. 其他基本要求

发电厂的总体规划还应综合考虑厂区内外的各种基本要求，且发电厂厂区和生活区的建筑物布置应符合防火要求。

第二节 发电厂的热力系统

一、热力系统及主设备选择原则

1. 热力系统

电厂有许多热力系统，如回热加热系统、热电厂的供热系统等。热力系统的一般定义：将热力设备按照热力循环的顺序用管道和附件连接起来的一个有机整体。通常回热加热系统只局限在汽轮机组的范围内，而发电厂热力系统则在回热加热系统的基础上将范围扩大至全厂。因此，发电厂热力系统实际上就是在回热加热系统的基础上增加了一些辅助热力系统。

凝汽式发电厂的热力系统由锅炉本体汽水系统、汽轮机本体热力系统、机炉间的连接管道系统和全厂公用汽水系统四部分组成。

根据使用目的的不同，发电厂热力系统又可分为原则性热力系统和全面性热力系统。当用规定的符号来表示热力设备及它们之间的连接关系时就构成了相应的热力系统图。发电厂原则性热力系统表明能量转换与利用的基本过程，它反映了发电厂动力循环中工质的基本流程、能量转换与利用过程的完善程度。因此简捷、清晰是发电厂热力系统图的特点，在相同参数下，凡是热力过程重复，作用相同的设备、管道均不画出。热力系统的完善程度用热经济指标反映，因此，可以通过发电厂原则性热力系统计算出发电厂热经济指标。有时又将发电厂原则性热力系统称为计算热力系统。

发电厂的全面性热力系统是在原则性热力系统的基础上充分考虑到发电厂生产所必需的连续性、安全性、可靠性和灵活性后所组成的实际热力系统。所以发电厂中所有的热力设备、管道及附件都应该在发电厂全面性热力系统图上反映出来。这是与原则性热力系统在画法上的根本区别。因此，该系统图可以汇总主辅热力设备、各类管道及其附件的数量和规格，提出供订货用清单。根据该系统图可以进行主厂房布置和各类管道系统的施工设计，是发电厂设计、施工和运行工作中非常重要的指导性设计文件。总之，发电厂全面性热力系统对发电厂设计而言，会影响投资和各种钢材的耗量；对施工而言，会影响施工工作量和施工周期；对运行而言，会影响热力系统运行调度的灵活性、可靠性和经济性；对检修而言，会影响各种切换的可能性及备用设备投入的可能性。

发电厂全面性热力系统一般由下列局部系统组成：主蒸汽和再热蒸汽系统、旁路系统、回热加热（回热抽汽及疏水）系统、给水系统、除氧系统、主凝结水系统、补充水系统、锅炉排污系统、供热系统、厂内循环水系统和锅炉启动系统等。

2. 发电厂型式和容量的确定

发电厂的设计，必须按国家规定的基本建设程序进行。发电厂设计的程序为初步可行性研究、可行性研究、初步设计、施工图设计。在初步可行性研究报告中就应明确发电厂的型式和容量，通常是根据建厂地区电力系统现有容量、发展规划、负荷增长速度和电网结构，并对燃料来源、交通、水源及环保等进行技术经济比较和经济效益分析后确定的。若该地区只有电负荷，可建凝汽式电厂；当有供热需要，且供热距离与技术经济条件合理时，发电厂应优先考虑热电联产。

燃烧低热值煤（低质原煤、洗中煤、褐煤等）的凝汽式发电厂宜建在燃料产地附近；有条件时，应建矿口发电厂。在天然气供应有保证的地区可考虑新建、扩建或改建燃气-蒸汽联合循环电厂，以提高发电厂的经济性，改善电网结构和满足环境保护的要求。

3. 发电厂原则性热力系统的确定

通过对原则性热力系统的计算来确定某些典型工况时的热经济性指标；根据确定额定工况、最大工况时算得的各项汽水流量，来选择主辅热力设备；并据此绘制发电厂的全面性热力系统。合理地拟订、正确地分析论证原则性热力系统，是火电厂可行性研究及初步设计中热机部分的主要内容。

拟定发电厂原则性热力系统的主要内容包括：

（1）根据电网结构及其发展规划、燃料资源及供应情况、供水条件、交通运输、地质地形、地震及占地拆迁、水文、气象、废渣处理、施工条件及环境保护要求和资金来源等，通过综合分析比较确定电厂规划容量、分期建设容量及建成期限，确定发电厂的型式及规划容量。

（2）选择汽轮机。

（3）绘制电厂原则性热力系统图。

（4）发电厂原则性热力系统计算。

（5）选择锅炉。

（6）选择热力辅助设备。

4. 主要设备选择原则

我国大容量机组中，进口大容量机组占了一定比例，在选择机组容量时，应考虑各国对机组出力等术语定义的解释。通常国际上对大容量机组出力等常用术语有如下定义：

汽轮机组的铭牌出力（turbine rated capacity）是指：汽轮机在额定进汽和再热参数工况下，排汽压力为11.8kPa，补水率为3%时，汽轮发电机组的保证出力。如原美国西屋公司生产的500MW机组，在额定蒸汽参数为16.7MPa/538℃/538℃，排汽压力为11.8 kPa，补水率为3%时，其铭牌出力为500MW。

汽轮机组保证最大连续出力（turbine maximum continuous rating，TMCR）是指：汽

轮机在通过铭牌出力所保证的进汽量、额定主蒸汽和再热蒸汽工况下，在正常的排汽压力（4.9kPa）下，补水率为0%时，机组能保证达到的出力。如原美国西屋公司500MW机组汽轮机的保证流量为1589t/h，排汽压力为4.9kPa，补水率为0%时的最大保证出力为525MW。

汽轮机组在调节汽门全开时（valve wide open，VWO）最大计算出力是指：汽轮机调节汽门全开时，通过计算最大进汽量且在额定的主蒸汽、再热蒸汽参数工况下，并在正常排汽压力4.9kPa和补水率为0的条件下，机组计算所能达到的出力。如原美国西屋公司500MW机组增加5%的流量裕度一般可增加4.5%的出力，所以其VWO工况出力为525×1.045=548.6（MW）。

另外，美国设计的大容量火电机组（除核电机组外）都要求汽轮机组应具有在调节汽门全开和所有给水加热器全部投运之下，可超压5%（5%over pressure，5%OP）连续运行的能力，以适应调峰的需要，在此运行方式下，又可增加5%的通流能力，出力也比VWO工况时增加4.5%。因此原美国西屋公司500MW机组在（VWO+5%OP）工况下的出力为548.6×1.045=573.3（MW）。因此，在选择国外机组时，应注意不同国家在解释术语方面的差异。

发电厂的机组容量应根据系统规划容量、负荷增长速度和电网结构等因素进行选择。最大机组容量不宜超过系统总容量的10%。这样，当最大一台机组发生事故时，电网安全和供电质量（电压和频率）才能得到一定保证，以便迅速起动事故备用机组，保证安全供电。对于负荷增长较快的形成中的电力系统，可根据具体情况并经技术经济论证后选用较大容量的机组。对于已形成的较大容量的电力系统，应选用高效率大容量机组。

我国电网容量超过10 000MW的大电网已越来越多，因此，符合采用高效率大容量中间再热式汽轮机组的条件。近些年建设的大型凝汽式火电厂汽轮机组均为600、800、1000MW，其蒸汽参数为亚临界压力、超临界压力和超超临界压力燃煤机组。

火电厂最终的汽轮发电机组台数不宜过多，一般以4～6台、机组容量等级以不超过两种为好。且同容量机、炉宜采用同一制造厂的同一型式或改进型式，其配套设备的型式也宜一致。这样可使主厂房投资少，布置紧凑、整齐，备品配件通用率高，占用流动资金少，便于运行管理。

对兼有热力负荷的地区，经技术经济比较，证明合理时，应采用供热式机组。供热式机组的型式、容量及台数，应根据近期热负荷和规划热负荷的大小和特性，按照以热定电的原则，通过比较选定，同样宜优先选用高参数、大容量的抽汽式供热机组。对于有稳定可靠的热负荷，可考虑选择背压式机组或抽汽背压式机组。

为了确保热用户在任何时候都能获得所需要的热负荷，热电厂中机组的台数最终规模控制在四机五炉。当热电厂是分期建设时，第一期工程如安装一台汽轮机，必须有备用锅炉，所以配一机二炉为好。当汽轮机或锅炉发生故障时，也不会影响热用户。

大容量机组锅炉几乎都采用煤粉炉，其效率高，可达90%～93%。容量不受限制，目前与600MW机组配套的锅炉蒸发量已达2008t/h。锅炉型式的选择还要考虑水循环方式。水循环方式与蒸汽初参数有关，通常亚临界参数以下多采用自然循环汽包炉，循环安全可靠，热经济性高；亚临界参数可采用自然循环或强制循环，后者能适应调峰情况下承担低负荷时水循环的安全；超临界参数只能采用强制循环直流炉。

凝汽式发电厂一般一机配一炉，不设备用锅炉。锅炉的最大连续蒸发量（boiler maximum continous rating，BMCR）按汽轮机最大进汽量工况相匹配。对装有供热式机组的发电厂，选择锅炉容量和台数时，应核算在最小热负荷工况下，汽轮机的进汽量不得低于锅炉最小稳定燃烧的负荷（一般不宜小于1/3锅炉额定负荷）以保证锅炉的安全稳定运行。

选择热电厂锅炉容量时，应当考虑当一台容量最大的锅炉停用时，其余锅炉（包括可利用的其他可靠热源）应满足以下要求：

（1）热力用户连续生产所需的生产用汽量。

（2）冬季采暖、通风和生活用热量的60%～75%，严寒地区取上限。此时，可降低部分发电出力。

当发电厂扩建供热机组，且主蒸汽及给水管道采用母管制时，锅炉容量的选择应连同原有部分全面考虑。

二、发电厂的回热加热系统

（一）回热加热器及其型式

回热加热器的类型按介质压力不同分为高压加热器和低压加热器两种；按汽水介质传热方式分有混合式和表面式两种；按布置方式分有立式和卧式两种。

1. 低压加热器

低压加热器是汽轮机回热加热系统中处于凝结水泵至除氧器之间的加热器，有表面式和混合式两种。较常用的是表面式管壳式结构，被加热的水在管内流动，加热蒸汽在管外流动。它承受较低的给水压力和温度，汽侧压力不高或处于真空状态，因而和高压加热器相比，其结构简单，部件采用普通材料，管束多为黄铜管或碳钢管。

2. 高压加热器

高压加热器是位于给水泵至锅炉之间承受高的给水压力和温度的加热器。高压加热器是热力系统中的主要辅机，因其承受的压力高，如发生泄露而不能正常运行时，不仅影响全厂热效率，还要降低整套机组的输出功率。

3. 混合式加热器

加热蒸汽与水在加热器内直接接触，在此过程中蒸汽释放出热量，水吸收了大部分热量使温度得以升高，在加热器内实现了热量传递，完成了提高水温的过程。

为了在有限的空间和时间将水加热到加热器蒸汽压力下饱和水温度，在混合式加热器中蒸汽与水的接触面应尽可能大，时间也应尽可能延长，因此，混合式加热器在进行结构设计时应使水变成微细水流、雾化水珠和薄水膜等，且与加热蒸汽成逆向流动和多层横向冲刷，使水在加热器出口处达到饱和状态（实际可能有不大的欠热，约1℃左右）。

根据布置方式不同，混合式加热器又有卧式与立式加热器两种。图3-1为卧式混合式低压加热器，图3-2为立式混合式低压加热器。

此外，还有以除氧为主设计的混合式加热器，常简称除氧器（在本节后面介绍）。它们都有一共同特点，在加热或冷凝过程中分离出的不凝结气体和部分余汽被引至凝汽器或专设的冷却器，对非重力式混合式加热器和除氧器，应在出口设置一定容积的集水箱，以确保其后水泵运行安全可靠。

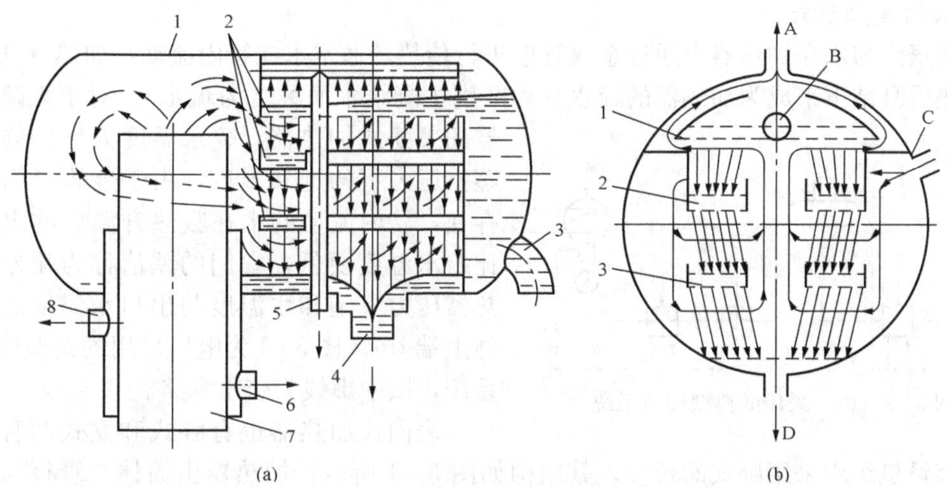

图 3-1 卧式混合式低压加热器结构示意

(a) 结构示意图；(b) 加热器内凝结水细流加热示意图

1—外壳；2—多孔淋水盘组；3—凝结水入口；4—凝结水出口；5—汽气混合物引出口；6—事故时凝结水到凝结水泵进口联箱的引出口；7—加热蒸汽进口；8—事故时凝结水往凝汽器的引出口；A—汽气混合物出口；B—凝结水进口（示意）；C—加热蒸汽入口（示意）；D—凝结水出口

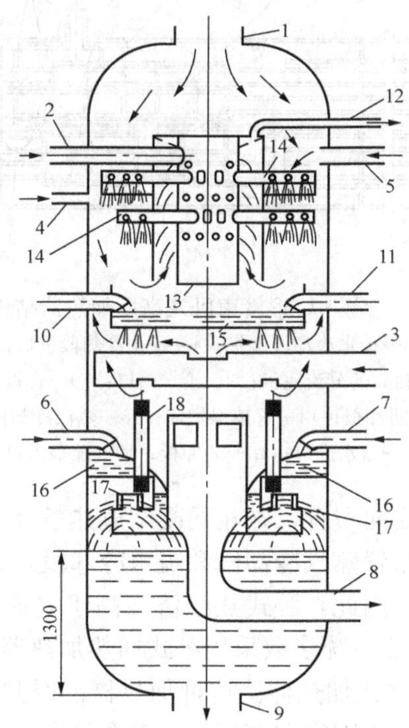

图 3-2 立式混合式低压加热器结构示意

1—加热蒸汽进口；2—凝结水进口；3—轴封来汽；4—除氧器余汽；5—3 号加热器和热网加热器的余汽；6—热网加热器来疏水；7—3 号加热器疏水；8—排往凝汽器的事故疏水管；9—凝结水出口；10—来自电动、汽动给水泵轴封的水；11—止回阀的排水；12—汽、气混合物出口；13—水联箱；14—配水管；15—淋水盘；16—平隔板；17—止回阀；18—平衡管

4. 表面式加热器

加热蒸汽与水在加热器内通过金属管壁进行传热，通常水在管内流动，加热蒸汽在管外冲刷放热后凝结下来成为加热器的疏水（为区别主凝结水而称之为疏水）。对于无疏水冷却器的表面式加热器，疏水温度为加热器筒体内蒸汽压力下的饱和温度，由于金属壁面热阻的存在，管内流动的水在吸热升温后的出口温度比疏水温度要低，它们的差值称为端差（即加热器压力下饱和水温度与出口水温度之差，也称上端差）。图 3-3 为电厂采用的典型回热加热系统，图中虚线为疏水管路。

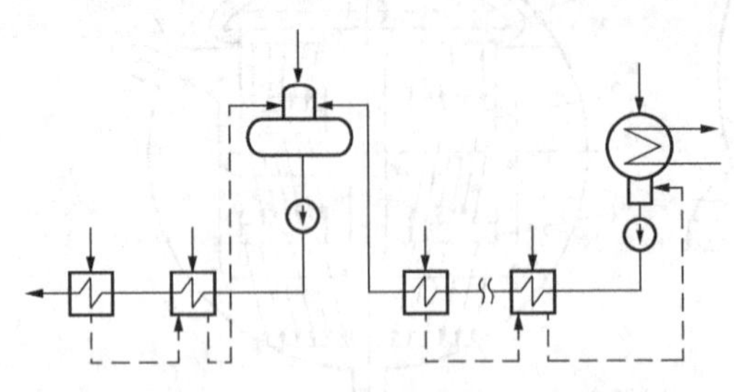
图 3-3 电厂采用的典型回热系统

表面式加热器也有卧式和立式两种。现代一般大容量机组中采用卧式的较多。其结构如图 3-4 所示。加热器由筒体、管板、U 形管束和隔板等主要部件组成。筒体的右侧是加热器水室。它采用半球形、小开孔的结构形式。水室内有一分流隔板，将进出水隔开。给水由给水进口处进入水室下部，通过 U 形管束吸热升温后从水室上部给水出口处离开加热器。加热蒸汽由入口进入筒体，经过蒸汽冷却段、冷凝段、疏水冷却段后蒸汽由气态变为液态，最后由疏水出口流出。

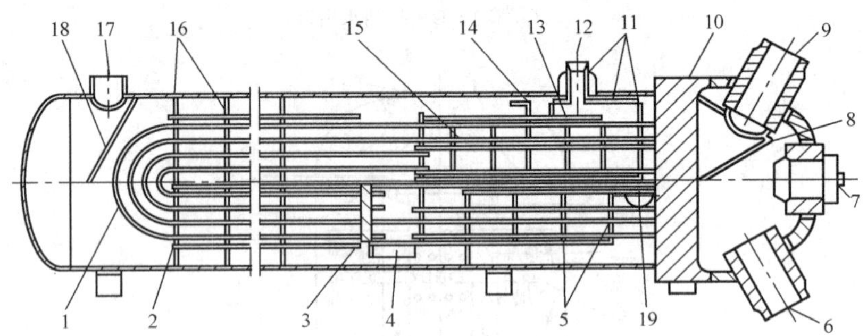

图 3-4 管板-U 形管束卧式高压加热器结构示意

1—U 形管；2—拉杆和定距管；3—疏水冷却段端板；4—疏水冷却段进口；5—疏水冷却段隔板；6—给水进口；7—人孔密封板；8—独立的分流隔板；9—给水出口；10—管板；11—蒸汽冷却段遮热板；12—蒸汽进口；13—防冲板；14—管束保护环；15—蒸汽冷却段隔板；16—隔板；17—疏水进口；18—防冲板；19—疏水出口

卧式加热器因其换热面管横向布置，在相同凝结放热条件下，其单管放热系数较竖管约高 1.7 倍，同时在筒体内易于布置蒸汽冷却段和疏水冷却段，在低负荷时可借助于布置的高程差来克服自流压差小的问题，因此，卧式热经济性高于立式。但它的占地面积比立式大。目前我国 300、600MW 机组回热系统多数采用卧式回热加热器。

图 3-5 是管板-U 形管束立式加热器。这种加热器的受热面由铜管或钢管形成的 U 形管束组成，采用胀接或焊接的方法固定在管板上，整个管束插入加热器圆形筒体内，管板上部有用法兰连接的将进出水空间隔开的水室，水从与进水管连接的水室流入 U 形管，吸热后的水从与出水管连接的另一水室流出。加热蒸汽从进汽管进入加热器筒体上部，借导向板的作用不断改变流动方向，呈 S 形流动，反复横向冲刷管束外壁并凝结放热，冷凝后的疏水汇集到加热器下部的水空间，经疏水自动排除装置排出。

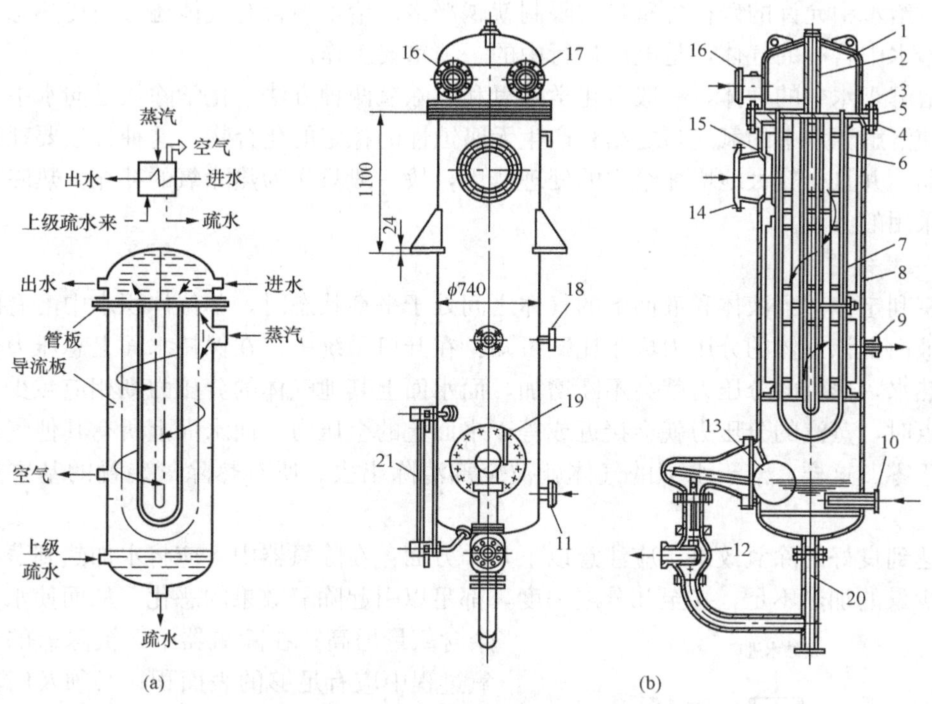

图 3-5　管板-U形管束立式低压加热器

(a) 图例（上部）及结构示意图；(b) 结构外形及剖面图

1—水室；2—拉紧螺栓；3—水室法兰；4—筒体法兰；5—管板；6—U形管束；7—支架；8—导流板；9—抽空气管；10、11—上级加热器来的疏水入口管；12—疏水器；13—疏水器浮子；14—进汽管；15—护板；16、17—进、出水管；18—上一级加热器来的空气入口管；19—手柄；20—排疏水管；21—水位计

立式加热器占地面积小，便于安装和检修，结构简单，外形尺寸小，管束管径较粗，阻力小，管子损坏不多时，易采用堵管的办法快速抢修。其缺点是当压力较高时，管板的厚度加大，薄管壁管子与厚管板连接，工艺要求高，对温度敏感，运行操作严格，换热效果较差，在设计汽轮机房屋架高度时，要考虑吊出管束及必要时跨越运行机组的因素。目前，在中、小机组和部分大机组中采用较多。

不论哪种型式的表面式加热器，管束内承受的是水泵的压力，筒体承受的是加热蒸汽的压力，水侧的压力大大高于汽侧压力，在无疏水冷却段的情况下，疏水的出口温度就是汽侧压力下的饱和温度。加热器汽侧不凝结气体需引出，以减小因热阻加大带来的热经济性降低。

（二）给水除氧及除氧器

1. 给水除氧

锅炉给水由主凝结水及补充水组成。化学补充水中常含有大量溶解的气体，而且主凝结水中也带有气体，这是因为空气通过凝汽器和一些在真空条件下工作的设备及管道的不严密处渗入到主凝结水中所造成的，如果凝汽器中的凝结水出现过冷度，情况就更加严重。

热力设备被腐蚀的主要原因是水中含有溶解了的活性气体，温度越高，这些气体越容易与金属发生电化学反应，使金属表面遭受腐蚀，其中危害最大的是氧气，随着锅炉蒸汽参数的提高，对给水中允许的残存含氧量的限制就越严格；给水中含有气体还会使传热恶化。因此，消除给水中含有的气体，是电厂运行中的一项重要工作。

清除溶解于水中的气体，一般有化学除氧和热除氧两种方法。化学除氧是向水中加入化学药品，使溶解于水中的氧气与之结合产生无腐蚀性的稳定的化合物，这种方法要耗用大量的化学药品，并且会较大地增加给水的处理费用，故一般只作为热除氧的补充。热除氧是电厂中广泛采用的方法。

2. 热除氧的原理

根据亨利定律“当液体和液面上的气体之间处于平衡状态时，单位体积水中溶有的某种气体量与液面上该气体的分压力成正比”可知：在开口系统中，在保持水面上总压力不变的条件下加热水，蒸汽的分压力就会不断增加，而水面上其他气体的分压力则相应减少。把水加热到沸点时，蒸汽的分压力就会接近或等于水面上的全压力，而水面上所有其他气体的分压力将趋于零。这样，溶于水中的气体就被全部清除出去。所有热除氧装置的基本原理都如此。

为了达到良好的除氧效果，应注意以下几个方面：在除氧器中，应将水加热到蒸汽的饱和温度，少量的加热不足，甚至几分之一度，都足以引起除氧效果的恶化，从而使水中的残余含氧量增高；在除氧器中，被除氧的水在除氧过程中应有足够的表面积；必须及时将分离出来的气体排出设备。另外，除氧效果还与除氧过程时间长短、除氧器的水力工况、结构特点以及加热蒸汽供应等因素有关。

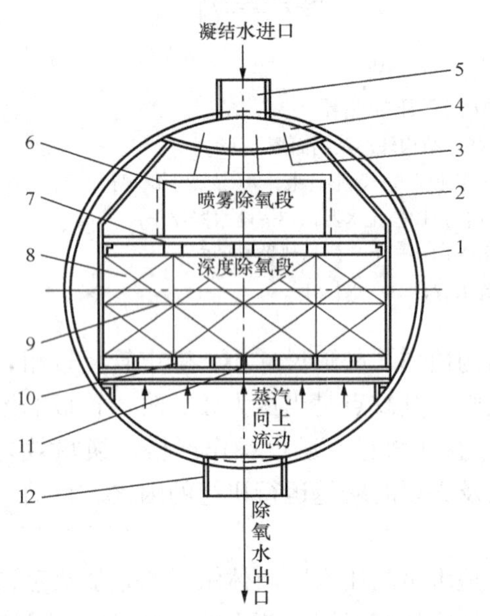

图 3-6 高压喷雾填料式除氧器塔横断面简图

1—除氧头外壳；2—侧包板；3—恒速喷嘴；4—凝结水进水室；5—凝结水进水管；6—喷雾除氧空间；7—布水槽钢；8—淋水盘箱；9—深度除氧空间；10—栅架；11—工字钢托架；12—出水口

3. 除氧器构造

根据水在除氧器内流动形式的不同，除氧器的结构可分为水膜式、淋水盘式、喷雾式等几种型式。大型机组多采用喷雾式，它又分为喷雾淋水盘式和喷雾填料式两种，两者的工作原理相同。它们都是由两部分组成，上部为喷雾层，可除去水中大部分氧气，下部为淋水盘或填料层，可除去水中残余氧。下面仅介绍喷雾填料式除氧器，如图 3-6 所示。

喷雾式除氧器由两部分组成，上部为喷雾层，由喷嘴将水雾化，除去水中大部分溶解氧及其他气体（初期除氧）；下部为淋水盘或填料层，在该层除去水中残留的气体（深度除氧）。喷雾式除氧器的主要优点：①强化传热，传热面积大；②能够深度除氧，可使水中氧含量小于 7μg/L；③能够适应负荷、进水温度的变化。

除氧塔（头）有立式与卧式两种，大型机组采用卧式较多。图 3-6、图 3-7 为卧式除氧塔的一种。由于卧式除氧塔在长度方向可布置较多的喷嘴，有效地避免相邻喷嘴水雾化后相互干扰，完成初期除氧阶段，除氧效果获得保证。同时也可布置多个排气口，利于气体及时逸出，以免“返氧”，影响除氧效果。卧式除氧塔的下部为深度除氧阶段，由喷雾除氧段来的并已被除去80%～90%氧的凝结水通过布水槽钢均匀喷洒在若干层淋水盘上后，再进入填料层，与底部来的一次加热蒸汽形成逆向流动，完成深度除氧。填料层一般由比表面积（单位体积的表面积）大的填料组成，如用簿不锈钢片压制的Ω环，或用玻璃纤维压制的圆环或蜂窝状填料等，使流过的水分散成适应传质需要的水膜，形成足够大的表面积和足够长的时间，创造了深度除氧所需的条件。除过氧的水由出口管进入下部除氧水箱。

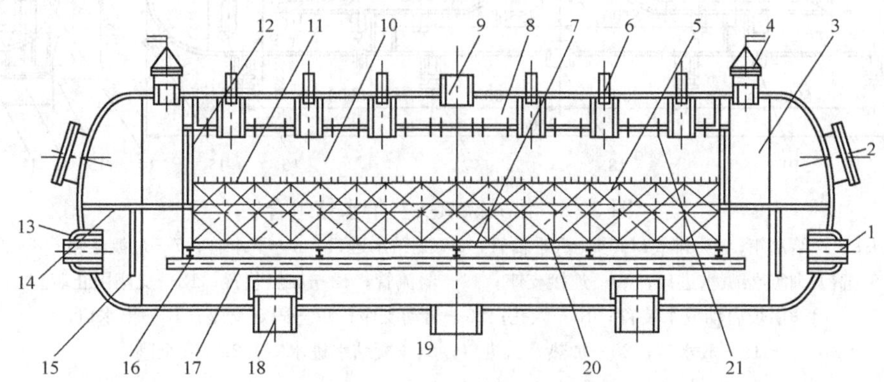

图3-7　除氧塔纵向结构

1—进汽管；2—搬物孔；3—除氧头；4—安全阀；5—淋水盘箱；6—排气管；7—栅架；8—凝结水进水室；9—凝结水进水管；10—喷雾除氧空间；11—布水槽钢；12—人孔门；13—进汽管；14—进口平台；15—布汽孔板；16—工字梁；17—基平面角铁；18—蒸汽连通管；19—除氧水出口管；20—深度除氧段；21—恒速喷嘴

图3-8为600MW超临界压力机组2400t/h除氧头与给水箱组合图。由此可知，卧式除氧器实际上是由卧式除氧塔与给水箱两个独立组成的长圆筒连接而成。中间用两根下水管、一根放水管和两根蒸汽管焊接连通，故对设备运输、安装及焊接都带来便利，同时对主厂房除氧间的布置和土建投资也有明显的好处。

给水箱是凝结水泵与给水泵之间的缓冲容器。在机组启动、负荷大幅度变化、凝结水系统故障或除氧器进水中断等异常情况下，可以保证在一定时间内（600MW机组5～10min）不间断地向锅炉供水。给水箱的内部设置有启动加热装置和锅炉启动放水装置。

三、热电厂的供热系统

热电厂既发电又供热，供热应保证外界热负荷的数量和质量。热电厂热负荷主要是工业热负荷和采暖热负荷。工业热负荷是指石油、化工、纺织、塑料、橡胶等工业企业的某些工艺过程中的热负荷，一般热用户要求的温度较高，属于非季节性热负荷；采暖热负荷是指在保持室内温度时，工厂、机关或住宅用以补偿房屋向外散热损失的热负荷，热用户要求的温度不高，为季节性热负荷。

（一）供热载热质的种类

用来运载热能的媒介质称为载热质。热电厂对外供热采用的载热质有蒸汽和热水两种。

集中供热条件下，用于输送和分配载热质的管道系统，称为热网。以蒸汽作为载热质的热网简称为汽网。以热水作为载热质的热网简称为水网。

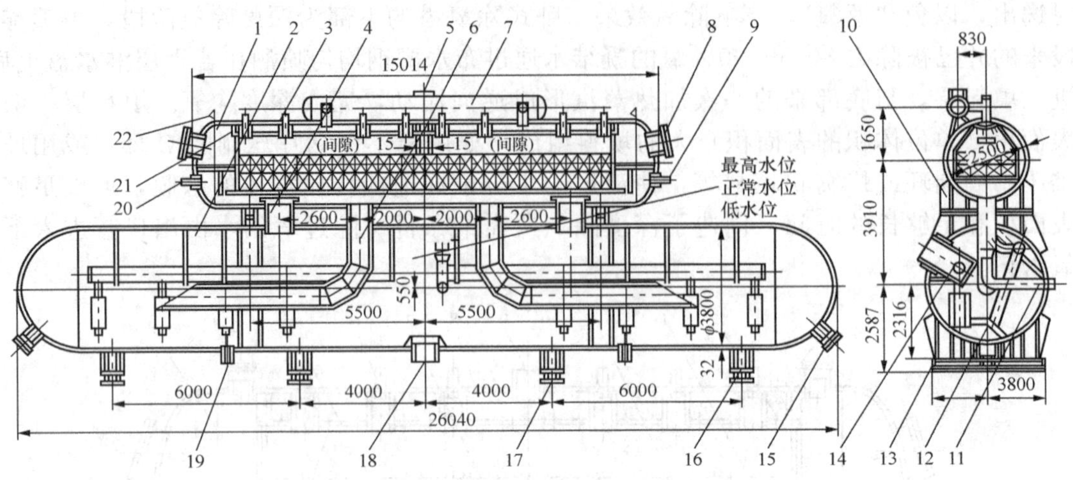

图 3-8 卧式除氧头与给水箱组合

1—除氧头；2—给水箱；3—排气口；4—汽平衡管；5—凝结水进口；6—下水管；7—过渡集箱；8—搬物孔；9—高压加热器疏水进口；10—连接支座；11—溢流管；12—加热装置；13—支座限止装置；14—锅炉启动放水装置；15—人孔；16—活动支座；17—固定支座；18—出水口；19—放水口；20—加热蒸汽进口；21—凝结水进水室；22—安全阀

（二）热电厂对外供热的方式

1. 利用蒸汽对外供热

热电厂利用蒸汽对外供热通常有直接供汽和间接供汽两种方式。

(1) 直接供汽。图 3-9 为热电厂对外直接供汽热力系统示意。它是利用压力为 0.78～1.27MPa 的汽轮机排汽，或可调整抽汽通过汽网直接向热用户供热。蒸汽在热用户处放出热量后凝结成水再返回电厂。根据用户对凝结水回收的完善程度和对凝结水的污染情况，凝结水的返回水率在 0～100%范围内变化。

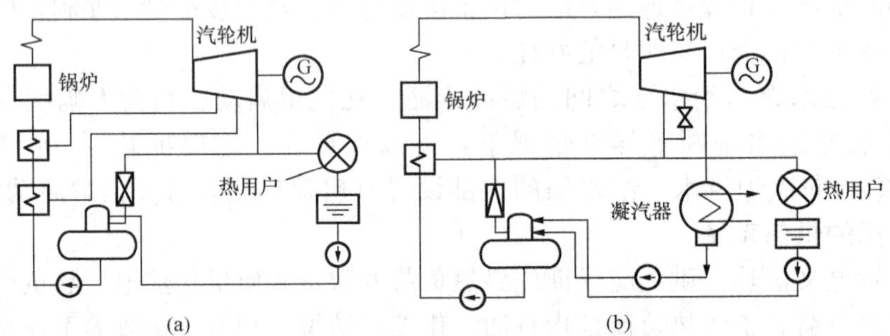

图 3-9 热电厂对外直接供汽热力系统示意

这种供汽方式由于凝结水回收率低，造成了大量的工质和热量损失，使水处理设备的容量增大，设备投资、运行费用增加，另外还使热电厂对外供热能力下降。

(2) 间接供汽。间接供汽是通过专门的蒸汽发生器利用汽轮机的可调整抽汽来制取二次蒸汽，然后把二次蒸汽供给热用户。间接供汽方式完全避免了热电厂的外部工质损失，但使热电厂的供热系统复杂，设备增加。另外，蒸汽发生器降低了发电厂的热经济性，比直接供汽方式多耗燃料。

直接供汽比间接供汽的热经济性高，并且系统简单，再加上化学水处理技术的完善和成本的降低。目前直接供汽方式在我国应用比较广泛。

2. 利用热水对外供热

热电厂对外供应的热水，是通过热网加热器利用汽轮机的可调整抽汽或排汽来制取的，热网加热器分基载热网加热器（带基本热负荷）和峰载热网加热器（带高峰热负荷）两种型式。

（三）减温减压器

减温减压器是一种将较高参数蒸汽的温度和压力自动降至所需数值的装置。在热电厂中，减温减压器用以补充汽轮机抽汽的不足和作为供热的备用汽源。减温减压器主要由减压阀、减温装置以及压力和温度的调节系统等组成。减温水采用锅炉给水或凝结水。

四、发电厂的管道、阀门

（一）发电厂的管道

发电厂的主、辅热力设备通过管道及其附件连接成整体。管道工作的可靠性，尤其是在高温高压下工作的汽水管道，对电厂运行的安全性影响更大。随着高参数大容量再热机组的发展，现代大型火电厂管道总长可达数万米，总重量可达几百吨甚至上千吨。如国产600MW机组仅主蒸汽、再热蒸汽和主给水管道重达650t，而且昂贵的高级耐热合金钢占有相当的比例，使管道费用在火电厂投资中的比重加大。管道压损、泄漏和散热等都不同程度地影响电厂运行的热经济性。

发电厂的管道包括：管子、管件（异径管、弯管及弯头、三通、法兰、封头和堵头、堵板和孔板等）、阀件及其远距离操纵机构、测量装置、管道支吊架、管道热补偿装置、保温材料等。

火力发电厂管道的种类很多，管内工作介质的参数差别很大，所需的材料也不同，进行火电厂管道设计时，要遵循和符合国家及有关部门颁布的标准、技术规范，其中用得最多的是：DL/T 5366《火力发电厂汽水管道应力计算技术规定》（简称《应力规定》）和DL/T 5054《火力发电厂汽水管道设计技术规定》（简称《管道规定》）两种。

（二）管道附件、阀门

管道附件是指安装在管道及设备上的连接、闭路和调节装置的总称，其中包括管件和阀件两大部分。管道附件的直径、压力和几何尺寸都已标准化，采用公称通径和公称压力表示。

管子和附件的连接除需拆卸的以外，应采用焊接方法。螺纹连接的方式应采用在设计压力不大于1.6MPa、设计温度不大于200℃的低压流体输送用焊接钢管上。

阀门是管道上最重要的附件之一，阀门的种类较多，其选择、使用是否合理，将直接影响到运行的安全性和经济性。

1. 阀门类型

按阀门在管道中所起的作用可分为三大类：

（1）起关断作用，如闸阀、截止阀、旋塞和球阀等。

（2）起调节作用，如调节阀、节流阀、减压阀和疏水阀等。

（3）起保护作用，如安全阀、逆止阀和快速关断阀等。

2. 阀门的选择

（1）阀门的材料有铸铁（灰铸铁、可锻铸铁、球墨铸铁）、合金（铜、铅、铝合金）、合金钢、碳钢及硅铁等，应根据介质的参数选择适合的材料。

（2）阀门应根据系统的参数、通径、泄漏等级、启闭时间选择，满足汽水系统关断、调节、保证安全运行的要求和布置设计的需要。阀门的型式、操作方式，应根据阀门的结构、制造特点和安装、运行、检修的要求来选择。当有特殊要求时，可提高等级选用。例如，与高压除氧器和给水箱直接相连管道的阀门及给水泵进口阀门，均应选用钢制阀门。

3. 阀门的使用

（1）关断阀门。闸阀和截止阀都只作关断用。运行时处于全开状态，停止运行时，处于全关状态。为保持闸阀和截止阀密封面的严密性，不允许作调节流量和压力用。

闸阀的特点是流动阻力小，开启、关闭力小，介质可两个方向流动，但结构复杂，阀体较高，密封面易擦伤，制造维护要求高。双闸板闸阀宜装于水平管道上，阀杆垂直向上。单闸板闸阀可装于任意位置的管道上。在蒸汽管道和大直径给水管道中，由于阻力要求较小，多选用闸阀。图 3-10（a）为高压管道用的闸阀。

截止阀的特点是结构简单，密封性较好，制造维修较方便，但流动阻力较大，开启、关闭力也较大，启闭时间较长。当要求严密性较高时，宜选用截止阀。它可装于任意位置的管道上。图 3-10（b）为高压管道用的截止阀。

大直径管道上的阀门，由于开启扭矩大，使阀门开启困难，为此需在阀门旁并列装设一个尺寸小的旁通阀，当阀门未开启前先开启旁通阀，以减小大阀门两侧的压力差，便于阀门开启。

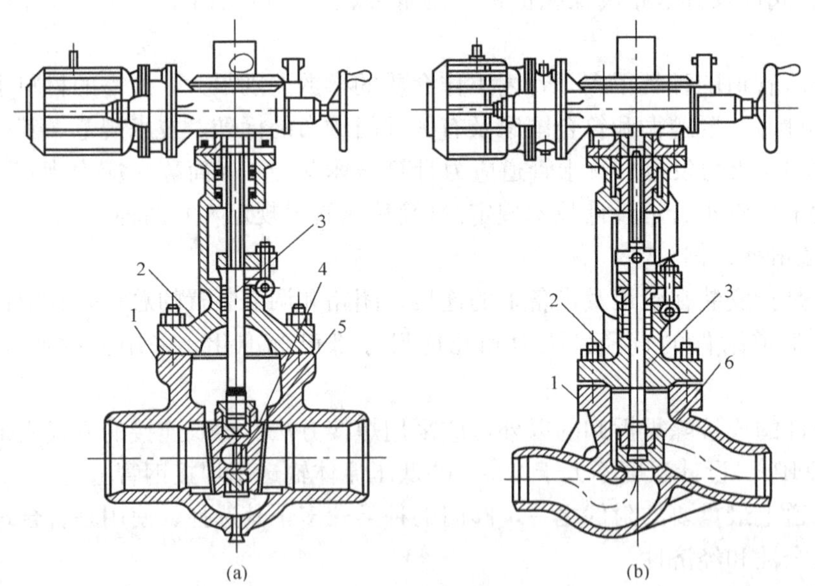

图 3-10　高压管道用关断阀

（a）闸阀；（b）截止阀

1—阀体；2—阀盖；3—阀杆；4—闸板；5—万向顶；6—阀瓣

（2）调节阀门。调节阀门应根据介质、管系布置、使用目的、调节方式和调节范围及调节阀门的流量特性来选用，并应满足在任何工况下对流量、压降及噪声的要求。调节阀门不宜作关断阀使用。

调节阀用于调节介质流量。其流量调节是借助于圆筒形阀瓣与阀座相对位置改变瓣上窗口流通面积来改变流量。

减压阀可自动将介质压力减到所需数值。它靠膜片、弹簧等敏感元件来改变阀瓣位置，从而改变阀瓣与阀座的缝隙达到减压目的。

节流阀结构与截止阀类似，但其阀瓣多为圆锥流线型，用来调节介质流量和压力。

蝶阀宜用于全开、全关，也可作调节用。

调节阀门在运行中要经常开关，为防止泄漏不严密，在调节阀门之前要串联关断阀，开启时，要先全开关断阀再开调节阀门，关闭时，要先关调节阀门再关关断阀。

（3）保护阀门。止回阀是用作保证介质单向流动、防止管内介质倒流的一种阀门，当介质倒流时，阀瓣能自动关闭，截断介质流量，避免发生事故。电厂中止回阀主要装在水泵出口、进除氧器的水管和汽轮机抽汽管道上。

止回阀根据阀瓣动作的规律可分为升降式（垂直瓣和水平瓣）和旋启式（单瓣和多瓣）。升降式垂直瓣止回阀应装在垂直管道上；而水平瓣止回阀应装在水平管道上；旋启式止回阀宜安装于水平管道上且应注意介质流动方向与阀体箭头方向一致，不能装反。图 3 - 11 所示为三种常见的止回阀。

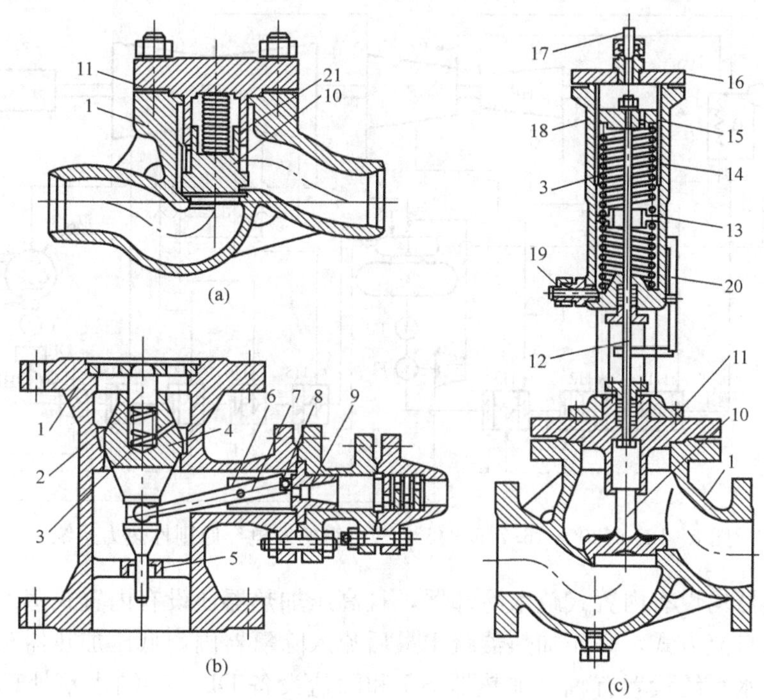

图 3 - 11　止回阀

（a）给水泵出口水平装的止回阀；（b）空排式止回阀；（c）球形液压止回阀

1—阀体；2—定位轴；3—压缩弹簧；4—阀蝶；5—轴套；6—小轴；7—摇杆；8—滑块；9—空排盘；10—阀瓣；11—阀盖；12—阀杆；13—支承环；14—套筒；15—操纵活塞；16—压盖；17—工作水入水；18—操纵座壳体；19—泄水口；20—操纵标杆；21—衬套

安全阀用于锅炉、压力容器及管道上，当介质压力超过规定值时，安全阀能自动开启，排除过剩介质，压力降至规定值后能自动关闭，防止事故发生，保证设备、管道、厂房和生产人员的安全。

装于管道上的安全阀，其规格和数量应根据排放介质的流量和参数，按《管道规定》中的方法或制造厂资料进行选择。在水管道上，应采用微启式安全阀；在蒸汽管道上，可根据介质种类、排放量的大小采用全启式或微启式安全阀。布置安全阀时，必须使阀杆垂直向上。

快速关断阀是用来瞬间关断或接通管内介质的阀门，它有球形液压止回阀、扑板式液压止回阀、电磁式启闭阀等。前两种多应用在回热抽汽管道上，后一种应用在控制水管路系统中。

五、发电厂原则性热力系统举例*

1. 亚临界参数机组发电厂原则性热力系统

图 3 - 12 为优化引进型 300MW 机组的发电厂原则性热力系统，本机组有 8 级不调整抽汽，第 1～3 级抽汽供 3 台高压加热器，第 4 级抽汽供除氧器、锅炉给水泵小汽轮机及辅助蒸汽用汽，第 5～8 级抽汽供 4 台低压加热器用汽。此外，中压联合汽门阀杆漏汽接入第 3 级抽汽管道上，锅炉连续排污扩容器的扩容蒸汽和高压轴封漏汽接入除氧器。除氧器为滑压运行，滑压范围是 0.147～0.883MPa，给水泵小汽轮机的排汽接入主机凝汽器内。

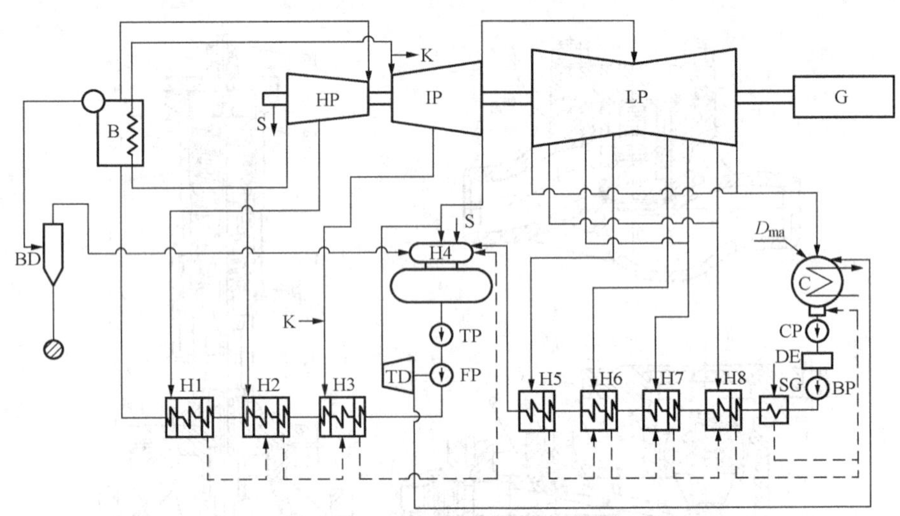

图 3 - 12 N300 - 16.7/538/538 型机组的发电厂原则性热力系统

高低压加热器均设有内置式疏水冷却器，且高压加热器还设有内置式蒸汽冷却器。加热器疏水采用逐级自流方式，高压加热器疏水最后流入除氧器内，低压加热器疏水最后流入凝汽器热井。凝结水系统设置有轴封加热器 SG 和除盐设备 DE。凝结水精处理装置采用低压系统，凝结水经凝结水泵 CP、除盐设备 DE 和凝结水升压泵 BP，流经轴封加热器 SG、4 个低压加热器进入除氧器。给水从给水箱经前置泵 TP、主给水泵 FP 及 3 台高压加热器进入锅炉。压力最低的 H7、H8 低压加热器位于凝汽器喉部。化学补充水 D_{ma}从凝汽器补入。

该机组在额定进汽参数、额定排汽压力、补水率为 0、回热系统正常投运的条件下，能发出额定功率 300MW，进汽量为 918.438t/h，热耗率为 7993kJ /(kW · h)。当阀门全开、超压5%（即VWO+5%OP）工况下，机组最大进汽量为1025t/h，最大功率达到329MW。

图3-13为N600-16.67/537/537型机组的原则性热力系统，机组配HG-2008/18-YM2型亚临界压力强制循环汽包炉。采用一级连续排污利用系统，扩容器分离出的扩容蒸汽送入高压除氧器。该机组设计热耗为7829kJ/(kW·h)，接近世界先进水平。其最大计算功率为654MW。锅炉效率为92.08%。4台低压加热器为表面式，卧式布置，其中H7、H8共一壳体，共两台布置在凝汽器喉部空间。3台高压加热器均为表面式，卧式布置。除氧器为滑压运行。

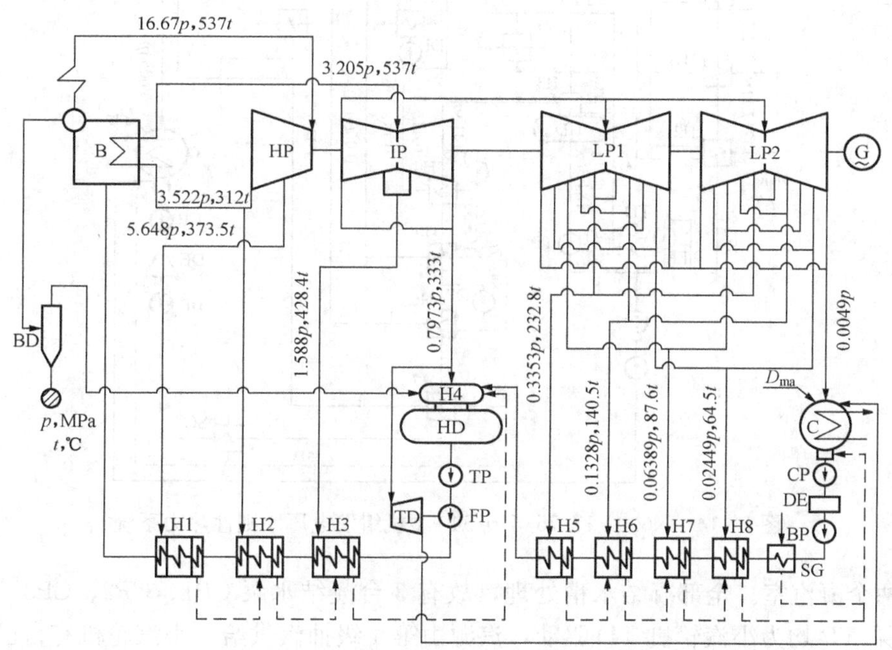

图3-13 N600-16.67/537/537型机组的发电厂原则性热力系统

图3-14所示为引进法国阿尔斯通-大西洋公司（ALSTHOM-ATLANTIQUE）制造的600MW汽轮发电机组，其蒸汽初参数为17.75MPa/540℃/540℃，属亚临界参数一次中间再热、单轴、四缸四排汽，具有7级回热抽汽。由4台卧式低压加热器、1台高压除氧器、两台高压加热器组成回热系统。其中H2高压加热器带有外置式蒸汽冷却器SC2。除氧器为滑压运行。第3级抽汽除供除氧器外，还供给水泵汽轮机用汽及厂用采暖Q。第5、6级抽汽，同时还分别供暖风器R和生水加热器S用汽。

汽轮机高压缸无回热抽汽口。给水泵汽轮机配有单独的小凝汽器及凝结水泵，其凝结水进入主凝汽器热井。H4、H6低压加热器带有疏水泵。高、中、低压缸均为双层缸结构，不设法兰加热装置。低压缸为分流对称布置，焊接结构。转子为整体结构。

锅炉出口蒸汽参数为18.6MPa/545℃/545℃，最大连续蒸发量为1832.65t/h，锅炉设计热效率为91.5%，机组设计热耗率为7808.4kJ/(kW·h)。

2. 超临界参数机组发电厂原则性热力系统

图3-15所示为俄罗斯制造的500MW超临界压力燃煤机组的发电厂原则性热力系统。该机组有8级回热抽汽，即“三高四低一除氧”，其中H7、H8为接触式低压加热器，有两台轴封加热器SG1、SG2，凝汽器为双背压凝汽结构，即两个低压缸凝汽器分开，而循环水

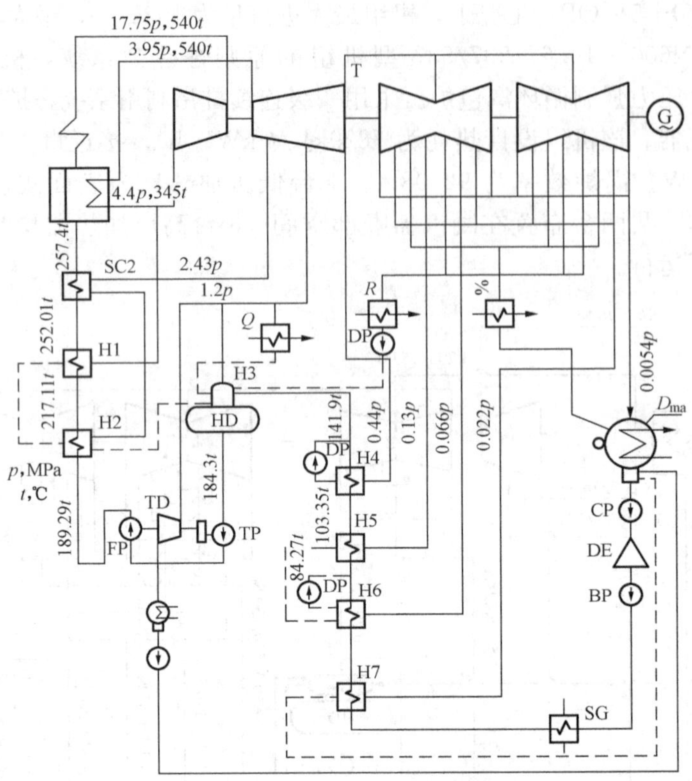

图 3-14 N600-17.75/540/540 型机组发电厂原则性热力系统

串行通过两个凝汽室。全部凝结水精处理，故有 3 台凝结水泵 CP1、CP2、CP3。主给水泵 FP、前置泵 TP 均为小汽轮机 TD 驱动，汽源由第 4 级抽汽供给。小汽轮机有自己单独的凝汽器，凝结水排往主凝汽器热井（主凝结水管）。第 5、7 级抽汽还分别引至水侧串联的热网加热器 BH2、BH1，用以加热供采暖用的热网水。汽轮机由高压缸、中压缸和两个低压缸组成。机组热耗率为 7842.6kJ/（kW・h）。

图 3-16 所示为 600MW 超临界压力机组发电厂原则性热力系统。汽轮机共有 8 级不调整抽汽，分别供“三高四低一除氧”。驱动给水泵 FP 的小汽轮机额定输出功率为 9945kW。主机 VWO 工况时，可达 14.5MW。前置泵 TP 为电动调节。给水泵小汽轮机用汽来自第 4 级抽汽，其排汽直接排往主机凝汽器。3 台高压加热器均有内置式蒸汽冷却段和疏水冷却段。高压加热器疏水逐级自流进入除氧器；卧式除氧器滑压运行。4 台低压加热器均带有内置式疏水冷却段，疏水逐级自流至凝汽器热井。补充水由主凝汽器补入。所有凝结水进行除盐精处理。

图 3-17 所示为美国艾迪斯通电厂燃煤超超临界压力两次中间再热机组，其额定功率为 325MW，最大功率为 360MW。汽轮机为双轴，高压轴发电功率为 145MW，低压轴为 180MW。其蒸汽参数为 34.5MPa/650℃/566℃/566℃，后运行参数降低至 31MPa/610℃，但目前仍然是燃煤机组中最高的蒸汽参数。该机有 8 级不调整抽汽。回热系统为“五高两低一除氧”。表面式加热器疏水全部采用逐级自流。DC7、DC8 分别为 H7、H8 的外置式疏水冷却器。WAH 为暖风器，ECL 为低压省煤器，用以回收锅炉排烟余热，降低锅炉排烟温

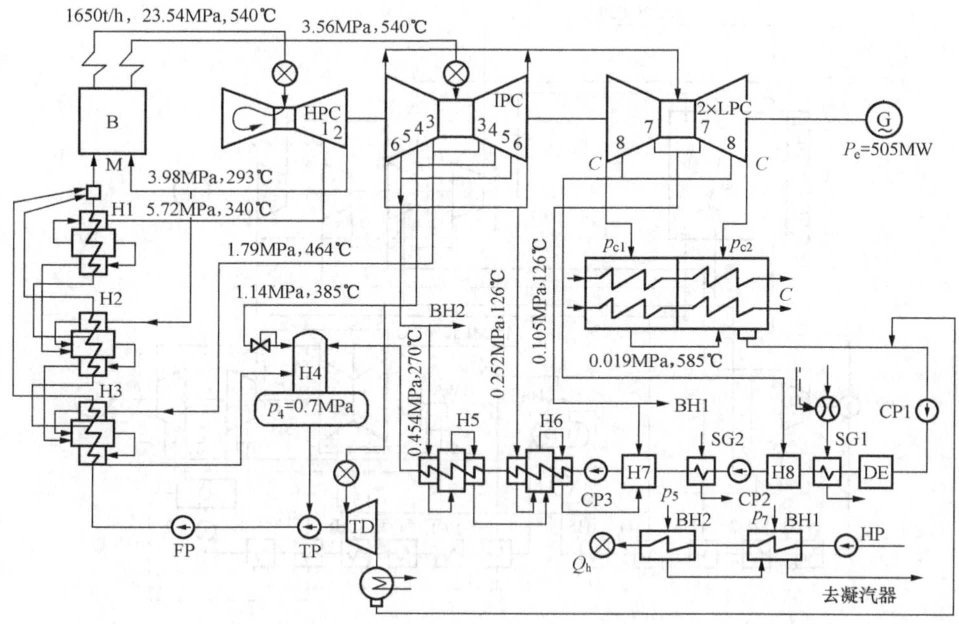

图 3-15 引进超临界 K-500-240-4 型机组发电厂原则性热力系统

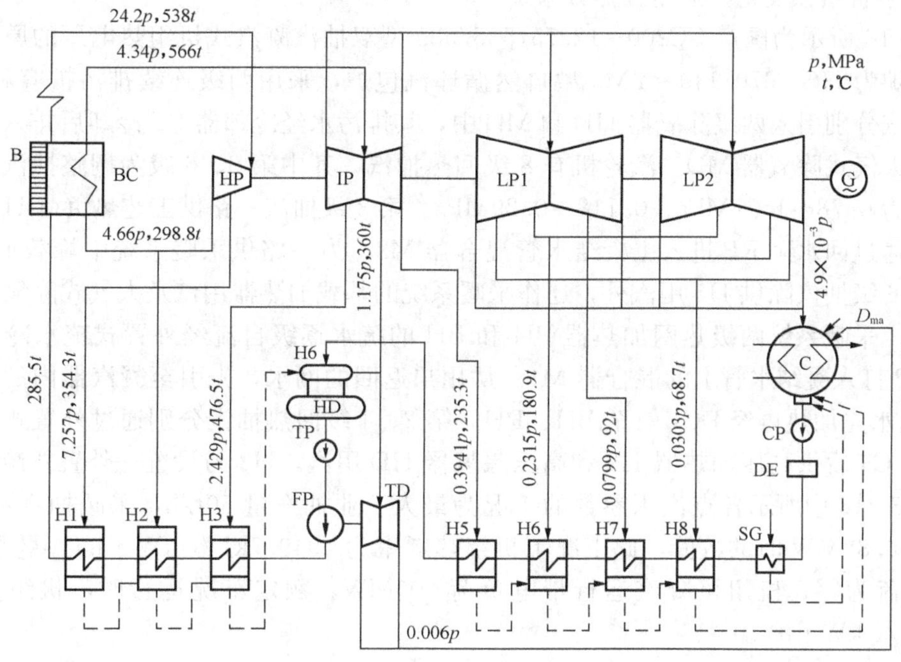

图 3-16 引进的 N600-25.4/541/566 超临界压力机组发电厂原则性热力系统

度提高锅炉效率。为降低高压加热器水侧压力，提高其工作可靠性，给水采用两级加压系统，FP2 为背压式给水泵汽轮机 TD 驱动的调速给水泵，其正常工况汽源来自第一次再热冷段蒸汽，排汽进入第 4 级抽汽管道。

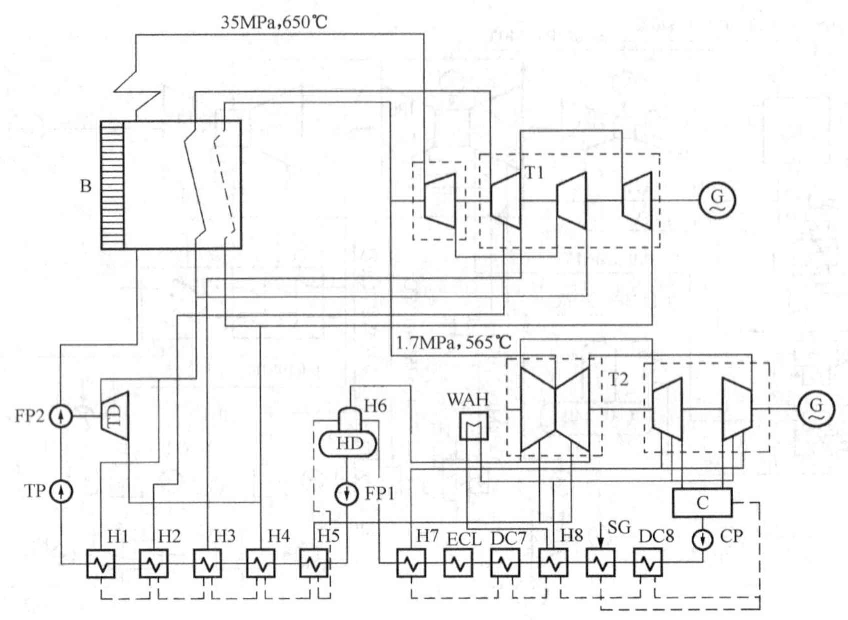

图 3-17 美国超超临界压力 325MW 两次中间再热凝汽机组的发电厂原则性热力系统

3. 供热机组热发电厂原则性热力系统

图 3-18 所示为国产 CC200-12.75/535/535 型双抽汽凝汽式机组热电厂的原则性热力系统。锅炉为 HG-670/140-YM9 型自然循环汽包炉，采用两级连续排污扩容利用系统，其扩容蒸汽分别引入两级除氧器 HD 和 MD 中，其排污水经冷却器 BC 冷却后排入地沟。补充水进入大气式除氧器 MD。汽轮机有 8 级回热抽汽，其中第 3、6 级为调整抽汽，其调压范围分别为 0.78～1.27MPa、0.118～0.29MPa。第 3 级抽汽一路供工艺热负荷 HIS 直接供汽，回水通过回水泵 RP 进入主凝结水管混合器 M2；另一路供采暖系统中峰载加热器 PH 用汽，第 6 级抽汽除供 H5 用汽外，还作采暖系统的基载加热器用汽及大气式除氧器 MD 的加热蒸汽。采暖系统两级热网加热器 PH 和 BH 的疏水逐级自流经外置式疏水冷却器 DC1 后用 HDP 打入凝结水管上的混合器 M1。从用户返回的网水，先引至凝汽器内的加热管束 TB，将网水先加热再经 DC1 引至 BH、PH。第 2、4 级回热抽汽分别通过外置式蒸汽冷却器 SC2、SC3 后供高压加热器 H2 和高压除氧器 HD 用汽。H2 另设置一外置式疏水冷却器 DC2。图 3-18 中所示各点汽水参数的工况为最大工业抽汽量 50t/h，采暖抽汽量 350t/h，电功率 136.88MW 时的数值，此工况下机组热耗率为 4949.7kJ /(kW・h)。夏季工况时，采暖热负荷为零，机组可凝汽运行带电负荷 200MW，额定工况运行时，机组热耗率为 8444.3kJ /(kW・h)。

图 3-19 所示为前苏联超临界压力单采暖抽汽 T-250/300-23.54-2 型供热式汽轮机配 950t/h 直流炉的热电厂原则性热力系统。锅炉出口蒸汽参数为 25.8MPa/545℃/545℃，给水温度为 260℃。锅炉效率为 93.3%（燃煤)。供热式汽轮机进汽参数为 23.54MPa/540℃/540℃。最大功率为 300MW。该厂采暖系统为水热网，热负荷为 1383MJ/h。水热网由内置于凝汽器的加热管束 TB、热网水泵 HP1、轴封加热器 SG2、基载热网加热器 BH1、BH2、热网水泵 HP2、热水锅炉 WB 以及热用户 HS 组成。基载热网加热器 BH1、BH2 的加热蒸

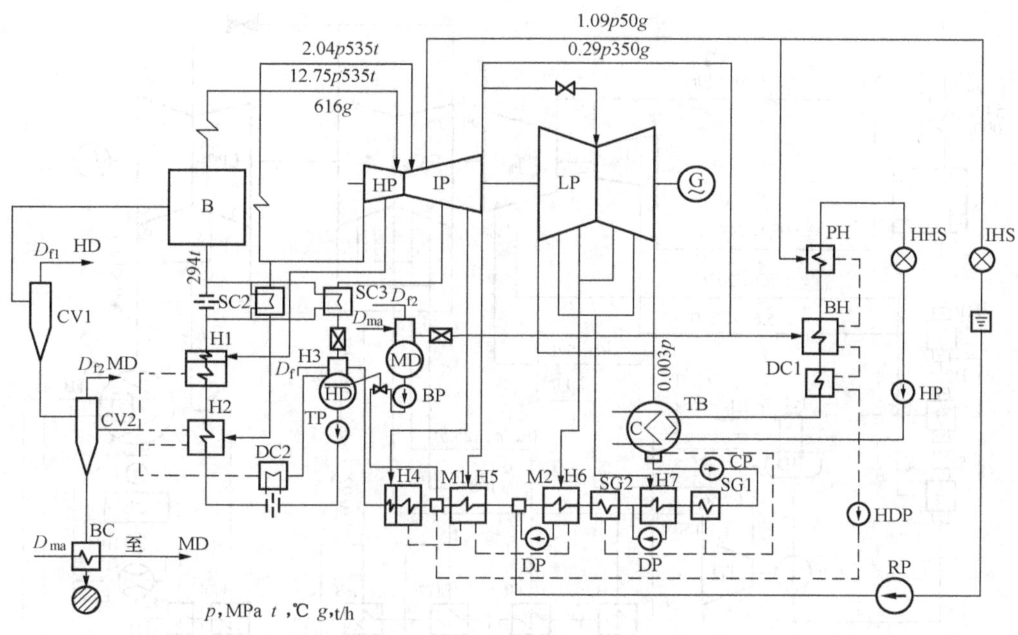

图 3-18 国产 CC200-12.75/535/535 型双抽汽凝汽式机组热电厂原则性热力系统

汽分别来自第 8、7 级回热抽汽，其疏水由热网疏水泵 HDP 打入主凝结水管与凝结水汇合。汽轮机有 9 级回热抽汽，第 8 级抽汽为调整抽汽，其调压范围为 0.0274～0.095MPa，该级抽汽还供低压加热器 H8 用汽。回热系统为“三高五低一除氧”。除氧器滑压运行。给水泵为背压小汽轮机 TD 驱动，正常工况时汽源为第 3 级抽汽，其排汽至第 5 级抽汽。3 台高压加热器疏水逐级自疏汇合于除氧器，低压加热器 H6、H7、H8 各带 1 台疏水泵，将疏水打入各自出口凝结水管中；低压加热器 H9 轴封加热器 SG1、SG2 及抽气器 ET 的疏水排入凝汽器热井。

该机组的特点为：①通流部分可适应大抽汽量的要求；②在控制上能满足电、热负荷各自在大范围变化的需要，互不影响；③可抽汽、纯凝汽方式运行。该机组纯凝汽方式运行时的热耗率为 7900kJ /(kW·h)。采暖期带电力基本负荷，全部抽汽用于供热，此时发电热耗率为 6300kJ /(kW·h)，相应的标准煤耗率为0.215 8kg /(kW·h)。

4. 火电厂单机容量最大机组的发电厂原则性热力系统

图 3-20 所示为目前世界上最大的单轴 1200MW 凝汽式机组发电厂的原则性热力系统。它装在俄罗斯科斯特罗马电厂。汽轮机为 K1200-23.54/540/540 型超临界压力一次中间再热、单轴五缸（一个双流程高压缸、一个分流程中压缸和三个分流程式低压缸）六排汽冲动式凝汽式汽轮机，配蒸发量为 3960t/h 的燃煤直流锅炉。新蒸汽先进入高压缸左侧通流部分，再回转 180°进入右侧通流部分，第 1 级抽汽供高压加热器 H1 用汽，高压缸排汽一部分供高压 H2 用汽，其余在再热器中加热后依次进入均为分流的中、低压缸。机组共有 9 级不调整抽汽，分别供给 3 台高压加热器、滑压除氧器和 4 台低压加热器用汽。3 台高压加热器和 3 台低压加热器 H5～H7 均设有内置式蒸汽冷却段和疏水冷却段。H3 高压加热器汽源是再热后第 1 级抽汽，另设一外置式蒸汽冷却器 SC3 降低蒸汽过热度，其与 H1 高压加热器出口给水串联，将给水温度提高到 274℃，高压加热器疏水逐级

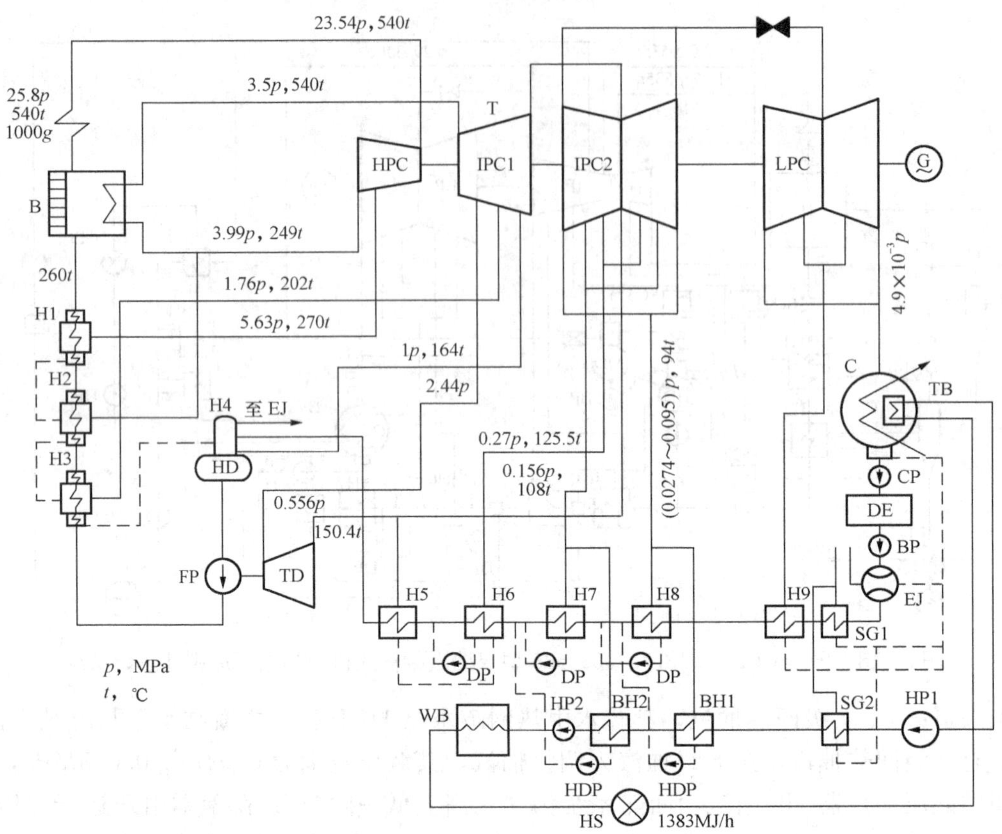

图 3-19 超临界压力单采暖抽汽 T-250/300-23.54-2 热电厂原则性热力系统

自流至除氧器。3 台高压加热器均为双列布置。两台除氧器为并列滑压运行。给水系统装有两台半容量汽动调速给水泵 FP 并带前置泵 TP 同轴运行，驱动小汽轮机 TD 为凝汽式，汽源来自第 3 级抽汽，功率为 25MW，其排汽进入小凝汽器，凝结水由凝结水泵 CP 送至主凝汽器热井。另有 1 台半容量用电动给水泵（图中未画出）。除氧器水箱出水管上还设有暂态工况时才投入的给水冷却器 FC，以加速降低进入前置泵 TP 的给水温度。低压加热器 H5～H7 疏水均逐级自流至低压加热器 H8，再用疏水泵 DP 打入该级出口主凝结水管中。低压加热器 H9 与轴封加热器 SG 的疏水自流入主凝汽器热井，化学补充水进入凝汽器。

该电厂每台锅炉装有 3 台凝汽式小汽轮机驱动的送风机，功率为 7MW（图中未画出）。汽源为第 4 级抽汽。厂内采暖由第 6、5 级抽汽分级加热，以提高其热经济性。此外第 5 级抽汽还供暖风器用汽。凝结水需全部精处理，采用低压系统，由凝结水泵 CP、除盐设备 DE 和凝结水升压泵 BP 组成。额定工况下该机组的热耗率为 7660 kJ /(kW · h)。

图 3-21 所示为世界上最大双轴 1300MW 凝汽式机组发电厂原则性热力系统。数台该型机组分别装在美国坎伯兰、加绞和阿莫斯等电厂。该机组为超临界压力、一次再热、双轴六缸八排汽凝式机组，两轴功率相等。机组分高压轴和低压轴，高压轴由分流高压缸、两个分流低压缸和发电机组成；低压轴由分流中压缸、两个分流低压缸和发电机组成。该机组有 8 级不调整抽汽，回热系统为“四高三低一滑压除氧”。除高压加热器 H1 有内置式蒸汽冷却

段和低压加热器 H8 为普通加热器外，表面式加热器均带有内置式疏水冷却段。高压加热器为双列布置，疏水为逐级自流至除氧器。低压加热器 H6、H7 疏水逐级自流至 H8 后，用疏水泵 DP 打入该级出口主凝结水管中，该厂给水泵 FP 和送风机 FF 分别由凝汽式小汽轮机 TD 驱动，其汽源在正常工况时来自第 4 级抽汽，小汽轮机均自带小凝汽器和小凝结水泵，凝结水被打入主凝汽器热井。电厂补充水采用热力法由蒸汽发生器 E 产生的蒸馏水来补充。蒸发器加热一次汽源为第 7 级抽汽，它产生的二次蒸汽经专设的蒸汽冷却器 ES 冷却为蒸馏水，经过抽气器冷却器 EJ 后进入主凝汽器热井。

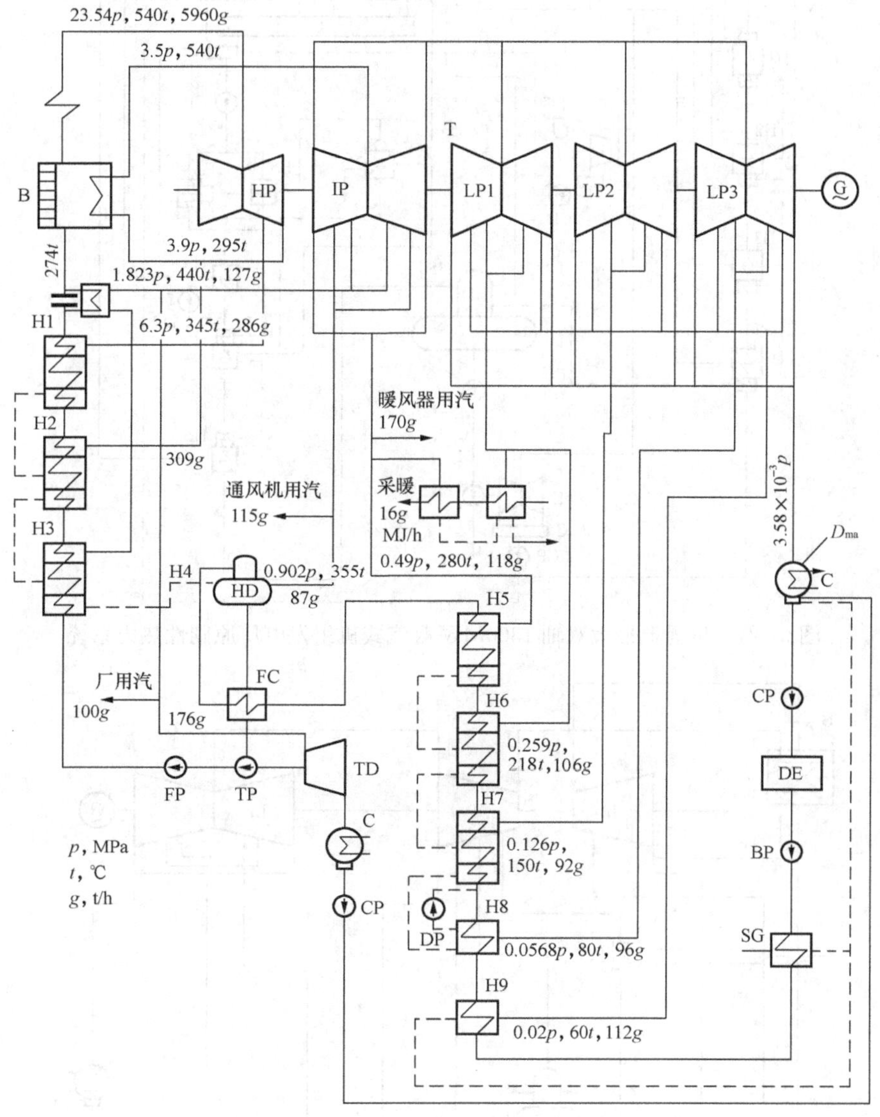

图 3-20　世界上最大单轴 1200MW 凝汽式机组发电厂原则性热力系统

5. 空冷型火电厂机组的原则性热力系统

图 3-22 所示为国产 NK200-12.75/535/535 型双排汽再热式汽轮机的发电厂原则性热力系统图。该机组有 8 级不调整抽汽，回热系统为“三高四低一除氧”。No.1、No.2、

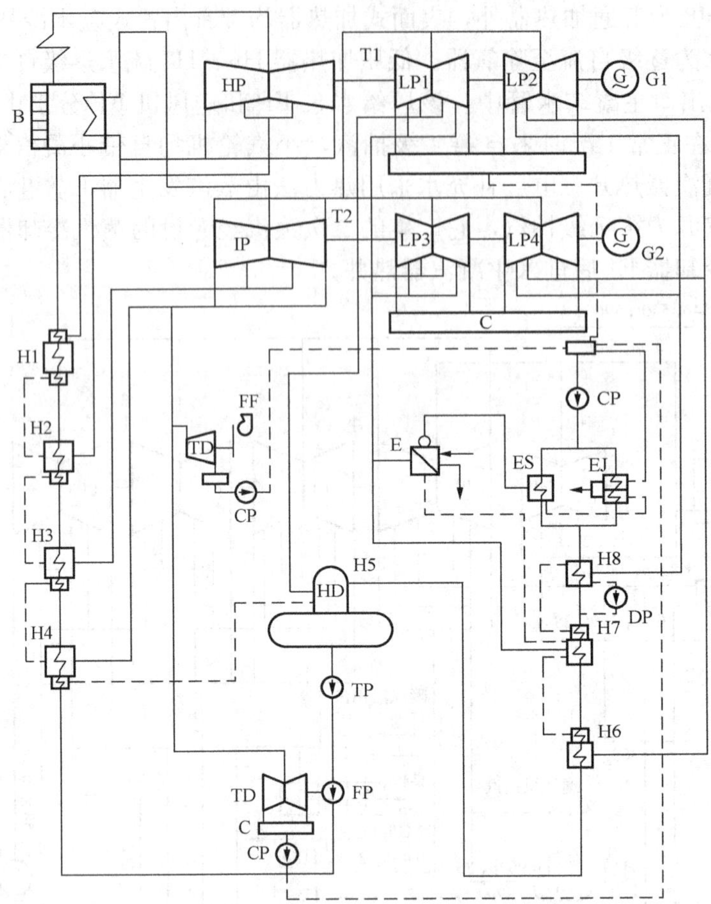

图 3-21　世界上最大双轴 1300MW 凝汽式机组发电厂原则性热力系统

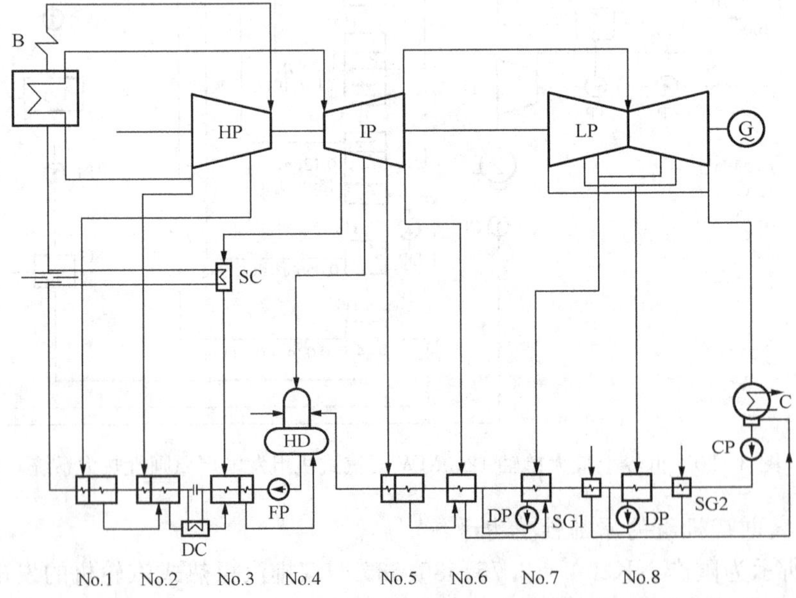

图 3-22　NK200-12.7/535/535 型双排汽再热式汽轮机的发电厂原则性热力系统

No.3 高压加热器和 No.5 低压加热器均设有内置式冷却器，No.2 高压加热器有外置式疏水冷却器 DC，No.3 高压加热器有外置式蒸汽冷却器 SC 与主水流串联，将给水温度由 241.6℃提高到 244.7℃。除氧器定压运行，配有电动给水泵 FP。No.7、No.8 低压加热器采用疏水泵。有两台轴封冷却器 SG1、SG2。由于采用空冷技术，其排汽压力为 9.8kPa，设计循环水入口温度为 34.16℃，设计热耗率为 8490.1kJ /(kW·h)。

6. 核电站原则性热力系统

核电站是一个复杂的系统工程，它集中了当代的许多高新科技。为了使核电站能稳定、经济地运行，以及一旦发生事故时能保证反应堆的安全和防止放射性物质外泄，核电站设置有各种辅助系统、控制系统和安全设施。

核电站常规岛系统与火电厂的系统相似，它通常包括：

(1) 二回路系统。又称汽轮发电机系统，它由蒸汽系统、汽轮发电机组、凝汽器、蒸汽排放系统、给水加热系统及辅助给水系统等组成。

(2) 循环冷却水系统。

(3) 电气系统。

本节这部分内容主要介绍核电站常规岛原则性热力系统。图 3-23 为法国进口 900MW 核电厂二回路的原则性热力系统，该核电汽轮机组为单轴四缸（1 个双流高压缸和 3 个双流低压缸）、六排汽、全速 3000r/min 机组。进入高压缸的蒸汽量为 5808t/h，蒸汽压力为 6.43MPa，蒸汽干度为 99.53%，设有汽水分离器和二级再热器，第 1 级再热器的加热蒸汽来自高压缸第 1 级抽汽，第 2 级再热器的加热蒸汽采用新蒸汽，汽水分离器的疏水进入除氧器。该机组有 7 级不调整抽汽，回热系统为“二高四低一定压除氧”。采用两台单容量汽动泵，每台流量为 2275t/h，每台小汽轮机功率为 3.350MW。最大连续功率为 983.8MW。额定工况时机组耗热率为10 629kJ /(kW·h)。

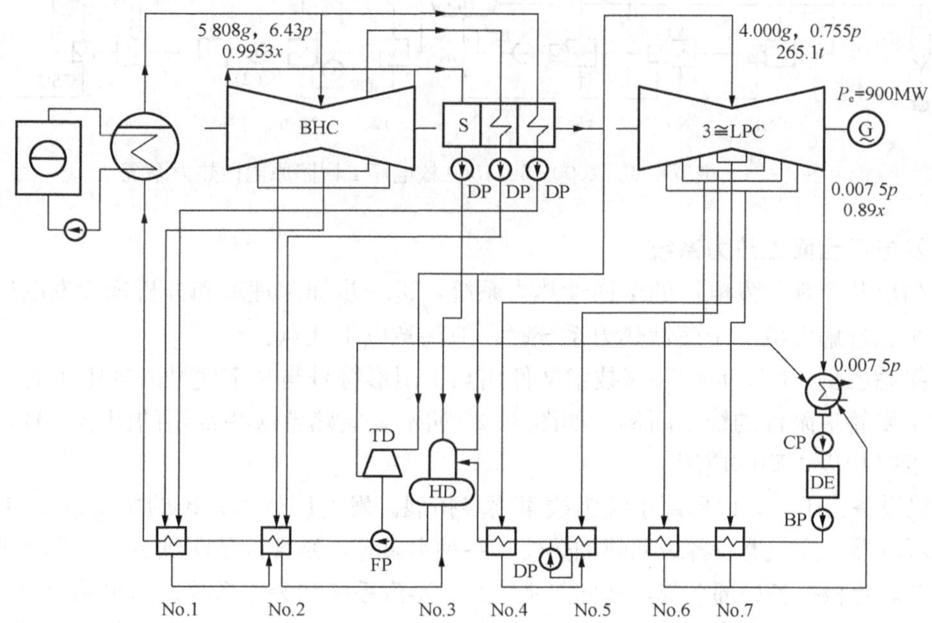

图 3-23　法国进口 900MW 核电厂的二回路原则性热力系统

图 3-24 所示为俄罗斯 1000MW 核电厂二回路原则性热力系统，汽轮机为 K-1000-60/1500 型单轴五缸（1 个分流高压缸和 4 个分流低压缸）八排汽，进汽压力为 6.0 MPa、温度为 275℃、干度为 99.5%，高压缸排汽压力为 1.0MPa、干度为 87.8%，再热后蒸汽温度为 260℃、压力为 0.93MPa，双压凝汽器平均压力为 4kPa（p_{c1}=3.6kPa，p_{c2}=4.4kPa）、排汽干度为 89.7%。设有汽水分离器 S 和用新汽的再热器 RH。有 7 级不调整抽汽，高压缸 3 级、低压缸 4 级，回热系统为“三高三低一除氧”，其特点是最末两级低压加热器为混合式低压加热器，采用重力式结构，卧式布置；设有热网加热器 BH3、BH2、BH1，其汽源分别引自第 3、4、5 级回热抽汽。反应堆进出口载热质温度为 289℃和 322℃，压力为 16MPa，热功率为 3200MW，核燃料采用 3.3%～3.4%铀。

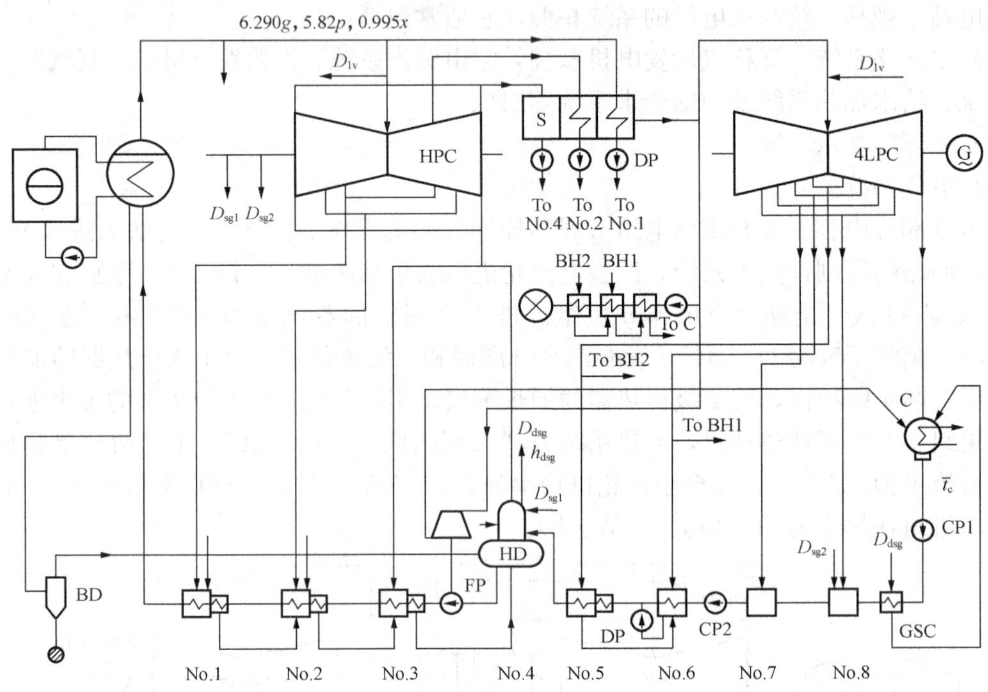

图 3-24 俄罗斯 K-1000-60/1500 核电厂二回路原则性热力系统

六、发电厂全面性热力系统*

本节列出几个现代发电厂的全面性热力系统，进一步加深理解和分析现代发电厂的全面性热力系统。理解发电厂全面性热力系统时，应注意以下几点：

（1）熟悉图例。GB/T 4270《技术文件用热工图形符号与文字代号》规定了有关热力系统管线和主要管道附件的统一图例，如图 3-25 所示。应熟悉这些常用的图形符号，在设计和阅读图纸时加以正确的应用。

（2）以设备为中心，以局部系统为线索逐步拓展。发电厂热力系统的主要设备包括锅炉、汽轮机、凝汽器、除氧器及各级回热加热器、各种水泵等，结合设备明细表，了解主要设备的特点和规范。再根据各局部系统，如回热系统、主蒸汽系统和旁路系统、给水系统等，找出各系统的连接方式及其特点、各系统间的相互关系及结合点，逐步扩大至全厂范围。

（3）区别不同的管线、阀门及其作用。辅助设备有经常运行的和备用的，管线和阀门也

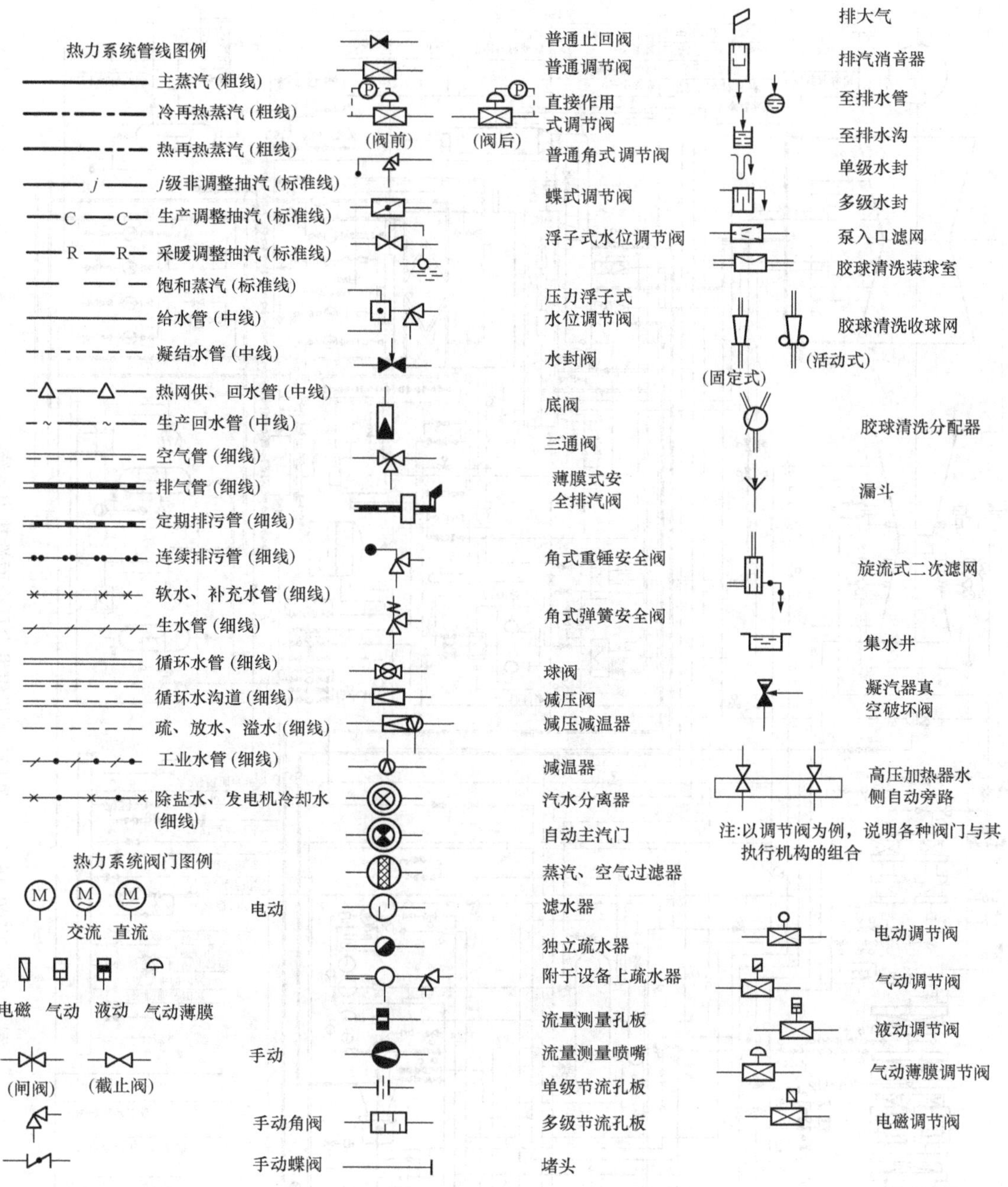

图 3-25 热力系统管线、阀门的图形符号

有正常工况运行和事故旁路，不同工况下切换甚至于只有启动、停机时才启用的，这些都需要进行分析，最后综合成全厂的全面性热力系统的运行工况分析。

图 3-26 所示为国产 N300-16.67/537/537 型机组的发电厂全面性热力系统。回热系统有 8 级不调整抽汽，分别供 3 台高压加热器、除氧器和 4 台低压加热器。3 台高压加热器设有一水侧大旁路，其疏水逐级自流至除氧器，且均带有内置式蒸汽冷却器和疏水冷却器。4 台低压加热器疏水逐级自流至凝汽器。除氧器为滑压运行。真空抽气系统采用两台水环式真空泵；凝结水泵也为两台，均为 1 台运行 1 台备用。

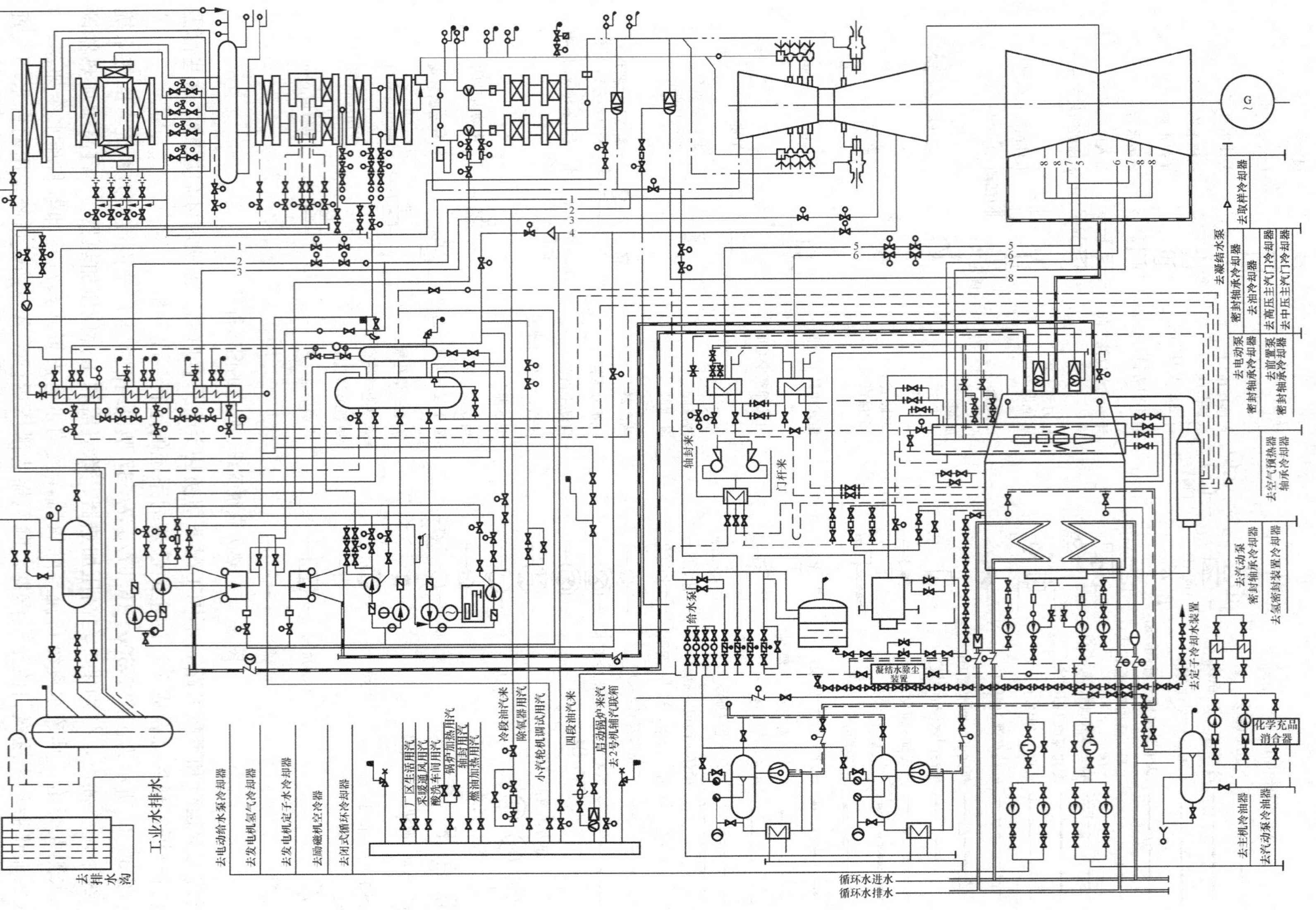

图 3-26 N300-16.67/537/537 型机组发电厂全面性热力系统

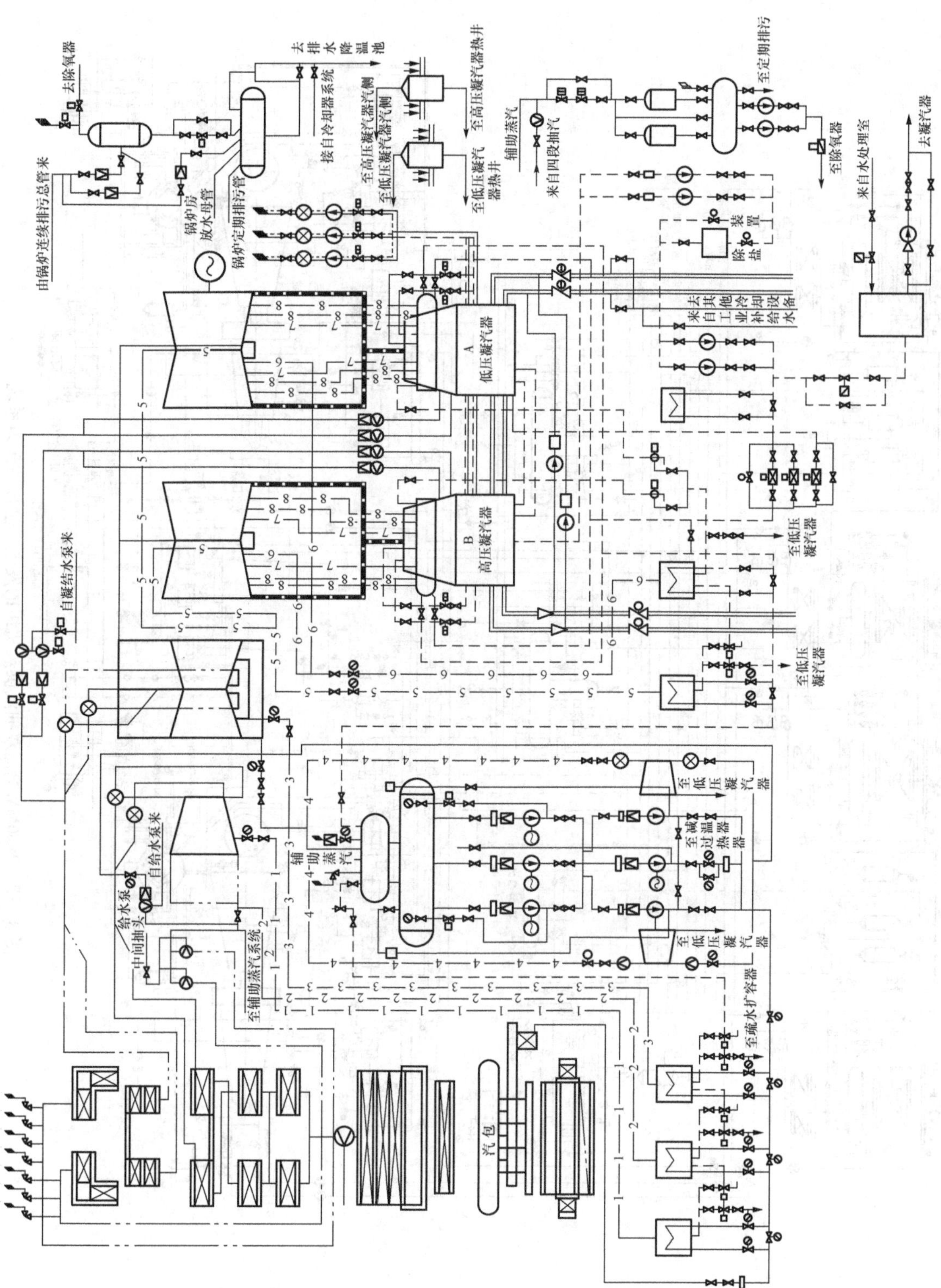

图 3-27 国产 N600-16.67/537/537-1 型机组发电厂全面性热力系统

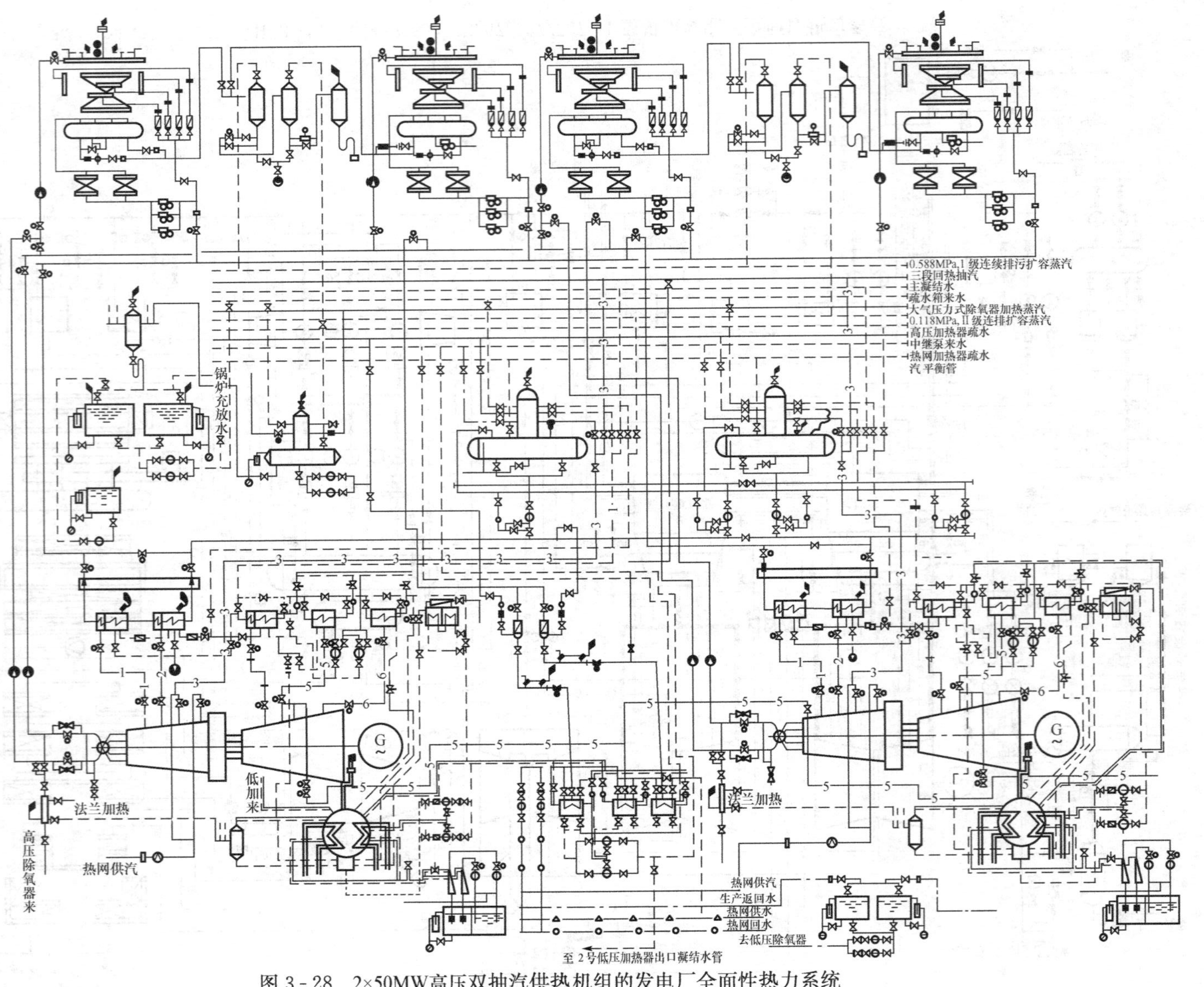

图3-28　2×50MW高压双抽汽供热机组的发电厂全面性热力系统

图 3-27 所示为国产 N600-16.67/537/537-1 型机组的发电厂全面性热力系统。汽轮机为四缸、单轴、四排汽口的一次中间再热凝汽式机组。凝汽器为双壳、双背压、单流程。回热系统仍为三高四低一除氧，且均为卧式布置。

汽轮机 A、B 两个低压缸排汽分别进入凝汽器 A、B 两个壳体中。循环水先进入 A 壳体，然后进入 B 壳体，因此，A 壳体汽侧压力比 B 壳体汽侧压力低，形成双压凝汽器。两凝汽器热井中凝结水借助高度差可由低压流向高压，然后由凝结水泵送至除盐装置，再经凝结水升压泵送至轴封冷却器、低压加热器最后到除氧器。

图 3-28 所示为 2×50MW 高压双抽汽供热机组的发电厂全面性热力系统。

第三节 发电厂的燃料输送、除灰和供水系统

锅炉、汽轮机及其辅助系统是火电厂的主要构成部分。除此之外，火电厂的正常运行还极大地依赖于燃料输送、除灰和供水系统。我国的能源结构决定了火电厂的燃料以煤为主，所以本节的燃料输送系统重点介绍输煤系统，油和气的输送较煤而言要简单得多。发电厂输煤系统的任务是根据生产的需要保质、保量地向锅炉的原煤仓供应发电用煤。发电厂供水系统的任务是按质、按量满足火电厂冷却、补充用水的需要。

输煤系统是火电厂整个生产过程中最基本、最重要的环节之一，它对火电厂的安全、可靠和经济运行都有直接的影响。输煤系统的占地面积约为全厂的四分之一，投资约为全厂的十分之一。大型火电厂每天的燃煤量很大，一座百万千瓦的火电厂，其一昼夜的燃煤量超过 1 万 t，相当于一座中型煤矿的产量。大量的煤每天要经过输煤系统将合格（包括化学成分、粒度、杂质含量等）的煤送入锅炉的原煤仓，可见没有一个完善、高效的输煤系统是很难实现的。

一、燃料输送

输煤系统是指从包括厂外来煤、进厂卸煤、煤场储煤、破碎筛分、清除杂物、计量、取样直到把合格的煤块送入锅炉原煤仓的整个生产工艺过程。对燃烧多煤种的电厂还要在输煤过程中进行混煤作业。

常见的厂外来煤方式为：铁路火车运输、公路汽车运输、水路船舶运输、长距离皮带输送机运输、架空索道运输及管道运输等。常见的厂外运输方式为铁路运输，我国南方江边或海边的电厂也有采用水路运输的。

电厂中必须设大型储煤场，作为来煤的缓冲和异常情况的备用。煤场设有大型煤场机械。依据气象条件，有时要设干煤棚、筒仓、解冻装置等。整个系统要设除尘及清扫装置。

火力发电厂用煤的输送分为厂外运输和厂内输送两个阶段。前者是将煤由产地运送到火力发电厂储煤场，后者是将储煤场中的煤运送到锅炉房的原煤仓。

（一）厂外运煤

（1）铁路运输。绝大多数火力发电厂的用煤都依靠铁路运输，它具有运输量大、运输距离长、安全可靠等优点，往往仅需在发电厂与铁路干线之间铺设专用线即可。我国地域广阔，各省煤藏量差别很大，铁路运输显示出突出的优越性。

（2）水路运输。水路运输适用于靠近江河码头的发电厂。其优点是运输量大、费用低，在铁路运输紧张的情况下，水路运输确实是一种很好的补充方式；其缺点是受地理条件限

制，受航道水位变化的影响，某些地区还受季节性的影响。目前有的发电厂采用水陆联运。

(3) 汽车运输。当电厂与煤矿相距较近，地区坡度不大时，可采用自卸卡车运煤。汽车运输具有基建投资少的优点，适用于无法建设铁路专用线的小型电厂。其缺点是运输能力小，运输距离较短，消耗汽油多，维修工作量大等。

(4) 长距离带式输送机。当煤矿距电厂较近（10km 左右），煤矿至电厂坡度较大时，可采用长距离带式输送机。

(5) 管道运输。长距离管道输煤是一种新的运输技术。管道来煤有两种方式，第一种是煤从煤矿运出前，先经破碎、过筛，在煤粒不大于 1.3mm 的情况下，加水混合成煤水比为 40∶60 的煤浆，用泵加压，经管道送至电厂，脱水干燥后再经过煤的常规处理，最后供锅炉燃用；第二种是把煤制成水煤浆液体燃料进行管道输送。煤在湿式磨煤机中加水磨碎为 80%通过 200 目的煤粉，借助于表面活性剂制成煤粉占 70%左右的含水煤浆。它作为液体燃料可直接送入锅炉燃烧，无需脱水处理。管道输送方式，管道埋在地下，占地少，不受气候条件限制，可适用于各种地形，较易实现自动化。

（二）厂内输煤

煤运到电厂后，首先由厂内输煤系统来完成卸煤、储存、分配、筛选、破碎等一系列工作。另外，还要进行供煤计量、取样分析和去除杂物等工作。

图 3-29 是输煤系统的示意。煤经铁路由运煤列车送到电厂后，首先经过轨道衡进行计量，然后将车皮送到卸车装置。煤被卸下后通过带式输送机向锅炉的原煤仓输送。在输送过程中经磁铁分离器和木块分离器去除煤中夹杂的铁块和木块，经碎煤机将煤破碎成 30～50mm 以下的小煤块，再经电子皮带秤和取样装置记录下运向锅炉原煤量和提供化验样品，然后送往锅炉煤仓间。煤仓间有向各煤仓的配仓装置，如犁式卸料器、电动卸煤车或移动配仓带式输送机等。如果电厂燃用混煤，则系统中还需专设混煤装置，如混煤罐、混煤仓等，通过煤斗下的给料机按需混煤。

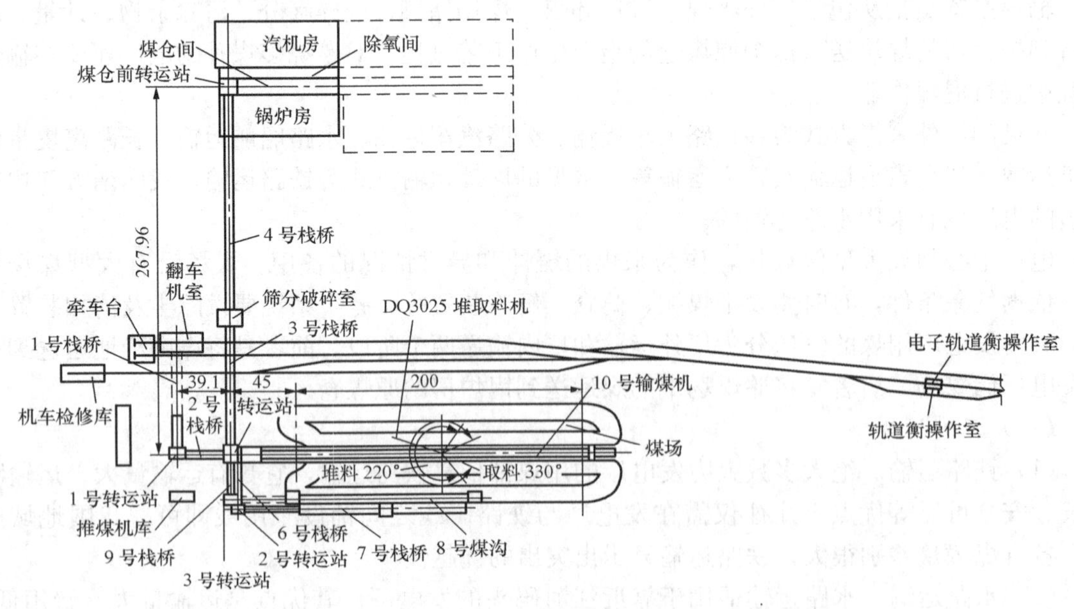

图 3-29 输煤系统示意

1. 卸受煤设备

卸煤设备是指将煤从车皮或船中卸下来的机械，要求能快速、干净地将煤卸下又不损坏运煤设备；受煤装置是指接受和转运煤的构筑物及设备的总称，对受煤装置的要求是具备一定的容量，使之不影响一次或多次卸煤，且能尽快地将接受的煤转运出去。

（1）陆运情况下的卸受煤设备，见表3-2。

（2）水运情况下的卸受煤设备。卸船设备按工作性质可分为两大类：周期性动作机械及连续性动作机械。属于周期性动作的机械有各种型式的抓斗起重机；属于连续性动作的机械有自卸船、斗链卸料机等。

受煤设备一般为煤斗，通过皮带与电厂相连。

表3-2　卸受煤设备

卸车机械型式	翻车机	螺旋卸车机	装卸桥及门抓	底开门车
设备型式	（1）转子式； （2）侧倾式	（1）桥式； （2）门式； （3）悬臂式	5t 26m，5t 40m 10t 40m	60t
受卸装置型式	翻车机室加受煤斗	（1）缝式煤槽； （2）扒煤沟； （3）栈台或煤沟	栈台 煤沟	煤沟 提架桥
主要优点	（1）机械化程度高； （2）便于自动化； （3）卸车效率高； （4）劳动条件较好	（1）设备简单； （2）附属设备少	（1）可用于煤场多种作业； （2）土建工程量少	（1）机械化程度高； （2）卸车效率高
主要缺点	（1）需要设置缓冲煤场； （2）调车频繁	（1）卸车时需开侧门； （2）车皮两端较难卸净	（1）受气候影响； （2）露天操作； （3）易损坏车皮	需专门车皮
适应范围	大型电厂	中型电厂，卸侧开门敞车	中小型电厂	大中型电厂，底开门车

2. 煤场及煤场机械

为保证火电厂连续不断地发出电能，防止因来煤暂时中断而影响生产，各电厂都设有储煤场。储煤场的作用主要是储存一定数量的煤，以保证安全可靠地发电，同时在输煤系统中起着不均衡的外来煤与均衡的锅炉燃煤量之间的调节和缓冲作用，有时也可将储煤场作为混煤和高水分煤的自然晾干场地。

DL/T 5000《火力发电厂设计技术规程》规定，经过国家铁路干线或水路来煤的发电厂，储煤场的容量应不小于全厂15天的耗煤量；300MW及以上机组或200MW及以上供热机组宜为全厂20天的耗煤量。在无防止自燃有效措施的情况下，褐煤煤场容量宜不大于全厂10天耗煤量，最大不应超过全厂15天的耗煤量。不经过国家铁路干线，包括采用公路运输或带式输送机来煤的发电厂，储煤场容量应不小于全厂5天的耗煤量；在确保发电厂供煤和稳发满发的条件下，经过专题论证，也可不设储煤场。

3. 筛选与破碎设备

对煤进行筛选的目的是将符合磨煤机进口粒度要求的碎煤筛出，分离出的大块煤被送到破碎设备中破碎，这样可减轻破碎设备的负荷，同时也可防止设备被堵塞。常用的筛选设备有振动筛、固格筛和滚筒筛等。

破碎设备是电厂输煤系统的重要设备，煤的破碎质量对制粉过程和制粉设备运行的可靠性有很大影响。破碎后如果煤粒过大，将降低磨煤机的出力并增加制粉的电耗。实际运行中，根据进厂来煤块粒的大小确定对煤进行一级破碎还是二级破碎。对尺寸不超过 300mm 的小块煤只需一级破碎。

4. 厂内运煤机械

（1）给煤机。给煤机的作用是控制料仓或煤斗出口的煤量，并向输煤系统连续、均匀供煤，常见的有带式给煤机、电磁振动给煤机和叶轮给煤机。

（2）带式输送机。在热力发电厂中，从卸煤装置或储煤场向锅炉原煤仓送煤用的提升运输设备，主要是带式输送机，用带式输送机输送燃料，具有输送连续、均匀、生产率高、运行平稳可靠、费用低、易于实现远方操作和自动化控制等优点。

输煤过程为：当驱动输送带的电动机转动时，通过皮带带动传动减速器并减速，再驱动主动滚筒转动，而输送带在传动滚筒拖动下，便在上托辊上开始运行。此时，通过给煤机，将煤送进煤斗落到输送带上进行输送。

5. 其他辅助设备

输煤系统除了已介绍过的设备及设施外，还有吸铁器、木屑分离器、除尘、取样、燃料计量等设备。送入电厂的来煤中，常含有大量不同尺寸和形状的金属块，为了不损坏碎煤机或制粉系统的磨煤机，通常要将这些金属块分离出来。目前电厂输煤系统中常用的有起重电磁铁吸铁器、自动卸铁式吸铁器以及滚筒式分离器等。木屑分离器的作用是清除木块和木屑杂物等。除尘设备是为了控制输煤系统运行过程中所产生的煤尘，减少对环境的污染和对所采用的设备的危害。燃料计量装置装在燃料进厂和锅炉制粉系统的带式输送机上，对进厂和进入原煤斗的燃料进行计量。

（三）燃油系统

不仅燃油电厂，燃煤电厂在锅炉启动过程中也需要用油，因此，燃油系统也是电力生产中的重要系统。

1. 燃油运送方式

燃油运送方式主要有三种：铁路油罐运送、船舶运送和管道运送。

（1）铁路油罐运送。铁路油罐卸油有以下几种方式：

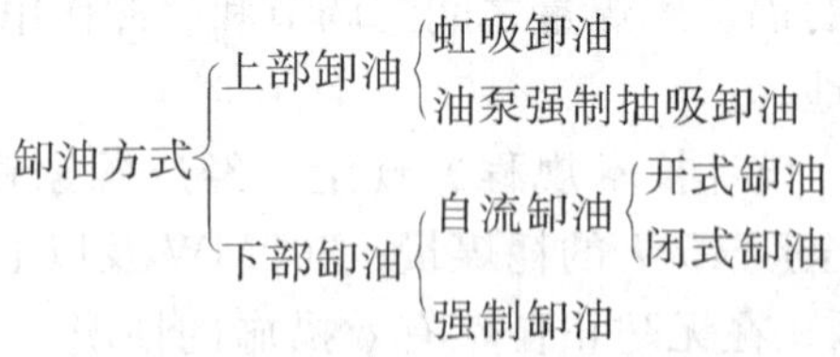

（2）船舶运送。油罐船输油的卸油系统是利用船舶底部空舱内装有的输油泵及置于岸边的二级转运泵联合将油打入储油罐内的。

（3）管道运送。利于管道直接输油是当代工业发展的必然结果。它是利用输油管将油从炼油厂或油田用管道直接输送至电厂储油罐内。管道输油的特点是经济、安全、可靠，卸油设施简化，与铁路输油比较投资小，运行费用降低等，但长距离输油的一次性投资较大。

2. 供油系统

发电厂的供油系统是指从油罐经滤油器、供油泵、加热器至锅炉燃油喷嘴的设备及其连接的管道系统，即燃油储油罐⟶滤油器⟶供油泵⟶燃油加热⟶供油母管⟶锅炉。

二、除灰系统

火力发电厂的除灰是指将锅炉灰渣斗中排出的渣和由除尘器灰斗捕捉下来的灰，经除灰设备排放至灰场或者运往厂外的全部过程。

1. 除灰系统的任务和要求

定期或及时连续地将锅炉内燃烧后的灰渣与落灰从灰斗中排到储灰场，防止积灰过多或灰渣熔化结渣等危害，保证锅炉正常运行，这就是除灰系统的任务。

2. 主要的除灰方式

目前，电厂输送灰渣的方法，根据所采用的设备不同，主要有机械输送、水力输送和气力输送三种。除灰方式的选择是要根据灰渣综合利用的要求、水量的多少及灰场的距离等因素来综合考虑。有的电厂采用单一的输送方式，也有一些电厂将不同的输送方式结合起来，目前，多数电厂采用的是水力除灰方式。随着灰渣综合利用程度的提高，气力除灰越来越被更多的电厂采用。

(1) 机械输送除灰。机械除灰常用的有转子式除灰机、链带式除灰机和螺旋式除灰机等。这种除灰方式在大型电厂很少使用，大多数用在小型电厂和工业锅炉的除灰系统中。机械除灰能做到在潮湿的条件下无飞灰，可保证卫生条件，减轻繁重的体力劳动，大大提高了人力除灰的效率。

(2) 水力输送除灰。水力除灰又称为湿除灰，能及时迅速地将灰和灰渣排出。水力除灰系统的机械化程度较高，灰渣能迅速、连续、可靠地排到储灰场，在运送过程中不会产生灰尘飞扬现象，因而有利于改善现场的环境卫生，又能消除机械传动不可靠的因素，因此，目前许多大中型电厂普遍采用水力除灰，其系统如图 3-30 所示。

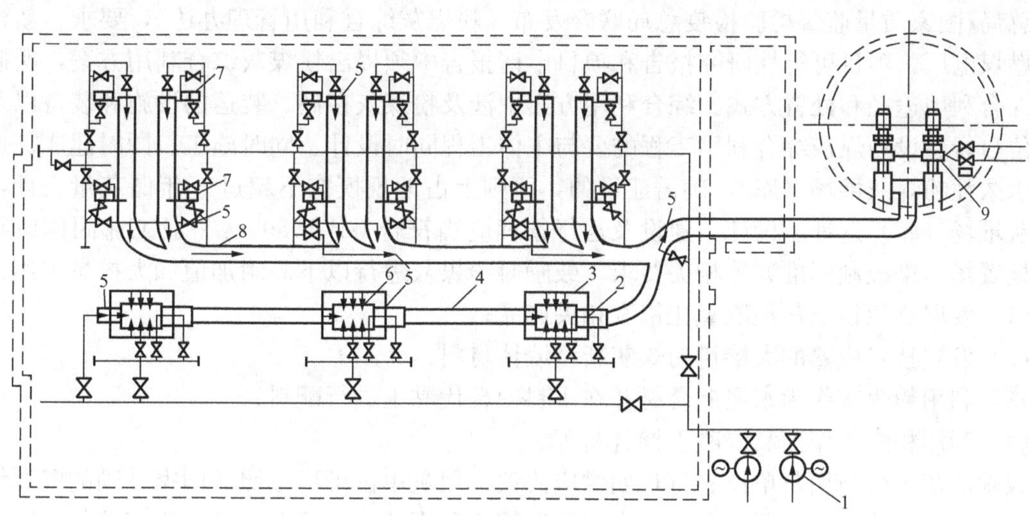

图 3-30　灰渣泵水力除灰系统

1—冲灰水泵；2—冲洗喷嘴；3—浇水装置；4、8—灰沟；5—激流喷嘴；6—排渣槽；7—冲灰器；9—灰渣泵

随着电厂容量的增加，排灰量也随之增加，水源日趋紧张，灰场则离电厂越来越远，以往常用的单级灰渣泵已逐渐不能满足要求。在高浓度、高扬程的必然趋势下，近年来先后从国外或国内其他工业部门引入了诸如沃曼泵、柱塞泵、油隔离泥浆泵、水隔离泵、煤水泵等能满足高浓度远距离输送灰浆的新设备，出现了多样化的厂外高浓度水力除灰系统。

（3）气力输送除灰。20 世纪 50～70 年代，国内除灰系统大都以水力除灰系统为主。少数电厂考虑灰渣综合利用，虽然采用了气力除灰系统，也都离不开水力除灰作备用。随着机组容量的增大，灰渣量越来越多，采用水力除灰系统作为大型电站的除灰设施，不但电厂需要消耗大量的补充水，而且造成灰场排水超标，严重地污染地下水，成为电厂三废排放的主要灾害之一。若电厂以气力除灰为主要输送灰的手段，则基本上不需要用水，既能避免对环境和水质造成污染，也保证灰在输送的过程中不会发生化学变化，保持灰的原有特性，有利于灰渣综合利用。因此，欧美各国及日本等都以气力除灰系统作为输送灰的主要手段，我国的很多大电厂也先后采用了气力除灰系统。

气力除灰系统的主要方式有：空气斜槽输送系统、负压气力除灰系统、正压气力除灰系统以及正负压联合输送系统。

3. 除灰系统的选择

除灰系统的选择，要从实际出发，尽量采用先进技术，努力提高机械化水平，逐步改善劳动条件，应根据灰渣量，灰渣的化学、物理特性，除尘器型式，水质、水量，发电厂与灰场的距离、高度差、地形、地质、气象及灰渣综合利用要求等多方面的条件，通过技术经济比较来确定。

4. 灰渣的综合利用

由于电厂容量的不断增大，国家对灰渣综合利用的要求也越来越高。2013 年 1 月 5 日，为规范和引导粉煤灰综合利用行为，促进粉煤灰综合利用健康发展，国家发改委联合科技部/工业和信息化部/财政部/国土资源部/环境保护部/住房和城乡建设部/交通运输部/国家税务总局/国家质量监督检验检疫总局联合发布《粉煤灰综合利用管理办法》，要求：新建和扩建燃煤电厂，项目可行性研究报告和项目申请报告中须提出粉煤灰综合利用方案，明确粉煤灰综合利用途径和处置方式。综合利用方案中涉及粉煤灰存储、装运的设施和装备以及产灰单位自行建设粉煤灰综合利用工程的要与主体工程同时设计、同时施工、同时建成。避免建设永久性粉煤灰堆场（库），确需建设的，原则上占地规模按不超过 3 年储灰量设计，且粉煤灰堆场（库）选址、设计、建设及运行管理应当符合 GB 18599《一般工业固体废物储存、处置场污染控制标准》等相关要求。鼓励对粉煤灰进行以下高附加值和大掺量利用：

（1）发展高铝粉煤灰提取氧化铝及相关产品；

（2）发展技术成熟的大掺量粉煤灰新型墙体材料；

（3）利用粉煤灰作为水泥混合材并在生料中替代黏土进行配料；

（4）利用粉煤灰作商品混凝土掺合料等。

鼓励产灰单位与用灰单位签订长期供应协议。用灰单位可以按照《国家鼓励的资源综合利用认定管理办法》有关要求和程序申报资源综合利用认定。符合条件的用灰单位，可根据国家有关规定，申请享受资源综合利用相关优惠政策。鼓励在具备条件的建筑、筑路等工程中使用符合国家或行业质量标准的粉煤灰及其制品。对粉煤灰大掺量、高附加值关键共性技术的自主创新研究，相关部门应给予一定支持。

粉煤灰综合利用是指粉煤灰（包括炉底渣）用于建材生产、建筑工程（包括筑坝、筑港、桥梁、地下工程和水下工程等）、筑路、肥料生产、改良土壤、回填（包括建筑回填，填低洼地和荒地，充填矿井、煤矿塌陷区、海涂等）和其他产品制作等，以及从粉煤灰中提取有用物质。

粉煤灰做路基材料，具有质量小、强度高、压缩性小等优点。粉煤灰可以做粉煤灰黏土烧结砖、粉煤灰混凝土空心砌块、粉煤灰蒸压砖等，具有保温、隔热、隔声的性能。粉煤灰作混合材生产的粉煤灰水泥强度高、性能好，同时可以提高水泥的产量，具有极大的经济效益。

改良土壤，一方面可用来生产钙镁磷肥，另一方面直接施于农田，使粉煤灰中对农作物有营养价值的元素（如钾、磷、铁、钙、锰、硼等）作为农作物生长的刺激剂，还可利用灰渣中较高的碱性中和酸性土壤。

回收的有用物质包括锗、氯化铝、铀、钼、钪、钛等。

近年来我国灰渣综合利用发展很快。我国是燃煤大国，排出的粉煤灰是世界之冠。2010年9月15日，国际环保组织绿色和平在北京发布《2010中国粉煤灰调查报告》指出：火力发电产生的粉煤灰排放已经成为中国工业固体废物的最大单一污染源。2009年，中国粉煤灰产量达到了3.75亿t，相当于当年中国城市生活垃圾总量的两倍多，其体积可达到4.24亿m^3，相当于每两分半钟就倒满一个标准游泳池，或每天一个水立方。

我国火电厂粉煤灰的主要氧化物组成为：SiO_2、Al_2O_3、FeO、Fe_2O_3、CaO、TiO_2、MgO、K_2O、Na_2O、SO_3、MnO_2等，此外还有P_2O_5等。其中氧化硅、氧化钛来自黏土，岩页；氧化铁主要来自黄铁矿；氧化镁和氧化钙来自与其相应的碳酸盐和硫酸盐。随着人们对粉煤灰价值认识的提高，粉煤灰的综合利用率将会继续增加。

三、供水系统

发电厂在电力生产过程中需要大量的水，主要有如下用水项目：

(1) 凝汽器中凝结汽轮机排汽用的冷却水。每凝结1t排汽需50～80t冷却水，因此，这项用水量很大，占全厂总用水量的95%。

(2) 发电机的冷却水。发电机因损耗产生的热量通过空气或氢气来冷却，而空气或氢气在气体冷却器中又需冷却水来冷却。

(3) 冷油器中用来冷却汽轮发电机组轴承润滑油的冷却水。

(4) 辅助机械轴承的冷却水。辅助机械主要是各种水泵、风机、磨煤机等转动设备。

(5) 因汽水损失所需的补充水。

(6) 水力除灰用水。

(7) 其他生产及生活用水。

当采用循环供水方式时，由于冷却塔、冷却池或喷水池等因蒸发、风吹、排污及渗漏而引起损失，其补充水量一般为凝汽器冷却水量的4%～6%，也可按每10MW需100m^3/h进行计算。由于电厂的此项水的消耗量很大，因此，电厂需要大量的水对冷却用水进行补充。

发电厂的供水系统由水源、取水设备、供水设备及管路组成。根据地形和水源水量的不同，可分为直流式供水、循环式供水和混合式供水三种。

1. 直流式供水系统

在水源水量极为丰富（超过发电厂用水量的2～3倍）的大河、湖泊、水库、海洋里直接取水，供给动力循环损失的补充用水，作为轴承、凝汽器等的冷却水，经吸热后再排回水源的供水系统称为直流式供水系统。按引水方式的不同，直流式供水系统又可分为三种。

（1）具有岸边水泵房的直流式供水系统。这种直流式供水系统是将取水、净水设备均布置在水源岸边的水泵房内。水泵将水加压后经地下压力管道送至厂区内，当水从凝汽器或其他部位吸热后，经排水管道排入水井内，再经自流排水渠流回水源下游。一般适用于水源离厂址较近、水位与厂址标高相差较大或水位变化较大的发电厂供水系统。

（2）有中继水泵房的直流式供水系统。当发电厂厂址标高与水源水位相差很大或输送距离很远时，设一中继水泵房。

（3）循环水泵布置在汽轮机房内的直流式供水系统。适用于水源水位受季节影响较小，最低水位较高的情况下。

2. 循环式供水系统

循环式供水是在水源水量贫乏或受季节影响极大或受进口冷却水温影响，无法满足供水要求的情况下，采用的一种供水方式。

这种供水系统是将冷却水打入凝汽器中吸热后，送至冷却设备使循环水中吸收的热量放给周围的介质——空气。冷却后的水再打回凝汽器中去冷却乏汽，如此循环使用。

（1）冷却水池循环式供水系统。冷却水由水池一点引入凝汽器吸热后，再排入水池另一点，水的冷却靠部分蒸发散热及与空气在水面上的对流来进行换热。此种方式占地面积大，只有在自然条件和经济效果都有利时采用。

（2）喷水池循环式供水系统。喷水池供水系统简单，投资费用小，运行维护方便。但占地面积大，水的损失和补水量大，冷却效果视周围自然气候条件而定，大中型电厂已不采用，一般小型电厂用的也不多。

（3）冷却塔循环式供水系统。冷却塔循环式供水系统是当前大容量发电厂普遍采用的供水方式，根据通风方式不同，可分为自然通风冷却塔和机力风塔两种。

1）自然通风冷却塔。这种冷却塔的冷却水进入凝汽器等设备吸热后，沿压力管道送到塔身内的配水槽中，水沿配水槽向四周流动，随后落到下面的溅水碟上溅成细小水滴后落入淋水装置，水被冷却。冷却后的水流入蓄水池，经供水管道由循环水泵再打入凝汽器等设备吸热。

冷却塔的冷却原理是水在飞溅下落时，依靠塔自身通风力将冷空气由下部吸入塔内后从顶部排出。水由上部落下时，也就是空气与水流呈逆向流动。流动中，水表面蒸发后吸热而使未蒸发的水本身受到冷却。图 3-31 为一双曲线形冷却塔，它由蓄水池、人字支柱、风筒、配水槽和淋水装置等构成。

在风筒距地面 8～10m 高处根据塔身设计装配水槽、滴水管、溅水碟和若干层淋水装置，使水连续不断地喷溅在溅水碟上，加大与冷空气的接触面积，增强冷却效果。

冷却塔的冷却效率较高，便于施工，投资费用也少，但其占地面积较大。

2）机力通风冷却塔。机力通风冷却塔由长叶片风机、风筒、除水器、配水装置、淋水装置和蓄水池等组成，如图 3-32 所示。

自然通风冷却塔是利用水塔形状及水蒸气和空气混合物的密度差造成自然循环，而机力风塔则是利用吸风机或鼓风机的压强造成水蒸气、空气混合物的强制循环。其冷却机理与自然通风冷却相同。

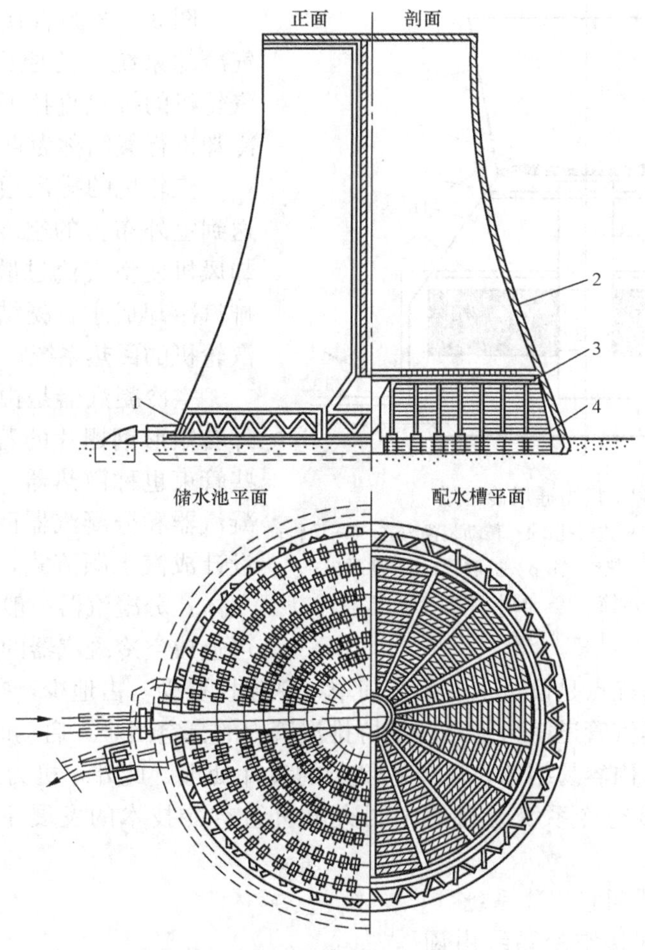

图 3-31　自然通风双曲线形冷却塔

1—人字形支柱；2—风筒；3—淋水装置；4—储水池

机力风塔的冷却效果好，体积小，投资费用小，占地面积少，但耗电量较大，运行维护复杂。

四、火电厂干式冷却系统*

我国水资源相对贫乏，据有关统计数据表明，人均占有水量只有世界人均占有水量的1/4，而且全国水资源的时空分布极不平衡，特别是我国三北（华北、东北、西北）地区，煤炭资源丰富，但水资源十分贫乏。水资源的贫乏增加了将煤就地转化为电的困难，因此，采用空冷机组正是解决上述矛盾的有效途径。

利用空气直接吸收汽轮机排汽的热量，并使其凝结的系统称为空气凝结系统，也称为干式冷却或空气冷却系统。空气凝结系统没有中间冷却介质——循环冷却水。

目前，用于发电厂的干冷系统主要有三种，即直接空冷系统、混合式凝汽器间接空冷系统和表面式凝汽器间接空冷系统。直接空冷多采用机械通风方式，两种间接空冷系统多采用自然通风。

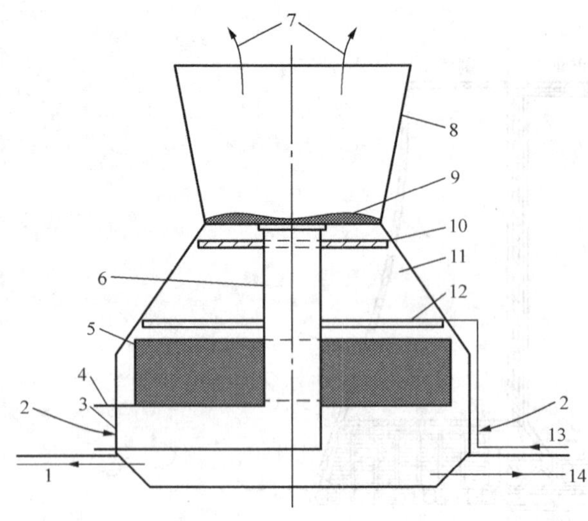

图 3-32 机力通风冷却塔

1—补充水管；2—空气；3—进气孔；4—传动装置沟道；5—填料；6—传动装置竖井；7—热空气；8—扩散管；9—抽风机；10—除水器；11—风筒；12—配水装置；13—要冷却的水进入；14—要冷却的水返回

1. 直接空冷系统（GEA 系统）

图 3-33 为直接空冷系统（直接空气冷却系统）的原则性热力系统简图。汽轮机的排汽直接通过散热器利用空气冷却进行凝结称为直接空冷。

汽轮机的排汽通过粗大的排汽管道送到室外布置的空冷凝汽器内，轴流冷却风机使空气流过散热器的外表面，将排汽冷却成水，凝结水再经凝结泵送回汽轮机的回热系统。

空冷凝汽器是由外表镀锌的椭圆管外套矩形钢翅片的若干管束组成的，这些管束也称散热器。空冷凝汽器分为主凝汽器和分凝汽器两部分。主凝汽器多设计成汽水顺流式，它是空冷凝汽器的主体。分凝汽器一般设计成汽水逆流式，可造成空冷凝汽器的抽空区。

直接空冷系统的优点是设备少，系统简单，基建投资少，占地少，空气量调节灵活。缺点是运行时粗大的排汽管道密封困难，维持排汽管内的真空困难，启动时抽真空需要的时间长。冬季运行时，管内容易结冰，需要做复杂的设计处理。此外，机力通风增加了厂用电，形成了噪声源。直接空冷系统是目前中国火电机组空冷技术的发展主流，一般配高背压机组。

2. 混合式凝汽器间接空冷系统

混合式凝汽器间接空冷系统由匈牙利人海勒（Hailer）提出，故也称海勒式空冷系统。图 3-34 是海勒式间接空冷系统的原则性汽水系统，它主要由喷射式凝汽器和装有散热器的空冷塔构成。散热器由经过防腐处理的圆形铝管、套以铝翅片的管束组成。散热器在空冷塔下部进风口四周，两片一组向外呈缺口三角形布置，缺口处装有百叶窗以调整入塔风量。系统中的冷却水是高纯度的中性水，其 pH 值为 6.8～7.2。中性水进入凝汽器直接与汽轮机排汽混合并将其冷凝。受热后冷却水中的绝大部分由冷却水循环泵送至空冷塔散热器，经与空气对流换热被冷却后，通过调压水轮机将

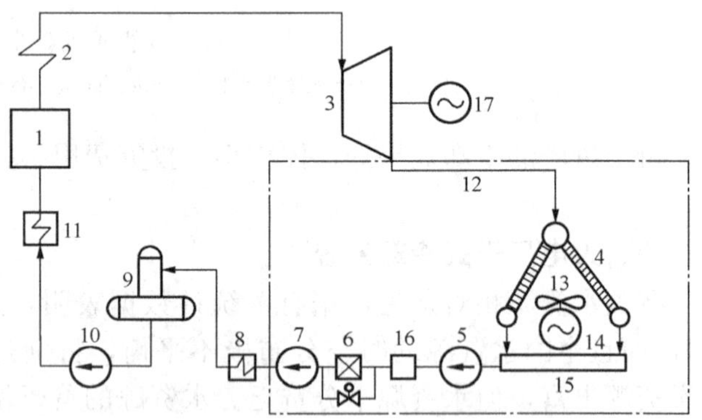

图 3-33 直接空冷发电厂的示意

1—锅炉；2—过热器；3—汽轮机；4—空冷凝汽器；5—凝结水泵；6—凝结水精处理装置；7—凝结水升压泵；8—低压加热器；9—除氧器；10—给水泵；11—高压加热器；12—汽轮机排汽管道；13—轴流冷却风机；14—立式电动机；15—凝结水箱；16—除铁器；17—发电机

冷却水再送入喷射式凝汽器进入下一个循环。受热后冷却水中的极少部分经凝结水精处理装置处理后，送至汽轮机回热系统。

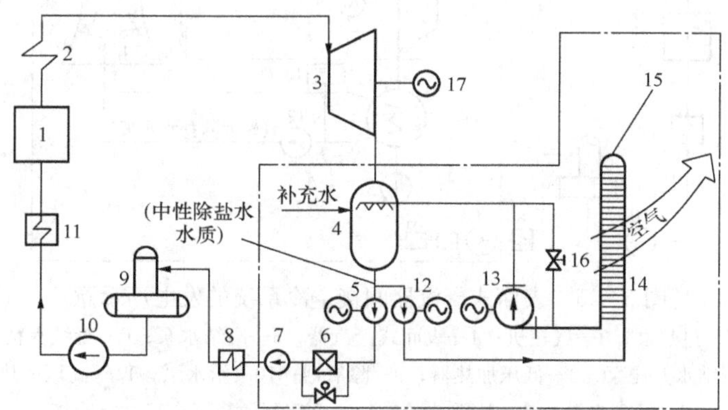

图 3-34 混合式凝汽器间接空冷系统的发电厂示意

1—锅炉；2—过热器；3—汽轮机；4—空冷凝汽器；5—凝结水泵；
6—凝结水精处理装置；7—凝结水升压泵；8—低压加热器；
9—除氧器；10—给水泵；11—高压加热器；12—冷却
水循环泵；13—调压水轮机；14—全铝制散热器；
15—空冷塔；16—旁路节流阀；17—发电机

3. 表面式凝汽器间接空冷系统

表面式凝汽器的间接式空冷系统又称哈蒙式间接空冷系统，如图 3-35 所示。该系统主要由表面式凝汽器和装有散热器的空冷塔构成。散热器由椭圆形钢管外缠绕圆形翅片或套嵌矩形钢翅片的管束组成。钢管和翅片的外表面进行整体热镀锌处理。

表面式凝汽器间接（Harmon）空冷系统是在混合式凝汽器间接空冷系统运行实践的基础上发展起来的。由于混合式凝汽器间接空冷系统采用的喷射式凝汽器的运行端差实际值和表面式凝汽器间接空冷系统的端差相比没有明显的减小；在喷射式凝汽器中，循环冷却水与锅炉给水是连通的，由于锅炉给水品质要求严格，系统中要求设凝结水精处理装置；对高参数大容量机组的给水水质控制和处理尤为困难，于是单机容量 300MW 和 600MW 级机组研究发展了表面式凝汽器间接空冷系统和直接空冷系统。

表面式凝汽器间接空冷系统与常规湿冷系统基本相仿，不同之处是用空冷塔代替了湿冷塔，用不锈钢管凝汽器代替了铜管凝汽器，循环水采用了除盐水质，用密闭式循环水系统代替了敞开式的循环水系统。与混合式凝汽器间接系统相比，表面式凝汽器间接空冷系统由于采用了表面式凝汽器，其循环水系统与凝结水系统分离，各自形成闭合回路，因此，两种水质可按照不同要求进行化学水处理。冬季运行时可在循环冷却水中加防冻液，防冻措施较简易。由于冷却水系统在温度变化时体积发生变化，故需设膨胀水箱，其顶部和充氮系统相连，既可对冷却水的容积膨胀起补偿作用，又可避免冷却水和空气接触，保持冷却水品质。

表面式凝汽器间接空冷系统的优点是节约厂用电，设备少，冷却水质要求比混合式凝汽器间接空冷系统低，冷却水量可根据季节调节；其缺点是空冷塔占地大，基建投资多；系统中需要进行两次表面式换热，使全厂效率有所降低。

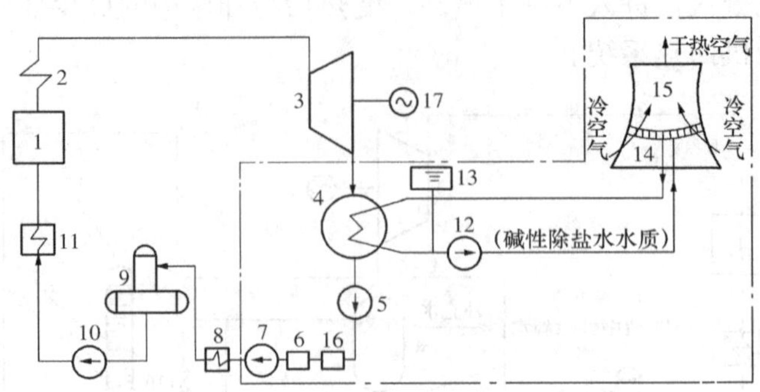

图 3-35 表面式凝汽器间接空冷系统的发电厂示意

1—锅炉；2—过热器；3—汽轮机；4—表面式凝汽器；5—凝结水泵；6—凝结水精处理装置；7—凝结水升压泵；8—低压加热器；9—除氧器；10—给水泵；11—高压加热器；12—循环水泵；13—膨胀水箱；14—全钢制散热器；15—空冷塔；16—除铁器；17—发电机

4. 装设空冷系统的适宜条件

由上可知，无论采用何种空冷系统，由于冷却水不与空气直接接触，故冷却水温度的降低或蒸汽的凝结都靠空气与水或蒸汽之间的导热或对流换热，故其传热性能较差，而且起作用的是空气干球温度，所以冷却后的温度较湿冷要高，即采用空冷系统的汽轮机排汽压力要比湿冷机组高，热经济性低。空冷系统的缺点可归纳为金属消耗量多、投资大、真空低和煤耗高，盛夏时可能较大幅度地限制出力等。

可见装设空冷系统的适宜条件可概括为：建厂地区缺水，燃用当地劣质煤，海拔高度、环境温度、风向、风速和大气逆温层适当等。此外，降低空冷系统散热器造价是大范围采用空冷系统的推广条件。

第四节 热力发电厂的主厂房布置*

在发电厂内布置主要设备和辅助设备的厂房，称为发电厂的主厂房。主厂房一般包括锅炉房、汽轮机房、除氧间、煤仓间、厂用配电装置室、引风机室等部分。发电厂主厂房的布置型式主要取决于下列因素：主要设备和辅助设备的结构型式和容量、热力系统、燃烧系统、输煤方式、气象条件、厂区面积、施工及扩建条件等。

一、对发电厂主厂房布置的基本要求

（1）布置经济合理。应使输煤、供水、出灰、供热与供电等线路走向合理经济，与化学水处理、修配厂以及其他辅助生产厂房等联系合理，便于协调配合。

（2）运行安全可靠。主厂房各车间排列符合生产工艺过程，设备所连接的管道尽可能缩短。易于爆炸或有着火危险的设备不应放在主厂房内，如压缩空气的储气罐、煤粉的旋风分离器、大型变压器和重油箱等。煤仓容积应满足储量要求，煤仓壁和落煤管应有一定的倾斜度；水泵一般大多设置在底层，以便具有可靠吸水头；蒸汽管和水管不应布置在电气设备附近；电缆不应敷设在高温管道附近；沉重设备基础应和主厂房基础分开，防止它们因不均衡下沉而相互影响。

（3）检修维护保养方便。主厂房各车间、各层间应设置必要的通道、楼梯及出入门。设

备安置时应考虑检修，如凝汽器、加热器、省煤器等均应留出适当空间以便抽管调换。一切安装沉重设备的厂房内都应该装设适当的起重设备。汽轮机房的安装检修场所最好在厂房扩建端的地面上，这样可使检修运行互不干扰，并为将来扩建发展创造有利条件。

（4）降低建筑费用。考虑发电厂布置时，在不妨碍运行和检修的安全便利条件下，适当选择紧凑的布置，采用容许的最低建筑物高度，并尽量减少建筑物的层数。磨煤机、引风机等大型转动设备一般布置在底层以降低主厂房的结构造价。

（5）良好的劳动条件。

（6）良好的卫生条件。发电厂的布置应为运行人员和电厂周围居民提供良好的卫生条件。

（7）保证电厂有扩建的可能。应将近期需要和发展前景结合起来，设备布置不妨碍电厂的扩建。

上面所列举的是对发电厂布置的基本要求，但是有时候这些要求是相互矛盾的，往往不能全面照顾，必须根据实际情况，权衡得失，在照顾最重要的要求下，力求最佳的主厂房布置方案。

二、主厂房布置的形式及特点

1. 外煤仓布置

采用这种布置方案时，汽轮机房、除氧间、锅炉房和煤仓间是顺序平行排列的，煤仓间在锅炉房的外侧。根据主要设备的布置状况，大型电厂主厂房外煤仓布置常分为以下两种类型：锅炉炉前朝向煤仓间和锅炉炉前朝向除氧间。图 3-36 为锅炉炉前朝向除氧间布置型式的立面图。煤在煤仓间通过磨煤机研磨成煤粉，送入双层布置的旋流式燃烧器进入炉膛。太原第一热电厂、河南姚孟电厂 300MW 机组均采用这种布置型式。

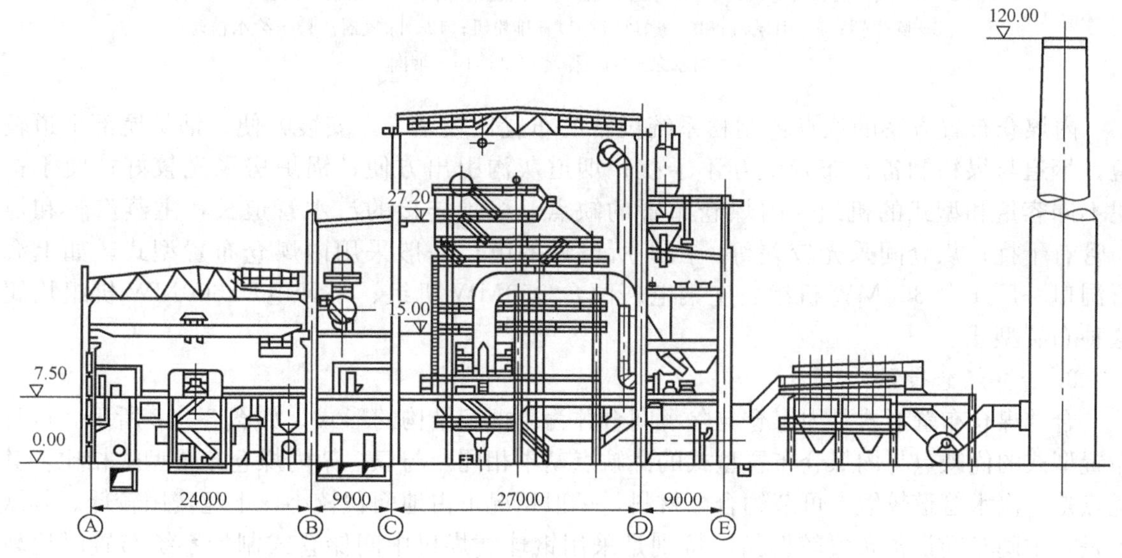

图 3-36 锅炉炉前朝向除氧间的外煤仓布置型式立面

外煤仓布置方案的主要优点是：煤仓间与除氧间分置于锅炉房两侧，生产过程符合工艺流程顺序，汽水管道较短，煤粉管道和蒸汽管道互不干扰；煤仓间采光和通风条件较好；煤仓间在锅炉房外侧，煤粉系统一旦发生事故容易处置。其缺点是：烟风管道长，锅炉房跨度又固定，如要扩建不同容量与型式的锅炉会受到限制；辅助机械布置也不够集中。

2. 内煤仓布置

采用这种方案时，除氧间和煤仓间并列在汽轮机房和锅炉房之间，且中间车间为双框架结构，如图 3-37 所示。

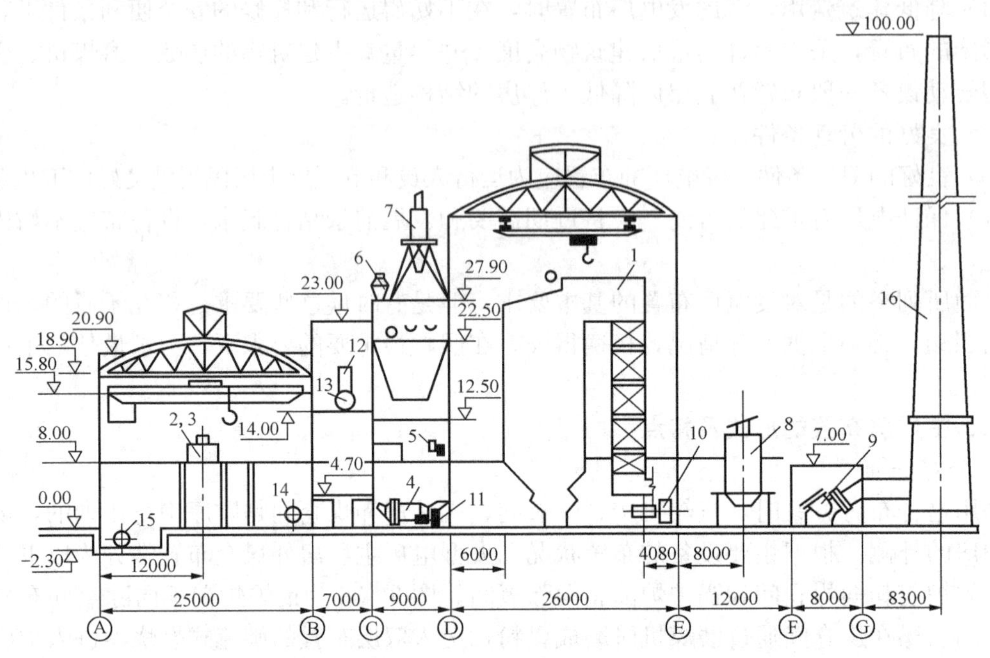

图 3-37 内煤仓主厂房布置型式立面图

1—锅炉；2、3—汽轮机和发电机；4—钢球磨煤机；5—圆盘给煤机；6—粗粉分离器；7—细粉分离器；8—除尘器；9—引风机；10—送风机；11—排粉机；12—除氧器；13—给水箱；14—给水泵；15—循环水泵；16—烟囱

内煤仓布置方案的优点：制粉系统设备的布置比较紧凑，安装方便；锅炉尾部烟道较短；烟道与煤粉制备在布置上互不干扰；烟道灰沟引出方便；锅炉房采光较好；便于扩建不同容量和型式的机组。内煤仓布置的缺点：机炉连接的汽水管道长，主蒸汽管和煤粉管有干扰；煤仓间采光较差等。国外所设计的电厂一般采用内煤仓布置型式，如上海石洞口一厂 4 台 300MW 机组、宝钢电厂两台 350MW 机组、平圩电厂 600MW 机组均属这种布置型式。

3. 合并煤仓布置

合并煤仓布置形式是内煤仓与除氧间合并为单框架结构的形式，如图 3-38 所示。这种布置型式的优缺点与内煤仓布置型式的优缺点基本相同。与双框架内煤仓布置型式相比，其优点是：汽水管道较短，可节约合金材料，一般情况下占地面积较小，土建费用较低。其缺点是：中间车间设备布置较拥挤，特别是采用钢球磨煤机中间储仓式制粉系统布置时比较复杂。

国内 200、300MW 机组的主厂房采用这种布置型式比较多，如山东黄台电厂五期 300MW 机组的主厂房、徐州电厂三期 200MW 机组均属此种布置型式。国外 1200MW 机组主厂房也采用这种布置型式。

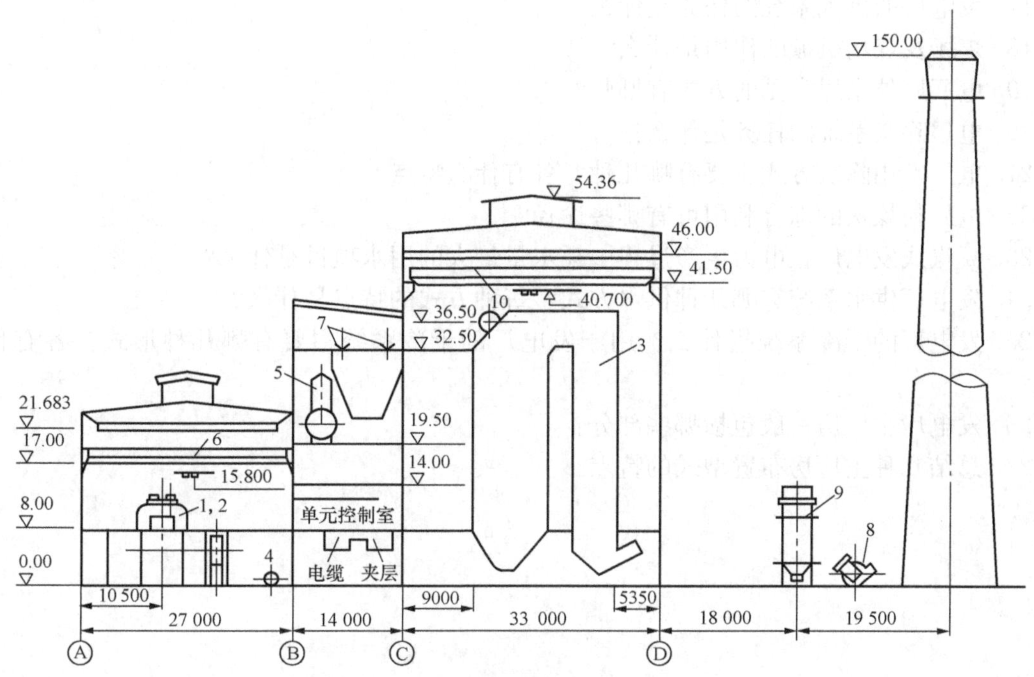

图 3-38 合并煤仓布置形式立面

1、2—汽轮机和发电机；3—锅炉；4—给水泵；5—除氧器；6—汽轮机间行车；7—皮带输煤机；8—引风机；9—除尘器；10—锅炉间行车

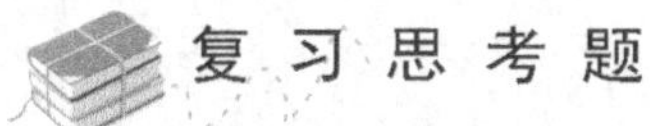

复习思考题

1. 世界电力的技术发展动态表现出哪些特点？
2. 发电厂的厂址选择工作一般分哪两个阶段？厂址选择主要考虑哪些因素？
3. 电厂热力系统的一般定义是什么？
4. 发电厂原则性热力系统和全面性热力系统有什么不同？
5. 确定发电厂型式时主要考虑哪些因素？
6. 汽轮机组的铭牌出力的定义是什么？
7. 汽轮机组保证最大连续出力的定义是什么？
8. 汽轮机组在调节汽门全开时最大计算出力的定义是什么？
9. 什么是回热抽汽？
10. 给水回热加热的意义是什么？
11. 什么是低压加热器？
12. 什么是高压加热器？
13. 为什么需要对给水进行除氧？
14. 电厂中广泛采用的给水除氧方法是什么？其原理是什么？
15. 发电厂管道中的阀门按所起的作用可分为哪几类？
16. 发电厂的输煤系统的任务是什么？主要包括哪些生产工艺过程？

17. 发电厂的供水系统的任务是什么？
18. 煤场及煤场机械的作用是什么？
19. 电厂厂外来煤常见的方式有哪些？
20. 电厂除灰系统的任务是什么？
21. 电厂常用除灰方式主要有哪几种？各有什么特点？
22. 电厂粉煤灰的综合利用可有哪些途径？
23. 凝汽式发电厂在电力生产过程中耗水量最大的用水项目是什么？
24. 发电厂供水系统有哪几种供水方式？每种方式的特点是什么？
25. 发电厂的干冷系统指什么？用于发电厂的干冷系统主要有哪几种形式？各有什么特点？
26. 发电厂主厂房一般包括哪些部分？
27. 总结几种主厂房布置型式的特点。

第四章　锅炉设备及系统

第一节　电厂锅炉概述

电厂锅炉是把燃料的化学能转变为蒸汽的热能的设备，是火力发电厂三大主机之一。在工农业生产和人民生活中，锅炉还用来产生蒸汽和热水，是很多生产工艺（如纺织、化工、造纸、钢铁等）和生活采暖的热源。

锅炉是火力发电厂的关键设备。它的容量大，蒸汽参数高。从安全方面看，一旦锅炉发生故障，势必影响整个电厂的正常运行；从经济方面看，电厂锅炉容量巨大，耗用燃料多，其运行效率对整个电厂的经济指标有很大影响。

一、电厂锅炉的组成

为了使电力生产过程能够稳定、连续运行，电站锅炉必须由一套庞大而复杂的系统组成，它主要由锅炉本体设备、辅助设备和附件等构成。图 4 - 1 和图 4 - 2 分别是电厂常用的煤粉锅炉和新兴的循环流化床锅炉及其辅助设备示意。

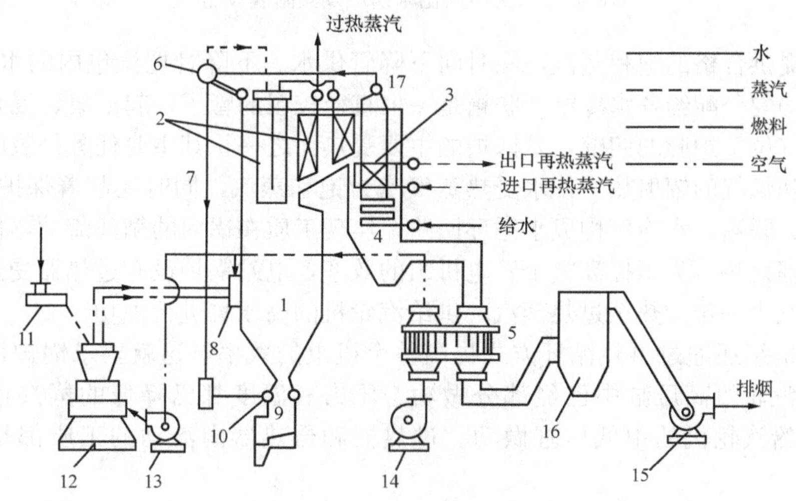

图 4 - 1　煤粉锅炉及辅助设备

1—炉膛及水冷壁；2—过热器；3—再热器；4—省煤器；5—空气预热器；6—汽包；7—下降管；8—燃烧器；9—排渣装置；10—水冷壁下联箱；11—给煤机；12—磨煤机；13—排粉机；14—送风机；15—引风机；16—除尘器；17—省煤器出口联箱

锅炉本体设备是锅炉设备的核心部分，由"锅"和"炉"两部分组成。

"锅"是指锅炉的汽水系统，用于盛放工质（水、水蒸气及其混合物），并接受燃料燃烧放出的热量，使工质由水逐渐被加热至合乎要求的过热蒸汽。它主要由汽包（锅筒）、下降管、联箱、水冷壁、省煤器、过热器、再热器和连接管道等组成。

汽包位于锅炉顶部，是一个圆筒形的承压容器，其下部是水，上部是蒸汽，内部安装汽水分离装置和锅内加药装置，用于存放工质和产生合格的饱和蒸汽。汽包接受省煤器的来

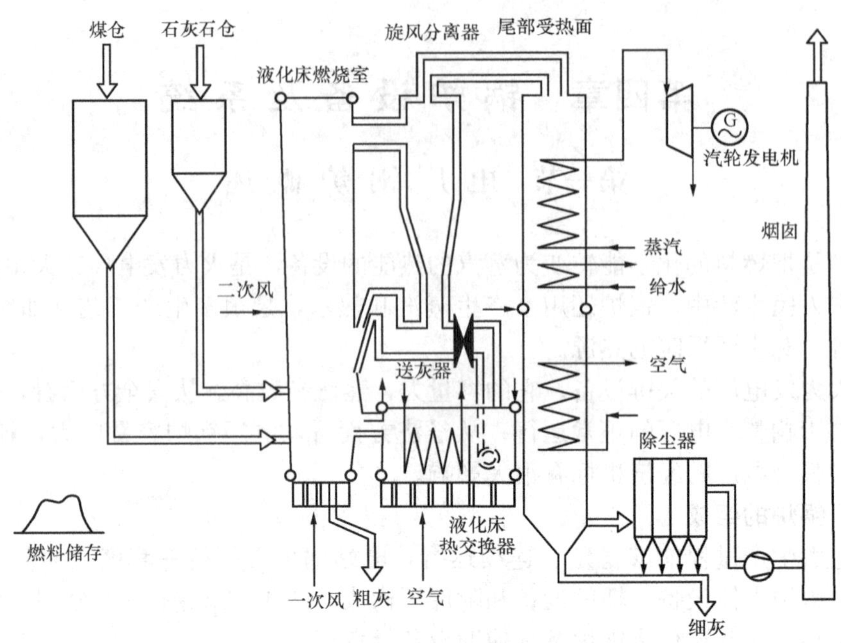

图 4-2 循环流化床锅炉及其附属设备

水，向过热器提供合格的饱和蒸汽，同时向下降管供水。下降管把汽包内的水引入下联箱，由下联箱将水均匀分配给各水冷壁。联箱是一根直径较粗的管子，起汇集、混合和分配工质的作用。水冷壁位于炉膛的四壁，是锅炉的主要受热面之一，其主要任务是吸收燃料燃烧产生的高温火焰和烟气的辐射热，使水受热蒸发变为饱和蒸汽，同时还起着保护炉墙的作用。汽包与下降管、联箱、水冷壁构成水循环回路，实现工质在锅内的循环流动，使工质在流动中接受炉膛的辐射热。为了提高整个发电机组的效率，电站锅炉设有过热器受热面，将汽包出来的饱和蒸汽进一步加热至过热蒸汽，供给汽轮机的高压缸进行做功。

大型发电机组还通过再热循环方式提高整个机组的效率，这就要求锅炉设计有再热器受热面。将在汽轮机高压缸中已经部分做功、压力和温度都已降低的蒸汽重新送回锅炉加热升温，供给汽轮机的中低压缸做功。过热器和再热器内流动的工质都是高温的过热蒸汽。

为了提高锅炉效率，降低锅炉的排烟温度，节约燃料，现代电站锅炉一般都设有省煤器受热面。省煤器安装在锅炉尾部的垂直烟道中，利用排烟的余热加热锅炉给水，一方面降低排烟温度，提高锅炉效率；另一方面提高水的温度，减少水在炉膛内的吸热量，减轻水冷壁吸热的负担。省煤器内的水来自锅炉给水泵，其出口进入汽包。整个汽水系统的流程为：给水首先进入省煤器，加热后进入汽包，产生的部分蒸汽经过汽水分离装置后离开汽包，进入过热器升温，成为过热蒸汽，进入汽轮机高压缸做功后的蒸汽，进入锅炉再热器，升温后进入汽轮机的中低压缸；汽水分离装置分离下来的水则进入下降管，向下流动，通过下联箱，进入锅炉四周各面墙上敷设的水冷壁。水在水冷壁内吸热、汽化，形成汽水混合物，并做上升流动，最后进入汽包内的汽水分离装置。

“炉”即燃烧系统，其任务是使燃料在其内部快速、稳定、完全地燃烧，放出热量，产生高温火焰和烟气。燃烧系统主要由炉膛、燃烧器、空气预热器和烟道等组成。炉膛是由水冷壁和炉墙围成的燃烧空间，燃料在炉膛内进行合理的燃烧。炉膛必须有合适的截面形状和面积，使燃料能迅速着火，维持火焰稳定并充满炉膛，而且使水冷壁受热面不会发生过热烧坏，不会造成水冷壁和炉膛结渣；炉膛还必须有足够的高度，使燃料能够燃烧充分。为了利于水冷壁受热面和辅助系统的布置，炉膛截面多数为矩形或方形。

燃烧器安装在炉墙上面，其作用是将燃料和燃料燃烧所需要的空气以一定的速度送入炉膛内部，使燃料能够适时地着火，并迅速完全地燃烧。大型锅炉往往采用多个燃烧器，按照一定的方式进行排列，既保证了炉膛内温度的均匀性，稳定燃料燃烧，又可通过增减燃烧器的投运数量，改变锅炉负荷。现代火力发电厂的燃烧器除了组织有效的燃烧外，还需要考虑减少污染物（主要是 NO_x）的排放。流化床锅炉采用特殊的布风装置，使燃料进行燃烧，其功能与煤粉炉的燃烧器相当。

为了使燃料能够快速稳定着火，燃烧所需的空气往往通过空气预热器进行加热。热空气还可以用来干燥燃料煤，加热煤粉等，并且有利于燃料的制备和输送。空气预热器安装在锅炉的最末端，进一步降低排烟温度，提高锅炉效率。燃烧系统的一般流程为：由风机过来的空气进入空气预热器加热，部分热空气作为一次风进入燃料制备系统，加热和输送煤粉，风粉混合物一起进入燃烧器；另外一部分热空气作为二次风，直接进入燃烧器。在燃烧器出口，燃料和空气均匀混合、着火，形成稳定火焰，在炉膛内形成高温火炬。燃烧产生的高温烟气离开炉膛后，进入对流烟道的过热器、再热器、省煤器、空气预热器等受热面，排出锅炉后，进入除尘设备去除固体颗粒，然后进入脱硫、脱硝设备脱除烟气中的 SO_2、NO_x，最后由引风机引至烟囱排入大气。

锅炉本体设备还需要必要的炉墙、钢架以及锅炉附件。炉墙用于封闭炉膛和对流烟道，使燃烧和传热过程能够顺利进行。钢架用于支撑和稳定整个锅炉。锅炉附件主要用于保证锅炉的安全、经济运行。另外，为了维持锅炉的正常运行，锅炉还需要必要的辅助设备。主要有通风、输煤、制粉、给水、锅炉水处理、除尘、除灰除渣、脱硫、脱硝设备。

通风设备主要包括送风机、引风机、烟风道、烟囱等。送风机用于提供燃料燃烧需要的空气，引风机将燃料燃烧后产生的烟气排出炉外。用烟风道将风机和锅炉设备连接，用烟囱将烟气引至高空排放。

制粉设备将煤干燥并制成合乎要求的煤粉，送入炉内燃烧，主要包括：原煤仓、给煤机、磨煤机、粗粉分离器、细粉分离器和排粉风机等。

给水设备保证连续不断地向锅炉提供合乎要求的给水，包括给水泵、管道阀门等。水处理设备的作用是消除给水中的各种杂质，保证锅炉水质指标，以防止在锅炉受热面内结水垢和腐蚀，从而提高锅炉运行的经济性和安全性。

除尘设备的作用是分离除去烟气中的飞灰颗粒，减轻飞灰对环境的污染和对引风机的磨损。

除灰设备的作用是除去锅炉底部的大渣和除尘器分离下来的细灰，用灰渣泵和灰浆泵等水力除灰设备将其送往灰场。

脱硫设备的作用是除去煤燃烧产生的 SO_2 气体，防止或减少 SO_2 气体对大气的污染。

脱硫、脱硝设备的作用是除去煤燃烧产生的硫氧化物（SO_x，主要是 SO_2）和氮氧化物（NO_x，主要是 NO）气体，防止或减少这些气体对大气的污染。

二、锅炉的规范、型号及分类

1. 锅炉的规范

锅炉的规范包括：锅炉容量、锅炉蒸汽参数、给水温度等，用来说明锅炉的基本工作特性。

(1) 锅炉容量：锅炉容量即锅炉的蒸发量，指锅炉单位时间产生的蒸汽量。锅炉铭牌表示的是最大连续蒸发量（BMCR或MCR），指在额定蒸汽参数、额定给水温度和使用设计燃料、长期连续运行所能达到的最大蒸发量，常用符号 D_e 表示，单位：t/h（或kg/s）。为了评价锅炉最高效率，也采用额定蒸发量（BRL），指在额定蒸汽参数、额定给水温度和使用设计燃料、保证热效率时所规定的蒸发量。

(2) 锅炉蒸汽参数。锅炉过热器出口处的过热蒸汽压力和温度。蒸汽压力用符号 p 表示，单位为MPa；蒸汽温度用符号 t 表示，单位为℃；对于具有中间再热的锅炉，蒸汽参数中还应包括再热蒸汽的压力和温度。

(3) 给水温度：锅炉设计时规定的省煤器入口处的进水温度。不同参数的发电机组，为了提高整个蒸汽动力循环的效率，采用回热加热方式，加热锅炉给水，使之达到一定的温度，减少了锅炉吸热。

2. 锅炉的型号

锅炉型号反映锅炉的基本特征。高压锅炉用三组字码表示其型号。例如，HG-410/9.8-1型锅炉，型号中第一组字码是锅炉制造厂名称的汉语拼音缩写［HG表示哈尔滨锅炉厂有限责任公司，SG表示上海锅炉厂有限公司，DG表示东方锅炉集团（股份）有限公司等］；型号中的第二组字码为一分式，分子表示锅炉容量（单位：t/h），分母表示过热蒸汽的表压力（单位：MPa）；型号中第三组字码表示产品的设计序号，1为初次设计，改型设计后序号增大。超高压及以上的发电机组均采用蒸汽中间再热，锅炉装有再热器，锅炉用四组字码表示其型号，增加过热、再热蒸汽温度。例如，DG-1000/16.7-555/555-1型锅炉，表示东方锅炉厂制造、容量为1000t/h、过热蒸汽压力为16.7MPa、过热蒸汽和再热蒸汽温度均为555℃、第1次设计的锅炉。

3. 锅炉分类

电厂锅炉按照其工作条件、工作方式和结构型式的不同，有多种分类方法。

(1) 按锅炉容量分为：小型锅炉（$D_e<220$t/h）、中型锅炉（$D_e=220\sim410$t/h）、大型锅炉（$D_e\geqslant670$t/h）。

(2) 按蒸汽压力分为：低压锅炉（$p\leqslant1.27$MPa）、中压锅炉（$p=2.45\sim3.82$MPa）、高压锅炉（$p=9.8$MPa）、超高压锅炉（$p=13.7$MPa）、亚临界压力锅炉（$p=16.7\sim18.3$MPa）、超临界压力锅炉（$p\geqslant22.1$MPa）。

(3) 按燃用燃料分为：燃煤锅炉、燃油锅炉、燃气锅炉。

(4) 按燃烧方式分为：层燃炉、室燃炉（煤粉炉、燃油炉等）、流化床锅炉、旋风炉。

(5) 按工质在蒸发受热面中的流动特性（即水循环特性）分为：自然循环锅炉、直流锅炉。

(6) 按煤粉炉的排渣方式分为：固态排渣炉和液态排渣锅炉。

三、电厂锅炉系列

我国生产的电厂锅炉系列产品见表4-1。

表4-1 我国电厂锅炉系列

容量 (t/h)	蒸汽压力 (MPa)	过热/再热温度 (℃)	给水温度 (℃)	配用汽轮发电机组功率 (MW)	锅炉类型
35 65 75 110 130	3.8	450	150 150 150 170 170	6 12 12 25 25	中压自然循环锅炉，有层燃炉、煤粉炉和流化床锅炉多种形式
220 230 410	9.8	540 510 540	215	50 50 100	高压自然循环锅炉，有煤粉炉、燃油炉和流化床锅炉多种形式
400 670	13.7	555/555 540/540	240	125 200	超高压自然循环锅炉，再热，燃煤粉或油，主要是室燃，目前有流化床锅炉
935 1000	16.7	570/570 555/555	260 265	300	亚临界压力自然循环、强制循环锅炉，再热，燃煤粉
2008	18.3	541/541	278.3	600	亚临界压力自然循环、强制循环锅炉，再热，燃煤粉
2950	27.56	605/603	292.5	1000	超超临界参数变压垂直管圈直流炉，再热，燃煤粉

注 配套300MW及以上发电机组的锅炉，需要根据电厂要求进行单独设计，锅炉容量及参数变化较大，表中的数据只是个例。

第二节 燃料及燃烧

燃料是锅炉的基本能源。锅炉燃料有固体燃料、液体燃料和气体燃料三类。我国煤炭资源丰富，储量巨大，锅炉燃料以煤为主，电站锅炉更是如此，只有少量锅炉燃烧高炉煤气、天然气及重油、渣油等气体及液体燃料。本书将主要介绍煤及其燃烧。

一、煤的成分

煤是由多种有机物和无机物混合组成的十分复杂的固体碳氢燃料。煤是远古植物遗体随着地壳变动被埋入地下，长期处于地下温度、压力较高的环境中，经过复杂的生物、化学变化逐渐形成的。因此，它含有一般植物所含的形成有机物的碳（C）、氢（H）、氧（O）、氮（N）、硫（S）等元素，还含有灰分和水分等惰性物质。煤中可燃成分主要是碳、氢、硫等元素组成的有机物。

1. 煤的元素分析成分

煤中的碳、氢、氧、氮、硫等元素的质量占燃料质量的百分数，称为元素分析成分，用它们的符号代表其含量，加上水分（M）和灰分（A），总量为100%，表示为

$$\mathrm{C}+\mathrm{H}+\mathrm{O}+\mathrm{N}+\mathrm{S}+A+M=100\% \tag{4-1}$$

（1）碳。碳是煤中的主要可燃成分。一般而言，煤中碳含量越高，煤燃烧能产生的热量

（发热量）就越大。煤中的含碳量随煤变质程度的加深而增加。按含碳量多少，可以将煤分成泥煤（含碳 50%～60%）、褐煤（60%～75%）、烟煤（75%～90%）、无烟煤（90%～98%）等。

碳完全燃烧后生成 CO_2，每千克碳完全燃烧释放出32 866千焦（kJ）的热量；不完全燃烧时生成 CO，每千克释放出 9270kJ 的热量。

（2）氢。氢也是煤中重要的可燃物质，其发热量很高，每千克可释放出120 522kJ 的热量。但一般煤中氢含量不高，随煤变质程度的加深而减少。氢燃烧后的产物是水，在烟气中以水蒸气的形式存在。

（3）氧。氧是煤中的不可燃元素。煤中氧含量随变质程度的加深而减少。一般泥炭中，氧含量高达 30%～40%，褐煤中氧含量为 10%～30%，烟煤中氧含量为 2%～10%，无烟煤中氧含量小于 2%。氧虽然不能燃烧，但有助于煤中其他可燃元素燃烧。

（4）氮。煤中氮含量较少，一般为 0.5%～3%。煤在燃烧和气化时，其中的氮会和氧化合产生 NO 或者 NO_2，在某些情况下可能形成 N_2O，这些物质排放到大气中都对环境有害。

（5）硫。硫是煤中的可燃元素。煤中的硫可以分成有机硫和无机硫两大部分。有机硫和无机硫中的硫化物都是可燃硫，每千克可燃硫发热量为 9050kJ，其燃烧产物为 SO_2 或者 SO_3，也是一种对大气有害的物质。

（6）水分。水分是煤中的不可燃成分，其来源有三种，即外部水分、内部水分和化合水分。煤中水分含量的多少取决于煤内部结构和外界条件。煤的变质程度越高，其内部水分和化合水分越少。外部水分的多少会因运输、储存中风吹、日晒、雨淋而有较大的变化。

水分较多的煤发热量较低，不容易着火和燃烧，另外，由于在煤的燃烧过程中，水分汽化要吸收热量，炉膛温度要降低，锅炉效率也要下降。还可能在锅炉尾部产生结露，造成设备被腐蚀。高水分的煤在燃料制备过程中也需要特别予以考虑，需采用高温空气或烟气进行干燥。

（7）灰分。灰分是指煤完全燃烧后的固体残留物，是煤的不可燃成分。灰分的来源一是煤形成时夹带的外来矿物质，二是开采运输过程中掺杂的灰、沙、土等矿物质。

灰分较多的煤不仅发热量低，而且着火和燃尽都比较困难。煤燃烧时，煤中的灰分形成大量飞灰颗粒，一方面增加对锅炉各受热面的磨损；另一方面必须设置除尘装置，以减少对环境的污染。

同一矿床煤的可燃质成分变化很小，而灰分和水分则会因开采、筛选、运输、储存等经历的不同而有很大的变化，水分更如此，在描述煤的成分时，往往根据不同的应用场合，采用不同的分析基准（见表 4-2）。

收到基成分：以运送到厂内时的煤为基准测得的各种成分的含量，以角码“ar”表示。

空气干燥基成分：煤在室温大于 20℃、相对湿度为 60%的条件下，会失去外部水分，留下一定量的稳定内部水分，以此样品为基准测得的各种成分的含量称为空气干燥基成分，以角码“ad”表示。

干燥基成分：将煤中水分全部去掉，以此样品为基准测得的各种成分的含量称为干燥基成分，以角码“d”表示。

干燥无灰基成分：去除煤中的水分、灰分，以可燃质为基准测得的各种成分的含量称为干燥无灰基成分，以角码“daf”表示。

实验室中实际分析所得到的是空气干燥基成分，其他基准的成分按表 4－3 的换算因子进行折算。

表 4－2　燃料各种基及其元素成分

<table>
<tr><td rowspan="2">角码</td><td rowspan="2">碳 C</td><td rowspan="2">氢 H</td><td rowspan="2">氧 O</td><td rowspan="2">氮 N</td><td colspan="2">可燃硫 S_{daf}</td><td colspan="2">杂质</td><td colspan="2">水分 M</td></tr>
<tr><td>有机硫 S_o</td><td>硫化铁硫 S_p</td><td>硫酸盐硫 S_s</td><td>灰分 A</td><td>内在水分 M_{inh}</td><td>外在水分 M_f</td></tr>
<tr><td>daf</td><td colspan="6">干燥无灰基</td><td></td><td></td><td></td><td></td></tr>
<tr><td>d</td><td colspan="8">干燥基</td><td></td><td></td></tr>
<tr><td>ad</td><td colspan="9">空气干燥基</td><td></td></tr>
<tr><td>ar</td><td colspan="10">收到基</td></tr>
</table>

表 4－3　煤的不同基准成分之间的换算因子

已知成分	脚码	所求成分			
		收到基	空气干燥基	干燥基	干燥无灰基
收到基	ar	1	$\dfrac{100-M_{ad}}{100-M_{ar}}$	$\dfrac{100}{100-M_{ar}}$	$\dfrac{100}{100-M_{ar}-A_{ar}}$
空气干燥基	ad	$\dfrac{100-M_{ar}}{100-M_{ad}}$	1	$\dfrac{100}{100-M_{ad}}$	$\dfrac{100}{100-M_{ad}-A_{ad}}$
干燥基	d	$\dfrac{100-M_{ar}}{100}$	$\dfrac{100-M_{ad}}{100}$	1	$\dfrac{100}{100-A_d}$
干燥无灰基	daf	$\dfrac{100-M_{ar}-A_{ar}}{100}$	$\dfrac{100-M_{ad}-A_{ad}}{100}$	$\dfrac{100-A_d}{100}$	1

2. 煤的工业分析成分

为了更有利于统一煤质计量、煤种划分、煤质评估、用途选择、商品计价等，实用中常用工业分析方法确定煤的成分。工业分析成分包括水分、灰分、挥发分和固定碳四种成分，这四种成分总量为 100%。

工业分析成分是在一定条件下，用加热的方法，将煤中原有的组成加以分解和转化而得到的成分。测定方法如下：在实验室中，首先把除去外表水分的煤作为试样，将试样放入 105～110℃的恒温箱内干燥 1.5～2h，失去的质量为水分含量；把上述失去水分的试样置于温度保持在（900±10）℃的马弗炉中，在隔绝空气的条件下加热 7min，失去的质量为煤的挥发分含量。煤在失去水分和挥发分后成为焦炭，将焦炭置于（815±10）℃的马弗炉内，在空气充分供应下，灼烧 2h，失去的质量为固定碳含量，剩余部分为灰分含量。

（1）挥发分（V_{daf}）。煤中的挥发分主要由 H_2、CO、CH_4、H_2S、C_mH_n 等可燃气体以及 O_2、N_2、CO_2 等不可燃气体组成。挥发分含量是评价煤着火、燃烧特性的重要指标，随着煤变质程度的加深而减少，褐煤的挥发分含量大于 40%，烟煤的挥发分含量为 10%～40%，无烟煤的挥发分含量小于 10%。挥发分含量高的煤容易着火，也容易完全燃烧。挥发分含量较低的煤难以燃烧，必须维持很高的燃烧室温度，才能使之燃烧稳定。

（2）固定碳。煤中的碳元素一部分以挥发分的形式逸出，其余部分为固定碳（fixed carbon，FC）。煤中固定碳的含量随煤的变质程度加深而增加。固定碳较高的煤难以燃烧和燃尽。

二、煤的性质

电站锅炉用煤的主要性质如下：

1. 发热量

单位质量的煤完全燃烧时释放的热量称为煤的发热量，符号为 Q，单位为千焦/千克（kJ/kg）。煤的发热量分为高位发热量和低位发热量。煤的高位发热量 Q_{gr} 是指 1kg 煤完全燃烧后能够产生的热量，它包括燃烧产物（烟气）中水分的汽化潜热。煤的低位发热量 Q_{net} 是指从高位发热量中扣除了水蒸气的汽化潜热后的热量。我国规定锅炉计算中以低位发热量为准。煤的发热量常用氧弹量热计测量。含水分、灰分多的煤发热量较低，常称为低质煤。

根据标准煤的定义。若实际煤耗量为 B，煤的发热量为 $Q_{net,ar}$，则折算成标准煤的消耗量 B_b 为

$$B_b = B\frac{Q_{net,ar}}{29\,308} \tag{4-2}$$

随同煤一起进入锅炉的各种杂质的数量对锅炉工作造成的危害程度折合成一定发热量下的含量，更具有可比性。为此引入折算成分的概念。煤的折算成分含量是指对应于 4190kJ/kg 收到基低位发热量的收到基成分含量，即

$$A_{ZS}(M_{ZS},\ S_{ZS}) = 4190\frac{A_{ar}(M_{ar},\ S_{ar})}{Q_{net,ar}}\ \% \tag{4-3}$$

对于折算灰分 $A_{ZS}>4.0\%$、折算水分 $M_{ZS}>8.0\%$、折算硫分 $S_{ZS}>0.2\%$ 的煤分别称为高灰分煤、高水分煤、高硫分煤。

2. 煤灰熔融性

煤灰的熔融性是指煤中灰分在高温下由固态向液态变化的特性。当煤灰在炉膛内的高温火焰中受热时，逐渐向液态转化而呈塑性状态，其黏塑性随温度而异。

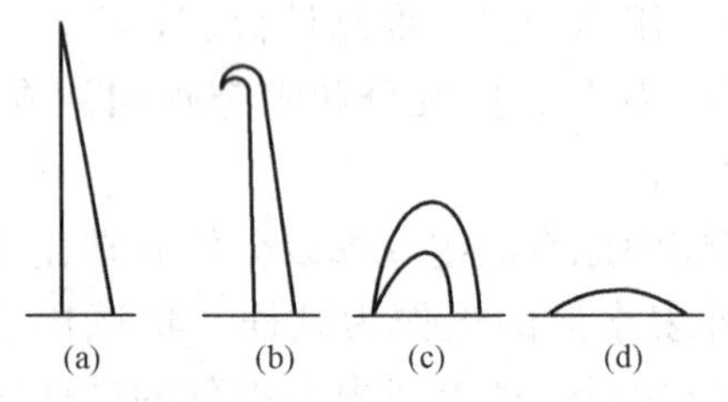

图 4-3　灰熔点测试示意
(a) 未加热的试样；(b) 开始变形温度 DT；(c) 开始软化温度 ST；(d) 开始流动温度 FT

实验测定灰熔点时，可观察到三个不同温度下的灰锥形态，如图 4-3（b）～（d）所示，其中变形温度 DT 为灰角锥尖顶变圆和倾斜时所测的温度，软化温度 ST 为锥尖端弯到底边时所测的温度，流动温度 FT 为灰已熔化、沿底边开始自由流动时所测的温度。工业上一般以软化温度 ST 作为衡量灰熔融性的主要指标。

对于燃烧煤粉的锅炉，煤的灰熔点较低时，飞灰容易黏附在受热面和炉墙上面，使锅炉产生结渣现象。一旦受热面上产生结渣，则会使吸热量急剧减少，反过来会使局部温度提高，产生更严重的结渣。结渣影响正常的水循环，严重影响锅炉的安全经济运行。层状燃烧锅炉和流化床燃烧锅炉，当灰熔点较低时，会在煤层或床层中产生结渣，使锅炉不能正常运行。

当灰分所处温度达到软化温度 ST 值时，就开始具有结渣的可能性，故习惯上用 ST 代表灰的熔点。通常 ST>1400℃称为难熔灰；ST=1200～1400℃称为中熔灰；ST<1200℃称为易熔灰。ST 值越高，表示灰越不易软化，越不易造成结渣。

三、煤的分类

煤的成分随着地质年代的长短有所变化。埋藏年代越久，碳化程度就越深，挥发物含量

就越少，碳的含量就越多。我国煤炭主要根据挥发分并参考水分、灰分的含量来分类。动力用煤习惯分为四类：无烟煤 $V_{daf}<10\%$；贫煤 $V_{daf}=10\%\sim20\%$；烟煤 $V_{daf}=20\%\sim45\%$；褐煤 $V_{daf}=40\%\sim50\%$，甚至达 60%。

1. 无烟煤

无烟煤的挥发分含量最低；含碳量很高，一般 C>40%，最高可达 90%；灰分不高，一般 $A=6\%\sim25\%$；水分很低，$M=1\%\sim5\%$。所以无烟煤的发热量较高，一般为 $Q_{net,ar}=25\,000\sim32\,500$kJ/kg。挥发分的析出温度高，不易点燃，燃尽也不容易，焦炭无黏结性。

2. 贫煤

贫煤的性质介于无烟煤和烟煤之间。其燃烧性质接近于无烟煤，难以着火和燃尽。贫煤的碳化程度比无烟煤低，发热量较高，一般不结焦。

3. 烟煤

烟煤挥发分含量较高，变化范围也较宽。它的碳化程度较无烟煤浅，含碳量 C=40%～60%，少数能达到 75%；一般灰分不大，$A=7\%\sim30\%$，高者达 50%；水分适中，$M=3\%\sim18\%$；发热量也相当高，$Q_{net,ar}=20\,000\sim30\,000$kJ/kg。大多数烟煤都容易点燃，燃烧快，燃烧时火焰较长。多数具有或强或弱的焦结性。

烟煤中有一种劣质烟煤，挥发分中等，$V_{daf}=20\%\sim30\%$，但水分和灰分较高，$M=12\%$，$A=40\%\sim50\%$，因而发热量低，$Q_{net,ar}=11\,000\sim12\,500$kJ/kg。这种煤着火及燃烧均不容易。另外还要考虑受热面积灰和磨损等问题。

4. 褐煤

褐煤碳化程度较低，呈褐黑色，尚有清楚木纹，易风化成粉末。褐煤挥发物含量高，有的甚至达 60%，开始析出挥发分的温度低，易于着火和燃烧；褐煤含碳量不多，但含氧量很高；灰分变化范围很大，$A=15\%\sim50\%$；水分含量大，$M=17\%\sim50\%$。褐煤发热量不高，$Q_{net,ar}=10\,000\sim21\,000$kJ/kg，焦炭不结焦。

5. 其他低质煤

在煤炭洗选过程中产生一些副产品，如洗中煤和煤泥也常作为锅炉燃料。它们的水分和灰分均较高，发热量较低。对于洗中煤，$M=10\%$左右，$A=50\%$，$Q_{net,ar}=13\,000\sim20\,000$kJ/kg；对于煤泥，$M=20\%$左右，$A>40\%$，$Q_{net,ar}=10\,000\sim18\,000$kJ/kg。它们的挥发物随原煤种而异，洗中煤 $V_{daf}=17\%\sim40\%$，而煤泥 $V_{daf}>40\%$。

泥煤比褐煤地质年代更短，含氧量高达 30%左右，水分达 40%～50%，因此，发热量很低，一般为 8300～10 500kJ/kg。这种煤易碎，但不结焦，泥煤在我国发现的极少。

油页岩是一种淡灰色或暗褐色的石油矿石，其灰分极高，达 60%～80%，因此，发热量很低，一般为 4200kJ/kg 左右。煤矸石则是采煤时的下脚料，它的热值更低，灰分更高。

这些低质燃料除了采用流化床燃烧外，其他燃烧方法无法燃用。近年来，为了资源的综合利用和环境保护，流化床技术快速发展，这些劣质燃料在工业锅炉和电站锅炉中都得到了广泛的使用。

四、锅炉热平衡计算

送入锅炉的热量应等于锅炉输出的热量，这种关系称为锅炉热平衡，热平衡方程为

$$Q_r=Q_1+Q_2+Q_3+Q_4+Q_5+Q_6\quad \text{kJ/kg} \tag{4-4}$$

式中　Q_r——1kg 燃料的输入热量，kJ/kg；

Q_1——锅炉的有效利用热，kJ/kg；

Q_2——排烟带走的热损失，kJ/kg；

Q_3——气体未完全燃烧损失，kJ/kg；

Q_4——固体未完全燃烧损失，kJ/kg；

Q_5——锅炉散热损失，kJ/kg；

Q_6——灰渣物理热损失，kJ/kg。

也可用式（4-5）表示，即

$$q_1+q_2+q_3+q_4+q_5+q_6=100\% \tag{4-5}$$

$$q_1=\frac{Q_1}{Q_r}\times100\%,\ q_2=\frac{Q_2}{Q_r}\times100\%,\ \cdots,\ q_6=\frac{Q_6}{Q_r}\times100\%$$

1. 锅炉输入热量

$$Q_r=Q_{net,ar}+h_r+Q_w\quad \text{kJ/kg} \tag{4-6}$$

式中　$Q_{net,ar}$——燃料的收到基低位发热量；

h_r——燃料的物理热，kJ/kg；

Q_w——用外部热源加热空气时带入锅炉的热量，kJ/kg。

2. 锅炉的有效利用热量

锅炉有效利用热量（Q_{yx}）包括过热蒸汽的吸热、再热蒸汽的吸热、饱和蒸汽的吸热和排污水的吸热。当锅炉排污量不超过锅炉蒸发量的2%时，排污水热量可忽略不计。

每千克煤的有效利用热量 Q_1 可按下式计算：

$$Q_1=\frac{Q_{yx}}{B}=\frac{1}{B}[D_{sh}(h''_{sh}-h_{fw})+D_{rh}(h''_{rh}-h'_{rh})+D_{bl}(h_{bl}-h_{fw})] \tag{4-7}$$

式中　D_{sh}、D_{rh}、D_{bl}——过热蒸汽流量、再热蒸汽流量、排污水流量，kg/s；

h''_{sh}——过热蒸汽出口焓，kJ/kg；

h''_{rh}、h'_{rh}——再热蒸汽出口和入口焓，kJ/kg；

h_{bl}——排污水的焓，kJ/kg；

h_{fw}——锅炉给水的焓，kJ/kg；

B——锅炉燃料消耗量，kg/s。

3. 排烟热损失 q_2

排烟热损失是指离开锅炉机组最后受热面的烟气温度高于外界空气温度所造成的热损失。在室燃炉的各项热损失中，排烟热损失是最大的一项，为4%～8%。影响 q_2 的主要因素是排烟容积和排烟温度。显然，排烟温度越高，排烟容积越大，排烟热损失就越大。一般排烟温度升高10～20℃，排烟损失约增加1%。

降低锅炉的排烟温度，可以降低排烟热损失。但是要降低排烟温度，就要增加锅炉的尾部受热面积，因而增大锅炉的金属耗量和烟气流动阻力。另外，烟温太低会引起锅炉尾部受热面的低温腐蚀，因而也不允许排烟温度降得过低。特别在燃用硫分较高的燃料时，排烟温度还应适当保持高一些。近代大型电厂锅炉的排烟温度为110～160℃。排烟容积的大小取决于炉内过量空气系数和锅炉漏风量。过量空气系数越小，漏风量就越小，则排烟容积越小。但过量空气系数的减小，常会引起 q_3 和 q_4 的增大，所以最合理的过量空气系数（称为最佳过量空气系数）应使 q_2、q_3、q_4 之和最小。

4. 气体未完全燃烧热损失 q_3

气体未完全燃烧热损失是由于烟气中含有可燃气体造成的热损失，这些气体主要是CO，还有微量的氢气和甲烷等。对于煤粉燃烧锅炉，气体未完全燃烧热损失 $q_3=0\sim0.5\%$；对于流化床锅炉和循环流化床锅炉，气体未完全燃烧热损失 $q_3=0\sim1\%$。

5. 固体未完全燃烧热损失 q_4

固体未完全燃烧热损失是由于灰中含有未燃尽的残炭造成的热损失，是锅炉热损失中的主要部分，通常仅次于排烟热损失。运行中的煤粉锅炉，固体未完全燃烧热损失 q_4 是根据锅炉的飞灰量与炉渣量，以及飞灰和炉渣中残炭的含量百分数来计算的。煤粉炉的固体未完全燃烧热损失 q_4 为1%～5%。燃油炉的固体未完全燃烧热损失 q_4 损失可忽略。普通鼓泡流化床锅炉，固体未完全燃烧热损失 q_4 为15%～30%；循环流化床锅炉，通过高效分离器将飞出炉膛的细灰捕集下来，送回炉膛内再进行循环燃烧，固体未完全燃烧热损失大大降低，为 $q_4=2\%\sim8\%$。

影响 q_4 的主要因素有燃烧方式、燃料性质、煤粉细度、过量空气系数、炉膛结构以及运行工况等。煤中灰分和水分越多，挥发分含量越少，煤粉越粗，则 q_4 越大；在燃料性质相同的情况下，炉膛结构合理（有适当的高度和空间），燃烧器结构性能好、布置适当，气、粉混合较好和炉内停留时间延长，则 q_4 较小；炉内过量空气系数要适当，运行中过量空气系数减小时，一般会导致 q_4 增大；炉膛温度较高时，q_4 较小；锅炉负荷过高将使煤粉来不及在炉内烧透，负荷过低，则炉温降低，都会导致 q_4 增大。

6. 散热损失 q_5

锅炉在运行中，汽包、联箱、汽水管道、炉墙等的温度均高于外界空气的温度，因而一部分热量会散失到空气中去，形成锅炉的散热损失。锅炉的散热损失与炉型、炉墙质量、水冷壁敷设情况和管道的绝热情况等因素有关。

7. 灰渣的物理热损失 q_6

锅炉炉渣排出炉外时带出的热量形成灰渣物理热损失。q_6 的大小主要取决于排渣量和排渣温度。煤粉锅炉排渣量、排渣温度主要与排渣方式有关，固态排渣的排渣量较小，液态排渣的排渣量较大；液态排渣炉的排渣温度要比固态排渣炉的排渣温度高得多。因此，液态排渣煤粉炉的 q_6 必须考虑，对于流化床锅炉，由于灰渣量较大，排渣温度高，一般均需计算 q_6。

8. 锅炉效率

锅炉热效率是指锅炉的有效利用热量占输入锅炉热量的百分数。这个效率是从热量的有效利用角度出发计算而得的，也称为锅炉的正平衡效率，即

$$\eta=q_1=\frac{Q_1}{Q_r}\times100\quad\% \tag{4-8}$$

反过来，从热损失角度看，锅炉效率还可以按下式计算，称为锅炉的反平衡效率：

$$\eta=q_1=100-(q_2+q_3+q_4+q_5+q_6)\quad\% \tag{4-9}$$

在用反平衡法计算热效率时，求出各项热损失的大小，这有利于对各项热损失进行分析，以便找出减少这些热损失的措施，提高锅炉的热效率。

9. 燃料消耗量

锅炉的燃料消耗量是指锅炉每小时内所消耗的燃料数量，用 B 表示，表达式为

$$B=\frac{100Q_{yx}}{\eta Q_r}\quad \text{kg/s} \tag{4-10}$$

该燃料消耗量也称为实际燃料消耗量，即在单位时间内必须送入锅炉的燃料量。因此，在燃料运输系统和制粉系统的计算时，应按实际燃料消耗量进行计算。式（4-10）中的锅炉热效率可通过反平衡方法求得。

10. 计算燃料消耗量

在锅炉运行中，由于固体未完全燃烧热损失的存在，1kg 入炉燃料只有（$1-q_4/100$）kg的燃料参加燃烧反应放出热量和产生烟气。因此，在进行锅炉燃烧计算和引风计算时，应扣除固体未完全燃烧热损失后折算的燃料消耗量，即计算燃料消耗量 B_j

$$B_j=B\left(1-\frac{q_4}{100}\right)\quad \text{kg/s} \tag{4-11}$$

五、燃料的燃烧

燃料中的可燃成分与空气中的氧接触，在一定的温度和浓度条件下，就会发生化学反应，放出一定的光和热量。为了使可燃成分与空气接触，必须有一个物质的混合、扩散过程。从混合（扩散）到燃烧反应完成的整个过程称为燃烧过程，它是一个复杂的化学反应和物理过程的综合过程。

新的燃料煤被送入锅炉后，首先被加热干燥，把水分蒸发掉。当煤粒进一步被加热升温到一定温度时，将发生煤的热分解反应而释放出挥发分。挥发分析出后，达到相应的着火温度时即着火燃烧。对于细小的煤粒，挥发物的析出释放非常快，而且释放出的挥发物将细小煤粒包围并立刻燃烧，产生许多细小的扩散火焰。相反对较大的颗粒，其挥发物析出就慢得多。挥发分的析出和燃烧是重叠进行的，很难把两个过程的时间区分开来。

煤燃烧过程中挥发分的析出与燃烧改善了煤粒的着火性能：一方面大量挥发分的析出并燃烧，反过来加热了煤粒，使煤粒温度迅速升高；另一方面，挥发分的析出改变了煤粒的孔隙结构，改善了挥发分析出后焦炭的燃烧反应。

焦炭的燃烧过程通常在挥发分的析出完成后开始，有时这两个过程也存在着一定的重叠，即在初期以挥发分的析出与燃烧为主，后期则以焦炭燃尽为主。

送入锅炉中的燃料所采用的燃烧方式主要有以下三种形式：层状燃烧、悬浮燃烧（室燃）和流化床燃烧。层燃常用来燃烧颗粒较大的固体燃料，如各种链条炉，在我国多用于蒸发量在 65t/h 以下的小型锅炉；悬浮燃烧一般则用来燃烧气体、液体燃料和煤粉，大、中型电站锅炉多采用该种燃烧方式。

六、煤粉燃烧方式和设备

在煤粉锅炉中，煤粉是在一次风的携带下以风粉混合物的形式通过燃烧器喷入炉膛的，煤粉在炉膛内呈悬浮状态燃烧。

（一）煤粉气流的着火

煤粉的着火温度是由煤粉本身的特性和一定的环境条件共同决定的，不同的环境条件下测得的着火温度不同。在实验室着火温度测试仪上，对堆放在电炉中的静止煤粉颗粒，测得的着火温度：烟煤为 400～500℃；贫煤、无烟煤和焦炭为 650～800℃。实际锅炉中，要点燃煤粉气流，需要使它的挥发分和混合的空气的温度上升到更高的温度才能着火。表 4-4 是不同煤种的煤粉气流中颗粒的大致着火温度。

煤粉气流的着火条件，不仅取决于用来点燃煤粉气流的热烟气（热源）的温度，而且需要足够的热量。将煤粉气流加热到着火温度所需要的热量称为着火热，它主要用于加热煤粉和空气，并使煤中的水分蒸发并过热。

表 4-4 不同煤种的煤粉气流中颗粒的着火温度

煤种	挥发分 V_{daf}（%）	煤粉气流着火温度 T_i（℃）
褐煤	50	550
烟煤	40	650
	30	750
	20	840
贫煤	14	900
无烟煤	4	1000

着火热有两个主要来源：一是被煤粉射流卷吸到射流根部的高温回流烟气（包括内回流和外回流），这部分热烟气和新喷入的煤粉射流强烈混合，以对流方式把热量传递给新燃料；二是高温火焰及炉壁对煤粉射流的辐射加热。

煤的挥发分含量对煤粉气流的着火过程有很大的影响。实际上，煤粉气流的稳定着火，在很大程度上是靠煤粉析出的挥发分点燃后形成的高温燃烧产物来维持的，由表 4-4 可以看出，煤的挥发分 V_{daf}越低，它的着火温度越高。所以，对贫煤和无烟煤，必须采取一些特殊措施，使煤粉气流能被加热到很高的温度，才能保证其着火。

煤粉气流的着火热与燃料的消耗量成正比。当煤的灰分增加时，燃料消耗量增加，就会显著增大煤粉气流的着火热，从而会将其着火位置（又称着火点）推迟，使着火不稳定。

煤的水分增加时，用于蒸发水和过热水蒸气的热量增加，因而增加了着火热，着火点也会被推迟。

（二）煤粉燃烧

要组织良好的燃烧过程，其标志就是尽量接近完全燃烧，也就是在炉内不结渣的前提下，燃烧速度快而且燃烧完全。

燃烧反应速度与温度呈指数关系，因此，炉温对燃烧过程有着极其显著的影响。炉温高，着火快，燃烧速度快，燃烧过程便进行得猛烈，燃烧也易于趋向完全。但是炉温也不能过分地提高，因为过高的炉温不但会引起炉内结渣，也会引起水冷壁内发生膜态沸腾，同时因为燃烧反应是一种可逆反应，过高的炉温除了使正反应速度加快，同时也会使逆反应（还原反应）速度加快，燃烧产物又被还原成为燃烧反应物，这同样等于燃烧不完全。通过试验证明，锅炉的炉温在 1000～2000℃内比较适宜。

（三）煤粉燃烧设备

煤粉炉的燃烧设备包括：炉膛（燃烧室）、燃烧器和点火装置。

1. 煤粉炉的炉膛

煤粉炉的炉膛是燃料燃烧的场所，它的四周炉墙上布满了蒸发受热面（水冷壁），有时也敷设有墙式过热器和墙式再热器，因而炉膛也是热交换（主要是辐射热交换）的场所，所以炉膛是锅炉最重要的部件之一。

2. 燃烧器

燃烧器是煤粉锅炉的主要燃烧设备，其作用是保证燃料和燃烧用的空气在进入炉膛时能充分混合、及时着火和稳定燃烧。锅炉燃烧过程要组织得好，除从燃烧机理和热力条件加以保证，使煤粉气流能迅速着火和稳定燃烧外，还要使煤粉与空气均匀地混合，提高燃烧效率，保证锅炉的安全、经济运行。在煤粉炉中，这一切都与燃烧器的结构、布置及其流体动力特性有关。为达到上述目的送入煤粉炉燃烧器的空气，并不是一次集中送进的，而是按对着火、燃烧有利而合理组织、分批送入的，按送入空气作用的不同，可将送入燃烧器的空气分为一次风、二次风和三次风。

一次风即携带煤粉送入燃烧器的空气，主要作用是输送煤粉和满足燃烧初期对氧气的需要，一次风数量一般较少。待煤粉气流着火后再送入的空气称为二次风。二次风补充煤粉继续燃烧所需要的空气并着重起扰动、混合作用。当煤粉制备系统采用中间储仓式热风送粉时，在磨煤机内干燥原煤后排出的乏气，因其中含有10%～15%的细小煤粉需要充分利用，故将这股乏气由单独的喷口送入炉膛燃烧，这股乏气称为三次风。

煤粉燃烧器按其出口气流特征可分为直流燃烧器和旋流燃烧器两大类。出口气流为直流射流或直流射流组的燃烧器叫做直流燃烧器。它多布置在炉膛四角，使燃料气流在炉内进行切圆燃烧；出口气流包含有旋流射流的燃烧器叫做旋流燃烧器，其出口气流可为几个同轴旋流射流组合，也可是旋流射流与直流射流的组合。

（1）旋流燃烧器及其布置。在旋流燃烧器中，携带煤粉的一次风和不携带煤粉的二次风分别用不同的管道与燃烧器连接。在燃烧器中，一、二次风的通道也是隔开的。二次风射流都是旋转射流，一次风射流可以是旋转射流也可以是不旋转的直流射流，但燃烧器总的出口气流都是一股绕燃烧器轴线旋转的射流。

常见的旋流燃烧器有以下几种：

1）单蜗壳扩锥型旋流燃烧器。这种燃烧器也称直流蜗壳式扩锥型旋流燃烧器（见图4-4）。它的二次风气流通过蜗壳旋流器产生旋转，成为旋转射流。一次风则经中心管直流射出，不旋转。一次风中心管出口处有一个扩流锥，使一次风气流扩展开来，并在一次风出口中心处形成回流区，回流高温烟气。扩流锥可以用手轮通过螺杆来调节气流的扩展角。扩

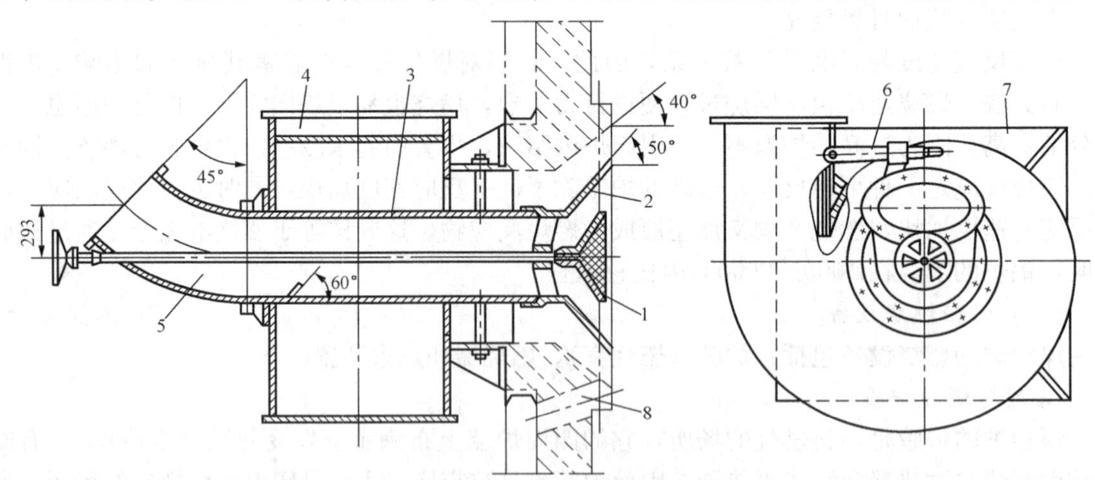

图4-4 单蜗壳扩锥型旋流燃烧器

1—扩流锥；2—一次风扩口；3—一次风管；4—二次风蜗壳；5—一次风连接管；6—二次风舌形挡板；7—连接法兰；8—点火喷嘴装设孔

展角愈大，形成的回流区愈大。这种燃烧器的特点是一次风阻力小，射程远，初期混合扰动不如双蜗壳旋流燃烧器强，但后期扰动比双蜗壳燃烧器好，因此，对煤种的适应性较双蜗壳旋流燃烧器好，可以燃用较差的煤，但其扩流锥容易烧坏。

2）双蜗壳旋流燃烧器。这种燃烧器的一、二次风都是通过各自的蜗壳而形成旋转射流的，如图 4-5 所示。双蜗壳旋流燃烧器的一、二次风旋转的方向通常是相同的，这有利于气流的混合。燃烧器中心装有一根中心管，可以装置点火用的重油喷嘴。在一、二次风蜗壳的入口处装有舌形挡板，可以调节气流的旋流强度。这种燃烧器由于出口气流前期混合很强烈，且其结构简单，对于燃用挥发分较高的烟煤和褐煤有良好的效果，也能用于燃烧贫煤，多在小型煤粉炉中应用。

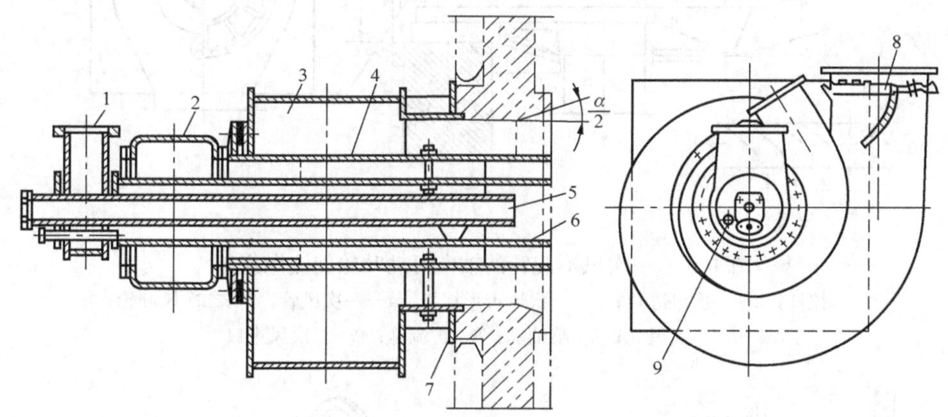

图 4-5 双蜗壳旋流燃烧器

1—中心风管；2—一次风蜗壳；3—二次风蜗壳；4—一次风通道；5—油喷嘴装设管；6—一次风内套管；7—连接法兰；8—舌形挡板；9—火焰检测器安装管

但这种燃烧器的舌形挡板调节性能不是很好，调节幅度不大，故对燃料的适应范围不广；同时其阻力较大，特别是一次风阻力大，不宜用于直吹式制粉系统；燃烧器出口处的气流速度和煤粉浓度分布都不很均匀，所以在燃用低挥发分的现代大、中型锅炉中很少采用。

3）轴向叶片旋流燃烧器。利用轴向叶片使气流产生旋转的燃烧器称为轴向叶片式旋流燃烧器。这种燃烧器的二次风是通过轴向叶片的导向，形成旋转气流进入炉膛的。燃烧器中的轴向叶片可以是固定的，也可以是移动可调的。而一次风也有不旋转的和旋转的两种，因而有不同的结构。图 4-6 所示是一次风不旋转，在出口处装有扩流锥（也有另一种不装扩流锥的），二次风通过轴向可动叶轮形成旋转气流的轴向可动叶轮旋流式燃烧器。这种燃烧器只适合燃用易着火的高挥发分燃料，还没有用它燃用贫煤和无烟煤的经验。

4）切向叶片式旋流燃烧器。这种燃烧器的一次风也有旋转和不旋转两种，二次风则通过可动的切向叶片，变成旋转气流送入炉膛。图 4-7 所示为拔伯葛公司的一次风不旋转的切向可动叶片旋流燃烧器。这种燃烧器的二次风道中装有 8～16 片可动叶片，改变叶片的角度，可使二次风产生不同的旋流强度，以改变高温烟气回流区的大小。这种燃烧器的阻力较小，为使一次风能形成回流区，常在一次风出口中装有一个多层盘式稳焰器，如图 4-8 所示。多层盘式稳焰器的锥角为 75°，气流通过时可在其后形成中心回流区，固定各层锥形圈的固定板，每隔 120°装置一片，相邻锥形圈的定位板可以略有倾斜，并错开布置，使通过的一次风轻度旋转。锥形圈还有利于把已着火的煤粉按希望的方向送往外圈的二次风中去，以加速一、二次风的混合。这种稳焰器可以前后移动，以调节中心回流区的形状和大小。这种切向可动叶片旋流燃烧器，一般只适合于燃用 $V_{daf} \geq 25\%$ 的烟煤。

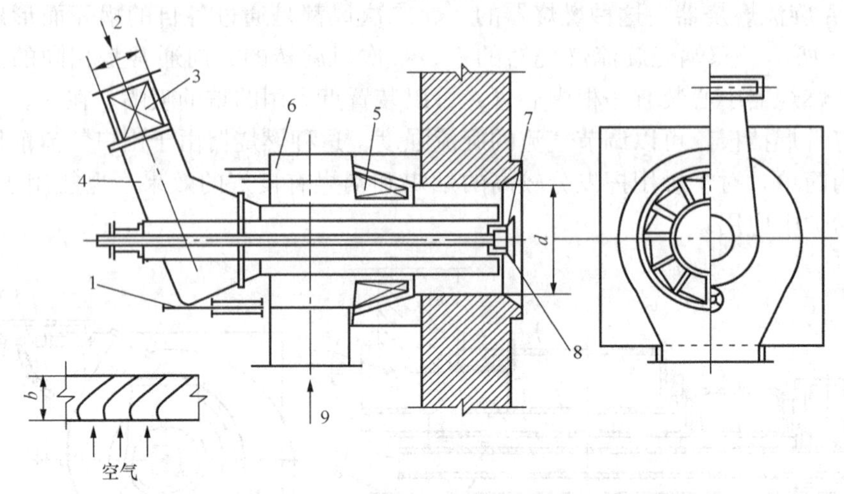

图 4-6　一次风不旋转的轴向可动叶轮旋流燃烧器

1—拉杆；2—一次风进口；3—一次风舌形挡板；4—一次风管；5—二次风叶轮；6—二次风壳；7—喷油嘴；8—扩流锥；9—二次风进口

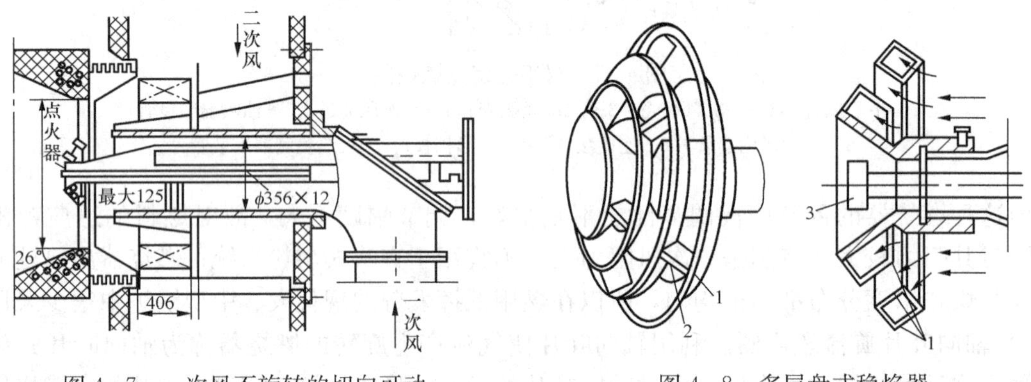

图 4-7　一次风不旋转的切向可动叶片旋流燃烧器

图 4-8　多层盘式稳焰器

1—锥形圈；2—定位板；3—油喷嘴

旋流燃烧器的布置方式，对炉内的空气动力场有很大的影响。良好的空气动力场应该是使火焰在炉膛的充满程度好，烟气不冲墙贴壁。我国常用的是前墙布置，前、后墙对冲或交错布置。此外还有两侧墙对冲或交错布置，和炉顶布置等，如图 4-9 所示。

如果锅炉容量较小，一般将旋流燃烧器布置在前墙，单排或多排布置；锅炉容量较大时，则可采用前后墙或两侧墙对冲或交错，单排或多排布置。

前墙布置的优点是：煤粉管道短，阻力小，且由于磨煤机一般布置在炉前，煤粉及空气的分配比较均匀，炉膛宽度和对流烟道的宽度及汽包的长度便于相互配合，可以不受炉膛截面宽、深比的限制，当每只燃烧器功率选择恰当并布置合理时，炉膛出口烟气温度偏差较小。缺点是炉膛火焰充满度较差，炉膛空间的有效利用率降低；炉内火焰扰动较小，后期混合较差；负荷过低时需要切断部分燃烧器，会引起炉内温度分布和烟气流速不够均匀。

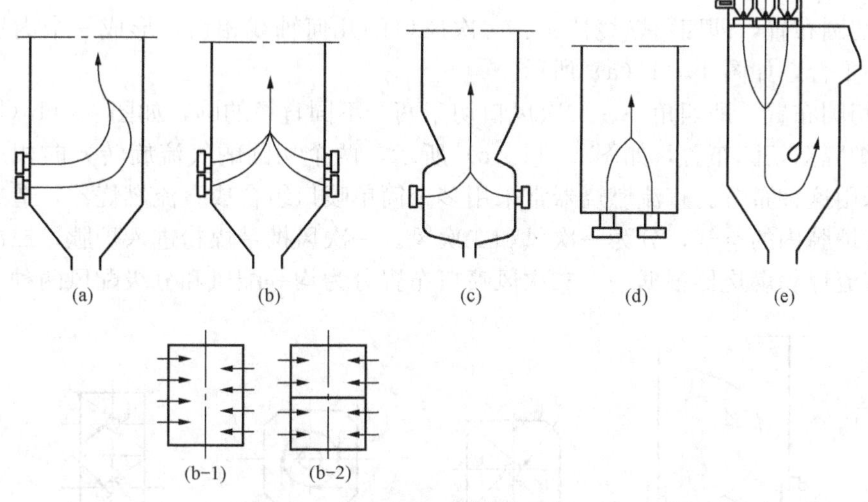

图 4-9　旋流燃烧器的布置方式

(a) 前墙布置；(b) 两面墙对冲或交错布置；(b-1) 两面墙交错布置；(b-2) 两面墙对冲布置；(c) 半开式炉膛对冲布置；(d) 炉底布置；(e) 炉顶布置

对冲布置（主要指前后墙对冲）的优点是：炉内火焰充满好，扰动强；沿炉膛宽度的烟温及速度分布比较均匀，对过热器保护好，且过热器温偏差也较小（对冲布置时该偏差小于22℃，四角布置时则为55℃左右）；防结渣性能较好，因为热量输入沿炉宽较均匀，避免了炉膛中部烟温过高。缺点是风、粉管道的布置比较复杂，为了在后墙布置燃烧器，必须加大后墙与尾部对流烟道之间的距离，使锅炉布置不够紧凑。

(2) 直流燃烧器及其布置。直流煤粉燃烧器喷出的一、二次风都是不旋转的直流射流。直流煤粉燃烧器可以布置在炉膛的前后墙、炉膛四角或炉膛顶部，从而形成不同的燃烧方式，如切圆燃烧方式，U形、W形火焰燃烧方式等，如图4-10所示。在我国的燃煤电站锅炉中，直流燃烧器放在炉膛四角的切圆燃烧方式应用得最为广泛。

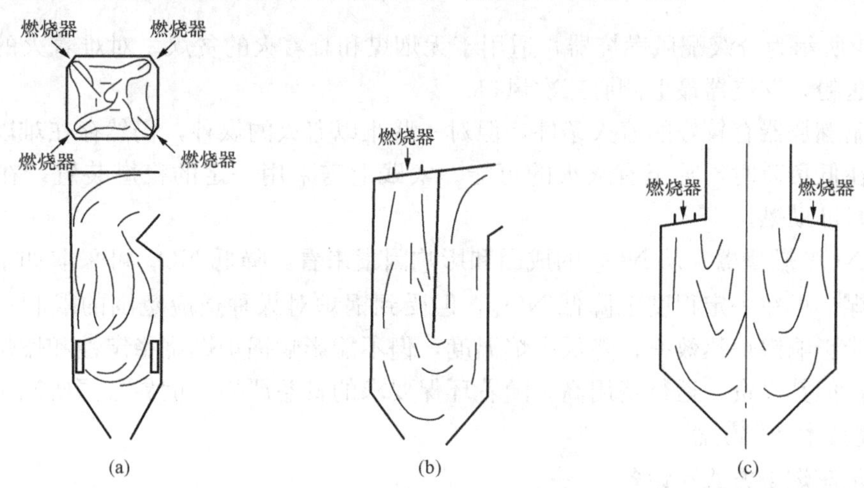

图 4-10　煤粉燃烧火焰方式

(a) 切圆燃烧方式；(b) U形火焰燃烧方式；(c) W形火焰燃烧方式

四角布置的切圆燃烧方式通常有如下几种布置形式：

1）单切圆布置，即四角燃烧器一、二次风口的几何轴线相切，形成一个内切圆，圆心与炉膛中心重合，如图 4-11（a）所示。

2）双切圆布置，即四角一、二次风口切于两个不同直径的圆，如图 4-11（b）所示。

3）单炉膛双切圆布置，如图 4-11（c）所示，两个切圆的气流旋转方向相反。大容量锅炉通常采用这种布置。直流燃烧器常采用多个简单喷口组合成直流燃烧器，造成平行组合射流。送入炉膛内的空气，分为一次风和二次风。一次风携带煤粉进入炉膛，二次风单独送入炉膛。直流煤粉燃烧器根据一、二次风喷口布置分为均等配风和分级配风两种。

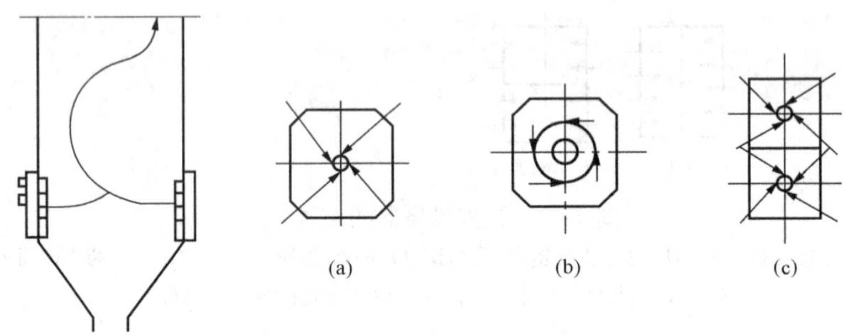

图 4-11　直流煤粉燃烧器的布置方式

图 4-12 所示为均等配风直流燃烧器。该布置方式为一、二次风口间隔排列布置，直接靠拢。每个一次风口上下都有二次风口，有利于两者早期混合，适用于烟煤和贫煤。最上层的二次风，除供上层一次风所需的空气外，还可使整个燃烧器区域烟气中的可燃物进一步燃尽，以降低飞灰可燃物。最下层的二次风，是为了防止大颗粒煤粉落到冷灰斗，以降低灰渣中的可燃物含量。

图 4-13 所示为侧二次风均等配风直流燃烧器，一次风口布置在向火侧，二次风口布置在背火侧，这种布置有利于一次风气流卷吸高温烟气，并防止煤粉气流冲墙，对改善炉膛结渣有利。

图 4-14 所示为分级配风燃烧器，适用于无烟煤和难着火的贫煤。对难着火的无烟煤必须采用热风送粉，燃烧器最上侧有三次风口。

虽然直流燃烧器有较好的着火条件，但对一些难以着火的煤种，仍然存在难以点燃的缺点，特别是在低负荷时，甚至有灭火的可能。实践上需采用一定的稳燃装置，在极低负荷时，投入燃料油助燃。

（3）低 NO_x 燃烧器。从 NO_x 的成因和影响因素来看，降低 NO_x 可采取如下措施：选择低挥发分煤，可在一定程度上降低 NO_x，但受到锅炉对煤种适应范围的限制；进行低氧燃烧，但不能影响锅炉热效率；降低火焰温度，但不能影响锅炉燃烧稳定性和燃烧效率；安装脱硝装置，但其投资、运行费用高。随着环保要求的日益严格，世界各国研制了一些新型低 NO_x 燃烧技术和燃烧器。

七、流化床燃烧方式和设备

流态化是固体颗粒在流体作用下表现出类似流体状态的一种现象。固体颗粒、流体以及完成流态化的设备统称为流化床。流体作为流化介质，在锅炉燃烧中，流化介质为空气，固

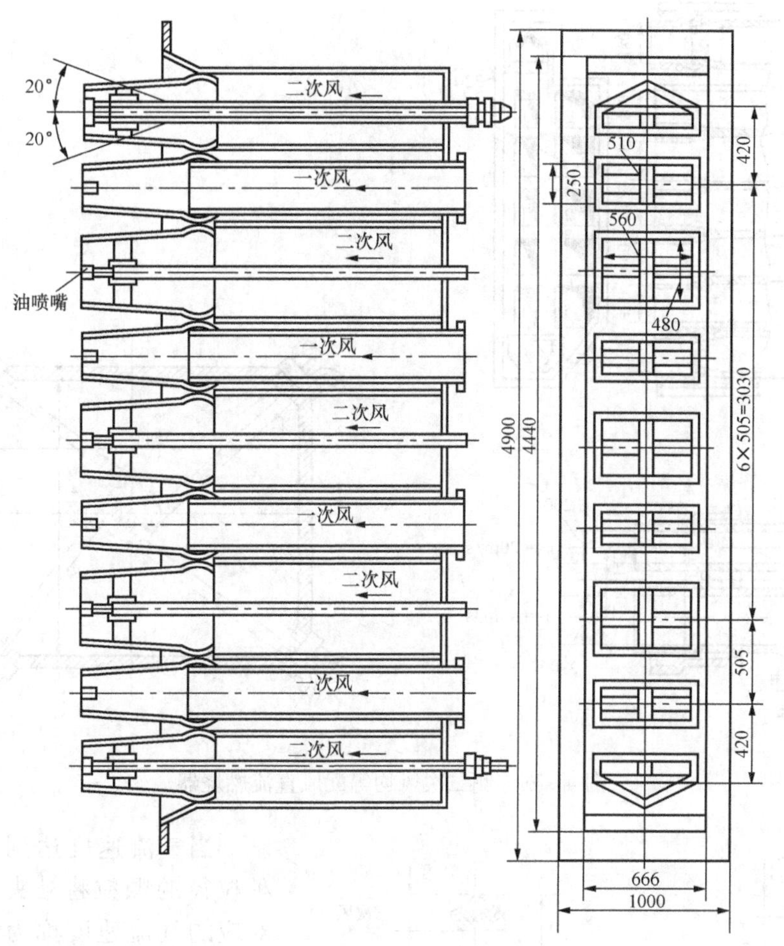

图 4-12 均等配风直流燃烧器

体煤颗粒以及煤燃烧后的灰渣被流化，称为气固流态化。流化床锅炉与其他类型燃烧锅炉的根本区别在于燃料处于流态化运动状态，并在流态化过程中进行燃烧。

当气体通过颗粒床层，该床层随着气流速度的变化会呈现不同的流动状态。随着气流速度的增加，固体颗粒分别呈现出固定床、流化床和气力输送等状态。在锅炉上分别对应层燃炉、流化床锅炉和室燃炉。

当气体速度增加到一定值时，颗粒被上升的气流托起，颗粒层开始松动，气体对颗粒的作用力与颗粒的重力相平衡，通过床层任意两个截面的压力降与在此两截面间单位面积上颗粒和气体的重量之和相等。这时床层开始进入流态化，对应的气流速度称为最小流态化速度或称为临界流态化速度。

当气流速度超过最小流态化速度时，床料内将出现大量气泡，气泡不断上移，聚集成较大的气泡穿过料层并破裂，此时气、固两相强烈混合，犹如水被加热至沸腾状，这样的床层称为鼓泡流化床。鼓泡流态化状态下，整个流化床分为两个区域：一个是下部的密相区又称沸腾段，它有明显的床层表面；另一个是上部的稀相区，称为自由空间或悬浮段。

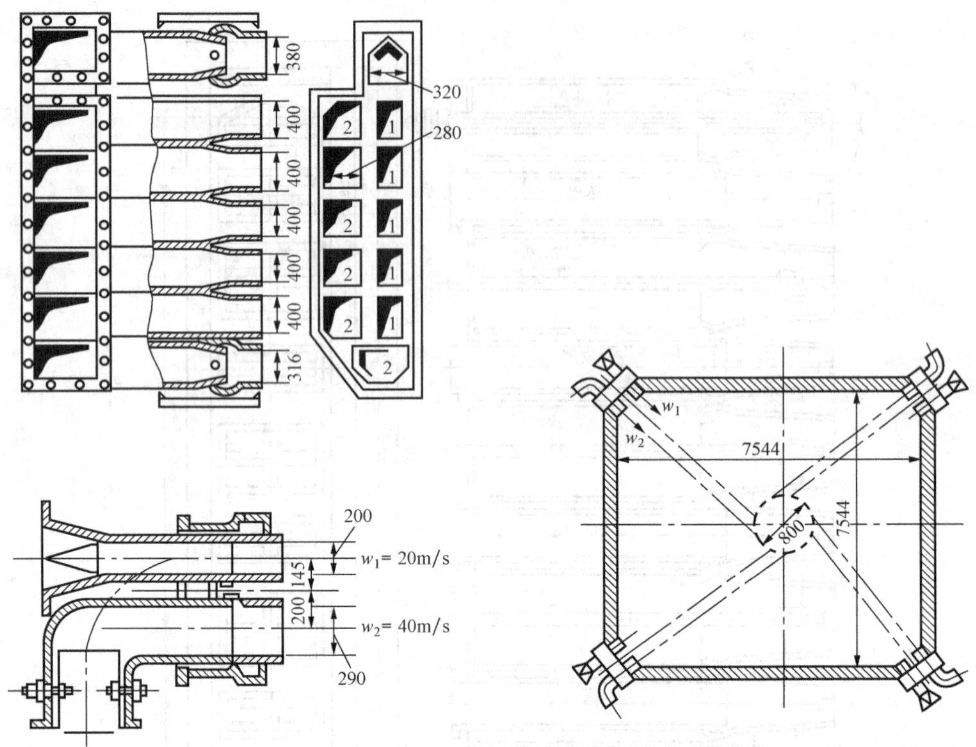

图 4-13 侧二次风均等配风直流燃烧器

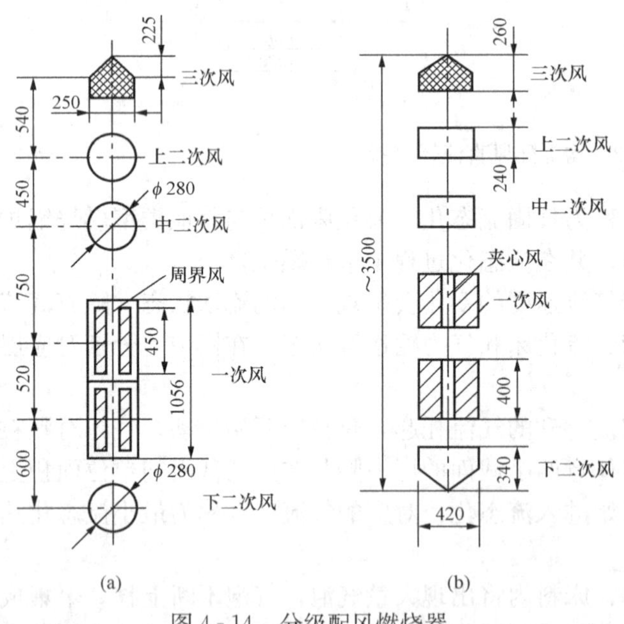

图 4-14 分级配风燃烧器

当气流速度达到一定数值，某种粒径的颗粒将被夹带流动，此时对应的气流速度称为该颗粒的终端速度。当大量颗粒被夹带时，床层表面基本消失，如果不及时向床内补充颗粒，床中颗粒将被吹空。为了稳定操作，必须用分离器把这些颗粒从气流中分离出来，然后再返回床层，这样就形成了循环流化床。目前大型电站用的流化床锅炉均为循环流化床锅炉。

流化床燃烧是床料在流态化状态下进行的一种燃烧，其燃料可为化石燃料、工农业废弃物和各种生物质燃料。由于其床内大量灼热的惰性物料提供了丰富、稳定的着火热源，流化床锅炉几乎可以燃烧一切可以燃烧的固体物质以及煤泥、水煤浆等。在燃煤循环流化床锅炉的燃烧系统中，燃料煤首先被加工成一定粒度范围的宽筛分煤，然后由给料机经给煤口送入循环流化床密相区进行燃烧，一般粗重的粒子在燃烧室下部燃烧，细粒子在燃烧室上部燃烧。被吹出燃烧室的细粒子采用分离器收集下来之后，送回床内再参与循环燃烧。

(一) 循环流化床锅炉的基本构成及其特点

循环流化床锅炉可分为两个部分。第一部分由炉膛（流化床燃烧室）、气固分离设备（分离器）、固体物料再循环设备（也称返料装置、返料器）和外置换热器（有些循环流化床锅炉没有该设备）等组成，上述部件形成了一个固体物料循环回路。第二部分为尾部对流烟道，布置有过热器、再热器、省煤器和空气预热器等，与常规煤粉燃烧锅炉相近。

图 4-15 为典型循环流化床锅炉的循环系统。燃料和脱硫剂由炉膛下部进入锅炉，燃烧所需的一次风和二次风分别从炉膛的底部和侧墙送入，燃料的燃烧主要在炉膛中完成。炉膛四周布置有水冷壁，用于吸收燃烧所产生的部分热量。由气流带出炉膛的固体物料在分离器内被分离和收集，通过返料装置送回炉膛，烟气则进入尾部烟道。

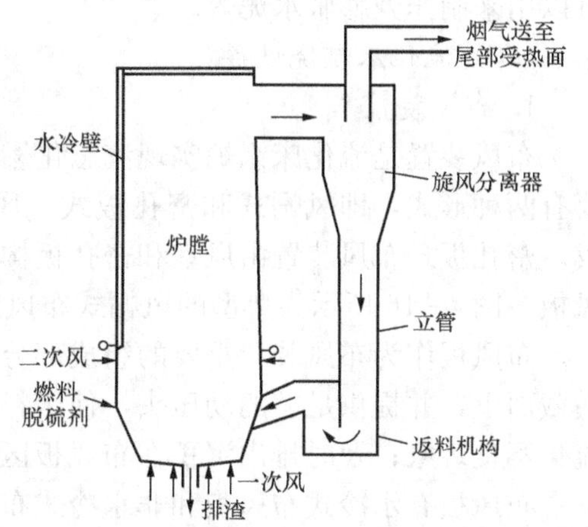

图 4-15 典型的循环流化床锅炉循环系统

循环流化床锅炉独特的流动特性和结构布置使其具有许多独特的优点。

(1) 燃料适应性广。这是循环流化床锅炉的主要优点之一。在循环流化床锅炉中，按质量百分比计，新加入燃料仅占床料的1%～3%，其余是未燃尽焦炭和不可燃的固体颗粒，如脱硫剂、灰渣或砂。循环流化床锅炉既可燃用优质煤，也可燃用各种劣质燃料，如高灰煤、高硫煤、高灰高硫煤、高水分煤、低挥发分煤、煤矸石、煤泥、石油焦、尾矿、煤渣、树皮、废木头、垃圾等。

(2) 燃烧效率高。国外循环流化床锅炉，燃烧效率一般高达99%，我国自行设计、投运的流化床锅炉效率也可高达95%～99%。

(3) 高效脱硫。流化床低温燃烧的特点使其能够与多数天然石灰石的最佳燃烧脱硫温度相一致。一般循环流化床锅炉添加适当的石灰石，在脱硫剂化学当量比（称钙硫比）为1.5～2.5时，可以达到90%的脱硫效率，而其他燃烧方式的锅炉则很难达到该指标。

(4) NO_x 排放低。NO_x 排放低是循环流化床锅炉另一个非常吸引人的特点。循环流化床锅炉 NO_x 排放低的主要原因是：一是低温燃烧，燃烧温度一般控制在850℃左右，此时空气中的氮一般不会生成 NO_x；二是分段燃烧，抑制燃料中的氮转化为 NO_x，并使部分已生成的 NO_x 得到还原。

(5) 燃烧强度高，炉膛截面积小。炉膛单位截面积的热负荷高是循环流化床锅炉的主要优点之一。循环流化床锅炉的截面热负荷约为3～6MW/m²，接近或高于煤粉炉。

(6) 燃料预处理及给煤系统简单。循环流化床锅炉的给煤粒度一般小于13mm，因此，与煤粉锅炉相比，燃料的制备、破碎系统大为简化。此外，循环流化床锅炉能直接燃用高水分煤（水分可达到30%以上），当燃用高水分燃料时也不需要专门的处理系统。循环流化床锅炉的炉膛截面积较小，同时良好的混合使所需的给煤点数大大减少。在循环流化床锅炉中，燃料还可以加入返料管内，这样在进入炉膛前经历一个预热过程，既有利于燃烧，也简化了给煤系统。

（7）负荷调节范围大，调节速度快。当负荷变化时，只需调节给煤量、空气量和物料循环量，即可快速调节负荷。一般循环流化床锅炉的负荷调节比可达（3～4）：1，负荷调节速率可达每分钟4%～5%。

（8）易于实现灰渣综合利用。循环流化床的燃烧过程属于低温燃烧，同时炉内优良的燃尽条件使得锅炉的灰渣含碳量低，低温燃烧的灰渣易于实现综合利用，如灰渣作为水泥掺合料或建筑材料。同时低温燃烧也有利于灰渣中稀有金属的提取。脱硫后含有硫酸钙的灰渣还可以用来制作微膨胀水泥等。

（二）流化床燃烧设备

1. 布风装置

布风装置是流化床锅炉实现流态化燃烧的关键部件。目前流化床锅炉采用的布风装置主要有两种形式，即风帽式和密孔板式。风帽式布风装置由风室、布风板、风帽和隔热层组成。密孔板式布风装置由风室和密孔板构成。在我国流化床锅炉中使用最广泛的是风帽式布风板。图4-16所示为典型的风帽式布风装置结构。

布风板作为布风装置重要的组成部分，其作用为支撑床料；使空气均匀地分布在炉膛的横截面上，并提供足够的动压头，使床料均匀流化；维持床层稳定，避免出现勾流、腾涌等流化不良现象；及时排出沉积在布风板区域的大颗粒，避免流化分层，维持正常流态化。

布风板有水冷式布风板和非水冷式布风板两种。大型流化床锅炉一般采用热风点火，要求启停时间短，变负荷快。为适应这些要求，消除热负荷快速变化对流化床锅炉燃烧系统带来的不利影响，一般采用水冷布风板。水冷式布风板常采用膜式水冷壁管拉稀延伸形式，在管与管之间的鳍片上开孔，布置风帽，如图4-17所示。

风室连接在布风板下部，起着稳压和均流的作用，使从风管进入的空气降低速度，动压转化为静压。因此可使风室中的气流有较好的分布，以便在一定的布风板压降下使布风板上的气流分布更为均匀。

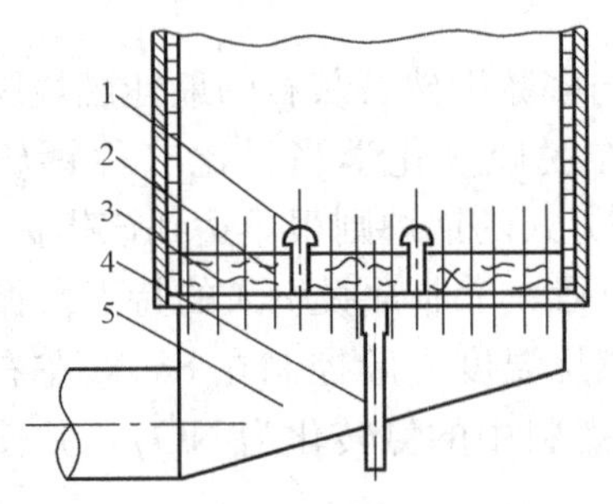

图4-16 典型风帽式布风装置结构

1—风帽；2—隔热层；3—花板；4—冷渣管；5—风室

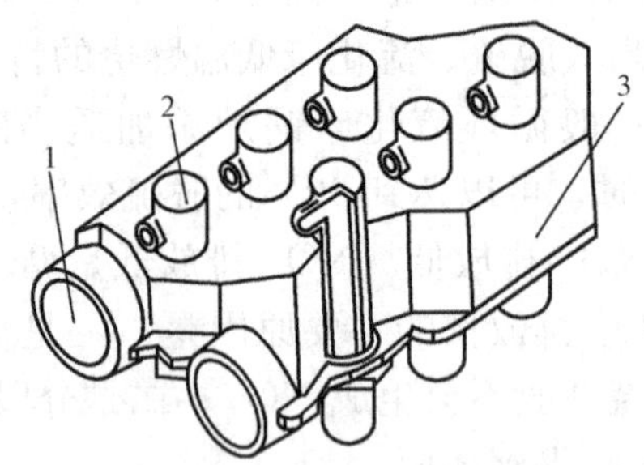

图4-17 水冷布风板

1—水冷管；2—定向风帽；3—耐火层

2. 炉膛

炉膛即燃烧室。炉膛的燃烧以二次风入口为界分为两个区：二次风入口以下为大粒子还原气氛燃烧区，二次风入口以上为小粒子氧化气氛燃烧区。燃料的燃烧过程、脱硫过程、NO_x 和 N_2O 的生成及分解过程主要在燃烧室内完成。与煤粉锅炉相同，燃烧室内也布置有水冷壁受热面。目前主要有方形、矩形、圆形和下圆上方形炉膛结构。立式方形炉膛是最常见的炉膛结构，其横截面形状通常为矩形，这种布置的特点在于可以方便地在炉膛中布置水冷壁受热面，另外制造工艺简单，在大型锅炉中普遍采用。

在循环流化床锅炉中，燃烧所需要的空气也分成一、二次风分级送入。一次风通过布风板送入炉膛，作为流化介质并提供密相区燃烧所需要的空气。二次风通常分两层或三层在一定高度送入炉膛，提供完全燃烧所需要的空气。

3. 气固分离器

循环流化床分离器的作用是将烟气中夹带的固体颗粒分离下来，通过后面的返料装置送回炉膛再次燃烧，提高燃料的燃烧效率，并建立循环流化床内足够的颗粒浓度，强化与水冷壁的换热。它的形式决定了燃烧系统和锅炉整体布置的形式和紧凑性，它的性能对锅炉燃烧、传热特性以及对脱硫等均有重要影响。循环流化床的气固分离器必须能够在高温情况下正常工作，能够满足极高浓度载粒气流的分离，具有低阻特性，具有较高的分离效率，并与锅炉整体上适应，使锅炉结构紧凑。

目前循环流化床锅炉使用的分离器主要分为两大类：旋风分离器和惯性分离器。一般来说，旋风分离器效率较高，体积大；而惯性类分离器效率较低，但尺寸小，使锅炉结构较为紧凑。按使用条件不同，分离器又可分为高温分离器（800℃左右）、中温分离器（400～600℃）和低温分离器（200～300℃）。

目前绝大多数循环流化床锅炉采用旋风分离器，其特点是分离效率高，特别是对细小颗粒的分离效率远远高于惯性分离器。中小型机组多采用高温绝热旋风分离器，而大型机组则倾向于采用水冷或汽冷旋风分离器。

高温绝热旋风分离器的结构如图 4－18 所示。这种分离器具有相当好的分离性能，使用这种分离器的循环流化床锅炉具有较高的性能。由于分离器绝热，其内部烟气、物料温度高，甚至颗粒在分离器内继续燃烧，使燃料燃尽时间延长，可以保证足够高的燃烧效率。但这种分离器也存在一些问题，主要是旋风筒体积庞大，因而钢耗较高，锅炉造价高，占地较大；由于物料在分离器内高速运转，故分离器内衬有很厚的高温耐火材料，外设保温层隔热，耐火材料用量较大，所以其热惯性大，启动时间长，运行中易出现故障；密封和膨胀系统复杂；在燃用挥发分较低或活性较差的煤种时，旋风筒内的燃烧导致分离后的物料温度上升，引起旋风筒内或料腿、返料器内超温结焦。

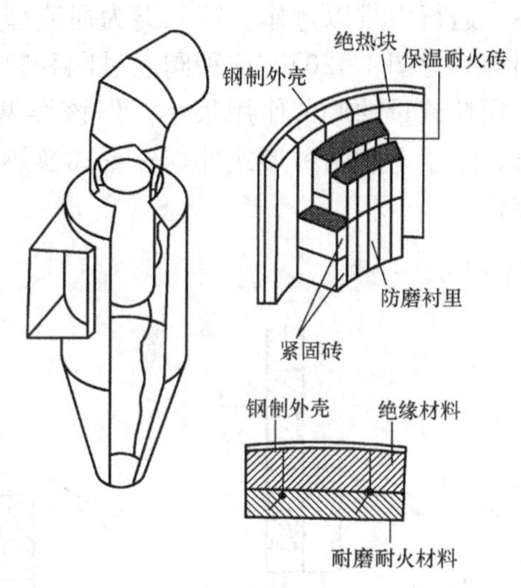

图 4－18　高温绝热旋风分离器

水（汽）冷旋风分离器的结构如图 4－19 所示。该分离器外壳由水冷或汽冷管弯制、焊装而成，取消了绝热旋风筒的高温绝热层，代之以受热面制成的曲面，内侧布满销钉，只敷设一层较薄的高温耐磨浇注料，外侧覆以一定厚度的保温层。水（汽）冷旋风筒可吸收一部分热量，分离器内的物料温度不会上升，甚至略有下降，消除了结焦的危险，较好地解决了旋风筒内的磨损问题。这样，高温绝热型旋风分离循环流化床的优点得以继续发挥，缺点则基本被克服。

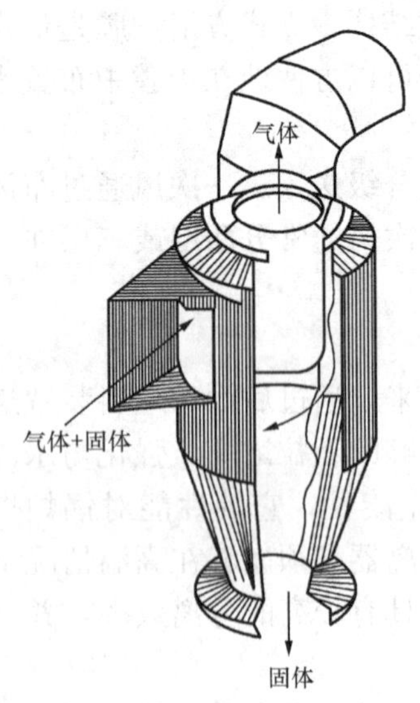

图 4-19　水（汽）冷旋风分离器

水（汽）冷旋风分离器的主要问题是容易造成飞灰可燃物升高，制造工艺复杂，生产成本较高。

4. 返料装置

返料装置的作用是将分离器收集下来的物料送回流化床循环燃烧，并保证流化床内的高温烟气不经过返料装置短路流入分离器。运行中返料量的大小依靠返料装置来调节，而返料量的大小直接影响到锅炉的燃烧效率、床层温度以及锅炉的负荷。因此，返料装置的正常运行对燃烧过程的可控性、锅炉的负荷调节性能起决定性作用。

返料装置由料腿（立管）和阀组成。阀有机械阀和非机械阀两大类。机械阀靠机械构件动作来达到控制和调节固体颗粒流量的目的，如球阀、蝶阀、闸阀等。但由于循环流化床锅炉中的循环物料温度较高，阀内流过的又是固体颗粒，机械装置在高温状态下会产生膨胀，加上固体颗粒的卡塞，同时由于固体颗粒的运动，对高温下工作的阀产生严重磨损，所以在循环流化床锅炉返料装置中不用机械阀。

非机械阀采用气体推动固体颗粒运动，无需任何机械转动部件。非机械阀依其功能可以分为三大类：第一类为可控式非机械阀，主要形式包括 L 阀、V 阀、J 阀、H 阀等，这类阀不但可以开启和关闭固体颗粒流动，而且可以控制和调节固体颗粒的流量，但其稳定性较差，运行中难以操作。第二类为通流型非机械阀，主要形式有流动密封阀、密闭输送阀、N 阀等（见图 4-20）。这种阀通过阀和料腿自身的压力平衡自动地平衡固体颗粒的流量，对固体颗粒流量的调节作用很小，但该类型阀的密封和稳定性能很好，可以有效地防止气体反窜。除了上述两种形式外，外置式换热器由于兼有返料阀的功能，可以看成是第三类的返料装置。

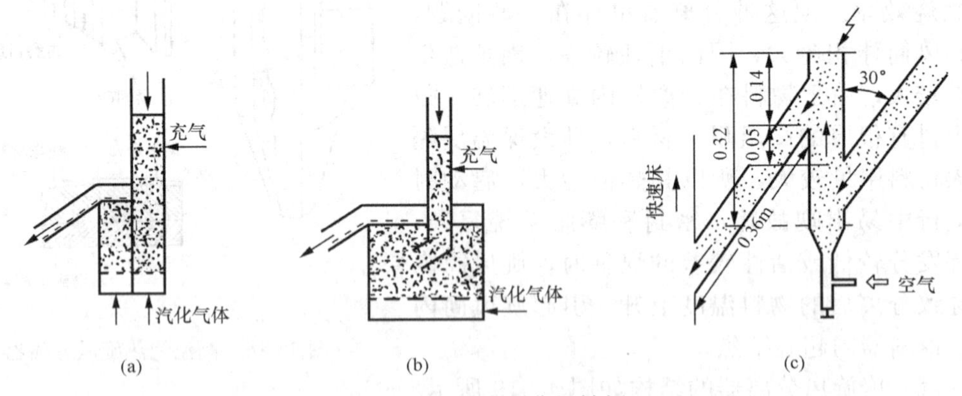

图 4-20　通流型非机械阀
(a) 流动密封阀；(b) 密闭输送阀；(c) N 阀

目前国内外循环流化床锅炉普遍采用通流型流动密封阀。流动密封阀（也称 U 形阀）实际上是一个带有中间隔板的小型流化床，一侧通过溢流管与炉膛连接，一侧与分离器料腿连接，采用空气流化。流动密封阀内的压力略高于炉膛，以防止炉膛内的空气进入料腿。在料腿内可以充气，以利于固体颗粒的流动。在阀内布置水平导向喷嘴，更有利于物料的流动。但过多的充气可能会使气流反窜，破坏循环流化床的正常运行。

流动密封阀的料腿中固体颗粒的料位高度能够自动调节，从而使其压力与流动密封阀的压降及驱动固体颗粒流动所需的压头相平衡。当由于某种原因使颗粒循环流率下降，则进入料腿中的物料量减少，若回料装置仍以原来的流率输送物料，则必然使料腿中的料位高度降低，从而导致输送流率减少，直到与循环流率相一致，建立新的平衡状态；反之，料位高度会自动升高，以适应较高的循环流率。因而，流动密封阀运行中，当充气状态一定时，料位高度可以自动适应。这种自适应能力需要适当的物料高度和适当的充气相配合。

5. 外置换热器

部分大型循环流化床锅炉采用外置换热器，其作用是使分离下来的物料部分或全部通过它并将其冷却到一定温度，然后通过返料器送至床内再燃烧。外置换热器内可布置省煤器、蒸发器、过热器、再热器等受热面。采用外置换热器可解决大型循环流化床锅炉床内受热面布置不下的困难，同时也为过热蒸汽和再热蒸汽温度的调节提供了一种很好的手段，增加了循环流化床锅炉的负荷调节范围，也增加了同一台锅炉对燃料的适应性。其缺点是使燃烧系统、设备及锅炉整体布置变得比较复杂。

外置式换热器不是循环流化床锅炉的必备部分，它本身的功能是一个受热面或者兼有返料功能的受热面。一般在外置式换热器内按温度的不同布置不同形式的受热面，各受热面之间可以用隔墙隔开，如图 4-21 所示，在外置式换热器内依次布置过热器、再热器和蒸发受热面。

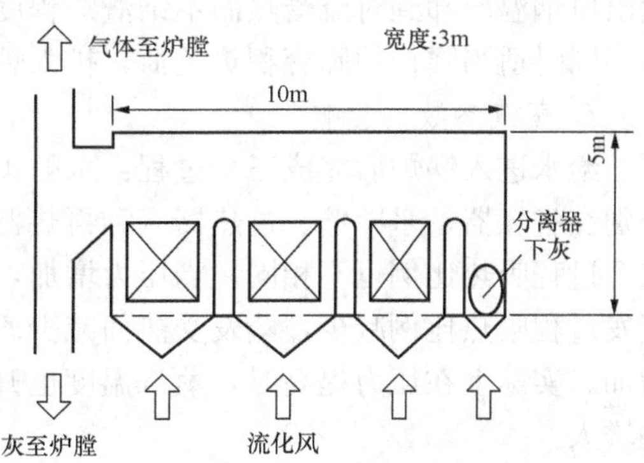

图 4-21 外置式流化床换热器结构

第三节 锅炉受热面

燃料在燃烧室内燃烧，释放出热量。燃烧产生的一部分热量由炉膛吸收，另外一部分由高温烟气带至炉膛出口，进入后面的受热面。进入锅炉的给水经过预热、蒸发、过热、再热等加热过程变成为一定参数的过热蒸汽，这些加热过程在锅炉的各种受热面中完成。锅炉受热面包括炉膛水冷壁、过热器、再热器、省煤器等。另外，为了强化燃烧，提高锅炉效率，锅炉内还布置空气预热器受热面。

一、受热面的整体布置

1. 燃料性质对受热面布置的影响

对于固态排渣煤粉炉，不同性质的煤要求的炉膛容积大小相差很大。

挥发分低的无烟煤、贫煤等不易着火和燃尽，要求有较大的炉膛容积，因此常将炉膛设计得较为高瘦，以保证煤粉在炉内有足够停留时间；反之，燃用挥发分较高的煤种，锅炉往往设计得较为矮胖。对容易燃尽的烟煤和褐煤则要求较小的炉膛容积，以便节省钢材消耗量。

燃用水分较大的煤种时要求有较高的热空气温度，这将导致空气预热器受热面积增大。与燃用水分较小煤种的锅炉相比，炉膛与尾部的尺寸比例明显不同。

燃用灰分较大的煤种易产生较严重的磨损。为减轻磨损，常扩大尾部烟道尺寸以降低烟速。含灰烟气在转向进入尾部烟道时，会因较大的离心力而形成局部严重磨损，因此有些国家将尾部烟道置于炉膛上方，形成塔式布置方式。

此外，由于灰成分不同，灰熔点亦有差异。对于灰熔点较低的煤种，必须适当扩大炉膛容积，特别是要适合当增加炉膛高度，以防止炉膛内部及其出口结渣。灰熔点过低的煤种，往往采用液态排渣的燃烧方式。

2. 锅炉容量对受热面布置的影响

随着容量增加，燃料量成比例增加。若保持炉膛容积热负荷不变，则炉膛容积随着锅炉容量成正比例增大，而炉膛四周表面积不是成正比例地增加。炉膛的形状近似一个长方体，炉壁面积与炉膛容积的 0.5 次方成比例，因此壁面积相对减少。仅凭水冷壁吸热，不能把炉膛出口烟温冷却到对流受热面不结渣的程度。需在炉膛内布置大量横向节距较大的屏式过热器，同时适当降低炉膛容积热负荷，扩大炉膛容积，将出口烟温冷却到合理水平。

3. 蒸汽参数的影响

给水进入锅炉后完成三个过程：水的预热、饱和水的蒸发、饱和蒸汽的过热。三个过程分别在省煤器、水冷壁、过热器（和再热器）内完成。随着锅炉蒸汽参数和给水温度变化，三个过程吸热比例也不相同。当压力增加，预热过程吸热比例增加，预热受热面需增加，而蒸发过程吸热比例减少，蒸发受热面减少。若蒸汽温度不变，过热吸热比例随压力增加稍有增加。实际上在压力提高时，蒸汽温度也升高，过热过程吸热量大大增加，过热器受热面也要增大。

亚临界压力以下的锅炉，多数采用汽包锅炉的形式。水冷壁出口的汽水混合物进入汽包进行汽水分离，水返回水冷壁入口重新进入水冷壁加热，蒸汽进入后面的过热器过热。

目前我国新建电厂参数均为高压以上机组。在高压锅炉中，为了减少对流过热器受热面面积，将部分过热器受热面移入炉膛，吸收炉膛辐射传热，在高压锅炉中出现了顶棚过热器和屏式过热器，而此时的省煤器为非沸腾式省煤器。

超高压锅炉带有中间再热器。蒸发吸热比例进一步减少，过热和再热比例进一步增大，有必要将更多过热器受热面放入炉膛中。除了有后屏和顶棚过热器，又装设了较大的前屏或半大屏、大屏等过热器。亚临界参数锅炉更有此种布置趋势。这时省煤器出口水温与饱和温度相差不大，皆为非沸腾式省煤器。再热器由于管壁温度限制，布置在过热器后烟气温度稍低的对流烟道内。

当蒸汽压力超过 18MPa 以上（亚临界压力），蒸汽与水的密度相差很小，实现自然循环变得非常困难，只能采用强制流动锅炉。

当蒸汽压力超过 22.15MPa（水的临界压力）时，锅炉为超临界压力锅炉，汽水的密度差为零，汽包锅炉的结构不再适用，必须采用直流锅炉的形式。此时，由于水的汽化潜热为零，蒸发吸热等于零，水冷壁的主要作用不再是水的蒸发，而是蒸汽的过热，因而后面布置的过热受热面反而减少。

4. 尾部烟道受热面布置

一般空气预热器出口热风温度要求不高，在300℃以下时，尾部受热面可采用单级布置。由于在空气预热器中，烟气热容量大，温度下降缓慢，而空气热容量小，温度上升较快，因此烟气入口处的热端温差小，烟气出口处的冷端温差大。当热空气温度要求大于350℃时，则热端温差很小，这部分受热面传热效果很差。要求将这部分受热面移至烟气温度更高的区域，即尾部受热面分成双级布置。为了防止高温空气预热器上管板发生过热变形，最高热风温度不应超过420℃，入口烟温不应超过480℃，在两级布置中，取低温省煤器冷端温差为40～50℃，低温空气预热器热端温差为30～40℃最为经济。

5. 受热面整体布置型式

炉膛和对流烟道的不同组成形式即构成了不同的锅炉布置方案，如图4-22所示。

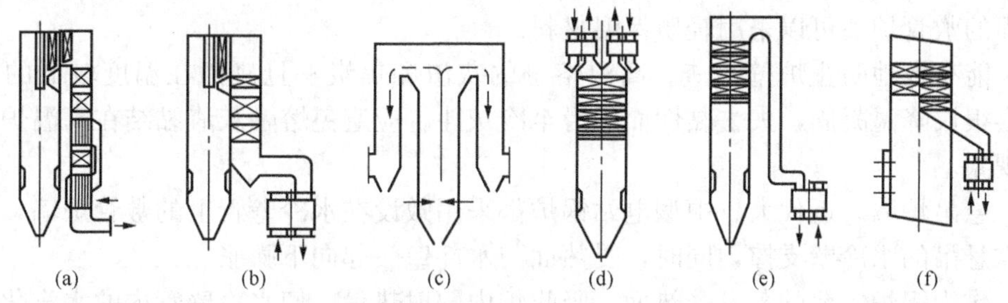

图4-22 电站锅炉本体的典型布置方式

(a) Π形；(b) Γ形；(c) T形；(d) 塔形；(e) 半塔形；(f) 箱形

(1) Π形布置。Π形布置方式是大型锅炉中最常见的一种，炉膛、尾部对流烟道加上炉顶水平烟道形成Π形形状。与其他布置方式相比，锅炉排烟口在底层，引风机和除尘器可在地面布置；锅炉构架高度低，结构简单；尾部烟道向下流动，易于吹灰；各种受热面容易布置为逆流换热形式。缺点是占地大，大容量锅炉尾部受热面布置较为困难；锅炉钢架比较复杂；转弯烟室无法充分利用；尾部烟道飞灰浓度不均匀，加速了飞灰磨损。

(2) Γ形布置。Γ形布置又称无水平烟道Π形布置，它取消了水平烟道，从而可节省钢材，减少占地面积，型式结构紧凑，密封性好，有利于受热面采用悬吊结构，尾部受热面可与炉膛一起采用悬吊结构；缺点是尾部受热面检修不方便。

(3) T形布置。T形布置解决了尾部受热面的“布置危机”，减少了尾部烟道的深度及过渡烟道的高度。但是，这种布置比Π形锅炉占地更大，管道连接庞杂，金属耗量增加，现在已很少采用。只有燃烧劣质煤，需要布置很多对流受热面时，才考虑选用。

(4) 塔形布置。塔形布置的锅炉占地面积最小。这种布置方式取消Π形、Γ形的烟气转向室，解决了该处严重磨损问题，也减少了烟气流动阻力，适用于多灰煤种。缺点是过热器、再热器和省煤器的管道较长，空气预热器、除尘器和送引风机均做高位布置。

(5) 半塔形布置。将塔型布置少许变动，把空气预热器、除尘器、引风机等布置在地面，用垂直布置的空烟道连通上部的省煤器和下部的空气预热器，构成所谓的半塔形布置。

(6) 箱形布置。这种方式把对流受热面布置在炉膛上方，把锅炉设计成箱形，显得很紧凑，不仅占地少，也节省了钢材。目前这种方式多用于燃气或燃油锅炉。

锅炉依靠受热面进行传热，它们是热交换部件，包括蒸发受热面、过热器受热面、再热器受热面、省煤器和空气预热器受热面。下面介绍各种受热面的特点、作用及其结构形式。

二、蒸发受热面

蒸发受热面的作用是将锅炉内的水蒸发，在电站锅炉中，主要是辐射式蒸发受热面，亦称为水冷壁。水冷壁布置在炉膛四周炉墙上，通常其辐射换热量很大，约占总换热量的95%左右，所以水冷壁是以辐射换热为主的蒸发受热面。它具有以下的特点和作用：

(1) 强化传热，减少锅炉受热面面积，节省金属消耗量。炉内火焰与水冷壁为辐射传热，其热流率与火焰绝对温度的四次方成正比。炉内火焰温度很高，而水冷壁内介质温度相对较低，水冷壁的辐射吸热很强烈，可以用较少的受热面面积吸收较多的热量，因此，可以减少总的受热面面积，节省钢材消耗。

(2) 降低高温对炉墙的破坏作用，起保护炉墙的作用。装设水冷壁后的炉墙内壁，其温度大大降低，炉墙的机械强度大大增强，因此，炉墙的厚度和质量可以减小，特别是膜式水冷壁后面的敷管炉墙可以采用轻质保温材料。

(3) 能有效地防止炉壁结渣。高温熔融的灰渣和焦炭一旦碰撞在温度较低的水冷壁管上，就会很快降温凝固，失去黏性而下滑至冷灰斗。应避免熔融灰渣黏结在高温炉墙上而造成结渣现象。

(4) 悬吊炉墙。近代大、中型电站锅炉都采用敷设在水冷壁管上的敷管炉墙，炉墙的全部重量靠悬吊的水冷壁支撑，同时，受热面与水冷壁一起向下膨胀。

(5) 作为锅炉主要的蒸发受热面，吸收炉内辐射热量，使水冷壁管内的水汽化，产生锅炉的全部或绝大部分饱和蒸汽，是不可缺少的重要受热面。

水冷壁有下列几种类型：

(1) 光管水冷壁。小容量锅炉广泛采用光管水冷壁，沿炉膛四壁互相平行地竖直布置。光管水冷壁由不带鳞片的光管组成。

(2) 膜式水冷壁。大型电站锅炉为使得炉膛气密性能好，通常采用膜式水冷壁。膜式水冷壁多是由光管或内螺纹管与鳍片（扁钢条）焊接而成。图 4-23 所示为膜式水冷壁的三种焊接方法。

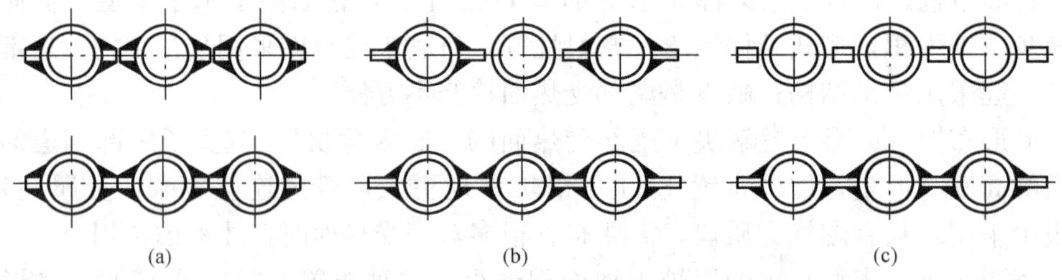

图 4-23　三种典型的膜式水冷壁结构

(a) 两鳍片管的鳍片与鳍片焊接；(b) 两鳍片管之间夹一光管焊接；(c) 两光管之间焊一扁钢（鳍片）

为确保水循环安全可靠，在炉内热负荷较高区域采用内螺纹管（见图 4-24）焊制膜式水冷壁。工质在内螺纹管内流动时产生强烈扰动，大大降低壁温。

(3) 扰流子水冷壁。直流锅炉在蒸发受热面管内加装扰流子，可以有效地破坏管壁内的气膜，减轻传热恶化。扰流子使汽水流动阻力增加，但使汽水混合物产生扰动，混合加强，

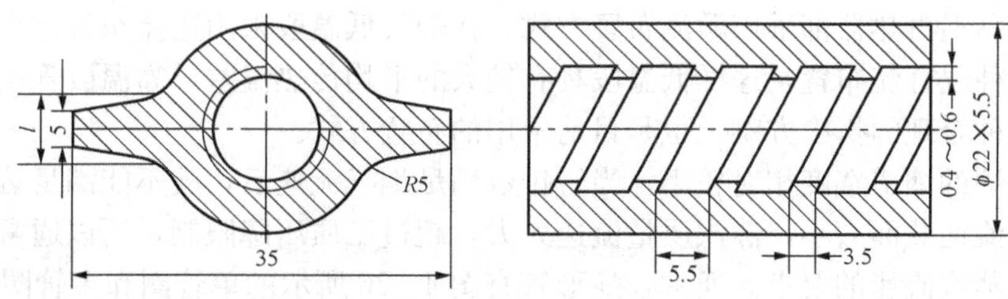

图 4-24　内螺纹管

对管壁放热系数增大，冷却效果改善。

三、过热器受热面和再热器受热面

锅炉中过热受热面完成蒸汽的过热过程。过热受热面有过热器和再热器，分别对一次蒸汽和二次蒸汽（再热蒸汽）进行过热。现代大型锅炉过热器和再热器受热面很大，形成不同类型的过热器和再热器的布置方案。

过热器和再热器中，由于烟气温度和蒸汽温度都很高，蒸汽对管壁的冷却条件差，传热的热流密度高，所以金属壁温很高，距离金属许用温度相当接近，金属壁温裕量很小，因此，过热器和再热器管壁超温爆管，始终是锅炉的核心问题。

过热器在锅炉内布置位置不同，传热方式也不相同。按传热方式可分为：对流过热器、半辐射式过热器（即屏式过热器）和辐射式过热器。对流过热器布置在炉膛出口的对流烟道内，以对流换热为主；屏式过热器布置在炉膛出口处或炉膛上部，既吸收火焰的直接辐射，又吸收烟气的对流放热；辐射式过热器一般布置在炉膛内壁面上，只吸收火焰辐射。有些过热器布置在炉膛顶棚上，称为顶棚过热器；为了支撑炉墙，在水平烟道和尾部烟道的内壁也布置过热器，称为包墙管过热器。

1. 对流过热器和再热器

过热器系统中的末级高温过热器、低温过热器以及再热器系统中的末级再热器和低温再热器，常布置在水平烟道和尾部竖井烟道中。它们主要依靠对流传热方式从烟气中吸收热量，属对流式过热器。中压锅炉过热热量占的比例小，采用纯对流式过热器。在高参数大容量电站锅炉中，对流式仍是过热器和再热器中的主要结构型式。

对流式过热器和再热器基本由蛇形管排组成，蛇形管的布置有垂直放置（立式）和水平放置（卧式）两种型式。垂直过热器和再热器通常布置在烟温较高的水平烟道中，如末级高温过热器和末级再热器。其优点是支吊结构简单，吊挂方便，且不易积灰；缺点是停炉后管内积水不易排除，长期停炉将造成腐蚀。在升炉时工质流量不大，因管内存有积水，可能形成气塞，将管子烧坏，所以在升炉时应注意控制过热器的热负荷；在空气没有完全排除以前，热负荷不能太大。水平布置的对流式过热器和再热器易于疏水排气，但支吊比较麻烦，通常采用有蒸汽或水冷却的悬吊管吊挂，布置在尾部竖井烟道内。塔式锅炉和箱式锅炉的过热器和再热器大多采用水平布置的方式。

根据管内外蒸汽和烟气总的流动方向，对流过热器和再热器可有逆流、顺流和混合流三种布置方式，如图 4-25 所示。逆流布置有最大的传热温压，金属耗量最少，但蒸汽出口温度最高处也是烟温最高处，管子工作条件差。一般在烟温较低区域的低温过热器和低温再热器采用逆流布置方式。顺流方式则相反，传热温压小，耗用金属多，但蒸汽出口处的烟气温度最低，管壁工作条件好，为了在使用现有钢材条件下获得尽可能高的蒸汽温度，末级高温过热器和末级高温再热器都采用顺流布置方式。在烟气低温段采用逆流布置，高温段采用顺流布置形成一种混合流布置，这样低温段具有较大的平均传热温差，高温段管壁温度也不致过高。这是一种合理的折中方案，也是目前常用的布置方式。

大容量锅炉的烟道宽度相对较小，当管排数满足烟气流速后，就不能满足蒸汽流速的要求，因其管内流通截面太小，蒸汽质量流速太大，超过工质压降限制，所以通常以多管并联的型式来满足蒸汽流速的要求。通常，蛇形管有图 4-26 所示的单管圈和多管圈结构。

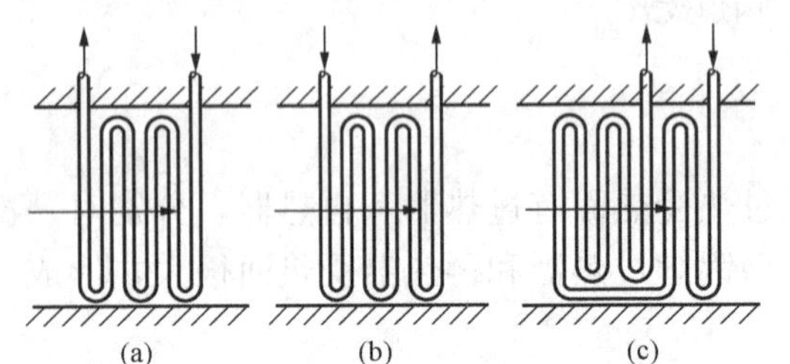

图 4-25 对流式过热器和再热器的布置

(a) 逆流；(b) 顺流；(c) 混合流

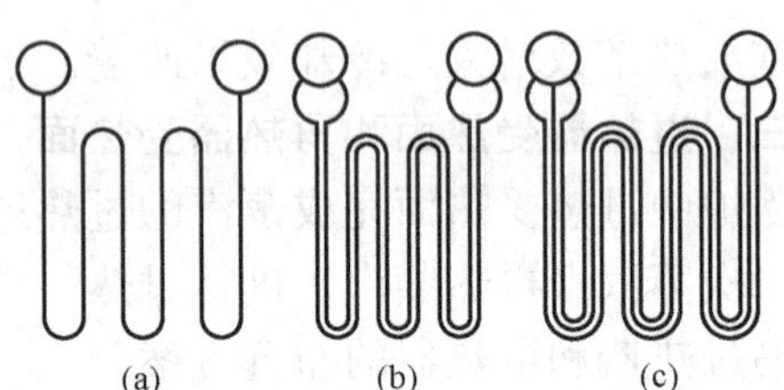

图 4-26 蛇形管结构

(a) 单管圈；(b) 双管圈；(c) 三管圈

2. 屏式过热器

屏式受热面布置在炉膛上部或炉膛出口烟窗处，既收到炉膛的辐射热，也吸收烟气的对流换热，是一种半辐射式受热面，可以作为过热器或再热器。如图 4-27 所示，它们由焊在联箱上的许多 U 形管紧密排列成的管屏组成，通常称为屏式过热器和屏式再热器。管屏通常悬挂在炉顶构架上，可以自由向下膨胀。为了增加屏本身的刚性，保证各屏之间正常的节距，两相邻屏间各抽出一根管子相互夹持在一起。

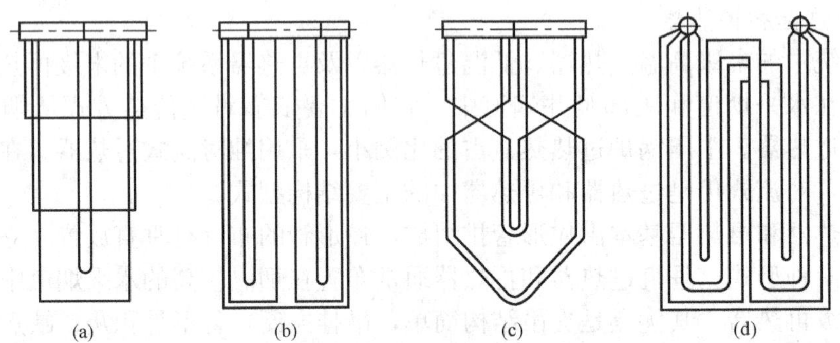

图 4-27 屏式过热器防止外圈管子超温的改进措施

(a) 外圈两圈管子截短；(b) 外圈一圈管子短路；(c) 内外圈管子交叉；
(d) 外圈管子短路，内外管屏交叉

3. 辐射式过热器

布置在炉膛壁面上、直接吸收炉膛辐射热的过热器或再热器，称为辐射式（或墙式）过热器或再热器。高参数大容量锅炉蒸发吸热所占比例减小，为了在炉膛内部布置足够的受热面，就需要布置辐射式过热器或再热器。辐射式受热面具有与对流受热面相反的汽温特性，有利于改善整个过热器和再热器的汽温调节性能，同时由于辐射传热强度大，可减少金属耗量，所以辐射式过热器或再热器已被广泛采用。

辐射式过热器可布置在炉膛四壁或炉顶，可沿炉膛全高度布置或布置在炉膛中上部，也可以与水冷壁管间隔排列或集中布置在某一面墙。

4. 包墙管过热器

现代大型锅炉为了简化炉墙结构，多采用悬吊结构的敷管炉墙，在水平烟道和尾部竖井烟道内壁像布置水冷壁那样布置过热器，称为包墙管过热器或包覆壁过热器。它主要用于悬吊炉墙，传热效果差，不能作为主要受热面。

包覆壁过热器作为炉壁，仅受烟气的单面冲刷，贴壁处烟速较低，对流换热效果较差。在尾部烟道内烟温又较低，布置的受热面较密集，其辐射吸热量也较少。同时包覆壁过热器内蒸汽来自焓增很小的炉顶过热器或直接来自汽包，蒸汽温度较低。因此，包覆壁过热器具有较低的管壁温度，这有利于减少锅炉的散热损失。

包覆壁过热器也具有将蒸汽输送到布置在尾部烟道的低温过热器进口的作用。

5. 过热汽温调节方法

在锅炉运行中，具有各种扰动因素，如负荷变动、燃料水分和灰分的变化、送风量或过量空气系数的变化、给水温度的变化等，都能引起过热蒸汽温度和再热蒸汽温度的变化。

维持稳定的汽温是保证机组安全和经济运行所必需的。汽温过高会使管壁超温，影响机组的安全运行；汽温降低则会影响机组的循环热效率，增加发电煤耗。据计算，过热器在超温 10～20℃下长期运行，其寿命会缩短一半以上；而汽温降低 10℃，会使循环热效率降低 0.5%。运行中要求在 70%～100%负荷范围内变化时，过热蒸汽温度与额定值的偏差应在 −10～+5℃范围内。大容量高参数锅炉甚至要求 35%以上负荷，汽温波动在±5℃以内。

电站锅炉调节汽温的方法有表面式减温器、喷水式减温器、摆动式燃烧器。由于表面式减温器热惯性大，它是一个给水与蒸汽之间的换热器，在中压参数锅炉中仍有应用，大型锅炉已被淘汰。

（1）喷水式减温器。喷水式减温器又称混合式减温器，是将减温水直接喷入过热蒸汽中，经喷嘴雾化的减温水滴从蒸中汽吸收热量、升温、汽化、与蒸汽混合，从而降低蒸汽温度。调节喷入的水量，可以达到调节汽温的目的。喷水减温调节法是一种最简便的汽温调节方式，它的热惯性小，调节灵敏，易于自动化，结构简单，运行可靠，是现代大型锅炉必不可少的调节手段。

喷水式减温器所用的减温水，必须是高纯度的除盐水或凝结水，以保证过热蒸汽不被喷水所污染。在直流锅炉中以及在使用除盐水、凝结水或蒸馏水作为补给水的汽包锅炉中，可直接采用给水作为减温水源。

（2）摆动式燃烧器。利用摆动式燃烧器上下摆动，改变火焰中心位置，从而改变炉膛出口的烟温，可以调节过热汽温或再热汽温。在高负荷时，燃烧器向下倾斜；低负荷时，燃烧器向上倾斜。一般燃烧器摆动±（20°～30°）时，炉膛出口烟温变化约为 110～140℃，蒸汽温度的最大调节幅度为 40～60℃。通常摆动式燃烧器只作为蒸汽温度粗调手段，细调应采用喷水式减温器。

四、再热器受热面的特殊问题

为了提高机组热循环的经济性，减少汽轮机末级叶片处的蒸汽湿度，超高参数机组一般采用中间再热。将汽轮机高压缸排汽引入锅炉，重新加热至高温，然后再引入中压缸膨胀做功。锅炉中重新加热蒸汽的部件称为再热器。

当汽轮机甩负荷或机组启、停时，再热器无蒸汽冷却，需将过热蒸汽通过快速减温、减压装置引入再热器。再热汽温的影响因素和调节要求与过热器相同。由于再热器工作的特殊性，再热汽温的调节方法有不同之处。首先当负荷变动时，再热汽温比过热汽温变化剧烈，幅度大；其次由于喷入水只在中、低压缸做功，再热器采用喷水调节会使机组循环效率降低。计算表明，若再热蒸汽内喷入1%的水，循环效率降低0.1%～0.25%，因此，喷水式减温不再是再热汽温调节的主要手段，其主要手段有烟气再循环、烟道挡板、摆动燃烧器等方法。

1. 烟气再循环

用烟气再循环风机从省煤器后抽出一部分温度为300～350℃的烟气，将其送回至炉子底部（如冷灰斗下部），形成烟气再循环。随着烟气再循环率的增加，炉内辐射传热量减少，而所有对流受热面（包括过热器、再热器、省煤器）的吸热量都有所增加；同时处于低温区的对流受热面吸热量变化大，处于高温区的对流受热面吸热量变化小。一般再热器均布置在烟气温度较低的区域，故其调节幅度较大。在某些锅炉中，再循环烟气在炉膛出口处送入炉内。这种再循环的作用是为了降低炉膛出口烟温，以减少或防止炉膛出口处和高温过热器结渣。

烟气再循环的缺点：烟气再循环需要能承受高温和耐磨的再循环风机；飞灰再循环加速了受热面的磨损；炉膛温度水平降低，对燃烧也不利；燃料的未完全燃烧热损失和排烟热损失有所增加。

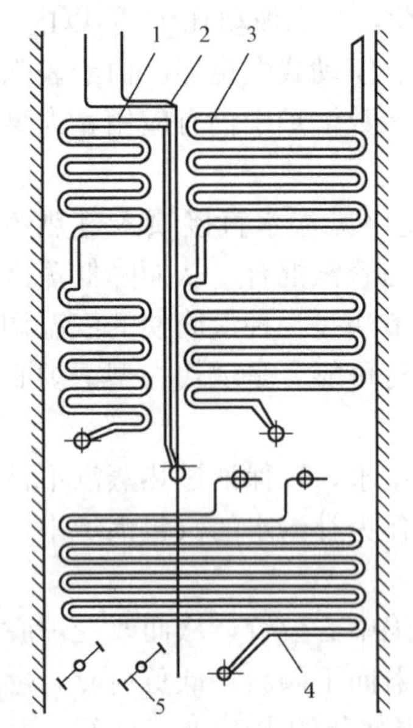

图4-28　尾部烟道分割挡板

1—过热器；2—分隔墙；3—再热器；4—省煤器；5—挡板

2. 烟道挡板

当再热器布置在锅炉对流烟道内时，为了调节再热汽温，有时将对流烟道用隔墙分开，而将再热器和过热器分别布置在相互隔开的两个烟道中，在其后布置省煤器，在出口处设有可调烟道挡板，如图4-28所示。

调节这些烟道挡板，可以改变流经两个烟道的烟气流量，也就是改变两个并联烟道中的烟气分配比率，从而调节再热汽温。烟气流量的改变，也会影响到过热汽温，但可通过调节减温器的喷水量来维持过热汽温稳定。再热器进口的喷水式减温器正常情况下是不运行的，只是在再热器出口处温度上升，并且不能被挡板控制的情况下作为紧急减温器使用。为防止烟道挡板的热变形，挡板应布置在烟温400℃左右的区域，并应防止磨损。挡板一般由耐热铸铁或耐热钢制成，在某些情况下还涂上防磨涂料。

采用烟道挡板调温的主要优点是结构简单、操作方便，在调节再热汽温时，对炉膛的燃烧工况影响较小，且调温幅度较大；其缺点是汽温调节的延迟时间太大，挡板的开度与汽温变化不呈线性关系，而大多数挡板只有在0～40%的开度范围内比较有效，挡板开得较大时易引起磨损，关得较小时又易引起积灰。

在用烟道挡板调节再热汽温时，必须考虑到对过热汽温的影响。若想提高再热汽温，应在开大再热器侧挡板前，检查一下是否有一定的过热器减温水量。因为在开大再热器侧挡板时，过热器侧挡板关小，低温过热器出口温度降低，此时必须减小减温水量，以保持过热汽温稳定。否则，虽然再热器温升增大，但因为低温过热器出口温度下降，引起主蒸汽温度降低，导致高压排汽缸（再热器入口）温度降低，最后导致再热器出口温度没有什么变化。

五、省煤器

省煤器和空气预热器布置在锅炉对流烟道的最后，进入这些受热面的烟气温度已不高，故常把这两个部件称为尾部受热面或低温受热面。

省煤器在锅炉中的主要作用是：第一，吸收低温烟气的热量以降低排烟温度，提高锅炉效率，节省燃料。第二，由于给水在进入蒸发受热面之前，先在省煤器内加热，这样就减少了水在蒸发受热面内的吸热量。因此，采用省煤器可以取代部分蒸发受热面，也就是以管径较小、管壁较薄、传热温差较大、价格较低的省煤器来代替部分造价较高的蒸发受热面。第三，提高了进入汽包的给水温度，减少了给水与汽包壁之间的温差，从而使汽包热应力降低。基于这些原因，省煤器已成为现代锅炉必不可少的换热部件。

按照省煤器出口工质的状态可将其分为沸腾式和非沸腾式两种。当出口水温低于饱和温度时称为非沸腾式省煤器，当水被加热到饱和温度并产生部分蒸汽时称为沸腾式省煤器。对于中压锅炉，由于水的汽化潜热大，因而蒸发吸热量大，为不使炉膛出口烟温过低，有时就要采用沸腾式省煤器，以减少炉膛内蒸发吸热量，高压参数以上锅炉的省煤器都是非沸腾式省煤器。

省煤器按其所用材料的不同可分为铸铁式和钢管式两种。铸铁式耐磨损、耐腐蚀，但不能承受高压，目前只能用在小容量锅炉上。

六、空气预热器

空气预热器是利用烟气的热量来加热燃烧所需空气的热交换设备。由于它工作在烟气温度最低的区域，回收了烟气的热量，降低了排烟温度，因而提高了锅炉效率。通常排烟温度每降低 10～20℃，可提高锅炉热效率约 1%。同时也由于空气被预热，强化了燃料的着火和燃烧过程，减少了气体未完全燃烧损失和固体未完全燃烧损失，提高了锅炉效率。空气预热还能提高炉膛内烟气温度，强化炉内辐射换热。因此，空气预热器已成为现代锅炉的一个重要组成部分。

按照换热方式，空气预热器分为两大类：传热式和蓄热式（或称再生式）。在传热式空气预热器中，热量是连续地通过传热面由烟气传给空气，烟气和空气有各自的通路；在蓄热式空气预热器中，烟气和空气交替地通过受热面，当烟气流过受热面时，热量由烟气传给受热面金属，并被金属蓄积起来，然后使空气通过受热面，金属将蓄积的热量再传给空气。

1. 管式空气预热器

管式空气预热器是一种传热式空气预热器，通过烟气在管内流动纵向冲刷管壁，空气在管外横向冲刷管壁，进行热交换过程。管式空气预热器由许多直管组成，通常呈错列布置，管子两端焊接在上下管板上，外加密封墙板。管子多为碳素钢管，目前为了减轻空气预热器的腐蚀，也有用玻璃管、陶瓷管或其他耐腐蚀材料。管径越小，则传热效果越好，所需受热面积可以减小，布置更加紧凑。但管径过小容易堵灰。

2. 回转式空气预热器

回转式空气预热器是一种蓄热式空气预热器，它利用烟气和空气交替地通过金属受热面来加热空气。目前电站锅炉广泛采用的是二分仓或三分仓回转式空气预热器。

三分仓结构，就是把流通工质分为烟气（负压）、一次风（高压）和二次风（低压）三个通道，三个通道之间采用可靠的密封装置分隔。300MW 以上机组的锅炉多采用三分仓回转式空气预热器，即将高压一次风和低压二次风分隔在两个分仓进行预热，二次风可用低压头送风机，以降低风机的电耗。图 4-29 所示为受热面旋转的三分仓回转式空气预热器典型布置。回转式空气预热器具有下列优点：外形小，质量小；传热元件允许有较大的磨损，特别适用于大容量锅炉；缺点：漏风大，结构复杂。

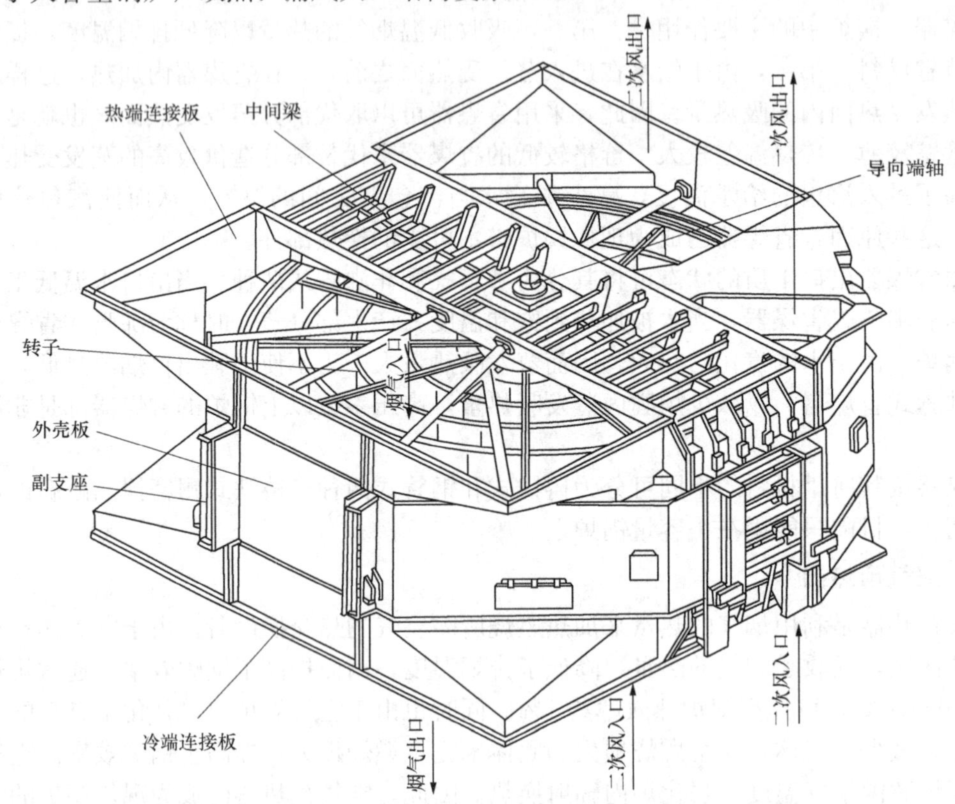

图 4-29　三分仓回转式空气预热器

第四节　锅炉汽水系统及其设备

锅炉的汽水系统是指给水和蒸汽流经的设备及其管道所组成的系统。汽水系统及其设备的连接情况如图 4-30 所示。

一、锅炉给水系统及其设备

锅炉给水系统由从除氧器水箱经给水泵、高压加热器到省煤器的全部给水管道、阀门、附件等组成，其作用是向锅炉提供连续不断的给水。给水系统按其压力不同可分为低压和高压给水系统：由除氧器到给水泵进口侧之间的管道、阀门及附件组成的系统称低压给水系统；由给水泵出口经高压加热器至锅炉省煤器的管道、阀门及附件组成的系统称为高压给水系统。与高压给水系统平行的另一条不经高压加热器的管路称为冷供管，作为锅炉点火时上水及高压加热器停用时向锅炉供水的通道。

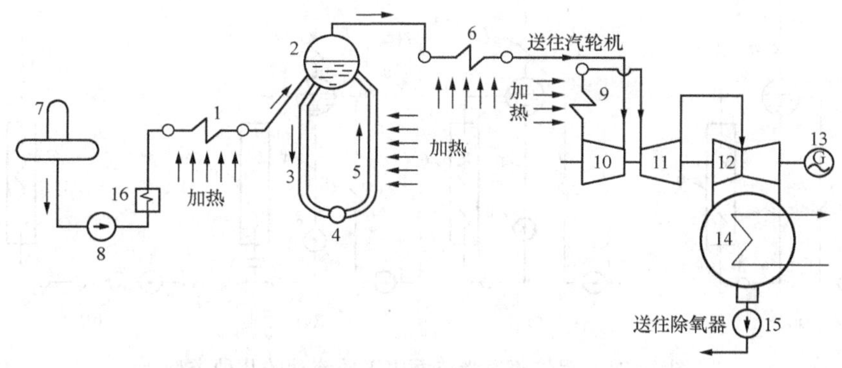

图 4 - 30　汽水系统

1—省煤器；2—汽包；3—下降管；4—联箱；5—上升管；6—过热器；7—除氧器；8—给水泵；9—再热器；10—汽轮机高压缸；11—汽轮机中压缸；12—汽轮机低压缸；13—发电机；14—凝汽器；15—凝结水泵；16—高压加热器

锅炉运行时，一方面要不断地产生蒸汽送往汽轮机，另一方面必须不断地向锅炉给水。另外为了保证锅炉能连续安全运行，给水系统必须十分可靠，而且能根据锅炉负荷的变化，灵活地调节给水量。大容量锅炉的水容量都很小，尤其是直流锅炉，一旦给水系统发生故障，将造成锅炉断水干烧，因此，一般每台锅炉均设有备用给水泵，以保证供水的可靠性。

1. 给水泵

给水泵是锅炉的重要辅助设备之一，其作用是向锅炉连续给水，要求给水可靠，并且在锅炉负荷变化时，调整给水量，给水压力变化要很小。

给水泵的驱动方式有电动和汽动两种，大型发电机组为了提高系统的经济性，节省厂用电，便于负荷调节，主给水泵常采用汽动泵，启动给水泵采用电动泵。

2. 省煤器

前面介绍过，省煤器是利用锅炉尾部烟气的热量加热锅炉给水的热交换设备。它装在锅炉本体尾部的垂直烟道中，降低排烟温度，提高锅炉效率，达到节省燃料的目的。

3. 给水管道

给水管道主要由管子、管子的连接件（弯头、法兰等）、附件（各种阀门）、远距离操纵机构、测量装置、管子支吊架等元件组成。给水管道附件主要是各种阀门，如用作关断用的阀门（截止阀、闸阀等），作调节用的阀门（压力调节阀、流量调节阀等），作保护用的阀门（逆止阀、安全阀）等。锅炉汽包、过热器上都装有安全阀，给水管道上也安装有安全阀。

二、锅炉水循环系统及设备

（一）水循环方式

锅炉水循环方式即工质在锅炉各受热面流动的方式。工质在省煤器、过热器中的流动均属强制流动，且不往返循环，而蒸发受热面中的工质流动则可以是循环，也可以是一次通过的；循环流动的可以是自然循环，也可以是强制循环。

自然循环锅炉循环方式简单，工质依靠下降管中的水与上升管中汽水混合物之间的密度差进行循环。如图 4 - 31（a）所示。在自然循环锅炉中，给水送到省煤器中受热，然后输送到锅炉汽包。给水流量由给水控制阀和给水泵控制，所需给水流量取决于生产的蒸汽流量与汽包中的水位。

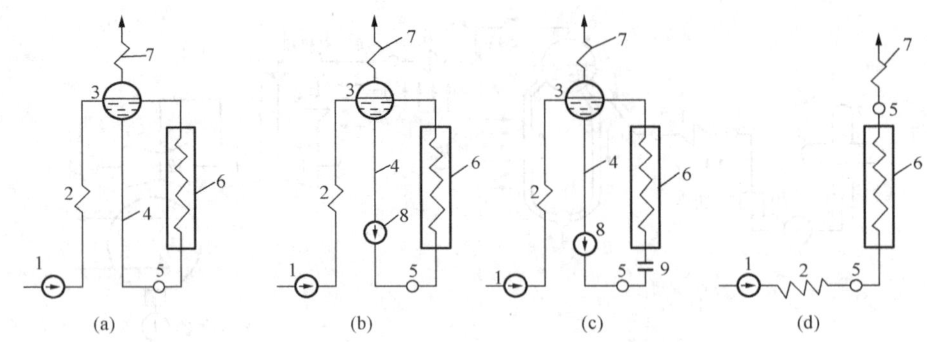

图 4-31 锅炉蒸发受热面内工质流动的几种类型

(a) 自然循环锅炉；(b) 强制循环锅炉；(c) 控制循环锅炉；(d) 直流锅炉

1—给水泵；2—省煤器；3—汽包；4—下降管；5—混合器；

6—水冷壁；7—过热器；8—循环泵；9—节流圈

自然循环锅炉的主要特征是有一个直径较大的汽包。由于有汽包，自然循环锅炉主要有如下的特点：

(1) 汽包是锅炉中省煤器、过热器和蒸发受热面的分隔容器。有了汽包，给水的加热、蒸发和过热等相应的各个受热面就有了明显的分界，因而汽水流动特性相应比较简单，容易掌握。

(2) 由于自然循环的推动力主要依靠水汽的密度差，因而自然循环锅炉的蒸发受热面就是由许多垂直管子组成的水冷壁，可以尽量减少弯头，以减少流动阻力，保证水循环的安全。

(3) 汽包内部装有汽水分离装置，从水冷壁上升管进入汽包的汽水混合物，可以在汽水分离装置中进行汽水分离，以减少饱和蒸汽带水。

(4) 锅炉的水容量及相应的蓄热能力较大，因此，当负荷变化时，汽包水位及蒸汽压力的变化速度较慢，对机组的调节要求可以低一些，但由于水容量大，加上大直径的汽包壁较厚，加热、冷却不易均匀，使锅炉的启、停速度受到限制。

按照工质在锅炉蒸发受热面中的流动方式，还有强制循环锅炉、控制循环锅炉和直流锅炉，如图 4-31 (b)、(c)、(d) 所示。强制循环锅炉和控制循环锅炉是在自然循环的基础上发展起来的，除了依靠水与汽水混合物之间密度差以外，主要在下降管和上升管之间装有循环泵，用来提高循环回路的流动压力。直流锅炉蒸发受热面中工质的流动是依靠给水泵的压头来完成的，给水在给水泵的压头下，一次通过加热、蒸发、过热各个受热面，所有受热面中工质均为强制流动。

(二) 自然循环原理及自然循环锅炉

在锅炉冷态时，下降管和上升管都处于常温状态，管中的工质为相同温度的水，是不流动的。当锅炉运行时，上升管接受炉膛辐射传热，水逐渐汽化变成蒸汽，此时管中的工质变为汽水混合物，而下降管因在炉外不受热，其内部仍为水。由于汽水混合物的密度小于水的密度，于是就产生了一个流动压头，这个流动压头称为水循环动力，使管内工质产生流动。汽水混合物向上流动，经上联箱和汽水混合物引出管进入汽包。汽水混合物中的蒸汽进入汽包上部的汽空间，水流入汽包下部的水空间，并与送入汽包的给水一起再次进入下降管，经下联箱分配到水冷壁内。水从汽包—下降管—下联箱—水冷壁—上联箱—引出管—汽包，组成一个闭合流动回路，这个回路称为锅炉水循环回路。只要上升管不断受热，这个流动过程就会不断地进行下去。这样，就形成了水和汽水混合物在蒸发设备的循环回路中的连续流动。这种水循环称为自然循环，利用自然循环原理设计制造的锅炉，称为自然循环锅炉。

要使锅炉安全可靠地运行，就必须保证所有的受热面都得到工质足够的冷却，以保持金属壁温不超过所用钢材的允许工作温度。对自然循环锅炉的蒸发受热面而言，必须保证正常的水循环，使管子内壁有连续的水膜流动以冷却管壁。因此，锅炉水循环的可靠性是保证锅炉安全工作的重要问题之一。

锅炉压力越高，水和汽的密度越接近，运动压头就越低。上升管内产汽率增高时，汽水混合物的密度减小，可使运动压头增加。但是，上升管过高的产汽率也是不适宜的，过高的产汽率会使工质体积增加，从而增加流动阻力，同时因为管内含汽量太多会使管壁的冷却条件恶化而过热烧坏。循环回路的阻力越小，则产生的循环流速越高，水循环就越可靠。为了尽量减小循环回路的阻力，可采用大口径下降管，以增加循环流速，使上升管能得到充分冷却，保障锅炉安全运行。

（三）强制流动原理及强制流动锅炉

强制流动锅炉是大型锅炉发展的主要型式之一。强制流动锅炉有控制循环锅炉、直流锅炉和复合循环锅炉三种基本类型。控制循环锅炉又称多次强制循环锅炉，也属于汽包锅炉；直流锅炉无汽包，工质在水冷壁内一次蒸发成蒸汽；复合循环锅炉是在负荷较低时部分工质在水冷壁中进行再循环，高负荷时转入与直流锅炉相同的运行方式。

1. 控制循环锅炉

控制循环锅炉是由自然循环锅炉发展而成，它在循环回路的下降管上装置循环泵，如图4-31（c）所示。控制循环锅炉水循环回路的运动压头由自然循环运动压头和循环泵提升压头两部分组成。因而控制循环锅炉的运动压头比自然循环锅炉大的多，能克服较大的流动阻力。

2. 直流锅炉

直流锅炉没有汽包，给水在给水泵压头的推动下，依次流过省煤器、水冷壁、过热器受热面，完成水加热、汽化和蒸汽过热过程。直流锅炉有以下特点：

（1）直流锅炉给水泵压头比汽包锅炉的高。自然循环汽包锅炉水冷壁系统工质流动阻力由运动压头克服，控制循环汽包锅炉的阻力由运动压头和炉水循环泵克服，直流锅炉流动阻力则完全由给水泵压头克服。因此，直流锅炉给水泵压头要比汽包锅炉的高，给水泵电耗相应也较大。但直流锅炉可不受工质压力的限制，目前汽包锅炉的工质压力最高达亚临界压力，而直流锅炉超临界压力或亚临界压力都适用。

（2）直流锅炉水冷壁允许有较大的压力降。由于给水泵能提供较高的压头，因此，直流锅炉的水冷壁允许有较大的流动阻力。

（3）直流锅炉在结构上虽然有省煤器、水冷壁和过热器，但在运行工况下，水、汽水混合物，过热汽的分界点在受热面上的位置随不同工况而变化，从而使其运行特性和汽包锅炉有明显的差别。

3. 复合循环锅炉

复合循环锅炉是在直流锅炉和控制循环锅炉的基础上发展起来的，适合亚临界和超临界参数，它依靠锅水循环泵的压头使部分工质在水冷壁中进行再循环。再循环的负荷范围可分为部分负荷再循环和全负荷再循环两种。部分负荷再循环就是在低负荷时进行再循环，高负荷时转入直流运行，故又称为复合循环锅炉。

（四）水循环系统部件

1. 汽包

汽包（也称锅筒）是锅炉蒸发设备中的主要部件。它是一个汇集锅水和饱和蒸汽的圆筒形容器。汽包横置于炉外的顶部，不受火焰和烟气的直接加热，并有良好的保温层。汽包与其上各种管道的连接均采用焊接方式。大容量锅炉的汽包内径为1600～1800mm，壁厚80～100mm，长度为10～26m。它的作用如下：

（1）汽包是锅炉的加热、蒸发、过热三个过程的连接枢纽。它与下降管、联箱、水冷壁管等组成锅炉的水循环回路，接受来自水冷壁中的汽水混合物，同时又接受省煤器来的给水，还向过热器输送饱和蒸汽。

（2）汽包中存有一定的汽、水，因而它有一定的蓄热能力。这样，在负荷变化时起蓄热器和蓄水器的作用，可以减缓汽压变化的速度。如当外界蒸汽负荷增加而燃烧工况尚未调节时，汽压要下降，处于原来汽压下饱和温度的水要降温至新压力下的饱和温度，放热蒸发出一部分蒸汽；同时与蒸发系统相关联的金属壁和构架等的温度也将下降，它们都会释放热量，使锅水汽化而产生一些蒸汽。这些附加蒸汽部分地弥补产汽量的不足，使汽压的下降速度减缓。相反，当外界蒸汽负荷减少而燃烧工况尚未调节时，水和金属因汽压的增高，水饱和温度的升高而吸收热量，使汽压的上升速度减慢。

（3）汽包中设有蒸汽净化装置，它可保证蒸汽品质。

（4）汽包上还装有压力表、水位计和安全阀等，从而保证锅炉的安全工作。

2. 下降管

下降管的作用是把汽包中的水连续不断地送往下联箱再分配到各水冷壁管。为了保证水循环的可靠性，下降管一般置于炉外不受热。为减少散热损失，下降管外应设保温。下降管的一端与汽包连接，另一端与下联箱连接，以维持正常的水循环。下降管有小直径分散下降管和大直径集中下降管两种。小直径分散下降管的特点是管径小、阻力大，对水循环不利，它一般直接与水冷壁下联箱连接。为了减小流动阻力，节约钢材，目前生产的高压、超高压、亚临界压力自然循环锅炉都采用大直径下降管，它不直接与下联箱相连，而是在锅炉下部通过较小直径的分支引出管与各水冷壁下联箱连接，达到配水均匀的目的。

3. 联箱

联箱实际上是直径较大而两端封闭的圆管，用来将直径较小的管子连通在一起，起汇集工质、混合工质及分配工质的作用。锅炉的省煤器、水冷壁、过热器上都有联箱。联箱不受热。此外，下联箱上还装有定期排污装置和监视水冷壁膨胀用的膨胀指示器，有的还装有加强水循环用的循环推动器。

4. 水冷壁

水冷壁是自然循环回路中的受热面，它是由连续排列的管子组成的辐射传热平面，紧贴炉墙形成炉膛周壁。其详细结构已在前面介绍过了。

三、锅内装置及其蒸汽净化

蒸汽中含有杂质的现象称为蒸汽污染。给水虽然经过锅外处理，绝大多数盐类物质和杂质均已除去，但仍有残余盐类物质。当给水在蒸发受热面中不断蒸发，给水中的盐类物质在锅水中浓缩，致使锅水的含盐浓度大大高于给水的含盐浓度。

含有盐类物质的饱和蒸汽进入过热器后，由于水完全蒸干和温度升高，盐类物质会析出沉积在过热器中；盐类随过热蒸汽进入汽轮机，随着压力降低、比体积增大致使盐类物质的溶解度降低发生沉积。盐类物质沉积在过热器中将使传热减弱，管壁温度升高，严重时堵塞过热器流通管道，导致过热器得不到充分冷却，过热损坏；盐类物质沉积在汽轮机中的通流部分将减小流通截面积，增加流动阻力，致使汽轮机出力降低，振动加大；如沉积在蒸汽管道的阀门处，可能引起阀门漏汽和动作失灵。

要获得合乎要求的高品质蒸汽，除对给水进行严格处理外，还必须控制锅水的含盐量，减少饱和蒸汽带水和减少溶解于蒸汽中的盐量。

在汽包内安装汽水分离设备（见图4-32）进行高效的汽水分离，可以显著地减少饱和蒸汽对水分的机械携带，提高蒸汽品质。

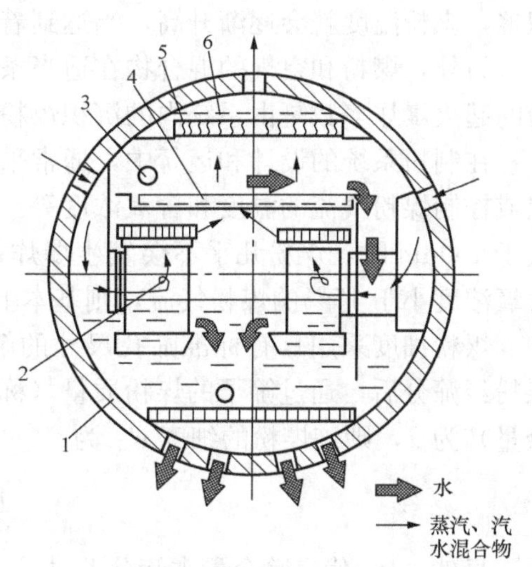

图4-32　汽包内部装置

1—汽包；2—旋风分离器；3—给水管；4—清洗装置；5—百叶窗分离；6—均汽孔板

给水带入汽包中的杂质只有很少一部分被蒸汽带走，绝大部分被残留在锅水之中，加之锅水中的结垢物质部分转变成水渣及金属的腐蚀产物，锅水中含有多种可溶和不溶解的杂质。随着锅水的不断蒸发，锅水中杂质含量也逐渐增多。因此，为保证蒸汽品质和锅炉安全，在运行中必须排除部分杂质浓度高的锅水，补充清洁的给水，才能使锅水质量符合要求。这种从锅炉中放出部分锅水并补充部分新鲜给水的方法称为排污。锅炉排污分为定期排污和连续排污两种。定期排污是定时地从锅炉水冷壁的下联箱排放出部分锅水的方法，其目的是排放沉积在锅炉下部的沉淀物——水渣。定期排污量的多少以及时间间隔，根据汽水品质的要求而定。连续排污的目的是不断地排除锅水中溶解的部分盐类物质，使锅水的含盐量和其他水质指标保持在规定范围内，所以连续排污地点应在锅水含盐浓度最大的部位，通常在汽包水面附近，在正常水位下200～300mm处。锅炉连续排污不仅是工质损失，而且伴有热量损失。为回收这部分工质以及利用其热量，现代电厂均装有连续排污利用系统。

排污虽然可降低锅水含盐量，但同时也不可能全部回收工质和热量的损失，从而影响电厂的效率，因此，对排污量应有所限制。一般对凝汽式电厂排污率（锅炉的排污量占锅炉蒸发量的份额）为1%～2%，对补水较多的热电厂排污率为3%～7%。

第五节　锅炉的主要辅助设备及系统

锅炉的辅助设备较多，在电厂中，有些设备不直接属于锅炉车间管理，但都是锅炉的辅助设备。有煤粉制备系统、锅炉通风系统、烟尘处理系统、锅炉水处理系统、燃料运输系统、除灰系统、给水系统和供水系统等。其中燃料运输系统、除灰系统、供水系统在第三章已作介绍。

一、煤粉制备系统

1. 煤粉的性质

煤粉由各种尺寸不均、形状不规则的微小颗粒组成，它们的尺寸为 0～500μm，其中多数为 20～50μm。

新磨制的干煤粉由于粒径很小，其表面具有很强的吸附空气的能力，因此，煤粉能够与空气混合而具有良好的流动性。煤粉越细、越干，流动性就越好。发电厂利用煤粉的这一特性采用管道对煤粉进行气力输送。但煤粉的流动性也容易引起制粉系统漏粉和煤粉自流，影响锅炉的安全工作及环境卫生，因而要求制粉系统具有足够的严密性。

积存的煤粉在氧化介质中会不断地被氧化，在散热不良时，缓慢氧化产生的热量将不断积聚，煤粉温度就会逐渐升高，当达到着火点时，则会引起煤粉的自燃。

另外，煤粉和空气的混合物在适当条件下与明火接触时，还会发生爆炸。制粉系统内煤粉的起火爆炸多数是由系统内的沉积煤粉自燃所引起的。

在制粉系统的设计和运行中，通常采用的防爆手段是：设法避免或消除煤粉的沉积，限定或控制煤粉气流的温度和含氧浓度等。实践表明：当煤粉的挥发分含量 $V_{daf}<10\%$或粒度大于 100μm 时，煤粉几乎不会发生爆炸；对温度低于 100℃、含粉浓度避开了危险浓度或含氧浓度小于 15%的煤粉气流，则基本上不存在爆炸的危险。

煤粉细度采用具有标准筛孔尺寸的筛子来测定。若标准筛孔边长（孔径）为 x(μm)，煤粉经筛分后，通过筛子的煤粉质量（称为过筛量）为 b，留在筛子上的煤粉质量（称为筛余量）为 a，则该煤粉的细度 R_x 为

$$R_x=\frac{a}{a+b}$$

显然，R_x 代表筛余量占筛分前试验煤粉质量的百分数。对确定的筛子，R_x 越小，说明煤粉越细。

煤粉细度对煤粉气流的着火和焦炭的燃尽以及磨煤运行费用（包括磨煤电耗费用和磨煤设备的金属磨耗费用）等都有直接影响。从燃烧角度考虑，煤粉磨得越细，则越容易着火并达到完全燃烧，煤的固体未完全燃烧损失就越小；但对磨煤设备而言，这将导致磨煤运行费用的增加。显然，比较合理的煤粉细度应根据燃料种类、锅炉燃烧技术对煤粉细度的要求以及磨煤运行费用等方面进行技术经济比较来确定。通常把固体未完全燃烧损失和磨煤运行费用最小时所对应的煤粉细度 R_{90} 称为经济细度。

2. 磨煤机

磨煤机是制粉系统的主要设备，其作用是将具有一定尺寸的煤块干燥、破碎并磨制成煤粉。煤在磨煤机中被磨制成煤粉，主要是受到撞击、挤压和研磨三种力作用的结果。各种磨煤机的工作原理往往并不是单独一种力的作用，而是几种力的综合作用。

磨煤机的型式很多，按磨煤机转速的高低通常可分为下列三种类型：

（1）低速磨煤机。转速为 15～25r/min，如筒式钢球磨煤机（简称球磨机）。

（2）中速磨煤机。转速为 50～300r/min，包括中速平盘式磨煤机（简称中速平盘磨）、中速钢球式磨煤机（简称中速球式磨或 E 型磨）、中速碗式磨煤机（简称中速碗式磨）以及 MPS 磨煤机等。

(3) 高速磨煤机。转速为500～1500r/min，包括风扇式磨煤机和锤击式磨煤机等。

我国燃煤电厂目前广泛应用的是筒式钢球磨煤机，其次是中速磨煤机和风扇磨煤机。由于中速磨煤机电耗低，特别是低负荷时比筒式钢球磨煤机电耗低得多，在煤种适合的情况下，推荐采用中速磨煤机。

3. 制粉系统

制粉系统有直吹式和中间储仓式两类。直吹式制粉系统是将磨煤机磨制的煤粉直接送入炉膛燃烧，因此，要求磨煤量必须与锅炉燃煤量一致，该系统一般配用中速磨煤机或风扇式磨煤机。中间储仓式制粉系统是先将磨制的煤粉储存在煤粉仓里，然后再根据锅炉负荷的需要，经给粉机将煤粉送入炉膛，这种系统一般配用筒式钢球磨煤机。

直吹式制粉系统按磨煤机所处的压力状态，可分为正压系统和负压系统。图4-33为中速磨煤机直吹式制粉系统图。在负压系统中，原煤从原煤仓落下，经给煤机送入磨煤机。由空气预热器出来的一股热风作为干燥剂送入磨煤机，在制粉系统内干燥煤粉，然后经过排粉机作为一次风输送细煤粉进入炉膛。这种制粉系统的特点是将排粉机放在磨煤机后面，磨煤机内保持负压，防止煤粉外漏。在正压系统中，磨煤机放在排粉机之后，磨煤机处于正压状态。由于正压系统容易造成漏粉，污染车间环境，目前很少采用。

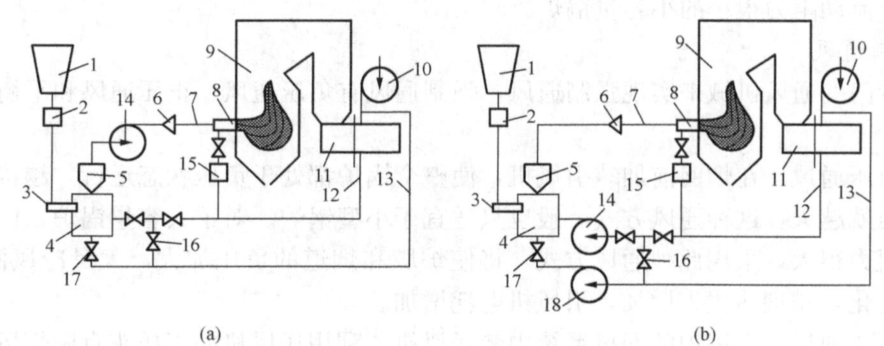

图4-33 直吹式制粉系统

(a) 负压系统；(b) 正压系统

1—原煤仓；2—自动磅秤；3—给煤机；4—磨煤机；5—粗粉分离器；6—一次风箱；7—煤粉管道；8—燃烧器；9—锅炉；10—送风机；11—空气预热器；12—热风管道；13—冷风管道；14—排粉机；15—二次风箱；16—冷风门；17—磨煤机密封门；18—密封风机

直吹式系统简单、设备少、布置紧凑、钢材耗量少、投资省、运行电耗也较低，但制粉系统设备的工作直接影响锅炉的运行工况，运行可靠性相对较差，因而在系统中需设置备用磨煤机。

中间储仓式系统有煤粉仓储存煤粉，并可通过螺旋给粉机在相邻制粉系统间调剂煤粉，供粉的可靠性较高。此外，磨煤机可经常在经济负荷下运行，当储粉量足够时，还可停止磨煤机工作而并不影响锅炉的正常运行。储仓式系统的主要缺点是系统复杂，钢材耗量多，初投资大，运行费用高，煤粉自燃爆炸的可能性也比直吹式系统要大。

4. 制粉系统的其他部件

粗粉分离器的作用是把不合格的大颗粒煤粉分离出来，并送回磨煤机。依工作原理不同有重力分离、惯性分离和离心分离等几种形式。

细粉分离器也称旋风分离器，它的作用是将气粉混合物中的煤粉分离出来。

给煤机的作用是调节进入磨煤机的煤量。给煤机有圆盘式给煤机和振动式给煤机两种。

给粉机的作用是调节进入一次风管的煤粉量，以适应负荷变化的要求，这是锅炉正常运行时主要调节手段之一。常用叶轮式给粉机。

锁气器的作用是只允许煤粉通过，不允许气体倒流。

二、锅炉通风系统

锅炉通风系统的作用是供给燃料燃烧所需要的空气，排走燃料燃烧所生成的烟气，克服空气流经各个部件和烟气流经各个受热面的流动阻力，维持锅炉燃烧连续不断进行。锅炉通风方式有两种：自然通风和强制通风。

1. 自然通风

由于烟囱内热烟气温度高，约为100℃，密度小，而外界空气温度低，密度大，在烟囱高度范围内，冷、热气流的密度差产生的自生吸力，称为自然通风。通风能力的大小取决于烟囱高度、烟气与外界空气的温度差及当地大气压力等因素。烟气温度越高，环境温度越低，烟囱越高，则通风能力越大。现代大型电厂锅炉为了使烟尘远距离扩散，都建有很高的烟囱，产生一定的自生通风能力，但单纯的自然通风，仍不能满足锅炉的通风需要，这种方式只适用于流动阻力很小的小容量锅炉。

2. 强制通风

采用专门的通风机械来实现强制通风，强制通风有负压通风、正压通风和平衡通风三种形式。

（1）负压通风。在烟囱前加装引风机，使整个锅炉都处于负压状态运行，越接近引风机入口，负压就越大。这种通风方式一般也只适宜于小型锅炉。对于大容量锅炉，由于烟风通道的流动阻力很大，采用此种通风方式，将使炉膛和烟道的负压加大，大量冷风漏入锅炉，引起燃烧恶化，排烟热损失增加，引风机电耗增加。

（2）正压通风。在锅炉的通风系统中装送风机，利用送风机的正压头克服烟风道的全部流动阻力。该种通风方式下，锅炉中的所有设备都处在正压状态下远行，从送风机出口到烟囱进口，压力逐渐降低。这种通风方式的优点是省去了在烟气高温下工作的引风机，简化了系统；系统不向锅炉内漏风，锅炉效率提高；通过风机的是干净空气，风机无磨损。但其缺点是锅炉处于正压状态运行，火焰和烟尘容易外漏，对锅炉的密封要求很严。

（3）平衡通风。平衡通风是电站锅炉中应用最广泛的一种通风方式，如图4-34所示。在锅炉烟风道中同时装有送风机和引风机，利用送风机的正压头来克服空气流动的阻力，包括风道、空气预热器和燃烧器的阻力，利用引风机的负压头来克服烟气的流动阻力，包括烟道和各个受热面的阻力，并使炉膛出口维持20～50Pa的负压。从送风机出口到炉膛进口，整个空气流程都处于正压状态。从炉膛至引风机进口，整个烟气流程都处于负压状态。这种通风方式，炉膛和烟道的负压不高，漏风较小，而且炉膛及烟道的烟尘也不至于外漏。

3. 送、引风机

送风机向锅炉送入燃料燃烧需要的新鲜空气，引风机将燃烧后的烟气吸出并送往烟囱，排入大气。中小型机组常用的风机为离心式，随着电厂机组容量的增大，风机容量也随之增大，但风压并不要求很高，所以大容量锅炉的送、引风机趋向于选用轴流式风机。而锅炉引风机由于烟气中含有尘粒，对叶片磨损严重，目前仍有采用离心式风机。轴流式风机的缺点是噪声强度高，转子结构复杂，叶片材料的质量要求和制造精度都较高。

三、烟尘处理系统

燃料在燃烧过程中除放出大量热能外，还会产生大量烟气。烟气是气相物质和固相物质的混合物，气相物质主要包括：二氧化碳、一氧化碳、碳氢化合物、硫氧化物、氮氧化物、氮气、氧气等，固相物质即为烟尘。

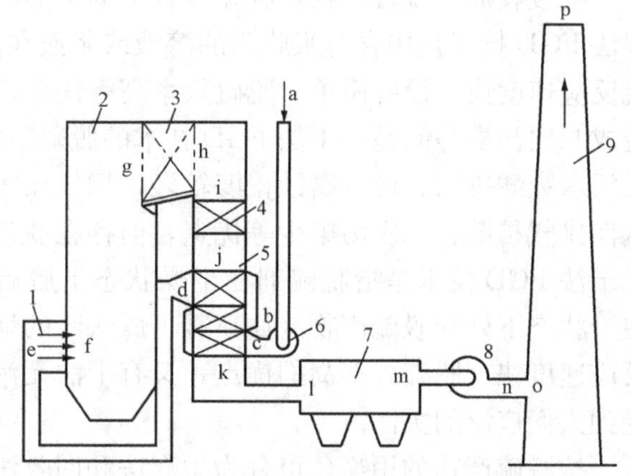

图 4-34 电厂锅炉平衡通风系统

1—燃烧器；2—炉膛；3—过热器；4—省煤器；5—空气预热器；6—送风机；7—除尘器；8—引风机；9—烟囱 a 至 p 为气体流程

锅炉排放的各种气体中，除了空气中原有的氮气、氧气外，其他均为污染气体，对环境和人们的身体健康都有很多害处。

锅炉的烟尘由两部分组成，一部分是煤烟（炭黑），它是燃料中大分子的碳氢化合物在高温缺氧条件下裂解析出的一些微小炭粒，属于不完全燃烧产物，其粒径一般小于 1μm，另一部分是飞灰，由灰粒和部分未燃尽的煤粒组成，其颗粒大小由 1～100μm 不等。烟尘污染会直接危害人民群众的健康。

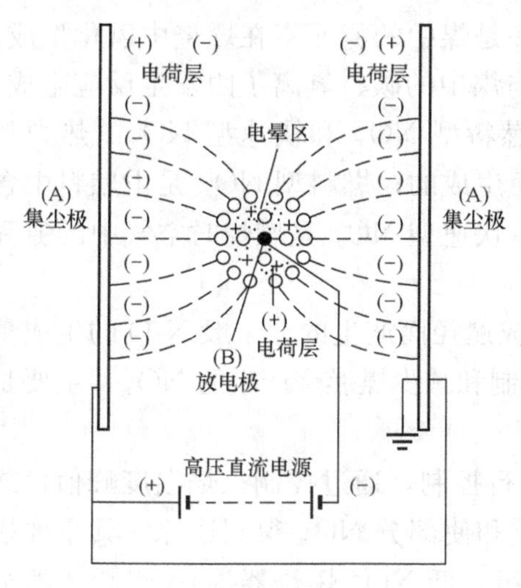

图 4-35 静电除尘器原理

目前我国大容量锅炉使用的除尘器形式很多，主要有离心式水膜除尘器、文丘里管湿式除尘器、静电除尘器和布袋除尘器等。由于静电除尘器的除尘效率较高，因此，静电除尘器在火电厂得到广泛的应用。

1. 静电除尘器

静电除尘器利用电晕放电，使气体中的尘粒带有电荷，通过静电作用使其从气体中分离出来。通常负极称为放电极或电晕极，正极为集尘极，其原理如图 4-35 所示。中间圆形极为放电级，两侧为集尘极。当放电极电压达到数万伏或十几万伏时，产生电晕，烟气发生电离，产生大量的离子和电子。负离子和电子在电场的作用下向正极移动。途中和烟气中浮悬的尘粒互相撞击将电荷传给尘粒，从而使带电的尘粒向正极运动，并沉积在集尘极上。当集尘极上的灰层达到一定厚度时，振击电极板，使灰落入灰斗中。静电除尘器的除尘效率可达 99.9%。

2. 脱硫装置

目前电厂煤粉燃烧锅炉中根本的脱硫方法还是烟气脱硫（FGD）。烟气脱硫技术是利用脱硫剂或 SO_2 气体吸收剂与烟气中的 SO_2 反应，并将其转化为较稳定的硫化合物或单质硫。

烟气脱硫最常用的碱性物质是石灰石（碳酸钙）、生石灰（氧化钙）和熟石灰（氢氧化钙），有时也用碳酸钠（纯碱）、碳酸镁和氨等其他碱性物质。所用的碱性物质与烟气中的 SO_2 发生反应，产生了亚硫酸盐和硫酸盐的混合物。

按吸收剂及脱硫产物在脱硫过程中的干湿状态可将脱硫技术分为湿法、干法和半干法。湿法 FGD 技术是用含有吸收剂的溶液或浆液在湿状态下脱硫和处理脱硫产物，该法具有脱硫反应速度快、设备简单、脱硫效率高等优点，但普遍存在腐蚀严重、运行维护费用高及易造成二次污染等问题。干法 FGD 技术的脱硫吸收和产物处理均在干状态下进行，该法具有无污水废酸排出、设备腐蚀程度较轻，烟气在净化过程中无明显降温、净化后烟温高、利于烟囱排气扩散、二次污染少等优点，但存在脱硫效率低，反应速度较慢、设备庞大等问题。半干法 FGD 技术是指脱硫剂在干燥状态下脱硫、在湿状态下再生，或者在湿状态下脱硫、在干状态下处理脱硫产物（如喷雾干燥法）的烟气脱硫技术。特别是后者以其既有湿法脱硫反应速度快、脱硫效率高的优点，又有干法无污水废酸排出、脱硫后产物易于处理的优势而受到人们广泛的关注。

按脱硫产物的用途，可分为抛弃法和回收法两种。

目前，国内外常用的烟气脱硫方法按其工艺大致可分为三类：湿式抛弃工艺、湿式回收工艺和半干法工艺。

3. 脱硝装置

煤燃烧过程中产生的氮氧化物主要是一氧化氮（NO）和二氧化氮（NO_2），此外还有少量的氧化二氮（N_2O）。在通常的燃烧温度下，煤燃烧产生的氮氧化物中 NO 占 90%以上，NO_2 占 5%～10%，N_2O 占 1%左右。

煤燃烧过程中生成氮氧化物的途径主要有三种：一是煤中的氮元素在燃烧中氧化生成；二是空气中的氮在高温下与氧反应生成；三是空气氮与煤中的碳、氢离子团发生反应生成。由于它们的生成途径不同，故分别有热力型 NO_x，燃料型 NO_x 和快速型 NO_x。热力型（又称温度型）NO_x 是由空气中的氮气在高温下氧化而生成的；燃料型 NO_x 是由燃料中含有的氮化合物在燃烧过程中热分解而接着氧化生成的；快速型 NO_x 是燃烧时空气中的氮和燃料中的碳氢离子团反应生成的。

对常规煤燃烧设备，NO_x 主要是通过燃料型的生成途径而产生的。一般 N_2O 的生成量很少，且生成机理与燃料型 NO_x 非常类似。因此，控制和减少煤燃烧产生的 NO_x，主要是控制燃料型 NO_x 的生成。

减少 NO_x 的形成和排放的方法，一是在燃烧中进行控制，通过控制火焰温度峰值，或者限制在火焰峰和反应区内的氧量，减少 NO_x 的生成和使部分 NO_x 得到还原。其主要措施有：低温燃烧、分级燃烧（包括空气分级、燃料分级、低 NO_x 燃烧器等）、煤粉浓淡分离、低过量空气系数、烟气再循环等。二是在燃烧后通过选择性催化还原（SCR）或者选择性非催化还原（SNCR），将烟气中的 NO_x 还原。

SCR 是目前最成熟的烟气脱硝技术，在 SCR 中使用的催化剂大多以 TiO_2 为载体，以 V_2O_5 或 V_2O_5-WO_3 或 V_2O_5-MoO_3 为活性成分。该法脱硝效率高，缺点是煤燃烧过程中生成的 SO_3 与过量的 NH_3 生成 NH_4HSO_4，具有腐蚀性和黏性，可导致尾部设备损坏。另外，催化剂中毒现象也不容忽视。

SNCR 不使用催化剂，而是使用氨或者尿素在 850～1100℃温度范围内还原 NO_x 的方法。该法多用作低技术的补充处理手段，其系统简易、占地面积小、工程造价低，但脱硝效率偏低。

四、锅炉水处理系统

为使锅炉和汽轮机等热力设备能正常工作，锅炉在运行中要排污。另外，各种热力设备和汽水管道在运行中或多或少都有一些汽水损失，因此，电厂运行中需要另外补充一部分水量。锅炉运行时只要在短时间里存水量不足或汽水品质恶化，都会给热力设备带来极大的危害，从而影响正常发电或供热。

1. 天然水中的杂质

发电厂使用的水源，大多为江河水、深井水及湖水等天然水。天然水中的杂质按颗粒大小不同可以分为悬浮物、胶体和溶解物质三大类。

(1) 悬浮物。悬浮物是颗粒直径约在 10^{-4} mm 以上的杂质，是使水产生浑浊现象的主要原因。这些物质常常悬浮在水流中，当水静置时，有些较轻的物质会上浮于水面，称为漂浮物，较重的则会沉淀，称为沉淀物。

含有悬浮杂质的给水，进入锅炉内，受热后很快沉淀。尤其在水流缓慢的汽包内和炉管的拐弯处，是悬浮物最易沉积的部位。沉积的悬浮物不仅影响锅炉传热和水循环，严重时可堵塞炉管，影响锅炉正常运行。

(2) 胶体。胶体是颗粒直径为 10^{-6}～10^{-4} mm 的微粒杂质，是许多分子和离子的集合体，是使水产生色、味、臭的主要原因之一。它具有较小的粒径和较大的比表面积。其表面常因吸附有大量电子而带电，而使其在水中不能相互黏合，处于稳定状态，不能依靠重力自行下沉。

胶体杂质进入锅炉后，同悬浮物一样能很快形成沉积物，并在受热面上结成水垢或泥渣黏附物。此外，有机胶体还会引起锅水发泡，当浓缩到一定程度时，就会产生汽水共腾。

(3) 溶解物质。天然水中的溶解物质主要是离子和一些溶解气体，其颗粒直径不大于 10^{-6} mm。天然水中的离子杂质几乎都是无机盐溶于水后电离形成的。其中阳离子主要有 Ca^{2+}、Mg^{2+}、Na^{+}、K^{+}，此外还含有少量的 Fe^{2+}、Mn^{2+}、$NH_4{}^{+}$ 等；阴离子主要有 HCO^{3-}、SO_4^{2-}、Cl^{-} 三种，此外还含有少量 $HSiO_3^{-}$、CO_3^{2-} 及 NO^{-} 等，这些离子的来源主要是当天然水流经地层时，溶解了某些矿物质造成的。

水中的杂质应在进入锅炉前加以清除，否则会对热力设备产生三大危害：锅炉受热面结垢、热力设备金属的腐蚀破坏和蒸汽被锅水中的杂质污染。

2. 常用水质指标

天然水中含有许多杂质，必须先经过各种水处理工艺，使其净化并达到规定水质指标后，方能成为锅炉给水。常用的水质指标有以下几个：

(1) 悬浮物。悬浮物是表征水中颗粒较大一类杂质含量的指标。由于这类杂质没有统一的化学和物理性质，所以很难确切地表示出它们的含量。通常是采用某种过滤材料分离水中不溶性物质的方法来测定悬浮物，单位为毫克/升（mg/L）。

(2) 含盐量。含盐量表示水中各种溶解盐类的总和。由水质全分析所得到的全部阳离子和阴离子的量相加而得，单位为 mg/L。

(3) 硬度。表示水中钙、镁等高价金属离子的总量，单位为毫摩尔/升（mmol/L）。水中的钙、镁离子在锅水加热、蒸汽蒸发后会浓缩，溶解度下降，从而析出沉淀物，在锅炉中可能形成水垢和水渣，影响设备运行的安全性和经济性。水的硬度越高，受热面结垢就越快。

（4）碱度。表示水中所含能与强酸发生中和反应的所有碱性物质的总量，单位为mmol/L。天然水中碱性物质主要是HCO_3^-，锅水中碱性物质有CO_3^{2-}和OH^-，如果锅内采用磷酸盐处理时，锅水中还有HPO_4^{2-}，PO_4^{3-}等。过高的碱度，能够导致设备腐蚀、脆化，并使蒸汽含盐量增大。

（5）pH值。表示水中H^+的含量，即表明水酸碱性的指标。pH值为7时，水为中性，大于7时为碱性，小于7时为酸性。大多数天然水的pH值为6.5～8.5，锅水的pH值通常控制在10～12，以防止热力设备腐蚀。

（6）耗氧量。表示水中有机物的数量。因为水中有机物质能与氧化合，所消耗的氧量作为测量水中有机物质含量的指标。

锅炉的水处理，一般分为炉外水处理和锅内水处理两个步骤。

3. 锅外水处理工艺

锅外水处理系统由预处理和后阶段处理两部分组成。

经沉淀和过滤处理除去水中悬浮物、胶体杂质和有机物的工艺过程称为水的预处理。将水中杂质转化为沉淀物而析出的各种方法，统称为沉淀处理。天然水经沉淀处理后，仍残留有少量细小的悬浮颗粒，所以还需对水中悬浮物作进一步过滤处理。

水经过预处理后，可以除去大部分杂质，但仍然含有一些离子杂质，必须作进一步的处理。将预处理后的水进一步处理到满足补给水水质的要求，称为后阶段处理。根据锅炉的蒸汽参数、锅炉型式以及生水的水质，后阶段处理分为软化和除盐两种工艺。软化是将水中高价的金属离子（如Ca^{2+}、Mg^{2+}）去掉，让硬水变为软水。而除盐则是将水中所有金属阳离子和阴离子全部除去的工艺。通过采用离子交换，将水中各种阳离子交换成H^+，各种阴离子交换成OH^-，然后中和成为水。

随着高参数大容量锅炉的发展，对补给水的水质要求越来越高。一般中压锅炉的补给水可采用简单的化学软化处理，高压及超高压锅炉，必须进行补给水的除盐处理，亚临界和超临界压力锅炉还会对汽轮机的凝结水进行深度除盐处理。

除盐方式有离子交换除盐、电渗析和反渗透除盐等，电厂中常用离子交换除盐。目前一些电厂原水中含盐量很高，往往采用电渗析和反渗透等措施进行预先除盐，然后通过离子交换方法进行深度除盐。

为了防止给水系统中的管道和设备遭到溶解氧的腐蚀，在给水系统中可设置除氧器，并加入一些化学药品彻底除去水中的溶解氧。另外，在超临界压力机组中，由于氧腐蚀的加剧以及杂质和腐蚀产物对锅炉、汽轮机的危害更加严重，除了对汽轮机的凝结水进行深度除盐外，给水系统中还可能采用加氧处理工艺，以使设备表面氧化形成致密的保护膜。

4. 锅内水处理工艺

锅炉的给水经过锅外水处理已经除掉了大部分杂质，但还含有少量的结垢物质，同时由于系统的不严密可能会漏进生水，从而使给水含盐量增加，另外给水在锅炉内部蒸发浓缩时，这些盐类物质浓度逐渐增加，如不采取措施，将会形成水垢。因此，给水经过锅外处理后，还需进行锅内补充处理，即向锅内的水加药，使其残余的钙、镁等杂质不产生水垢，而形成水渣，再通过定期排污排除，这种方法称为锅内水处理。

锅内水处理一般采用磷酸盐处理或者协调pH值-磷酸盐处理。锅水中的钙、镁离子与磷酸根化合，生成更难溶的磷酸钙和磷酸镁沉淀物，这些沉淀物不易黏附在锅炉受热面上，而是以流动性很好的水渣形式存在，可随锅炉排污水排出，从而达到防止钙盐水垢（$CaSO_4$、$CaSiO_3$ 等）的目的。同时，加入的磷酸盐可在锅炉管壁表面上生成磷酸盐保护膜，防止锅炉金属腐蚀。

第六节 典型锅炉及其安全附件*

一、典型锅炉及其特点

（一）125MW 级锅炉

125MW 级的煤粉锅炉是我国 20 世纪 80 年代以前的主力锅炉，为自然循环锅炉，锅炉容量为 400、410t/h 等。图 4-36 所示为上海锅炉厂生产的 400t/h 超高压自然循环锅炉，配 125MW 汽轮发电机组。按全露天布置和煤、油两用的要求设计，采用无夹廊 Π 型布置，结构紧凑。主要设计参数如下：过热蒸汽压力为 13.7MPa；过热汽温为 555℃；再热蒸汽压力（进口/出口）为 2.5MPa/2.45MPa；再热汽温（进口/出口）为 335℃/555℃；给水温度为 240℃。

炉膛截面积 8.3m×9.11m，近似正方形，汽包中心标高 37m。四角布置煤粉燃烧器，共有 4 层，气流在炉膛中央形成 ϕ800 的假想切圆。

过热器蒸汽流程依次为：汽包→转弯烟道包覆管（先两侧、再后墙）→炉顶过热器→前屏过热器、后屏过热器和对流过热器。在后屏过热器进出口处分别布置一、二级喷水减温器：一级喷水用来保护后屏过热器；二级喷水减温调节锅炉出口蒸汽温度。

再热器位于尾部烟道中，蛇形管垂直于锅炉前墙纵向布置，分上下两组三段，其重量通过省煤器引出管悬挂在炉顶的横梁上。再热汽温的调节采用烟气再循环方式。另外，再热器进口集箱上还装有事故喷水装置。

省煤器用 ϕ25 碳钢管制成，错列逆流布置。蛇形管垂直于前墙，其重量通过省煤器悬吊管吊在炉顶钢梁上。从炉顶集箱用 12 根 ϕ108 管子与汽包相连。

采用两台回转式空气预热器，沿宽度方向并列布置。预热器吹灰在烟气侧采用过热蒸汽，在空气侧采用水吹灰。

锅炉采用悬吊结构，受热面除空气预热器搁置在 8m 标高平台上外，其他受热面，如水冷壁、过热器和再热器、省煤器等都悬挂在炉顶钢架上，可向下膨胀，在预热器、水冷壁下集箱处装有沙封和水封装置，可使锅炉能向下膨胀。

（二）200MW 级锅炉

200MW 级煤粉锅炉也是我国电厂早期的主力锅炉之一，为超高压自然循环锅炉，锅炉容量为 670t/h。图 4-37 所示为哈尔滨锅炉厂生产的配 200MW 发电机组的 670t/h 锅炉简图。锅炉按燃用贫煤设计，为露天 Π 形布置，单汽包，单炉膛，四角布置直流燃烧器。

锅炉参数：过热蒸汽压力为 13.72MPa；过热汽温为 540℃；再热蒸汽压力（进口/出口）为 2.65MPa/2.45MPa；再热汽温（进口/出口）为 323℃/540℃；给水温度为 240℃。

炉膛截面积为 10.88m×11.92m。尾部烟道两侧墙、水平烟道斜底及两侧墙均为膜式水冷壁。过热器中的蒸汽流程为：由汽包出来经过炉顶管、包墙管、对流过热器冷段、一级喷水减温器、大屏过热器、后屏过热器、二级喷水减温器、对流过热器热段，到过热器出口集箱。再热器分成冷、热两段：冷段在尾部烟道前部，热段在水平烟道。

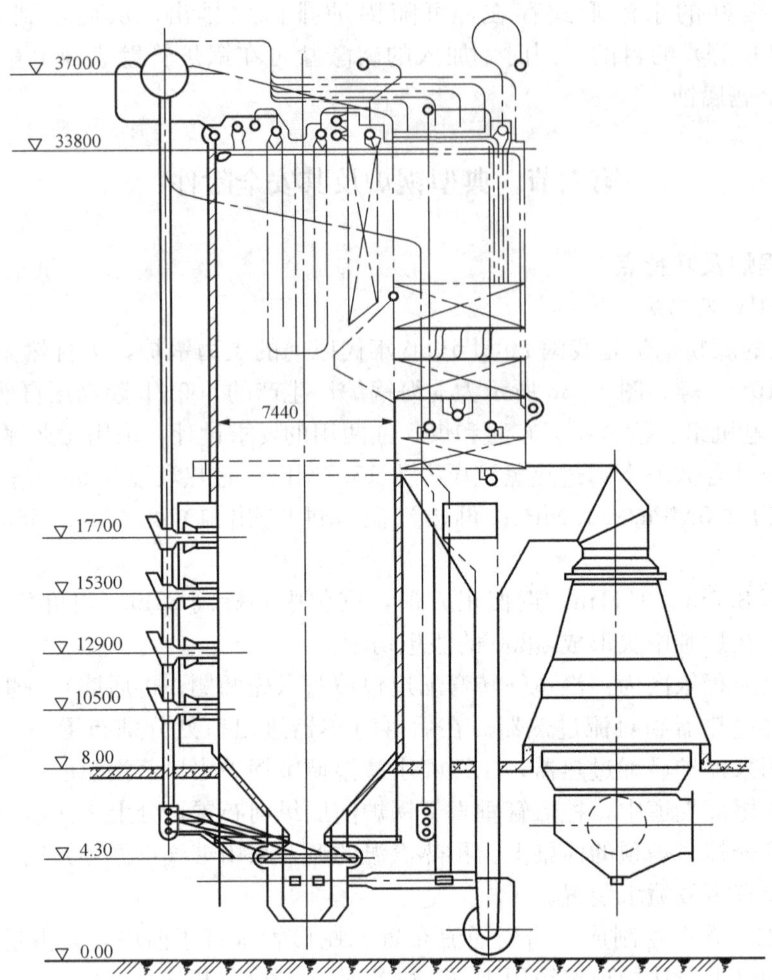

图 4-36　400t/h 超高压自然循环锅炉

省煤器单级布置，分两组并列放在再热器冷段和过热器冷段管组后面。两台直径 ϕ8500 的风罩转动的回转式空气预热器并列置于 10m 操作平台，热空气温度为 340℃。

（三）300MW 级锅炉

300MW 级锅炉曾是我国火力发电厂的主力锅炉之一。锅炉容量为 1000t/h 左右。压力级别有亚临界和超临界两种。燃烧方式一种为四角切圆燃烧，一种为对冲燃烧。从循环方式来看，主要有四种形式：自然循环、控制循环、复合循环以及纯直流方式。四角燃烧锅炉上述四种循环方式都有相当数量，而对冲燃烧锅炉多数采用自然循环方式。从锅炉炉型结构看，有 Π 形布置、塔型布置和 W 形火焰炉型布置。

1. 亚临界压力自然循环锅炉

图 4-38 所示为东方锅炉厂 20 世纪 80 年代初根据美国 CE 公司技术设计制造的亚临界压力锅炉与 300MW 机组，采用四角切圆燃烧、自然循环、摆动式燃烧器调温方式。炉膛的宽度、深度和高度分别为13 335、12 829mm 和54 300mm。锅炉主要参数如下：过热蒸汽压力 18.2MPa，汽温 540℃。再热蒸汽压力（进口/出口）4.00MPa/3.79MPa；汽温（进口/

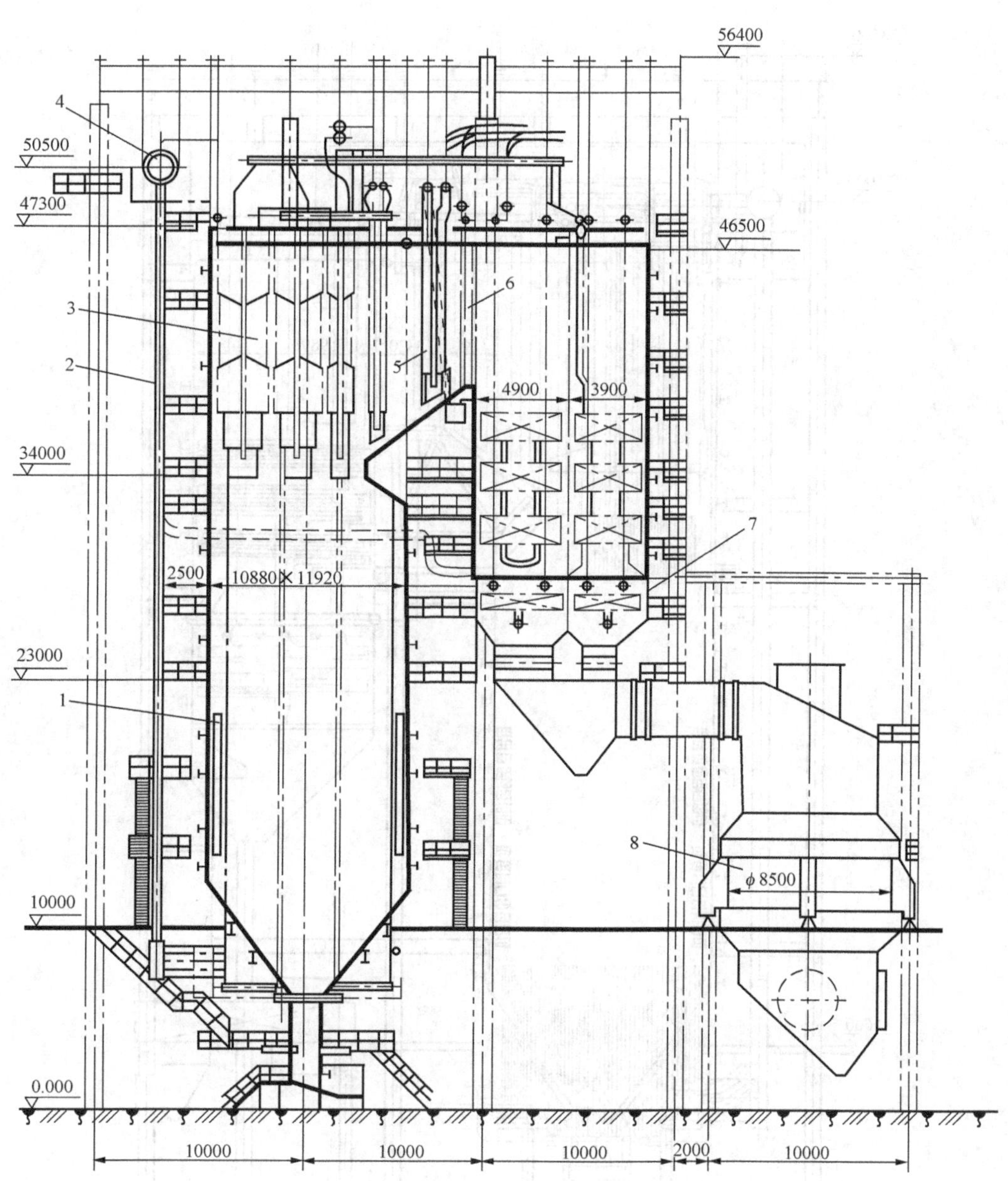

图 4-37 670t/h 锅炉

1—燃烧器；2—下降管；3—大屏过热器；4—汽包；
5—对流过热器；6—再热器；7—省煤器；8—空气预热器

出口）330℃/540℃；再热蒸汽流量 860t/h；给水温度为 276℃。炉膛容积热负荷为 108kW/m^3，断面热负荷为 4.76MW/m^2。在炉膛四角布置四只摆动式直流燃烧器，燃烧器设置 6 层一次风喷口，4 层油喷口，6 层二次风喷口，炉膛中央形成两个分别为 ϕ700 和 ϕ1000 的切圆。

炉膛内膜式水冷壁由内螺纹管和光管组成，管子节距为 76.2mm，662 根管子分为 24

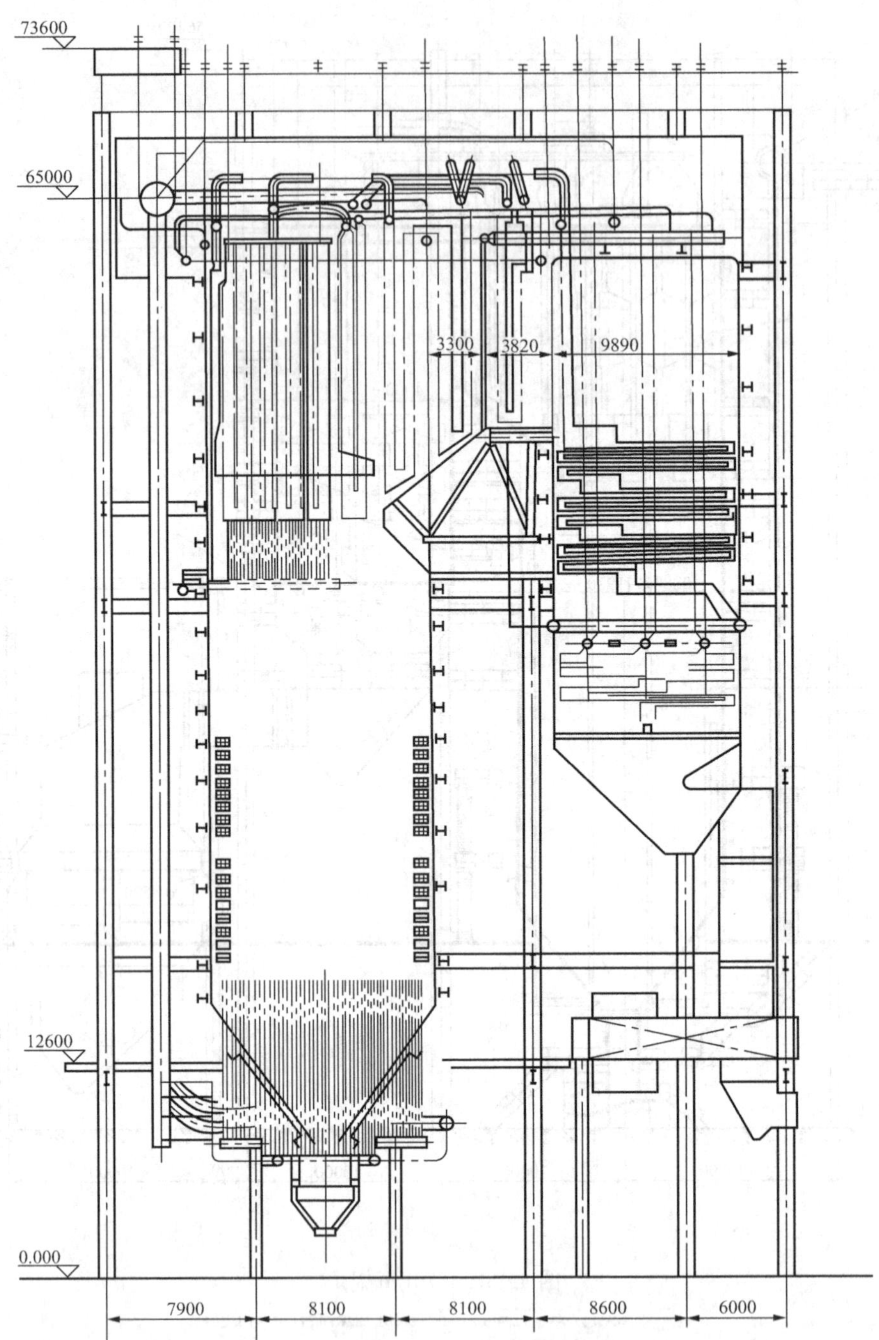

图 4-38 1025t/h 自然循环锅炉

个管组。锅炉的顶棚、水平烟道的两侧墙、尾部竖井烟道都由过热器管包覆。在炉膛上部的前墙和部分两侧墙水冷壁的向火面上布置壁式再热器。炉膛上部空间悬吊大屏过热器和后屏过热器。炉膛折焰角上部的水平烟道中布置中温再热器。高温再热器布置在中温再热器之后的水平烟道中。锅炉尾部竖井烟道中布置低温过热器。省煤器布置在低温过热器之后。锅炉配置两台三分仓空气预热器。

过热汽温的调节采用三级喷水减温。第一级布置在低温过热器和大屏过热器的连接管道上，第二级布置在大屏出口联箱和后屏进口联箱的左右连接管道上，第三级布置在后屏出口联箱和高温过热器左右连接管道上。一级喷水用于粗调，当高压加热器切除时，应增大一级减温水量，防止大屏和后屏以及高温过热器超温；三级喷水作为微调并调节过热汽温的左右偏差；二级喷水作为备用。

2. 亚临界压力强制循环锅炉

图 4-39 所示为上海锅炉厂生产的 1025t/h 亚临界压力强制循环锅炉简图。锅炉主要参数如下：过热蒸汽压力 18.3MPa，汽温 541℃；再热蒸汽压力（进口/出口）3.83MPa/3.62MPa；汽温（进口/出口）322℃/541℃；给水温度为 281℃。

锅炉采用三级点火方式，由电火花点燃轻油，轻油点燃重油，最后由重油点燃煤粉。重油枪的总输入热量可满足锅炉 18%MCR 的需要，当锅炉负荷低于 35%MCR 时，它可用来稳定锅炉的炉膛燃烧。

炉膛截面积为 11.79m×14.059m，近似正方形；炉顶管中心线标高为 58.52m，汽包中心线标高为 59.44m。锅炉炉顶采用全密封结构，并设置大罩壳；炉膛采用气密式膜式水冷壁，炉底密封采用水封结构。锅炉采用低压头循环泵加内螺纹管，称为改进型控制循环。下降管系统中布置了低压头循环泵，以保证水冷壁内介质循环安全可靠。四周水冷壁采用了内螺纹管，可允许水冷壁中的质量流速降低，流量减少，使循环倍率从过去的 4 降低到 2。汽包内径为 ϕ1778，汽包长度 13.1m，两端采用球形封头。汽包内部布置 56 只直径为 ϕ254 的涡流式分离器，单只分离器分离的最大蒸汽流量为 18.6t/h。水冷壁用外径 ϕ44.5 的光管和内螺纹管，节距为 57mm，管间用扁钢焊接形成完全气密封炉膛。过热器采用辐射、对流组合式，顺列布置。在过热器各级受热面之间利用集中大管道及 T 型三通接头连接。再热器由墙式再热器、屏式再热器和末级再热器三级组成。因采用摆动燃烧器喷嘴调节再热汽温，故基本上为辐射式受热面，布置在烟气高温区。省煤器顺列布置于锅炉后烟井低温过热器下方，共 146 排蛇形管，规格为 $\phi42\times5.5$mm。预热器为三分仓容克式，共两台，分别加热一、二次风。锅炉采用平衡通风方式，从锅炉炉膛出口到省煤器出口的漏风系数为零，炉膛正常运行负压为 37.3Pa。

（四）600MW 级锅炉

同 300MW 级锅炉相似，600MW 级锅炉也有亚临界压力自然循环、亚临界压力强制循环以及超临界压力直流锅炉等几种形式，国内广泛采用的是亚临界压力强制循环锅炉。锅炉容量为 2000t/h 左右。

1. 亚临界压力自然循环锅炉

东方锅炉厂生产的 DG2019/18.2-Ⅱ1 型锅炉为配套 600MW 机组设计的国产引进型亚临界压力自然循环汽包炉，单炉膛、Π 形布置，四角切圆燃烧，一次中间再热，尾部双烟道，再热汽挡板调温，平衡通风，固态排渣，在后竖井的下方布置有一台四分仓回转式空气预热器。锅炉整体呈左右对称，悬吊在钢结构顶板梁下，钢架为两侧带副柱的空间桁架结构，整体布置如图 4-40 所示。锅炉主要参数如下：蒸发量 2019t/h，过热蒸汽压力 18.18MPa，汽温 541℃。再热蒸汽进/出口压力 4.2MPa/4.01MPa；进/出口汽温 333.5℃/

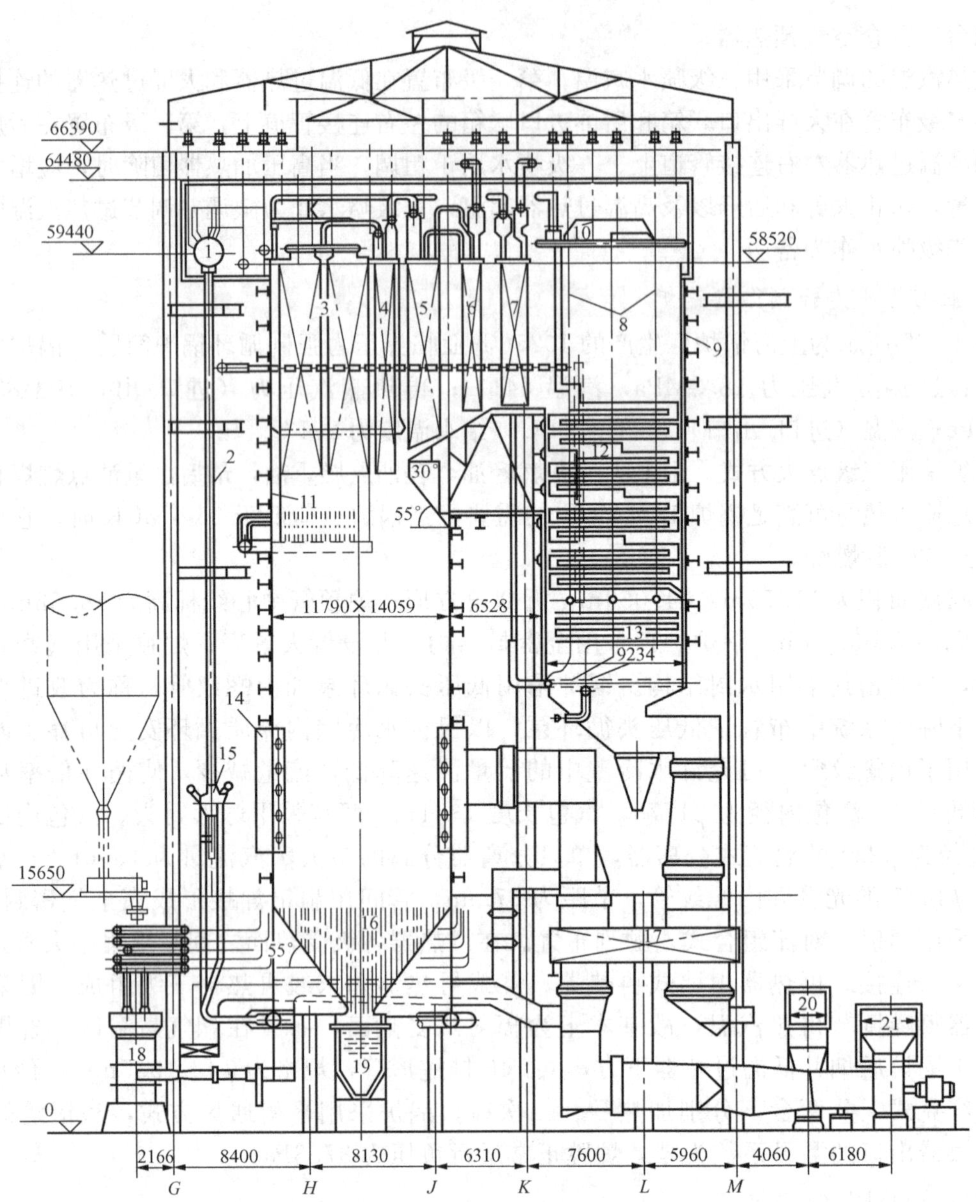

图 4-39 1025t/h 强制循环锅炉

1—汽包；2—下降管；3—分隔屏过热器；4—后屏过热器；5—屏式再热器；6—末级再热器；7—末级过热器；8—悬吊管；9—包覆管；10—炉顶管；11—墙式辐射再热器；12—低温过热器；13—省煤器；14—燃烧器；15—循环泵；16—水冷壁；17—回转式空气预热器；18—磨煤机；19—除渣器；20—一次风机；21—二次风机

541℃；给水温度为 277℃。再热蒸汽流量 1678.9t/h。

2. 亚临界压力强制循环锅炉

图 4-41 所示为一台配 600MW 机组的强制循环锅炉，蒸发量 1980t/h，出口过热蒸汽参数：17MPa，540℃，再热汽温 540℃。水冷壁管用 $\phi 51 \times 6$mm。汽包内径为 1525mm，汽包长度 27m。

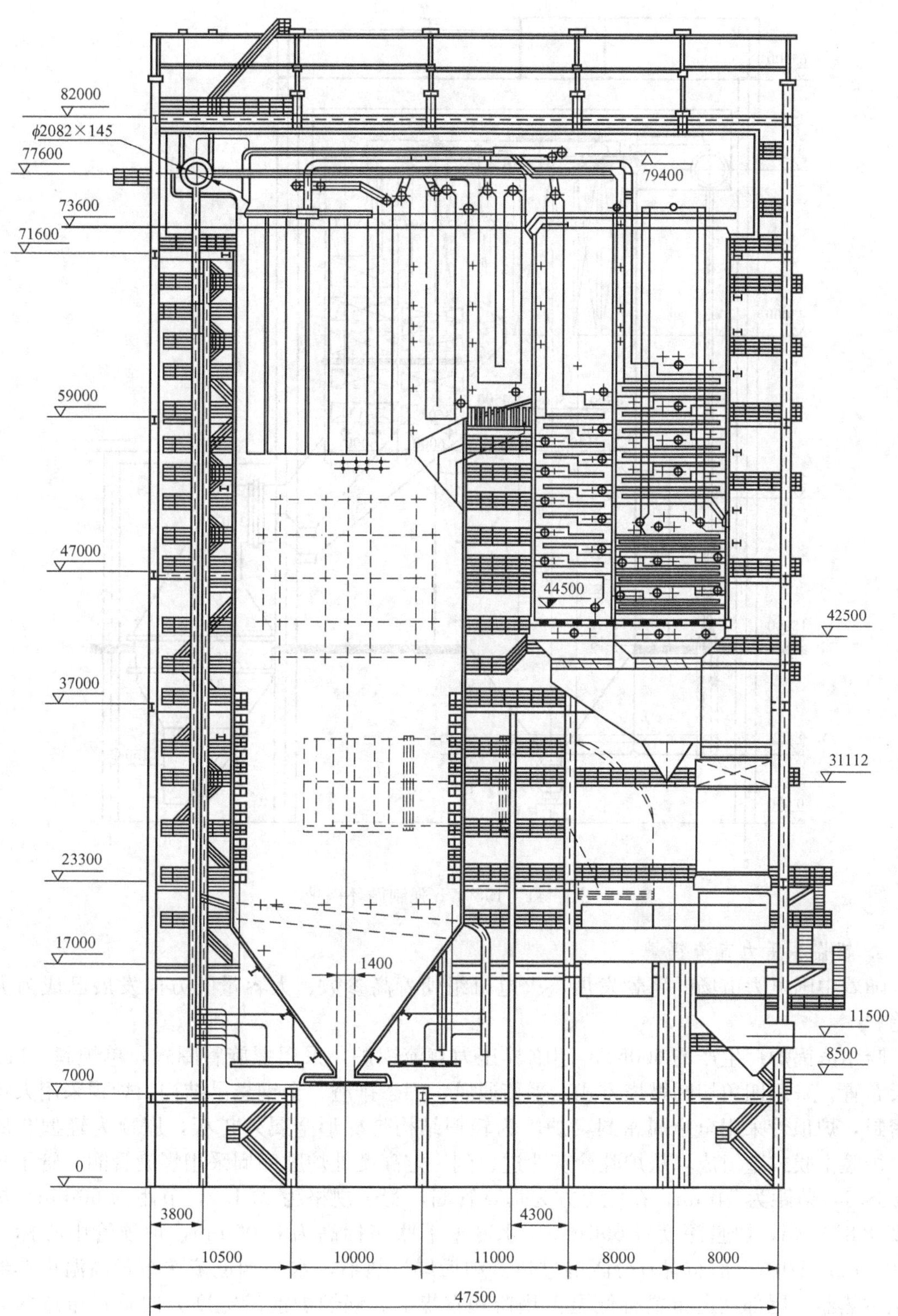

图 4-40　DG2019/18.2-Ⅱ1 型亚临界压力自然循环锅炉

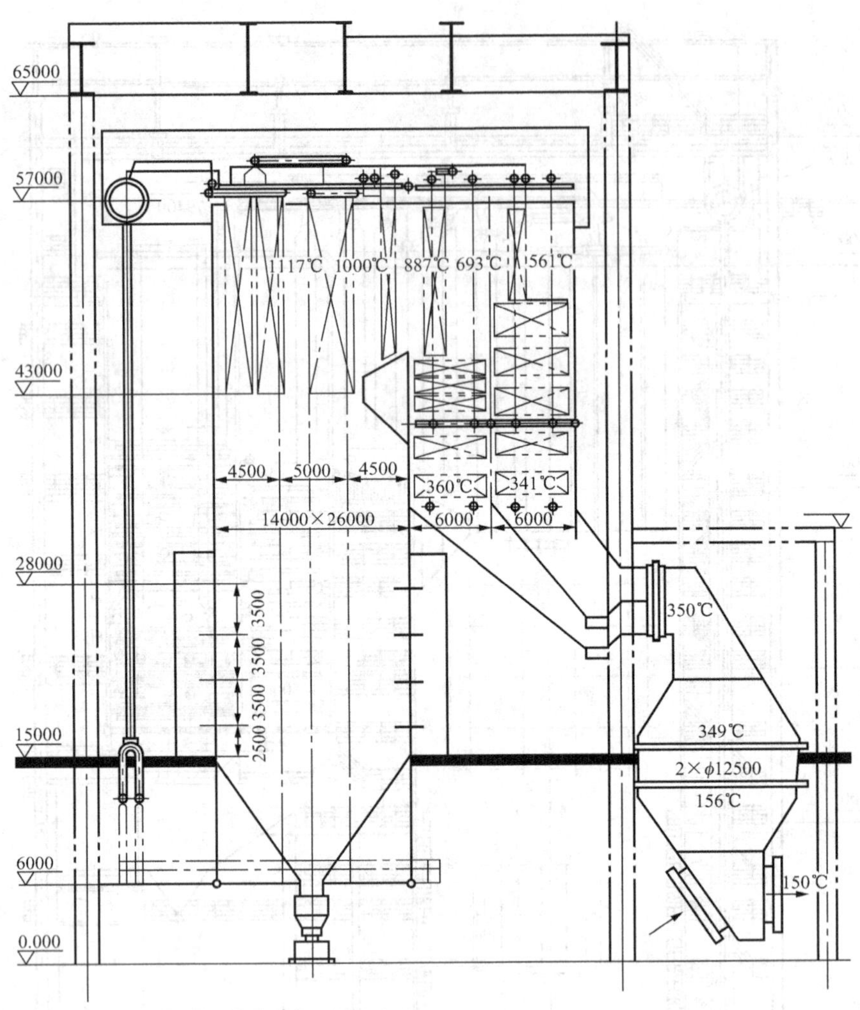

图 4-41　1980t/h 强制循环锅炉

3. 超临界压力直流锅炉

随着中国电力市场的蓬勃发展，火电机组朝着高参数、大容量的方向发展已成为大势所趋。

哈尔滨锅炉厂生产的 600MW 超临界压力直流锅炉，采用螺旋管圈式，单炉膛、Π 形、露天布置；采用四角切圆燃烧方式、平衡通风、固态排渣、全钢悬吊结构。炉顶采用大罩壳热密封，炉顶管采用全金属密封，炉墙为轻型结构带梯形金属外扩板，屋顶为轻型金属屋盖。炉膛由膜式壁组成，从炉膛冷灰斗进口到一定高度处炉膛四周采用螺旋管圈，管子规格为 ϕ38.1，节距为 54mm，在此上方为垂直管圈，管子规格为 ϕ34.9，节距为 56mm。炉膛宽度18 816mm，炉膛深度17 696mm，水冷壁下联箱标高为 8300mm，炉顶管中心标高为 71 850mm。炉膛上部布置有分隔屏过热器和后屏过热器，水平烟道依次布置高温再热器和高温过热器，尾部烟道布置有低温再热器和省煤器。锅炉炉前沿宽度方向垂直布置两只外径/壁厚为 ϕ812.8/87.1mm 的汽水分离器，其进出口分别与水冷壁和炉顶过热器相连接。每个分离器筒身上方切向布置 4 根不同内径的进口管接头，两根内径为 ϕ231.8 的接头至炉顶过热器管，一个内径为 ϕ231.8 的疏水管接头。锅炉燃烧系统按中速磨冷一次风正压直吹式制粉系统设计。24 只直流式燃烧器分 6 层布置于炉膛下部四角，煤粉和空气从四角送入，在炉膛中呈切圆方式燃烧。尾部烟道下方设置两台转子直径为 ϕ13 349的空气预热器。

（五）1000MW 级锅炉

目前国内生产和运行的1000MW 级锅炉均为超临界压力直流锅炉。图 4-42 是东方锅炉厂生产的 DG3070/26.25-Ⅱ1 型超临界直流锅炉，锅炉为单炉膛、Ⅱ形布置、平衡通风、一次中间再热、前后墙对冲燃烧、尾部双烟道，复合变压运行。

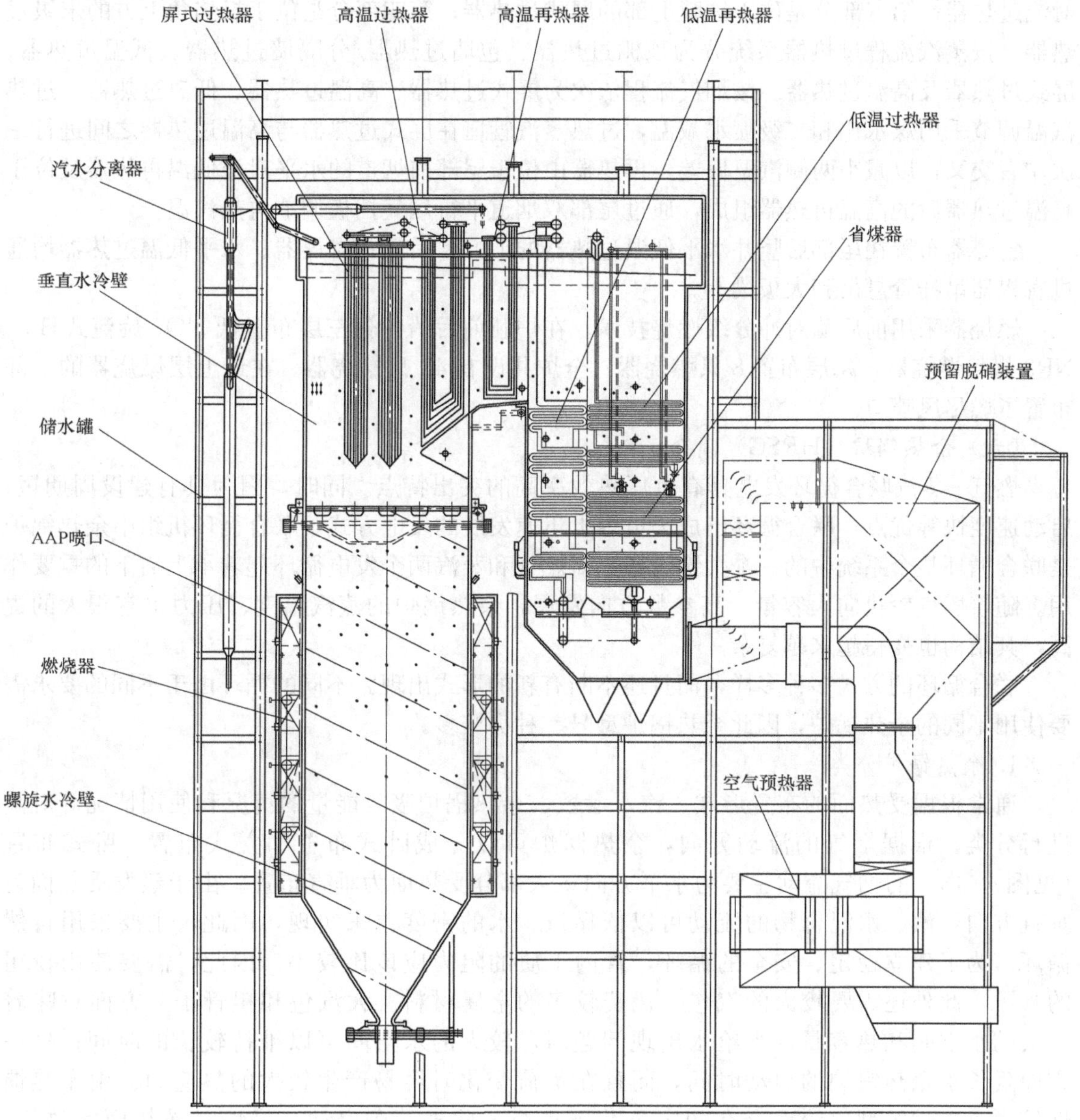

图 4-42 DG3070/26.25-Ⅱ1 型超临界压力直流锅炉

锅炉蒸发量 3070t/h，过热器出口蒸汽压力 26.25MPa，过热器出口蒸汽温度 605℃，再热蒸汽流量 2473.2t/h，再热器进口/出口蒸汽压力 5.22/5.02MPa，再热器进口/出口蒸汽温度 354/603℃，省煤器进口给水温度 300℃。

炉膛宽度为33 973.4mm，深度为15 558.4mm，高度为64 000mm，冷灰斗的角度为55°。炉膛水冷壁分上下两部分，下部水冷壁采用全焊接的内螺纹管螺旋上升膜式管屏，上部水冷壁采用全焊接的垂直上升膜式管屏，保证了炉膛的气密性，也减少了工地的焊接工作量。螺旋围绕水冷壁与上部垂直水冷壁的过渡方式为中间混合集箱形式。

过热器及再热器受热面的布置采用了辐射-对流型。过热器受热面由四部分组成，第一部分为顶棚及后竖井烟道四壁及后竖井分隔墙；第二部分是布置在尾部竖井后烟道内的水平对流过热器；第三部分是位于炉膛上部的屏式过热器；第四部分是位于折焰角上方的末级过热器。按蒸汽流程过热器系统分为顶棚过热器、包墙过热器/分隔墙过热器、低温过热器、屏式过热器及高温过热器。按烟气流程依次为屏式过热器、高温过热器、低温过热器。过热汽温调节采用煤水比和二级喷水减温，过热蒸汽管道在屏式过热器与高温过热器之间进行一次左右交叉，以减小两侧汽温偏差。再热器由位于尾部前烟道的水平对流低温再热器及位于高温过热器后的高温再热器组成，通过尾部双烟道平行烟气挡板调节再热汽温。

省煤器布置在尾部后竖井水平低温过热器的下方。后竖井省煤器、水平低温过热器均通过省煤器吊挂管悬吊到大板梁上。

燃烧器采用前后墙对冲分级燃烧技术。在炉膛前后墙各分三层布置低 NO_x 旋流式HT-NR3 煤粉燃烧器，每层布置 8 只燃烧器，全炉共设有 48 只燃烧器。在最上层燃烧器的上部布置了燃尽风喷口。

（六）余热锅炉（HRSG）简介

燃气-蒸汽联合循环发电具有电厂热效率高的突出特点。同时，因为具有建设周期短、启动速度快等优点，联合循环已成为世界上迅速发展的发电方式。联合循环机组中余热锅炉是联合循环整个系统中的一个关键设备，对燃气和蒸汽两个发电循环起着承上启下的重要作用。随着燃气轮机向大容量、高参数方向发展，余热锅炉的蒸汽温度、压力也有很大的提高，其结构也变得越来越复杂。

联合循环的方式多种多样，而且还不断有新的形式出现。不同的循环由于不同的要求需要使用不同的余热锅炉，因此余热锅炉型号、种类繁多。

1. 余热锅炉分类

通常根据受热面的布置形式、汽水参数、余热锅炉吸收能量的情况和使用情况等对其进行分类。根据烟气的流动方向，余热锅炉可以分成卧式布置和立式布置。卧式布置（见图 4-43）的烟气流动主要为水平方向，大部分受热面为垂直布置。由于蒸发受热面为垂直方向，汽、水混合物的流动可以依靠汽、水的密度差来实现，因此，主要采用自然循环。为了建立稳定、安全的循环，管内工质的阻力应该比较小，因此，需要使用较粗的管子，此外还需要较大的汽包，耗费较多的金属材料。大汽包和粗管子一方面意味着较大的水空间和热容量，当给水出现问题时，较大的水空间可以维持较长的时间；另一方面延长了余热锅炉的启动时间，而且在负荷变化时容易产生较大的热应力。由于热惯性较大，这种炉型比较适合在额定负荷下运行。此外，在启动、停炉时受热面的放气、疏水比较困难。这种布置形式在北美比较普遍。

立式布置（见图 4-44）的烟气流动主要为垂直方向，其受热面为水平布置。由于蒸发受热面是水平的，锅炉运行时，特别在启动阶段依靠汽水密度差建立水循环比较困难。水平

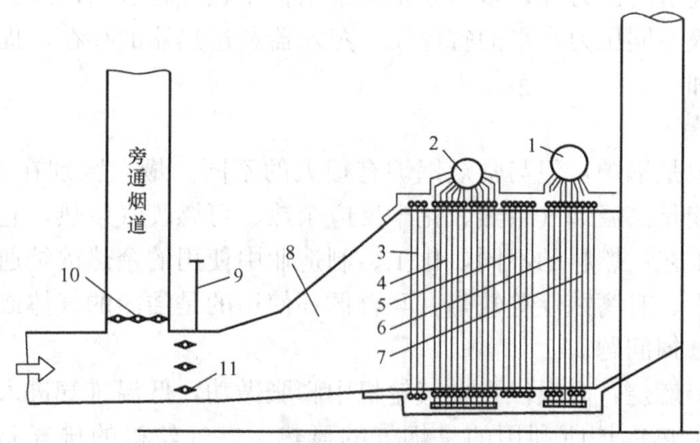

图 4-43　自然循环卧式余热锅炉
1—高压汽包；2—低压汽包；3—高压过热器；4—高压蒸发器；
5—高压省煤器；6—低压蒸发器；7—低压省煤器；
8—过渡烟道；9—闸板；10—旁通挡板；
11—主烟道挡板

受热面中容易积存蒸汽，使其附近管壁的冷却条件急剧恶化，管子就会超温烧坏。因此，必须使用强制循环。目前出现的新型立式布置余热锅炉，只在启动阶段需要循环泵，当负荷达到一定阶段时，建立了稳定的自然循环，循环泵即退出运行，被称为辅助循环。立式布置的受热面占地较少，采用悬吊结构，便于受热面和结构件向下自由膨胀，热应力较小，且由于水容量较少，热惯性也较小，因此，能够适应负荷多变的运行工况。这种布置形式在欧洲应用较为广泛。

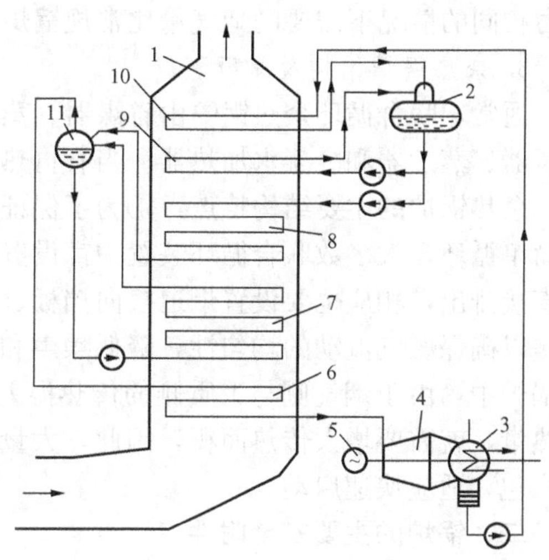

图 4-44　单压强制循环余热锅炉的汽水系统
1—余热锅炉；2—除氧器；3—凝汽器；4—蒸汽轮机；
5—发电机；6—高压过热器；7—高压蒸发器；
8—高压省煤器；9—除氧器蒸发器；
10—冷凝水加热器，11—汽包

早期的余热锅炉只是作为低压设备以回收各种工艺中的余热，使用的都是单压汽水系统。近几十年来，燃气轮机技术得到了很大的发展，余热锅炉的各项热力参数都迅速提高。目前燃气-蒸汽联合循环余热锅炉的供汽参数可分为单压、双压和三压。蒸汽可以再热或不进行再热。归纳起来有单压系统、双压系统、双压再热系统、三压系统、三压再热系统等五大类汽水系统。具体选择哪种汽水系统，主要取决于燃气轮机在额定工况下的排气流量及排气温度。系统的蒸汽循环采用单压还是多压，还取决于电站设备的投资费用、燃料价格、燃料品种、电站负荷性质及运行维护费用等多个因素。

多压汽水系统的采用可以降低余热锅炉的排烟温度，从而提高余热锅炉的热效率，但这是以增加受热面为代价的。另外，多压系统的采用将使燃气轮机出口压力升高，有使系统效率下降的趋势。多级不同压力水平的省煤器、蒸发器和过热器的存在，提高了整个系统的复杂性，促使投资增加。

2. 余热锅炉的特点

余热锅炉虽然也是锅炉，但与常规锅炉有很大的不同。最大区别在于加热热源的不同，余热锅炉的热源可能是高温烟气余热、化学反应余热、可燃废气余热，它甚至可以利用高温产品的余热。由于工艺、燃料的不同，化工、制造业中使用的余热锅炉通常具有热负荷不稳定、烟气中含尘量大、有腐蚀性等缺陷。联合循环使用的是洁净的气体或液体燃料，基本上没有粉尘，不存在磨损问题。

联合循环中燃料燃烧，高温段在燃气轮机中膨胀做功，低温排气进入余热锅炉产生蒸汽或热水然后利用，余热锅炉所利用的是烟气的显热。燃气轮机的排气温度通常在700℃以下，某些带回热的小型或微型燃气轮机的排气甚至不到300℃，因此，余热锅炉中的换热主要依靠对流，有的辐射传热可以忽略不计；在常规锅炉中辐射吸热量占据了全部吸热量的40%～50%，甚至更多。辐射受热面具有较高的热负荷，传递相同数量的热量时，比对流受热面节省材料。因此，余热锅炉需要布置比常规锅炉更多的受热面，所以体积较大。燃气轮机排气的温度较低，单位质量烟气中可用的热量较常规锅炉烟气中可用的热量少，因此，在出力相同的情况下需要的烟气量比常规锅炉多。

3. 余热锅炉结构及原理

通常，联合循环余热锅炉由省煤器、蒸发器、过热器组成，但在多数余热锅炉中，还有除氧器、蒸发器和冷凝水加热器。当有再热循环时，还需要加设再热器。

余热锅炉的主要结构特点：①为了保证余热锅炉故障或检修时，燃气轮机也能正常地进行简单循环，大多数联合循环装置中都设置旁通烟囱，使燃气轮机的排气可以不经过余热锅炉直接排出，相应也要设置烟道换向挡板、烟气消声器等专用设备。②入口烟道进行模化选型，以确保燃气流动的均匀性，降低噪声和振动。③大量采用螺旋翅片管束。在联合循环余热锅炉中，由于烟气侧与工质侧的传热温差很小，最小时仅有10℃左右，为了达到足够的传热量，就需要增大传热面积，因此，大量采用具有扩展受热面的螺旋翅片管。④采用大直径汽包，适应快速启动。

二、锅炉的主要安全附件

1. 安全阀

在锅炉工作过程中，由于种种原因（例如，当锅炉负荷骤降而供给锅炉的燃料燃烧热量未能及时减少，或者在运行过程中过多地增加燃料以加强燃烧，使锅炉吸热量超过外界负荷要求等），锅炉中介质的压力都可能升高到超过锅炉运行的许可限值，从而导致承压部件因强度不足而破坏，甚至发生爆炸事故，造成十分严重的后果。防止锅炉超压的方法有多种，最简单有效的方法是在锅炉上设置安全阀。

安全阀是一种自动阀门，无需人为操作。当锅炉工作压力达到预定限值时，安全阀会自动开启，向外排放介质限制压力继续升高，而当因介质排放使压力下降到额定值时，它又能自动关闭并恢复密封。这样，只要安全阀选配得当，启闭灵敏，就可以保证锅炉始终处于正常压力下安全运行。

锅炉汽包、过热器上都装有安全阀，为避免它们同时开启排汽过多，将锅炉的安全阀分为控制安全阀和工作安全阀。控制安全阀的开启压力一般低于工作安全阀的开启压力。不同参数的锅炉，其安全阀的开启压力也不同。对于高压以上锅炉，其控制安全阀的开启压力为 1.05p（p 为汽包工作压力），而工作安全阀的开启压力为 1.08p。常用安全阀的结构型式有重锤式、弹簧式和脉冲式三种。

2. 压力表

压力表是测量锅炉汽压大小的仪表，是锅炉不可缺少的安全附件之一。在锅炉工作过程中，司炉人员根据压力表的指示值进行运行调整，从而保证锅炉在允许的工作压力下安全运行。

按照《蒸汽锅炉安全技术监察规程》（劳部发〔1996〕276 号文）的规定，每台锅炉必须装有与汽包蒸汽空间直接相连接的压力表。还应在下列部位装设压力表：①给水调节阀前；②可分式省煤器出口；③过热器出口和主汽阀之间；④再热器出、入口；⑤直流锅炉启动分离器；⑥直流锅炉截止阀前；⑦气动安全阀控制气源入口。

目前普遍使用的是弹簧管压力表。这种压力表结构简单、价格便宜、安全可靠、易于维修、可测压力范围较大，并具有足够的精度，是测量锅炉汽压与给水压力的理想仪表。

3. 水位计

水位计是用来监视锅炉汽包水位的一种重要安全装置。因为汽包内的水位过高或过低都会造成锅炉严重事故。锅炉内水位过高，会影响汽水分离效果，使饱和蒸汽湿度增大，导致含盐量增加，造成过热器积盐，严重时还会造成过热器爆管等损坏事故。而水位过低，会破坏锅炉正常的水循环，使锅炉局部受热面因得不到足够的冷却而过热损坏。因此，每台锅炉应装设两个彼此独立的水位表，并要求水位表能准确、灵敏地显示锅炉内的水位。

水位表分为液面水位表和远距离水位表两大类，常用的是云母水位计和电接点水位计。

（1）云母水位计。云母水位计的构造和工作原理如图 4-45 所示。它由水位计本体、汽阀、水阀、放水阀等部件组成。其上端用汽连通管与汽包的蒸汽空间相连，下端用水连通管与汽包的水空间相通，这样，云母水位计就与汽包构成一个连通器，因而它能反映出汽包中的水位高低。

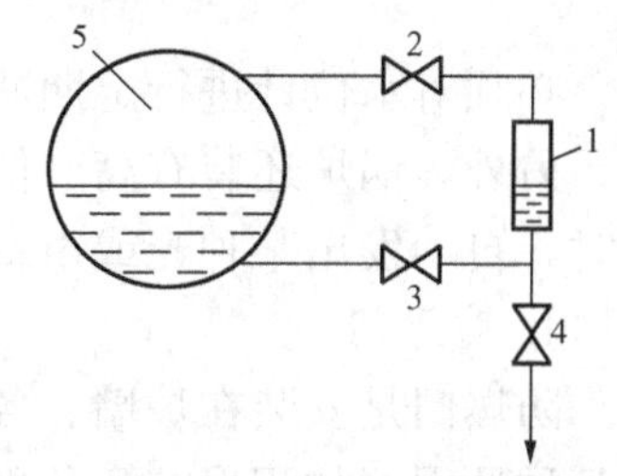

图 4-45 云母水位计原理

1—水位计本体；2—汽阀；3—水阀；4—放水阀；5—汽包

由于云母水位计中的水受外界空气冷却的影响，其温度要低于汽包中的锅水温度，而且锅水中还有气泡，因而水位计中水的密度要大于汽包中锅水的密度，使水位计中的水位高度稍低于汽包中的实际水位高度。锅炉压力越高，锅水温度越高，锅水与水位计中水的密度差也就越大，因而水位计的水位与汽包中的实际水位差值也越大。

（2）电接点水位计。电接点水位计的构造和工作原理如图 4-46 所示。它由旁通容器、电极、显示器及测量线路等几部分组成。其旁通容器 2 与汽包 1 组成连通器，在旁通容器的一侧，沿高度方向装了一组电接点 a、b、c、d、e、f、g，旁通容器为上述各接点公用的一个电极，另一个电极由不锈钢电极头构成，且用耐高温绝缘材料与旁通容器隔绝。

由于汽包中的饱和水和饱和蒸汽的密度不同，它们的导电性能差别很大。饱和水的电阻很小，而饱和蒸汽的电阻很大，两者的电阻相差达数万倍乃至数十万倍，因而可将饱和水看成导体，而将饱和蒸汽看成绝缘体。当汽包中的水位发生变化时，旁通容器中的水位也随着

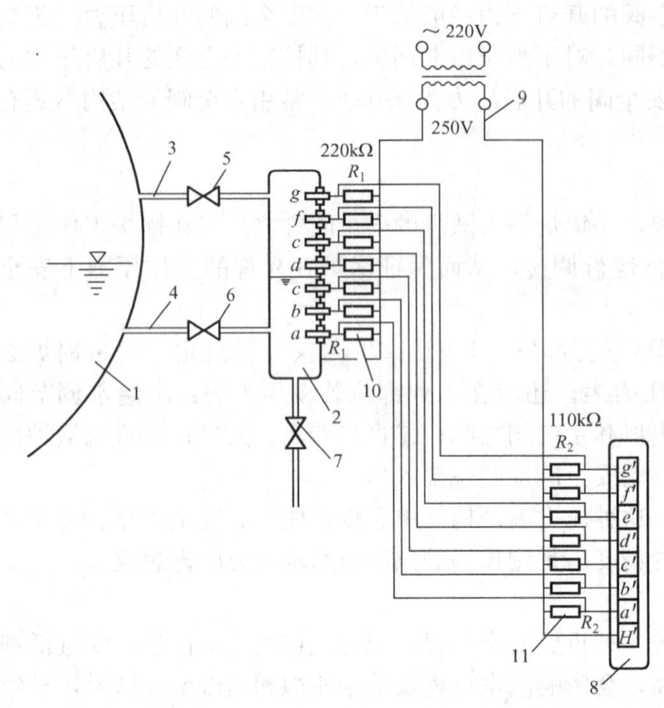

图 4-46 电接点水位计的工作原理

1—汽包；2—旁通容器；3—汽连通管；4—水连通管；5—汽阀；6—水阀；7—放水阀；8—显示器；9—电源；10—电阻 R_1；11—电阻 R_2

发生相应的变化。当旁通容器中被水浸没的部分接点（见图中 a、b、c）两极接通，使与之串联的显示器中 a'、b'、c' 与电源 9 接通，从而使 a'、b'、c' 发生光亮，其发光的高度反映出了汽包中的水位高度。而处在饱和汽中的各接点，由于其电阻很大，故显示器中与之对应的接点与电源不通，也就不发光亮。因此，电接点水位计的工作原理是利用饱和水和饱和蒸汽的导电性能不同来观测水位。

一般每台锅炉至少应装设两只水位计，其中一只就地安装在汽包的一端，水位计上下端分别与汽包的汽空间和水空间相连，构成一个连通器，从而反映汽包水位的高低；另一只则装在控制室内，以便运行人员进行及时观察。水位计指示失灵时可能引起运行人员误操作，造成锅炉缺水或满水事故，因此，必须对水位计进行定期冲洗防堵塞，定期检查核对汽包上和控制室内的水位指示是否一致。另外，锅炉还装有高、低水位警报器，在水位上升或下降到所允许的最高（或最低）水位时，自动发出某种光或声音的信号，以示报警。

4. 防爆门

防爆门是安装在炉墙、各段烟道、除尘器及制粉系统等处的安全门。当炉内烟气压力由于某种原因（如积聚在死角里的燃料发生二次燃烧）突然升高到一定限度时，防爆门即自行打开释压，防止或减轻炉墙和烟道遭受破坏。制粉系统中所装设的防爆门也起同样的释压作用。

5. 吹灰器

吹灰器的作用是清除受热面上的积灰，使传热过程得以正常进行。吹灰器由吹灰管和操作阀门等组成。吹灰管上开有许多小孔，定期地向吹灰管通入少量过热蒸汽或压缩空气，通过将吹灰管伸入炉内或使其转动调整吹灰角度，利用高速射流将炉内各种受热面上的积灰吹掉。目前采用的吹灰器有枪式吹灰器（用于水冷壁）、振动式除灰器（用于炉膛出口和水平烟道受热面）、钢珠除灰器（用于锅炉尾部垂直烟道受热面）等。

复习思考题

1. 电厂锅炉设备中，哪些部件组成了锅炉的汽水系统“锅”？“锅”的任务是什么？

2. 电厂锅炉设备中，哪些部件组成了锅炉的燃烧系统“炉”？“炉”的任务是什么？

3. 锅炉型号反映了锅炉的哪些基本特征？

4. 电厂锅炉有哪些分类方法？按不同的分类方式，电厂锅炉可以分为哪些类别？

5. 锅炉常用的安全经济性指标有哪些？如何定义？

6. 煤中含有哪些元素？可燃成分是什么？

7. 煤的工业分析成分包括哪些？

8. 煤的高位发热量和低位发热量如何定义？

9. 动力用煤习惯分为哪几类？

10. 锅炉有哪些热损失？各项热损失中，哪项热损失最大？

11. 锅炉中的燃料所采用的燃烧方式主要有哪几种形式？

12. 煤粉锅炉的燃烧器的作用是什么？电厂锅炉煤粉燃烧器按其出口气流特征可分为哪两大类？

13. 锅炉燃烧器的一次风、二次风和三次风各起什么作用？

14. 流态化现象是什么？循环流化床锅炉具有哪些独特的优点？

15. 锅炉受热面包括哪些？各种受热面的特点、作用是什么？

16. 自然循环锅炉的主要特点是什么？直流锅炉的水循环方式是什么？

17. 直流锅炉有什么特点？

18. 汽包锅炉中的汽包的作用是什么？

19. 锅炉排污的方式和目的是什么？

20. 煤粉的细度如何定义？

21. 电厂磨煤机的类型有哪些？

22. 锅炉通风方式有哪些？

23. 举例介绍火电厂应用广泛的除尘器效率。

24. 锅炉排放的烟气中有哪些物质？

25. 天然水中的杂质按颗粒大小不同可以分哪几大类？

26. 了解典型电厂锅炉的特点。

第五章 汽轮机设备及系统

第一节 汽轮机概述

汽轮机是火力发电厂三大主要设备之一，它是以蒸汽为工质，将热能转变为机械能的高速旋转机械，它为发电机的能量转换提供机械能。

一、汽轮机的工作原理

图 5-1 所示为一个最简单的单级汽轮机结构。由图可以看出蒸汽在汽轮机中将热能转换为机械功的过程。首先，具有一定压力和温度的蒸汽流经固定不动的喷嘴，并在其中膨胀，蒸汽的压力、温度不断降低，速度不断增加，使蒸汽的热能转化为动能；然后，喷嘴出口的高速汽流以一定的方向进入装在叶轮上的动叶通道中，由于汽流速度的大小和方向改变，汽流给动叶片一个作用力，推动叶轮旋转做功。可见，一列固定的喷嘴和与它相配合的动叶片构成了汽轮机的基本做功单元，称为汽轮机的级。在汽轮机的级中，可以通过冲动和反动两种不同的作用原理使蒸汽的热能转化为机械功。

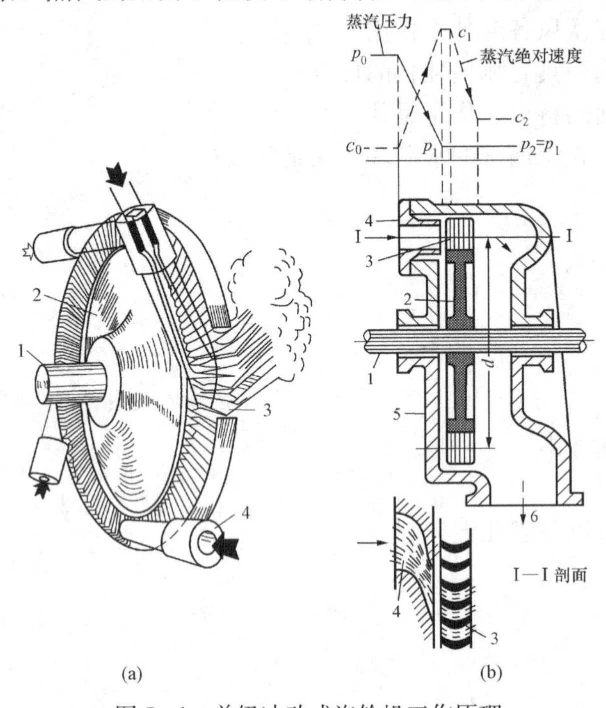

图 5-1 单级冲动式汽轮机工作原理

(a) 结构立体图；(b) 原理图

1—轴；2—叶轮；3—动叶栅；4—喷嘴；5—汽缸；6—排汽管

由锅炉来的蒸汽通过汽轮机时，分别在喷嘴（静叶片）和动叶片中进行能量转换，根据蒸汽在动、静叶片做功原理的不同，汽轮机可分为冲动式和反动式两种。

（一）冲动作用原理

根据力学知识，当一个运动物体碰到另一个静止的物体或者运动速度低于它的物体时，就会受到阻碍而改变其速度的大小或方向，同时给阻碍它的物体一个作用力，该作用力称为冲动力。运行物体质量的大小和速度的变化决定了冲动力的大小，质量越大，冲动力就越大；速度变化越大，冲动力就越大。若在冲动力作用下，阻碍运动物体的速度改变，则运动物体就做出了机械功。根据能量守恒定律，运动物体动能的变化值就等于其所做出的机械功。利用冲动力做功的原理，称为冲动作用原理。

冲动式汽轮机工作原理如图 5-1 所示，具有一定压力和温度的蒸汽首先在固定不动的喷嘴中膨胀加速，使蒸汽压力和温度降低，部分热能变为动能；从喷嘴喷出的高速汽流以一定的方向进入装在叶轮上的动叶片通道，在其中改变速度，产生作用力，推动叶轮和轴转动，使蒸汽的动能转变为轴的机械能。

图 5-2 所示为只按冲动原理做功的动叶通道，喷嘴出口的蒸汽以相对速度 w_1 进入动叶通道，由于受到动叶的阻碍，汽流方向不断改变，最后以相对速度 w_2 流出动叶通道，在流道中蒸汽对动叶产生一个轮周方向的冲动力 F_1，该力对动叶做功使动叶转动。冲动作用原理的特点是蒸汽仅把从喷嘴中获得的动能转变为机械功，蒸汽在动叶通道中不膨胀，动叶通道不收缩。

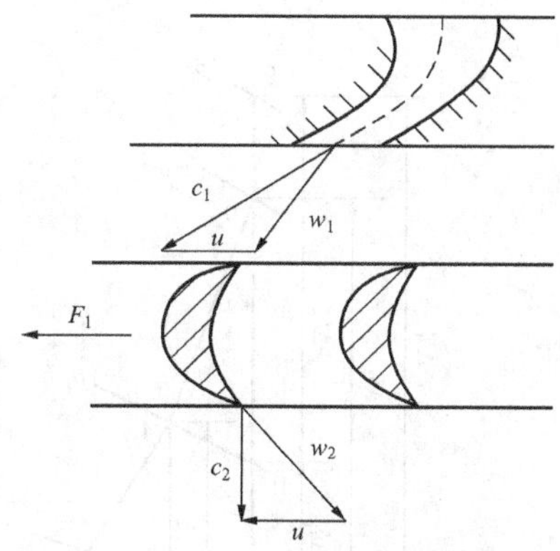

图 5-2 蒸汽流过无膨胀动叶通道时速度的变化

（二）反动作用原理

根据动量守恒定律，当气体从容器中加速流出时，要对容器产生一个与流动方向相反的力，称为反动力，利用反动力做功的原理，称为反动作用原理。火箭的发射是利用反动作用原理的典型例子，火箭内燃料燃烧时，大量气体从火箭尾部喷出，高速气流就给火箭一个与气流方向相反的反动力，使火箭向上运动，如图 5-3 所示。

蒸汽流经利用反动原理做功的级时，先在喷嘴中膨胀，压力降低，速度增加。进入动叶后，一方面通过速度方向的改变产生冲动力 F_1，另一方面蒸汽在动叶中继续膨胀，压力降低，所产生的焓降转化为动能，由于动叶是旋转的，所以这一转化造成动叶出口的相对速度 w_2 大于进口相对速度 w_1，相对速度的增加使汽流产生了作用于动叶上的与汽流方向相反的反动力 F_r。在蒸汽的冲动力和反动力合力作用下的轮周方向分力 F_u 推动动叶旋转做功，如图 5-4 所示。反动作用原理的基本特点是蒸汽在动叶流道中不仅要改变方向，而且还要膨胀加速，从结构上看动叶通道是逐渐收缩的，如图 5-4 所示。

气体的反动力

图 5-3 反动力

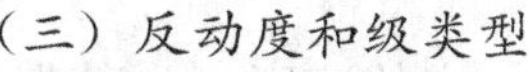

（三）反动度和级类型

1. 反动度

实际汽轮机的级，大多按冲动和反动两种原理做功，蒸汽在级中膨胀的热力过程如图 5-5 所示。0 点是级前的蒸汽状态点，0^* 点是汽流被等熵地滞止到初速等于零的状态，p_1、p_2 分别为喷嘴出口压力和动叶出口压力，蒸汽在级内从滞止状态 0^* 等熵膨胀到 p_2 时的焓降 Δh_t^* 称为级的滞止理想焓降，而蒸汽在级内从 0 点等熵膨胀到 p_2 时的焓降 Δh_t 称为级的理想焓降。按同样定义，Δh_n^* 为喷嘴的滞止理想焓降，而 Δh_b 为动叶的理想焓降。

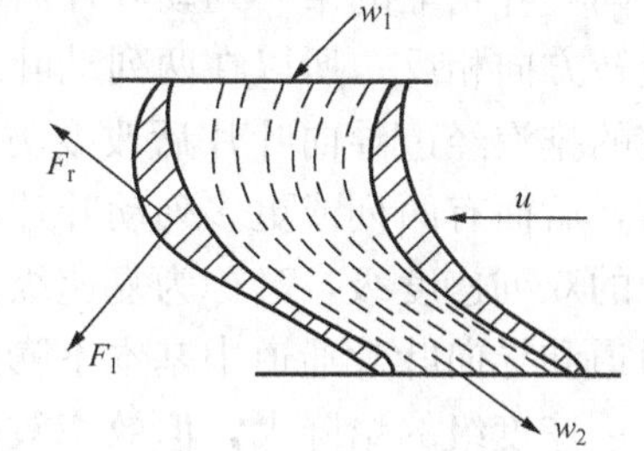

图 5-4 蒸汽在动叶汽道内膨胀时对动叶的作用力

级的反动度 Ω_m 是表示蒸汽在动叶通道内膨胀程度大小的指标。它等于蒸汽在动叶通道中的理想焓降 Δh_b 与喷嘴的滞止理想焓降 Δh_n^* 和动叶通道中理想焓降 Δh_b 之和的比值。级的平均直径处（即 1/2 叶高处）的反动度用 Ω_m 表示，其表达式为

$$\Omega_m = \frac{\Delta h_b}{\Delta h_n^* + \Delta h_b} \approx \frac{\Delta h_b}{\Delta h_n^* + \Delta h'_b} = \frac{\Delta h_b}{\Delta h_t^*} \tag{5-1}$$

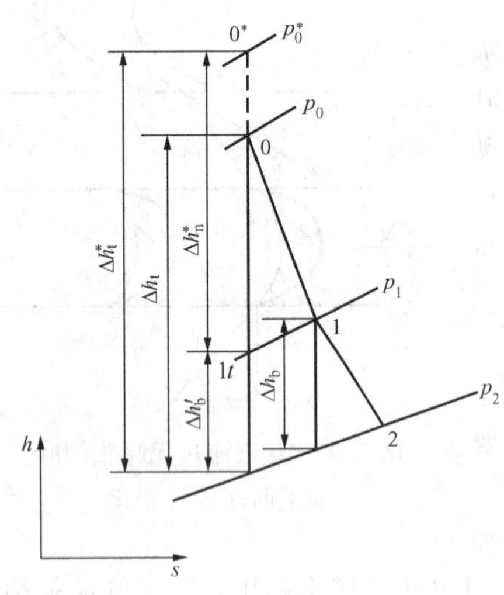

图 5-5 蒸汽在级中膨胀的热力过程线

在焓熵图上等压线沿熵增方向发散，故严格地说 $\Delta h_n^* + \Delta h_b > \Delta h_t^*$，但由于喷嘴损失很小，在工程实际计算中常认为 $\Delta h_n^* + \Delta h_b \approx \Delta h_t^*$，则

$$\Delta h_b = \Omega_m \cdot \Delta h_t^*$$

$$\Delta h_n^* = (1-\Omega_m) \cdot \Delta h_t^*$$

2. 级的类型及特点

按照蒸汽在动叶通道内的膨胀程度，汽轮机的级可分为冲动级和反动级两大类。

（1）冲动级。冲动级有纯冲动级、带反动度的冲动级和速度级三种类型。

1）纯冲动级。反动度 $\Omega_m=0$ 的级称为纯冲动级。它的工作特点是：蒸汽只在喷嘴中膨胀，在动叶通道中不膨胀，当不考虑蒸汽在动叶通道中流动的损失时，动叶通道进出口压力相等，相对速度也相等（即 $w_1=w_2$），$\Delta h_b=0$，$\Delta h_n^*=\Delta h_t^*$。其结构特点是动叶叶型近似对称弯曲，如图 5-6 所示。纯冲动级的做功能力大，但效率比较低。

2）带反动度的冲动级。现代冲动式汽轮机中广泛采用具有一定反动度的冲动级，简称为冲动级。一般取这种级的反动度 $\Omega_m=0.05 \sim 0.2$。它的工作特点是：蒸汽的膨胀主要在喷嘴中进行，在动叶通道中仅有小部分膨胀，即 $p_1>p_2$，$\Delta h_n>\Delta h_b$。由于蒸汽在动叶通道中膨胀程度很小，所产生的反动力较小，所以这种级主要利用冲动力做功。其结构特点是沿流动方向动叶通道有一定的收缩。这种级的做功能力比反动级的大，效率又比纯冲动级的高，所以得到了广泛应用。

3）速度级。前面讨论的纯冲动级和冲动级，都由一列喷嘴和一列动叶片构成，又称为单列级。蒸汽从单列级动叶通道流出时，仍具有一定的速度 c_2，其带走的动能为 $\frac{1}{2}c_2^2$，这部分动能在本级中无法转变成机械功，称为余速损失。

当级的焓降很大时，动叶的排汽余速 c_2 也较大，仍具有一定的做功能力，此时，可以在同一叶轮上的第一列动叶片后再装上一列动叶片，由于第一列动叶出口的汽流方向与叶轮旋转方向相反，所以在两列动叶之间还要装设一列固定在汽缸上的导向叶片。第一列动叶通道的排汽经过导向叶片后改变方向，然后进入第二列动叶通道继续做功。这种只有一列喷嘴，后面有两列或更多列动叶片的级，称为速度级。采用最多的是同一叶轮上装有两列动叶片的双列速度级，又称为复速级。蒸汽在速度级中流动时，主要在喷嘴中膨胀加速，在动叶通道和导向叶片通道中基本不膨胀，所以可将速度级看作是单列冲动级的延伸。

速度级的焓降大，但效率较低，常用于单级汽轮机和中、小型多级汽轮机的第一级，图 5-7 中绘出了速度级中汽流压力和速度的变化。

（2）反动级。蒸汽在级中的理想焓降平均分配在喷嘴和动叶通道中的级称为反动级。它的主要工作特点是：蒸汽在喷嘴和动叶通道中的膨胀程度相等，即 $p_1>p_2$，$\Delta h_n^*=\Delta h_b=\frac{1}{2}\Delta h_t^*$，$\Omega_m \approx 0.5$。由于蒸汽在动叶中的膨胀占了整级膨胀的一半，产生的反动力很大，所以在这种级中做功的力基本为冲动力和反动力各占一半。这种级的结构特点是：动叶叶型与喷嘴叶型完全相同，如图 5 - 8 所示。反动级的效率高于冲动级，但整级的理想焓降较小。

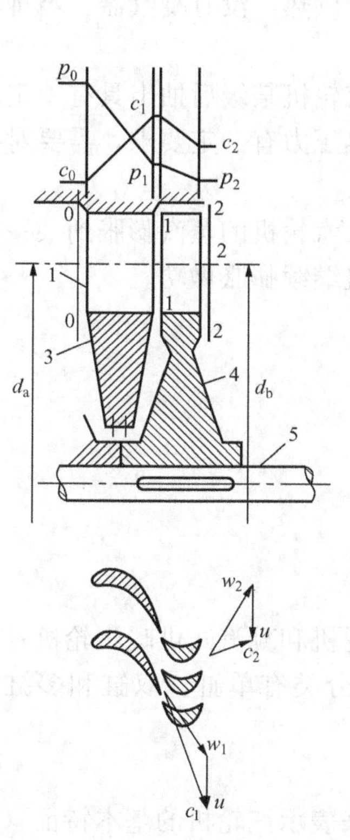

图 5 - 6　纯冲动级中压力和速度的变化示意

1—喷嘴；2—动叶片；3—隔板；4—叶轮；5—轴

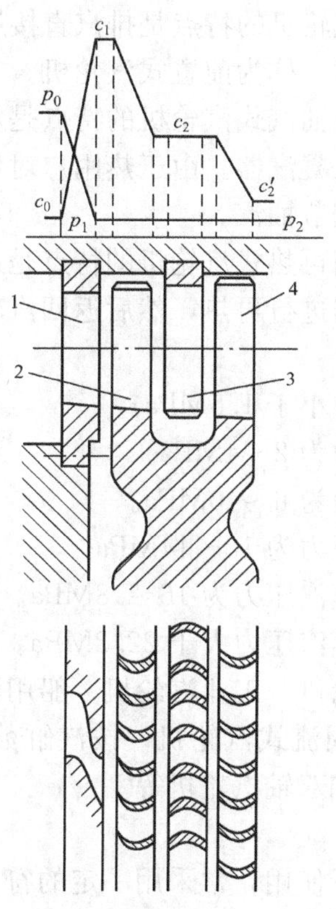

图 5 - 7　速度级中汽流压力和速度变化示意

1—喷嘴；2—第一列动叶；3—导叶；4—第二列动叶

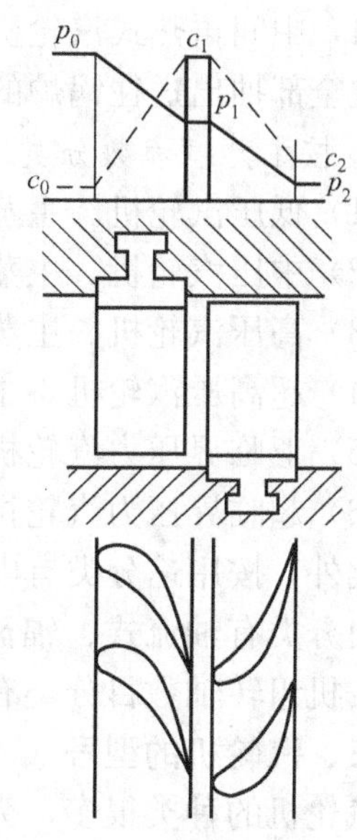

图 5 - 8　反动级中汽流压力和速度变化示意

此外，多数汽轮机采用改变第一级喷嘴面积的方法调节进汽量，称为喷嘴调节，喷嘴调节汽轮机的第一级称为调节级。中、小容量汽轮机的调节级一般采用速度级，大容量汽轮机多采用单列冲动级。在使用中，有时还把汽轮机的级分为速度级和压力级两种，速度级可以是双列的和多列的，而单列冲动级和反动级都属压力级。

二、汽轮机的分类

汽轮机被广泛用于国民经济各部门，由于不同的用户要求不同，生产的汽轮机类型很多，为便于区分，常按工作原理、新蒸汽参数、热力过程特性等对汽轮机进行分类。

1. 按工作原理分类

（1）冲动式汽轮机。冲动式汽轮机主要由冲动级组成，蒸汽主要在喷嘴中膨胀，在动叶栅中只有少许膨胀。

（2）反动式汽轮机。反动式汽轮机主要由反动级组成，蒸汽在喷嘴和动叶中膨胀程度大致相同。

2. 按热力过程特性分类

（1）凝汽式汽轮机。凝汽式汽轮机的特点是在汽轮机中做功后的排汽，在低于大气压力的真空状态下进入凝汽器凝结成水。

（2）背压式汽轮机。背压式汽轮机的特点是排汽直接用于供热，没有凝汽器。当排汽作为其他中低压汽轮机的工作蒸汽时，称为前置式汽轮机。

（3）调节抽汽式汽轮机。调节抽汽式汽轮机的特点是从汽轮机某级后抽出具有一定压力的蒸汽对外供热，其余排汽仍进入凝汽器。由于热用户对供热压力有一定要求，需要对抽汽供热压力进行自动调节，故称为调节抽汽。

（4）中间再热式汽轮机。中间再热式汽轮机的特点是进入汽轮机的蒸汽膨胀到某一压力后，被全部抽出送往锅炉的再热器进行再热，然后返回汽轮机继续膨胀做功。

3. 按主蒸汽参数分类

（1）低压汽轮机。主蒸汽压力小于1.5MPa。

（2）中压汽轮机。主蒸汽压力为2～4MPa。

（3）高压汽轮机。主蒸汽压力为6～10MPa。

（4）超高压汽轮机。主蒸汽压力为12～14MPa。

（5）亚临界压力汽轮机。主蒸汽压力为16～18MPa。

（6）超临界压力汽轮机。主蒸汽压力大于22.2MPa。

此外，按用途分类有电站汽轮机、工业汽轮机、船用汽轮机和凝汽式供暖汽轮机；按汽流方向分类有轴流式、辐流式、周流式汽轮机；按汽缸数目分类有单缸、双缸和多缸汽轮机；按机组转轴数目分类有单轴和双轴汽轮机等。

三、汽轮机的型号

汽轮机的种类很多，为了便于使用，常采用一定的符号来表示汽轮机的基本特征（蒸汽参数、热力特性和功率等），这种符号组称为汽轮机的型号。我国生产的汽轮机所采用的系列标准及型号已经统一，汽轮机的型号表示方法如下

$$\underline{\triangle\times\times}-\underline{\times\times}-\underline{\times}$$

其中：第一组用汉语拼音字母和阿拉伯数字表示，汉语拼音字母表示汽轮机的型号，见表5-1，其后的数字表示汽轮机的额定功率，单位为MW；第二组表示蒸汽参数，一般分为几段，中间用斜线分开，表示方法见表5-2；第三组数字表示设计的先后次序，若为按原型制造的汽轮机，型号中没有此部分。

例如，N300-16.7/537/537-2型汽轮机，表示该汽轮机额定功率为300MW，额定进汽压力为16.7MPa，额定主蒸汽温度为537℃，额定再热蒸汽温度为537℃，是中间再热凝汽式汽轮机，属第二次变型设计。

表5-1　汽轮机型式及代号

代号	型　式	代号	型　式	代号	型　式
N	凝汽式	CC	二次调整抽汽式	Y	移动式
B	背压式	CB	抽汽背压式	HN	核电汽轮机
C	一次调整抽汽式	CY	船用		

表 5-2　**汽轮机型号中蒸汽参数表示法**

型　式	参数表示方法	示　例
凝汽式	主蒸汽压力/主蒸汽温度	N100-8.83/535
中间再热式	主蒸汽压力/主蒸汽温度/中间再热温度	N300-16.7/538/538
抽汽式	主蒸汽压力/高压抽汽压力/低压抽汽压力	C50-8.83/0.98/0.118
背压式	主蒸汽压力/背压	B50-8.83/0.98
抽汽背压式	主蒸汽压力/抽汽压力/背压	CB25-8.83/0.98/0.118

第二节　汽轮机的基本做功原理

一、汽轮机级的做功原理

近代大功率汽轮机都是由若干个级构成的多级汽轮机，由于级的工作过程在一定程度上反映了整个汽轮机的工作过程，所以对汽轮机工作原理的讨论一般总是从汽轮机“级”开始的，这将有助于理解和掌握全机的内在规律性。

“级”是汽轮机中最基本的工作单元，在结构上它是由静叶（喷嘴）和对应的动叶所组成；从能量观点上看，它是将工质（蒸汽）的能量转变为汽轮机机械能的一个能量转换过程。工质的热能在喷嘴中首先转变为工质的动能，然后在动叶中再使这部分动能转变为机械能。工质的热能之所以能转变为汽轮机的机械能，是由工质在汽轮机静叶和动叶中的热力过程所形成的。图 5-9 是用于汽轮机中的喷嘴示意。

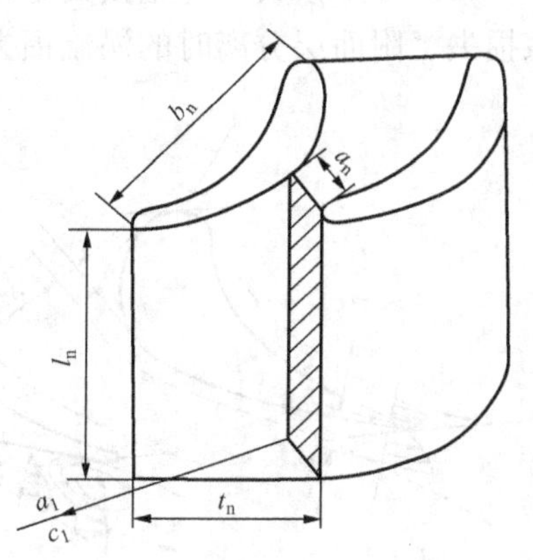

图 5-9　喷嘴汽道示意

因为蒸汽在级中流动时伴有热现象，所以引用热力学第一定律导出的能量方程，由于在此过程中对外界不做功，故方程可表示为

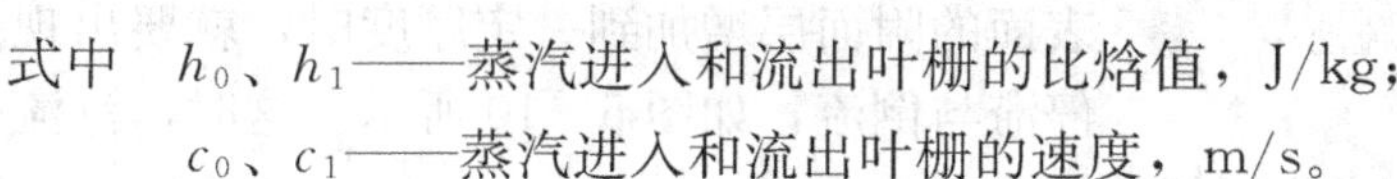

$$h_0+\frac{c_0^2}{2}=h_1+\frac{c_1^2}{2} \tag{5-2}$$

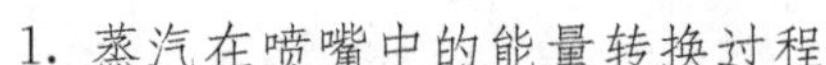

式中　h_0、h_1——蒸汽进入和流出叶栅的比焓值，J/kg；

c_0、c_1——蒸汽进入和流出叶栅的速度，m/s。

1. 蒸汽在喷嘴中的能量转换过程

蒸汽在喷嘴通道中的理想膨胀过程如图 5-5 中线段 $01t$ 所示，当喷嘴前的蒸汽参数及初速为已知时，从式（5-2）得出喷嘴理想出口速度为

$$c_{1t}=\sqrt{2(h_0-h_{1t})+c_0^2}=\sqrt{2\Delta h_n+c_0^2} \tag{5-3}$$

式中　h_{1t}——在理想条件下，喷嘴出口的蒸汽焓，J/kg；

Δh_n——在理想条件下，喷嘴中蒸汽的理想焓降，$\Delta h_n=h_0-h_{1t}$，J/kg。

由于蒸汽在实际流动过程中总是有损失的，所以喷嘴出口蒸汽的实际速度 c_1 总是要小于理想速度 c_{1t}。速度系数 φ 正是反映喷嘴内由于各种损失而使汽流速度减小的一个修正值。

则喷嘴出口蒸汽的实际速度可写成

$$c_1=\varphi c_{1t}$$

2. 蒸汽在动叶中的能量转换过程

蒸汽在喷嘴中膨胀后，以绝对速度 c_1 离开喷嘴。在理想情况下，蒸汽从动叶进口状态（即喷嘴出口状态）p_1、h_1，等比熵膨胀至动叶出口压力 p_2（见图 5-5）。

二、级内损失和级效率

（一）级的内部损失

在汽轮机通流部分中，与流动、能量转换有直接联系的损失称为汽轮机级的内部损失。级内的损失主要有叶栅损失、余速损失、部分进汽损失、叶轮摩擦损失、漏汽损失和湿汽损失等。由于级的内部损失，蒸汽在级内的做功能力并不能100%地转换成汽轮机的旋转机械功。不同的级，其级内的内部损失和各项级内损失的大小也不同。下面简单介绍这些损失的产生原因及减少措施。

1. 叶栅损失

叶栅损失包括喷嘴损失和动叶损失，从产生原因看，它由叶型损失、叶端损失和冲波损失所组成。

（1）叶型损失。叶型损失是指蒸汽流过叶型表面时所产生的能量损失，由附面层中的摩擦损失、附面层分离时的涡流损失及尾迹损失组成。

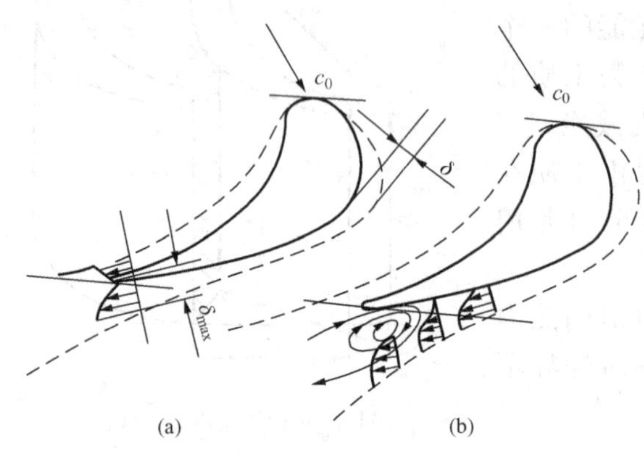

图 5-10　叶栅叶型上的附面层分布示意

(a) 没有分离的流动；(b) 有分离的流动

1）附面层中的摩擦损失。具有黏滞性的蒸汽流经叶栅时，在叶片表面要形成一附面层，如图 5-10 所示。在附面层内蒸汽流速不同，产生内摩擦力，形成损失。附面层厚度越大，这项损失越大，而附面层的厚度主要与流动情况和叶片表面清洁度有关，对加速流动，附面层厚度越来越薄；对减速流动，附面层厚度越来越厚。在冲动级中，使蒸汽流过动叶栅时相对速度增加，可以减少摩擦损失。

2）附面层分离时的涡流损失。当叶片表面的附面层增加到一定厚度时，就要出现停滞与倒流，如图 5-10 所示。这时，汽流质点离开背弧，造成附面层的分离，产生了涡流损失。

3）尾迹损失。当蒸汽离开叶型的尾缘时，由于背弧与内弧面内的附面层速度不同，且叶片出汽边要有一定的厚度，两股汽流互相交混时会形成一定强度的涡流，造成损失，如图 5-11 所示。试验表明，当出口边厚度 Δ 越小时，这种损失就越小。故在强度允许的条件下，应尽量减小出口边厚度 Δ。叶型损失的大小直接取决于叶型，为了减小损失，提高效率，在设计和制造时，应采用合理的叶型。

（2）叶端损失。叶端损失是指蒸汽流过叶栅时，在其通道的顶部和根部也要形成附面层产生摩擦损失。另外，在这两个端面上由于内弧侧压力大于背弧侧压力，附面层内的汽流在由进口流向出口的同时，还要产生由内弧向背弧的横向流动（称为二次流），与背弧上沿主流方向形成的附面层混合并堆积成两个对称、方向相反的旋涡组成的涡流（见图 5－12），所产生的损失称为二次流损失。在叶片中部，由于蒸汽流速大，上述压差被汽流的离心力（方向由背弧指向内弧）所平衡，故不会形成二次流损失。

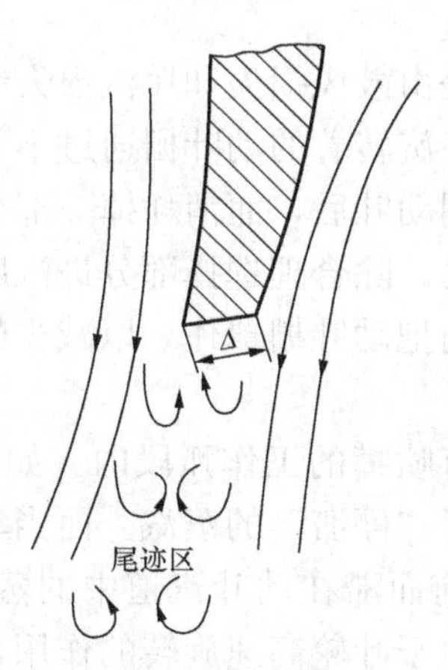

图 5－11　尾迹损失

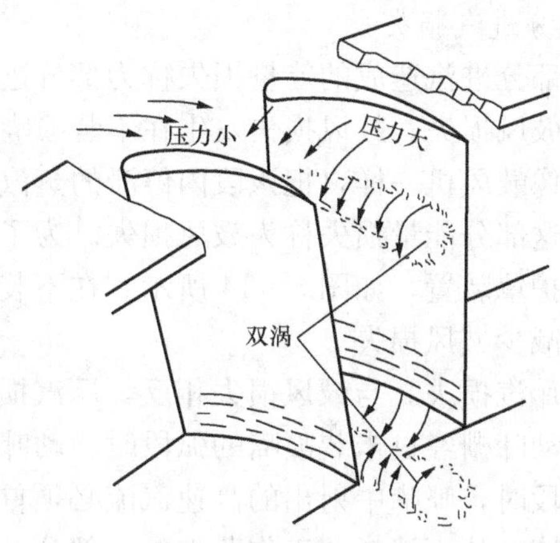

图 5－12　叶栅中汽流的二次流损失

端部附面层内的摩擦损失和二次流损失组成了叶端损失。由于喷嘴（或动叶）损失是指每千克蒸汽的能量损失，当蒸汽量增加时，通流面积增加，叶高增大，但叶端损失不变，则每千克蒸汽所产生的叶端损失减小。

（3）冲波损失。冲波损失是指叶栅中汽流在跨音速及超音速范围内流动时，若缩放喷嘴出口压力高于设计压力，在渐扩段某一截面要产生冲波，汽流被突然压缩（即压力升高，流速降低）产生能量损失，同时附面层的分离也造成很大损失。

2. 余速损失

蒸汽离开动叶栅时带走的余速动能称为余速损失。

3. 叶轮摩擦损失

如图 5－13 所示，叶轮的两侧及外缘充满了具有黏滞性的蒸汽，当叶轮旋转时，紧贴在叶轮表面的那层蒸汽以相同的速度随其旋转，而紧贴隔板和汽缸壁的蒸汽速度为零。因此，在叶轮两侧及外缘的间隙中，蒸汽沿轴向形成层与层之间的速度差，产生摩擦消耗掉叶轮的部分有用功。另外，随着叶轮一起绕轴旋转的蒸汽要产生离心力，紧贴叶轮处的蒸汽质点离心力大，因而产生向外的径向流动；紧贴隔板处的蒸汽因圆周速度小产生的离心力较小，自然向中心流动以填补叶轮附近的空隙，这样叶轮四周的蒸汽产生涡流，也消耗了叶轮的一部分有用功。上述两项损失构成了叶轮摩擦损失。

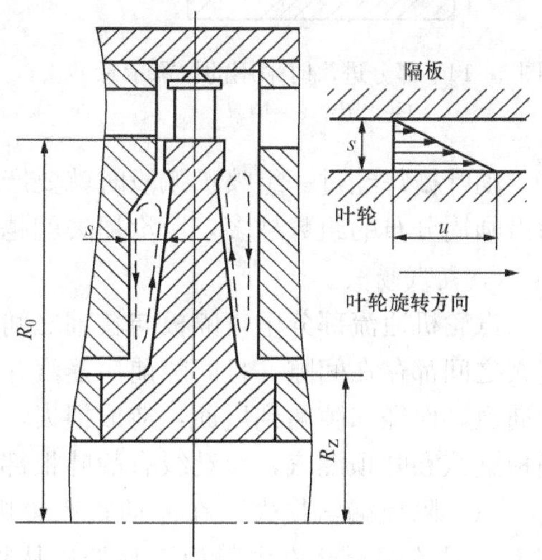

图 5－13　叶轮摩擦损失示意

影响摩擦损失的主要因素有叶轮旋转圆周速度，级的蒸汽比体积及级的平均直径。从汽轮机高压级到低压级，叶轮旋转圆周速度、级的蒸汽比体积及级的平均直径都呈增大趋势，但蒸汽比容增大得特别显著，因此，它对叶轮摩擦损失影响最大。在汽轮机的高压部分各级中，由于蒸汽比容较小，摩擦损失较大；而低压各级的蒸汽比容很大，则摩擦损失就很小，在计算时可以忽略不计。

4. 部分进汽损失

由于部分进汽造成的能量损失称为部分进汽损失。它是由鼓风损失和斥汽损失组成的。

（1）鼓风损失。鼓风损失发生在不装喷嘴的弧段内。当旋转着的动叶栅通过不装喷嘴的弧段时，像鼓风机一样，把该段内停滞的蒸汽从动叶前鼓到动叶后，而消耗掉一部分叶轮的有用功，这部分能量损失称为鼓风损失。为了减少鼓风损失，除合理选择部分进汽度外，还经常采用护罩装置，如图 5 - 14 所示。在不装喷喷的弧段内把动叶栅罩住，以减少鼓动蒸汽量，从而减少鼓风损失。

（2）斥汽损失。与鼓风损失相反，斥汽损失发生在装有喷嘴的工作弧段内。如图 5 - 15 所示，当动叶栅经过未装喷嘴的弧段时，动叶汽道内充满了“停滞”的蒸汽。而当动叶栅进入工作弧段时，喷嘴中射出的高速汽流必须首先把停滞不前而滞在动叶汽道中的蒸汽吹走，并使之加速，从而消耗了工作蒸汽的一部分动能。此外，由于叶轮高速旋转的作用，在喷嘴出口端 A 处，喷嘴叶栅与动叶栅之间的间隙中将产生漏汽，引起损失，而在喷嘴组的进入端 B 处则相反，一部分滞止蒸汽将被吸入动叶汽道，干扰了主流，也会引起损失。由于斥汽损失产生于喷嘴弧段的两端处，故又称为弧端损失。

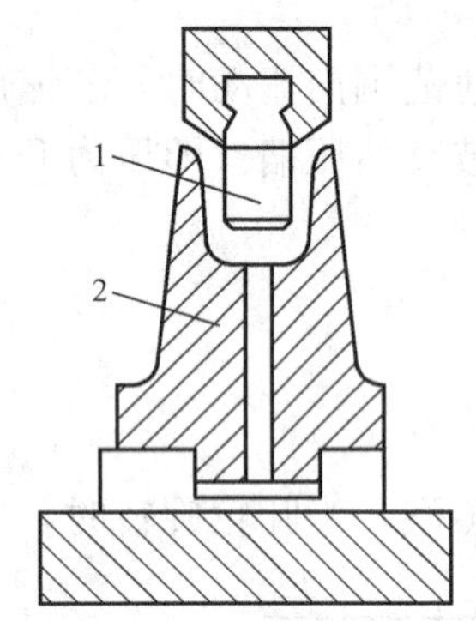

图 5 - 14　部分进汽时采用的护罩示意
1—叶片；2—护罩

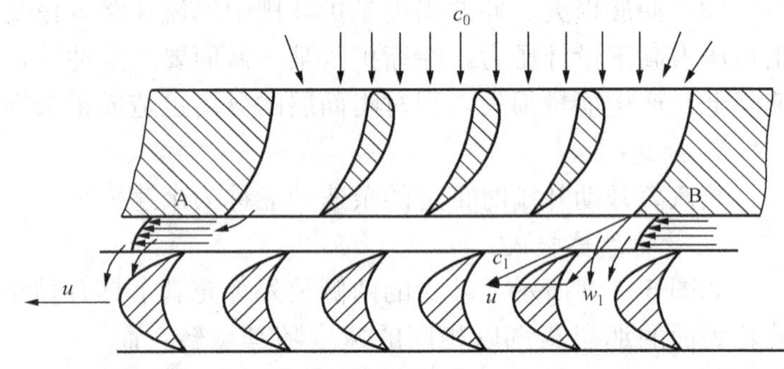

图 5 - 15　部分进汽时蒸汽流动示意

动叶栅每经过一组喷嘴弧段时就要产生一次斥汽损失，因此，在部分进汽度相同时，喷嘴沿圆周分布的组数越多，斥汽损失就越大。为减小斥汽损失，应尽量减少喷嘴组数。

5. 漏汽损失

汽轮机通流部分中，隔板与转轴之间、动叶顶部与汽缸之间、转鼓结构的反动级静叶与转鼓之间都存在间隙，且间隙前后蒸汽存在压力差，这样进入级的蒸汽就有一部分不通过动叶通道，而经间隙漏到后面，造成损失，称为漏汽损失。不同的级漏汽情况不同，冲动级有隔板漏汽和叶顶漏汽，反动级有静叶根部漏汽和动叶顶部漏汽。

（1）隔板漏汽损失。在冲动式汽轮机中，隔板和转轴之间存在间隙，且隔板前后压差较大，导致部分蒸汽由隔板汽封处，从隔板前漏到隔板与叶轮之间的腔室内，如图 5 - 16 所示。这部分漏汽不通过喷嘴，不能做功，造成漏汽损失；此外，漏进腔室内的蒸汽还可能通过隔板和叶轮之间的间隙进入动叶通道根部，由于其进入动叶通道的方向与主汽流不同，故它不仅不能对动叶做功，反而引起动叶通道中汽流的混乱，也造成损失。

减少隔板漏汽损失的措施如下：

1）在隔板与主轴之间采用梳齿式汽封，如图 5-16 所示。由于梳齿形汽封的间隙可以做得很小，汽流每通过一个齿就产生一次节流作用，所以每个齿只承担整个压差的一小部分，这样与不采用汽封相比，压差和漏汽面积减小了，因此，可以减小漏汽损失。

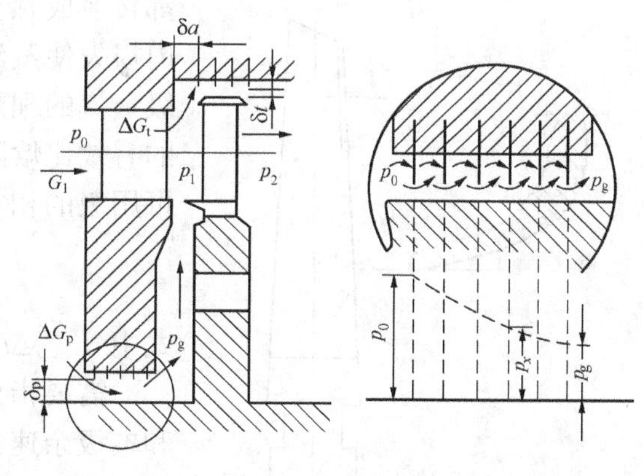

图 5-16　隔板汽封装置

2）在喷嘴和动叶根部设置轴向汽封，减少漏汽进入动叶通道。

3）在叶轮上开平衡孔，并在动叶根部采取适当的反动度，使隔板漏汽全部通过平衡孔流到级后，避免漏汽进入动叶，干扰主流。

（2）动叶顶部漏汽损失。为了满足汽轮机转子与静止部分之间相对膨胀和动叶片本身热膨胀的要求，动叶顶部与静止部分之间存在着轴向间隙和径向间隙。对反动度不为零的级，动叶前后存在压差，有压差有间隙就会产生漏汽。因此，喷嘴出口的蒸汽有一部分经过动叶轴向间隙和径向间隙漏到级后，这部分蒸汽不能做功，形成叶顶漏汽损失。对纯冲动级，动叶前后没有压差，常可忽略叶顶漏汽损失。

减小叶顶漏汽损失的措施是在围带上安装径向汽封和轴向汽封，对无围带的长叶片，常把动叶顶部削薄以达到叶顶汽封的作用，另外应尽量减小叶片顶部反动度。

6. 湿汽损失

凝汽式多级汽轮机的末几级常工作在湿汽区，在湿蒸汽区部分蒸汽不仅会由于凝结成水使做功量减少，而且高速的蒸汽会由于带动低速的水珠而消耗一部分动能；水珠虽然被高速蒸汽带动加速，但因其速度仍较蒸汽低得多，所以水珠与蒸汽流进入动叶流道时的相对速度和方向不相同，水珠进入动叶时将撞击在进口处的动叶片背弧上，阻止叶轮旋转。湿蒸汽引起的有用功损失，称为湿汽损失。

除了产生湿汽损失外，湿蒸汽中的水珠打在动叶进口边顶部的背弧上，将使该处受到冲蚀，叶片表面将被冲蚀成许多密集的细毛孔，严重者甚至造成叶片缺损，影响到汽轮机的安全性。对大功率机组来说，由于末级叶高和圆周速度也不断增大，冲蚀更严重，所以对现代凝汽式汽轮机末级最大可见湿度（在水蒸气焓-熵图上查得的湿度）限制在 12%～14%以内，为了提高效率并防止动叶被冲蚀损坏，一方面要采取措施减少湿蒸汽中的水分，另一方面要设法提高动叶片抗冲蚀的能力。

提高动叶抗冲蚀能力的措施有：采用耐冲蚀性强的叶片材料（如钛合金），在叶片进汽边背弧上加焊硬质合金、镀铬、局部淬硬、电火花硬化、氮化等。目前常用的办法是将司太立合金做的薄片焊在动叶顶部进汽边的背弧上，如图5-17所示。

（二）级的相对内效率

由以上分析可知，级内存在各种损失。由于汽轮机内热力过程是绝热的，虽然级内损失

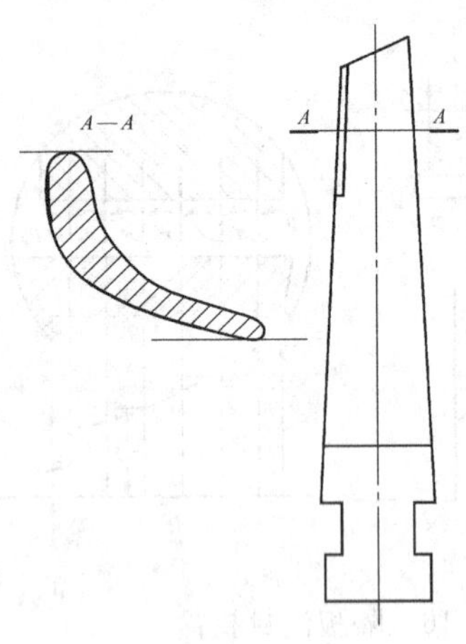

图 5 - 17 焊有贴边的动叶

都转换成热量又被蒸汽吸收，在下一级重复利用，但级内损失使蒸汽在级内的有效比焓降减少。若以 E_0 表示该级蒸汽的理想能量，以 Δh_i 表示蒸汽在实际工况下级内的有效比焓降，则蒸汽在级热力学能量转换的完全程度，可用级的相对内效率表示，计算公式如下

$$\eta_r=\frac{\Delta h_i}{E_0}=\frac{E_0-\sum\Delta h_\xi}{E_0} \tag{5-4}$$

式中 $\sum\Delta h_\xi$ ——该级内各项能量损失之和。

需要指出的是，上式没考虑该级对上一级余速利用和本级余速是否被下一级利用的问题。

级的相对内效率表示级的能量转换的完善程度，是用来衡量级经济性的一个重要指标，它不仅与级的类型，选用的叶型、反动度、速比和叶高有关，而且还与蒸汽的性质、级的结构特点等有关。

第三节 多 级 汽 轮 机

一、多级汽轮机概述

现代的热力发电厂和核电厂中，汽轮机的理想焓降为1000～1700kJ/kg，这样大的焓降，为了保证汽轮机工作效率，热力发电厂中应用的汽轮机都采用多级形式。以一台亚临界中间再热凝汽式汽轮机为例，进汽压力 p_0＝12.75MPa，进汽温度 t_0＝535℃，排汽压力 p_c＝0.005 15MPa，整机理想焓降 Δh_t＝1718.0kJ/kg，这样大的焓降在 1 个级中利用是绝对不可能的，该机是由 1 个单列调节级和 26 个压力级所构成的。将整机理想焓降分配到各个级上，逐级进行能量转换，这样既能保证较大的焓降（即产生较大的功率），又能保证每一级都具有较高的效率。

附图 2（见文后插页）是一台东方汽轮机厂生产的双缸双排汽 300MW 汽轮机纵剖面。由图可见，该机组高压缸内有 10 级（1 个单列冲动级作调节级，其余 9 个为压力级）；中压缸内有 6 级；低压缸内为对称分流，布置有 2×6 个压力级。从结构上说，该机组共有 28 级，但由于蒸汽在低压缸内为对称分流，两部分的工作情况相同，故从热力过程的特点上说，该机组共有 22 级。

附图 3（见文后插页）是一台哈尔滨汽轮机厂制造的四缸四排汽 600MW 反功式汽轮机纵剖面。它由 1 个调节级、10 个高压级、2×9 个中压级和 4×7 个低压级组成，因此，从结构上说它有 57 级，而从热力过程上看，它有 27 级。

蒸汽在多级汽轮机中的工作过程可用焓—熵图上的热力过程表示。图 5 - 18 表示一台五级汽轮机的热力过程，由于进汽部分有节流损失，故第一级喷嘴前的进汽状态点为0′点，从0′开始画出第一级的热力过程线，从第一级排汽状态点再画出第二级的，并连续画出各级的热力过程线。这种过程线的形状像锯齿，如果用一条光滑曲线把各级的蒸汽状态点和末级的排汽状态点都连接起来，就得到工程上常见的热力过程线。图中的 p_c 为汽轮机的排汽压力，也称汽轮机的背压，ΔH_t 为汽轮机的理想焓降，ΔH_i 为汽轮机的有效焓降。由图 5 - 18 可见，汽轮机的有效焓降 ΔH_i 等于各级有效焓降 Δh_i 之和，即 $\Delta H_i = \sum \Delta h_i$。

汽轮机的相对内效率为

$$\eta_{ri} = \frac{\Delta H_i}{\Delta H_t} \tag{5-5}$$

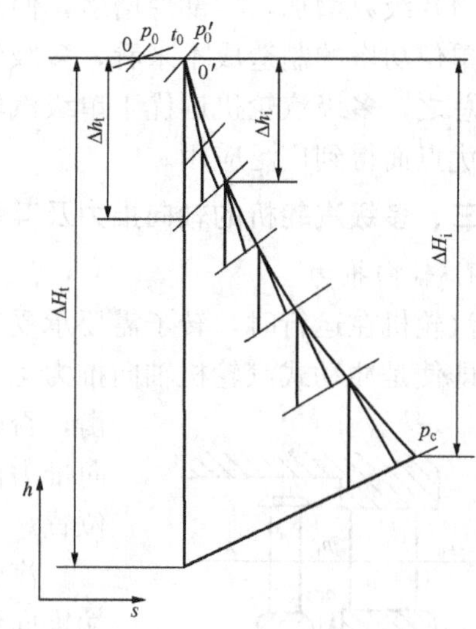

图 5-18　多级汽轮机的热力过程线

二、多级汽轮机的特点

(一) 多级汽轮机的效率大大提高

1. 多级汽轮机的循环热效率大大提高

多级汽轮机的比焓降可比单级汽轮机增大很多，因而多级汽轮机的蒸汽初参数可大大提高，排汽压力可以降的很低，还可以采用回热循环和中间再热循环，所以多级汽轮机的循环热效率大大高于单级汽轮机。

2. 多级汽轮机的相对内效率明显提高

(1) 多级汽轮机在设计工况下每一级都在最佳工况附近工作，这就使它比单级汽轮机的相对内效率高。

(2) 在一定条件下，多级汽轮机的余速动能可以全部或部分地被下一级利用。对多级汽轮机，只要相邻两级的部分进汽度相同，平均直径变化平滑，喷嘴进汽角与上一级的排汽角相近，级间的轴向间隙较小，两级的流量变化不大，那么上一级的余速动能可以全部或部分地被下一级利用，因此整个汽轮机的内效率提高了。

(3) 多级汽轮机每个级的焓降较小，最佳工况时级的圆周速度和平均直径也都较小，在容积流量相同的条件下，由于直径较小，喷嘴出口高度增大，因而叶高损失减小，喷嘴流动效率较高。

(4) 多级汽轮机上一级的损失可以部分地被下面级利用，使全机相对效率提高，这种现象称为重热现象，这也是其效率比单级汽轮机高的一个原因。

(二) 多级汽轮机单位功率的投资大大减小

多级汽轮机的单机功率可远远大于单级汽轮机，因而单位功率汽轮机组的造价、材料消耗和占地面积都比单级汽轮机大大减小。容量越大的机组减小的越多，这就使多级汽轮机单位功率的投资大大减小。

(三) 多级汽轮机存在的问题

(1) 增加了一些附加损失，如隔板漏汽损失。多级汽轮机内各级是由静止的隔板和旋转的工作叶轮构成的，隔板和转子之间有间隙存在，虽然间隙处安装有隔板轴封，但仍存在蒸汽泄漏，增加了损失。但与单级汽轮机每级必有的前后轴封漏汽损失相比，这项损失是较小的。此外，多级凝汽式汽轮机的整机焓降很大，它的最后几级总是工作在湿蒸汽区内，湿汽损失较大，故级的效率降低。但多级汽轮机的循环热效率将因排汽温度降低而大大提高。

(2) 由于级数多，相应增加了机组的长度和质量，但与同样功率的各单级汽轮机的总长度和总质量相比，多级汽轮机要小的多。

(3) 由于新蒸汽和再热蒸汽温度的提高，多级汽轮机高中压缸前面若干级的工作温度较高，故对零件的金属材料要求提高。

(4) 级数增加，零部件增多，使多级汽轮机的结构更加复杂，整机制造成本相应提高。但从单位功率的制造成本来看，多级汽轮机远低于单级汽轮机。

总之，多级汽轮机远优于单级汽轮机。多级汽轮机由于具有效率高、功率大、投资小等突出优点而得到广泛应用。

三、多级汽轮机的轴向推力及其平衡

1. 轴向推力

汽轮机在运行时，转子需要承受很大的轴向推力。对于反动式汽轮机轴向推力可达几百吨，即使是冲动式汽轮机轴向推力也达到几十吨之多。因此，汽轮机的轴向推力必须加以平衡，否则很难保证汽轮机的正常运行。平衡后，少量的剩余轴向推力由推力轴承来承担，以保持转子相对于静止部分的正确位置。

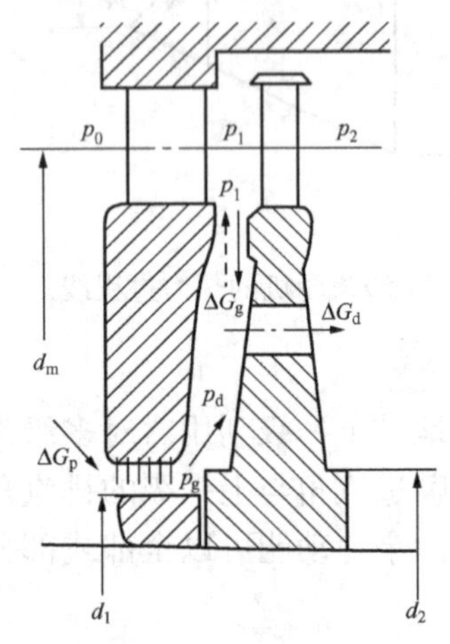

图 5-19　轴向推力示意

汽轮机在正常带负荷运行时，转子轴向推力的方向自高压端推向低压端，并且随负荷的增大（流量增大）而增大；当汽轮机突然甩负荷时，转子轴向推力的方向自低压端推向高压端。因此，推力轴承必须具有承担前后两个方向推力的能力。

转子的轴向推力，由每一级产生的轴向推力叠加而成。

图 5-19 所示为多级冲动式汽轮机中任一个中间级。级前蒸汽压力为 p_0，动叶前压力为 p_1，动叶后压力为 p_2，叶轮前压力为 p_d。一般情况下，每一级的轴向推力由以下三项组成：

(1) 动叶片上的轴向推力；

(2) 作用在叶轮轮面上的轴向推力；

(3) 作用在轴肩上的轴向推力。

作用在一个级上的轴向推力即为上述三部分推力之和。

2. 轴向推力的平衡

多级汽轮机的轴向推力与机组容量、参数和结构有关，数值较大，反动式汽轮机的轴向推力更大。在现代汽轮机中为了减小止推轴承所承受的推力，都应尽可能地设法使多级汽轮机的轴向推力得到平衡。平衡的方法除了在叶轮轮面上开平衡孔外，主要采用下列两种方法：

(1) 平衡活塞法。在转子通流部分的对侧，加大高压外轴封的直径，加大了直径的鼓形部分称为平衡活塞。在活塞的两端作用着不同的蒸汽压力，以产生相反方向的轴向推力，这就是平衡活塞法，如图 5-20 所示。

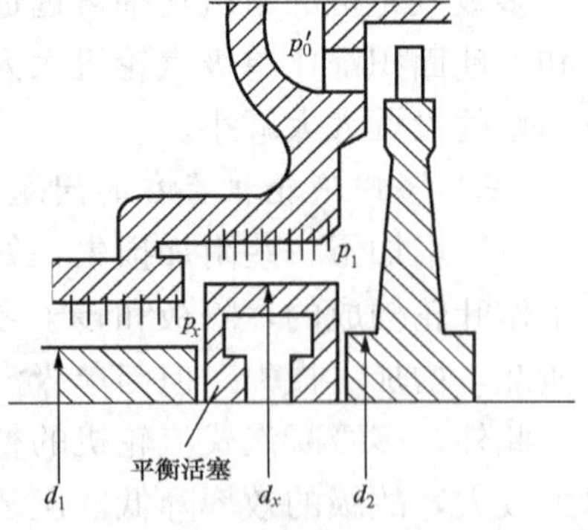

图 5-20　平衡活塞示意

(2) 相反流动布置法。将蒸汽在汽轮机内的流动安排成有相反方向的流动，使其产生的轴向推力相反，使轴向推力得到了平衡，如图 5-21 所示。

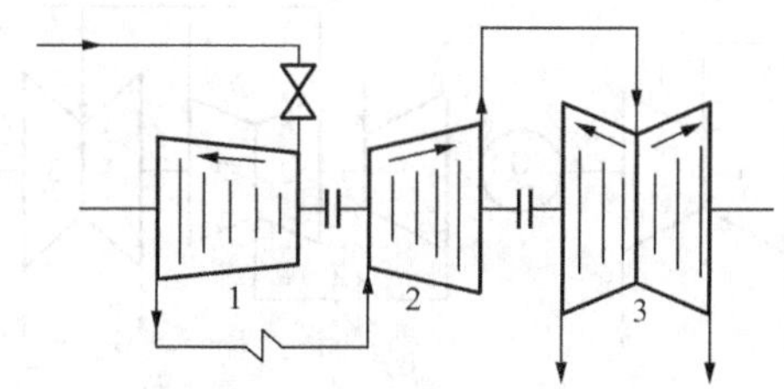

图 5 - 21 高中压缸对置、低压缸分流布置示意

第四节 汽轮机本体

汽轮机设备包括汽轮机本体、油系统及辅助设备等。汽轮机本体中做功汽流的通道称为汽轮机的通流部分，它包括主汽门、调节汽门、导管、进汽室、各级喷嘴和动叶及汽轮机的进汽管。

一、汽轮机本体的基本特点

随着汽轮机容量的增大，进汽参数的提高，汽轮机本体结构变得越来越复杂，部件尺寸也变得庞大。为使设备在高参数下工作时金属部件有足够的强度，汽缸、法兰、螺栓等部件都设计制造的十分笨重。概括起来，汽轮机本体结构具有如下特点。

1. 采用多汽缸结构

随着汽轮机单机功率的增大以及进汽参数的提高，整机的理想焓降会变得较大。在保证每一级较高效率的前提下，需要的级数会很多，如果一个汽缸内容纳过多的级，则势必增加转子的长度，这样使转子刚性降低，难以保证强度和振动可靠性。因此，将转子分成若干段，采用多汽缸结构，而且随着单机功率的增大，汽缸数会增加。当然，采用多汽缸结构，还有利于采用再热循环，部分平衡机组的轴向推力，扩大通流能力。

2. 采用多排汽口

这是提高汽轮机单机功率的有效途径。在末级几何尺寸不变的情况下，可把低压缸设计成分流形式，这样可较大地增大汽轮机的功率。图 5 - 22 所示为几种大功率汽轮机的汽缸配置示意。

3. 采用双轴系结构

为解决大功率汽轮机排汽口增多使转子过长的困难，可以设计成双轴系结构。需要指出的是，现代大功率双轴机组多采用双转速。但由于它与单轴系汽轮机相比，造价较高，电站建设费用大，运行控制困难。又由于汽轮机制造水平不断提高，末级长叶片的研究成功，因此，近年来双轴系结构已较少采用。

4. 高中压缸采用分流合缸方式

当一次再热机组的功率不是很大时，可把高压、中压通流部分配置在一个共同的汽缸内，如图 5 - 22（a）、（d）和图 5 - 23 所示。采用此种布置的优点如下：

（1）高温区集中在汽缸中部，两端温度压力较低，从而减少了对轴承和端部汽封的影响；

（2）与分缸设计相比，可缩短主轴长度，减少轴封漏气；

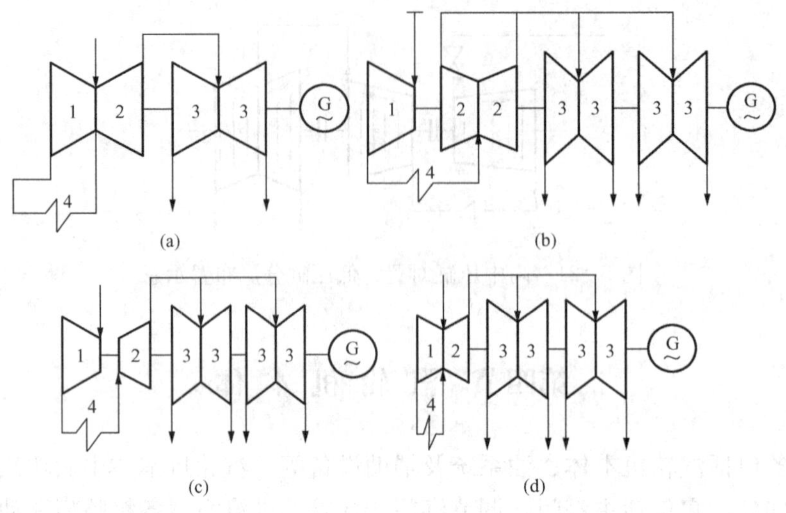

图 5-22 汽轮机外形结构布置示意

(a) 单轴双缸双排汽（300MW）；(b) 单轴四缸四排汽（600MW）；
(c) 单轴四缸四排汽（300MW）；(d) 单轴三缸四排汽（进口，300MW）
1—高压缸；2—中压缸；3—低压缸；4—再热器

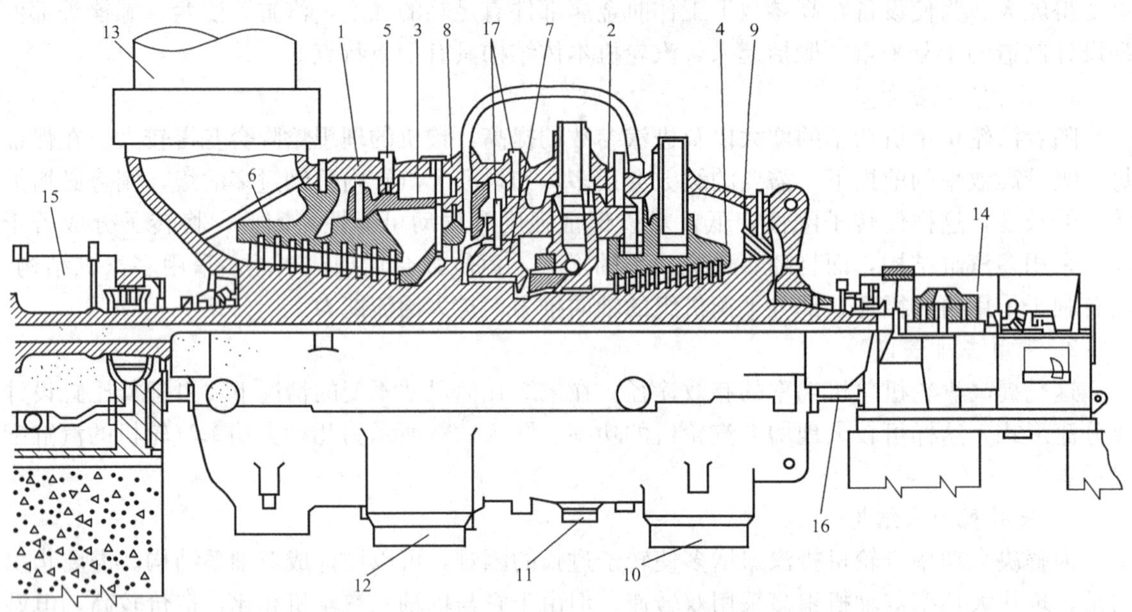

图 5-23 国产引进型 300MW 汽轮机高中压缸纵剖面

1—外缸；2—高压内缸；3—中压内缸；4—高压静叶持环；5—中压 1 号静叶持环；6—中压 2 号静叶持环；
7—高压平衡活塞持环；8—中压平衡活塞持环；9—低压平衡活塞持环；10—高压缸排汽；11—高压缸进汽；
12—中压缸进汽；13—中压缸排汽；14—前轴承座；15—中轴承座；16—工形梁；17—定位销

(3) 可部分平衡轴向推力。

5. 采用单独阀体结构

大功率汽轮机采用了把蒸汽室和调节阀从高压缸的缸体上分离出去，设计成单独的蒸汽室一调节阀体结构型式，并布置在汽轮机两侧的基础上。这样可简化汽缸性质，减薄汽缸壁厚且使汽缸具有良好的对称性，使其温度分布较均匀，同时可避免或减少运行中产生的热应力和热变形。

6. 多层汽缸结构

太厚的汽缸壁会产生过大的热应力，因此，大容量机组均采用了多层汽缸结构。如高中压缸采用双层汽缸，内缸主要承受高温，需要用耐热合金材料制造，因双层汽缸结构使内缸承受的压力相对较小，故可以减小内缸的厚度；外缸在夹层蒸汽冷却的作用下，温度较低，只需一般的合金钢制造。双层缸结构对于汽轮机启动、停机时汽缸的加热与冷却均有利，可以缩短启动时间。

7. 加长低压级叶片长度

加长低压级叶片长度是提高单机功率的有效途径。叶片长度一般取决于冶金水平、叶片设计的完善性，应能满足气体动力条件、振动强度等技术条件等。

汽轮机本体包括静止和转动两大部分。静止部分有汽缸、喷嘴、隔板、汽封、轴承和滑销系统等；转动部分是主轴、叶轮和叶片等组成的转子。300MW 高中压缸合缸结构机组如图 5-23 所示；600MW 单独高、中压缸结构如图 5-24 所示。

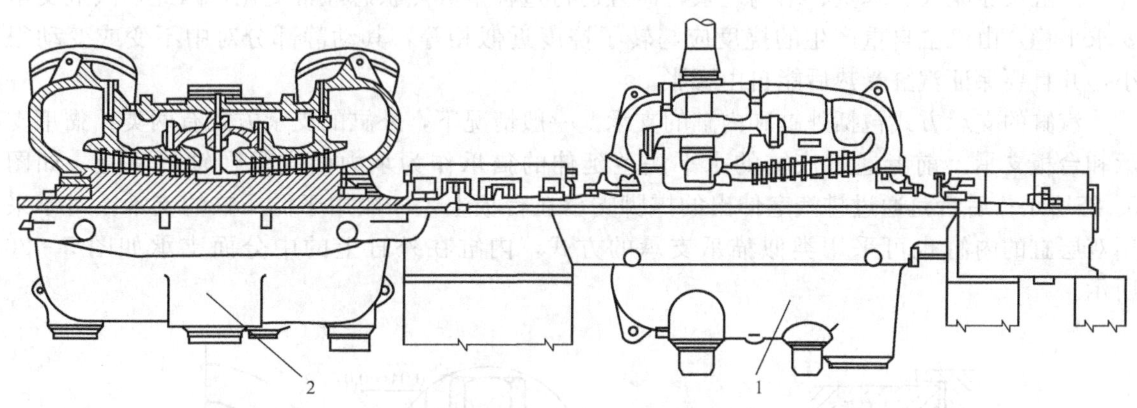

图 5-24　分开布置的引进型国产 600MW 汽轮机高中压缸剖面

1—高压缸；2—中压缸

二、汽轮机的静止部分

（一）汽缸

汽缸就是汽轮机的外壳，是汽轮机的重要静止部件之一。根据汽缸进口处蒸汽参数的不同，可以将汽缸分成高压缸、中压缸和低压缸。汽缸的作用如下：

（1）将高温、高压的蒸汽与大气隔开，形成能量转换的环境；

（2）内部包容隔板、喷嘴叶栅及转子部件，共同构成汽轮机的通流部分；

（3）承受安装在内部各零件的重量、管道的安装拉力、运行时汽缸内外的压差、汽缸内外温度变化产生的热应力以及连接管道热状态改变时对汽缸的作用力；

（4）端部装有汽封，形成严密的汽室，防止蒸汽外漏，在低压部分防止空气漏入；

（5）汽缸上加工有抽汽口，与回热抽汽管道加热系统一起完成回热循环，加热给水，提高循环热效率。

汽缸从高压向低压方向看，大致上呈圆筒形或圆锥形。为了便于加工、安装及检修，汽缸一般做成水平对分式，即分为上、下汽缸，水平结合面一般用法兰螺栓连接。另外，为了合理利用材料并便于加工、运输，汽缸也常按缸内压力高低沿轴向分为几段，垂直结合面也采用法兰螺栓连接，由于垂直结合面一般不需拆卸，为保证其严密性，有些汽缸还在结合面的内圆处加以密封焊。

随着蒸汽参数的提高，高、中压缸的内外压差增大，汽缸壁和法兰都变得很厚，使汽轮机在启动、停机或变工况运行时，缸壁、法兰和法兰螺栓之间形成较大的温度差。温差导致的热应力有可能使汽缸变形或导致螺栓断裂事故发生。因而，大功率、超高压及以上中间再热机组都采用双层或多层缸结构。

在内外缸夹层之间，由较低压力级引入逆流流动的、低于蒸汽初压力和初温度的蒸汽，有效地降低了内外缸所承受的压力差和温度差。当汽轮机启动或加负荷时，通过夹层的蒸汽对外缸起到加热作用；在停机或减负荷时，它对外缸起到冷却作用。夹层蒸汽的加热（或冷却）作用，减小了汽轮机启动、停机或变工况运行时的汽缸金属热应力，减小了缸壁和法兰的厚度，降低了对高压外缸的材质要求，节约了优质耐热合金钢材的用量。

（二）汽缸的支承方式

汽缸尺寸庞大、笨重、结构复杂，而且运行过程中其热状态经常变化，因此，汽缸支承要求平稳，由汽缸自重产生的挠度应与转子挠度近似相等，其动静部分对中不变或变动很小，并且要保证汽缸受热后能自由膨胀。

汽缸的支承方式包括外缸和内缸的支承。一般情况下，外缸的支承方式有两类：猫爪支承和台板支承。前者通过汽缸的水平法兰延伸的猫爪作为承力面支承在轴承座上，如图5-25所示；后者是通过排汽室伸出的撑脚支承在台板上，一般用于低压缸的支承。对于采用双层缸的内缸也可采用类似猫爪支承的方式，内缸在外缸上的中分面支承如图5-26所示。

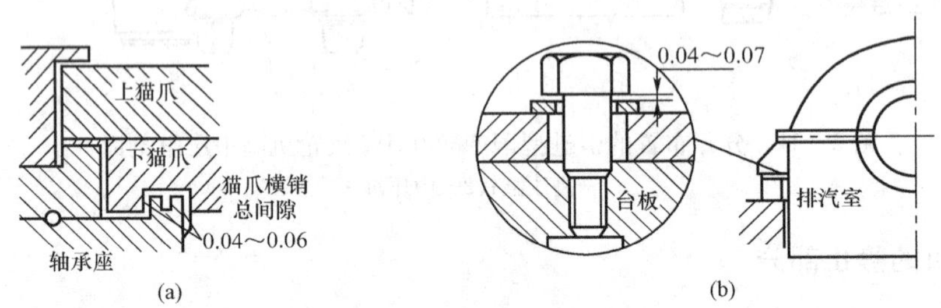

图5-25　汽缸的支承
(a) 上猫爪支承；(b) 撑脚支承

（三）滑销系统

汽轮机通流部分，动、静部分直径留有一很小的间隙，一旦此间隙消失，就会造成动静部分摩擦。汽轮机部件作为一个金属构件，当受热膨胀时，会在各个方向产生变形，可能因此导致动、静间隙消失，这当然是不允许的。对汽轮机部件的膨胀应给予约束和引导。汽轮机本体设置有系列滑销，以引导汽轮机汽缸的膨胀，从而构成了汽轮机的滑销系统，如图5-27所示。

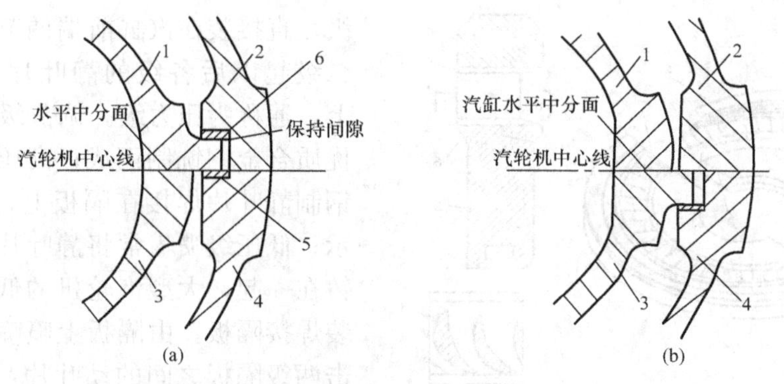

图 5-26　内缸的支承

(a) 上猫爪支承；(b) 下猫爪支承

1—内上缸；2—外上缸；3—内下缸；4—外下缸；5—支撑垫片；6—垫块

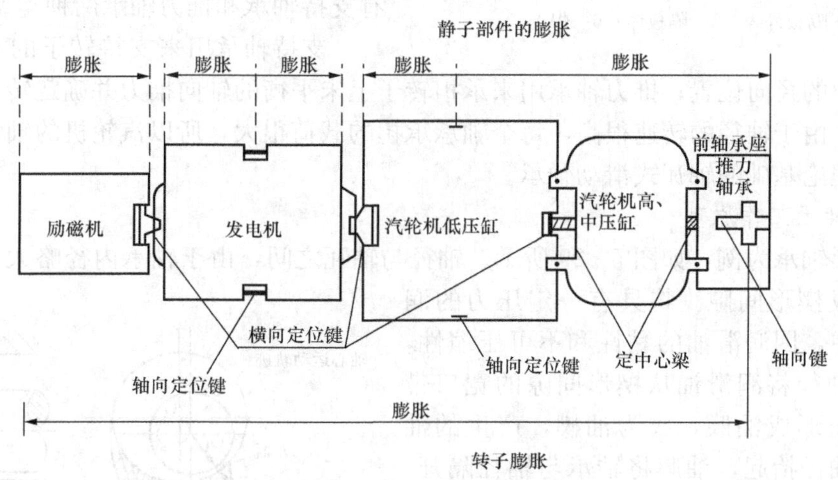

图 5-27　某 300MW 汽轮机的滑销系统

（四）喷嘴和隔板

1. 隔板

隔板用于固定喷嘴叶片，并将整个汽缸内部空间分隔成若干个汽室，如图 5-28 所示。

它主要由隔板体、喷嘴叶栅和隔板外缘等部分组成。中小型汽轮机常将隔板直接安装在汽缸内壁的隔板槽中，大型汽轮机常将相邻几级隔板装在一个隔板套中，然后将隔板套固定在汽缸内壁上。为了安装和拆卸方便，隔板沿水平中分面对分为上、下两半块，称为上、下隔板。为了使上下隔板对准，并防止漏汽，在水平中分面加装密封键和定位销。处于高压部分的隔板承受着高温高压蒸汽的作用，必须采用钢或合金锻造而成，并采用焊接结构，以保证有足够的刚度和强度；处于低压部分的隔板，多采用造价便宜的铸铁式。

2. 喷嘴

喷嘴又称静叶片，实际上它就是相邻两静叶片所形成的汽流通道，其作用是将蒸汽的热能变为动能。由一列喷嘴和与之相配合的动叶片构成汽轮机的做功单元。

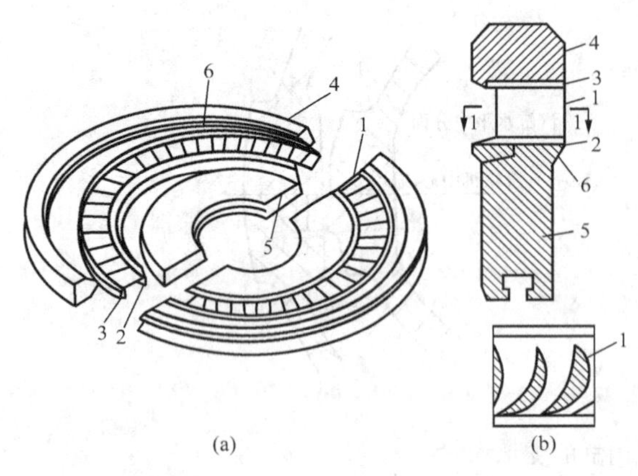

图 5-28　压力级喷嘴、隔板

(a) 焊接隔板组合情况；(b) 焊接隔板剖面图

1—喷嘴叶栅；2、3—固定喷嘴片的内外环；

4—隔板外缘；5—隔板体；6—焊点

在多级汽轮机中，第一级喷嘴为调节级，直接装在汽缸前端调节汽门下面；第二级起以后各级的静叶片都固定在隔板上，通称为压力级。调节级喷嘴一般采用优质合金钢铣制而成；高压级喷嘴多采用钢制静叶片焊接在隔板上，如图 5-28 所示；低压级喷嘴常将静叶片与铸铁隔板浇铸在一起，大型汽轮机的低压级有的也安装焊接隔板。由隔板上喷嘴喷出的汽流冲击两级隔板之间的动叶片，动叶片固定在轴上，于是汽轮机大轴便旋转做功。

（五）轴承

轴承是汽轮机的一个重要组成部件，有支持轴承和推力轴承两种类型。

支持轴承用来支持转子的重量并确定转子在汽缸中的径向位置；推力轴承用来承担转子上未平衡的轴向推力并确定转子在汽缸中的轴向位置。由于轴径的转速很高，每个轴承承担的载荷很大，所以汽轮机的轴承都采用以液体摩擦为理论基础的轴瓦式滑动轴承。

1. 滑动轴承工作原理

以圆柱形轴承为例，如图 5-29 所示。轴径与轴瓦之间，由于轴承内径略大于轴径，在轴承下部形成楔形间隙。将具有一定压力的润滑油送入其中，因润滑油的黏性和不可压缩性，高速旋转的轴径将润滑油从楔形间隙的宽口带入窄口，挤压形成油膜，成为油楔，产生的油膜压力可将轴径抬起，油膜将轴承与轴径隔开，形成液体摩擦。油膜压力随着轴径表面线速度的提高而增大，轴径也抬得越高，沿轴承径向的油膜压力分布如图 5-29 所示。润滑油在轴承中除起润滑作用外，还起冷却作用，大量流过轴承的油，将摩擦产生的热量和转子传给轴承的热量带走，对轴径起冷却作用。

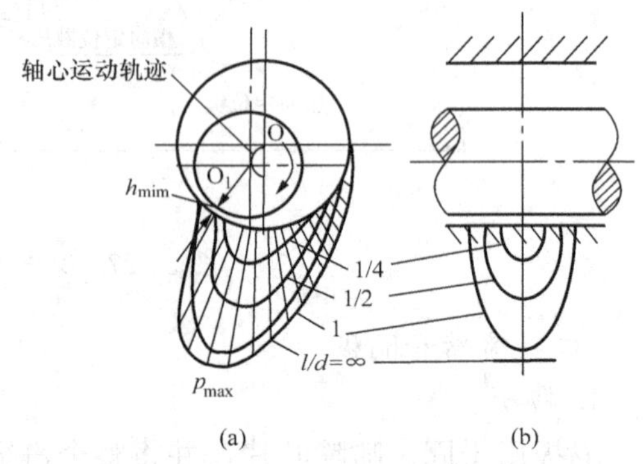

图 5-29　圆柱形滑动轴承工作原理

(a) 轴心运动轨迹及油楔中的压力分布（周向）；

(b) 油楔中的压力分布（轴向）

l—轴承长度；d—轴颈直径；

h_{min}—最小间隙；p_{max}—最大油膜压力

2. 支持轴承

根据轴承乌金内圆形状，可分为圆柱形轴承（见图 5-29）、椭圆形轴承和可倾瓦轴承等，如图 5-30 所示。

(1) 圆柱形轴承。多用于中小容量机组，其乌金内圆横截面为圆形，静止时，顶部间隙为侧面间隙的两倍；工作时，轴径下有一个油楔，其稳定性不如其余两种轴承。

轴瓦由轴瓦体和轴承乌金层构成。在轴瓦体内开出燕尾槽，然后浇铸上乌金，它质软、熔点低，并具有良好的耐磨性能，一旦液体摩擦被破坏，轴瓦和乌金之间发生干摩擦，这时

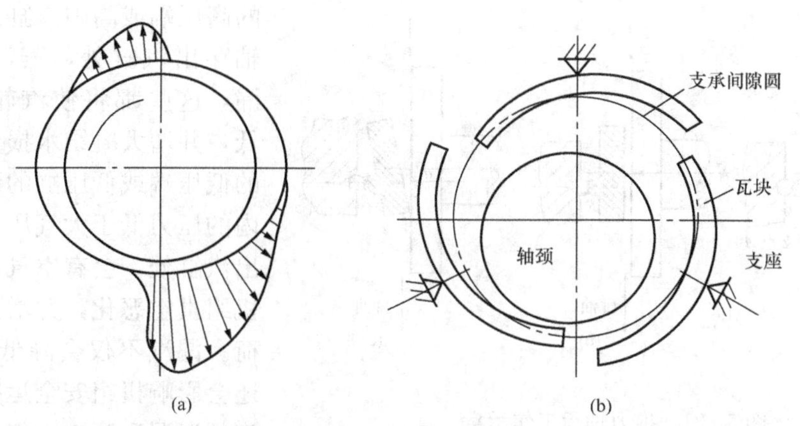

图 5-30 径向支持轴承

(a) 椭圆形轴承；(b) 可倾瓦轴承

乌金被磨损甚至被熔化，当出现这种情况时，汽轮机的保安装置会动作实现紧急停机，避免了轴径和轴瓦体的摩擦，保护价值昂贵的转子。

(2) 椭圆形轴承。为了提高轴承的稳定性，大机组多采用椭圆形轴承，其内圆为椭圆形，以缩小上部间隙，此时，除了下部的主油楔外，在上部又增加了一个副油楔，在副油楔的作用下，转子被压向右下方，轴承的工作稳定性得到了改善。

(3) 可倾瓦轴承。可倾瓦轴承是由 3～5 块或更多块能在支点上自由倾斜的弧形瓦块组成的，图 5-30 (b) 所示为三块瓦组成的可倾瓦轴承工作原理。下瓦块承受转子的载荷，其余瓦块保持轴承的稳定性。瓦块在工作时可以随转速、载荷及轴承油温的不同而自由摆动，自动调整到形成油楔的最佳位置，它的载荷和油楔反力在任何情况下都共线，所以这种轴承具有良好的稳定性、承载能力大等优点，其不足之处是结构复杂，安装检修较困难，成本较高等。

在同一机组的不同部位可以根据工作特点选用不同的支持轴承。例如，国产亚临界 600MW 机组高中压转子的径向轴承就采用可倾瓦式的轴承，而低压转子采用圆柱形的轴承。

3. 推力轴承

图 5-31 所示为推力轴承工作示意。在转子推力盘的两侧各有 8～12 块推力瓦，这些推力瓦都分布在同一圆周上，推力瓦的工作面都浇铸一层乌金，其背面在偏向润滑油出油侧有一条允许它自身摆动的凸棱。当转子开始转动时，轴向推力经过油膜传递给工作瓦块，起初油压的合力是作用在工作瓦支点（凸棱）的进油一侧，并使工作瓦略微偏转而形成油楔，随着转子转速的提高，油楔的合力逐渐向出油侧移动，当其合力作用在支点上时，工作瓦不再偏转，从而形成了稳定的油楔。

（六）汽封

汽轮机运转时，转子高速旋转，而汽缸、隔板等静止部分固定不动，为避免转子与静子间碰磨，它们之间应留有适当的间隙。有间隙的存在，就会导致漏汽。在汽轮机级内，主要是在隔板和主轴的间隙处，以及动叶顶部与汽缸（或隔板套）的间隙处存在漏汽。在汽轮机

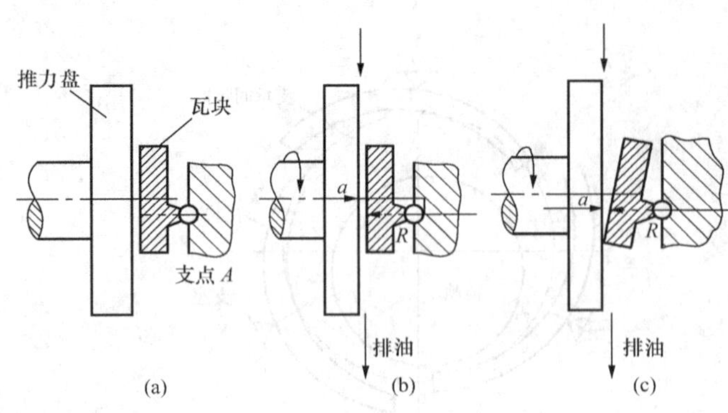

图 5-31　推力轴承工作示意

的高压端或高中压缸的两端，在主轴穿出汽缸处，蒸汽也会向外泄漏，这些都将使汽轮机的效率降低，并增大凝结水损失。在汽轮机的低压端或低压缸的两端，因汽缸内的压力低于大气压力，在主轴穿出汽缸处，会有空气漏入汽缸，使机组真空恶化，并增大抽气器的负荷。漏汽不仅会降低机组的效率，还会影响机组安全运行。为减小蒸汽的泄漏和防止空气漏入，在这些间隙处设置有密封装置，通常称为汽封。

转子穿出汽缸两端处的汽封叫轴端汽封，简称轴封。高压轴封用来防止高压蒸汽漏出汽缸，造成工质损失，恶化运行环境；低压轴封则用来防止空气漏入汽缸，使凝汽器真空下降。隔板内圆处的汽封称为隔板汽封，用来阻碍蒸汽绕过喷嘴而造成能量损失；动叶栅顶部和根部处的汽封叫通流部分汽封，用来阻碍蒸汽从动叶栅两端绕过动叶栅而造成损失。

汽封的结构形式很多，大型汽轮机均采用迷宫式汽封，或称曲径汽封。它是由安装在固定部分或转子上的许多汽封齿所组成的，蒸汽通过这些汽封齿和相应的汽封凸台时，在依次连接的狭窄通道中反复节流降压和膨胀，以减少蒸汽的泄漏量。

1. 迷宫式汽封的工作原理

曲径式汽封也称作迷宫式汽封。图 5-32 所示为迷宫汽封的简单示意图和通过汽封的蒸汽压力下降曲线。汽封梳齿同转子上的凸台、凹槽间留有径向间隙 δ，在梳齿之间则有蒸汽的扩张小室。蒸汽通过这些汽封齿和相应的汽封凸肩时，在依次连接的狭窄通道中反复节流，逐步降压和膨胀。在汽封前后参数及漏汽截面一定的条件下，随着汽封齿数的增加，每个孔口前后的压差也相应减小，因而流过孔口的蒸汽量也必然会减小，从而达到减少漏汽量的目的。漏汽量的大小决定于汽封前后的蒸汽参数、汽封齿数和汽封齿尖端的间隙值等。曲径式汽封的结构组成如图 5-33 所示。

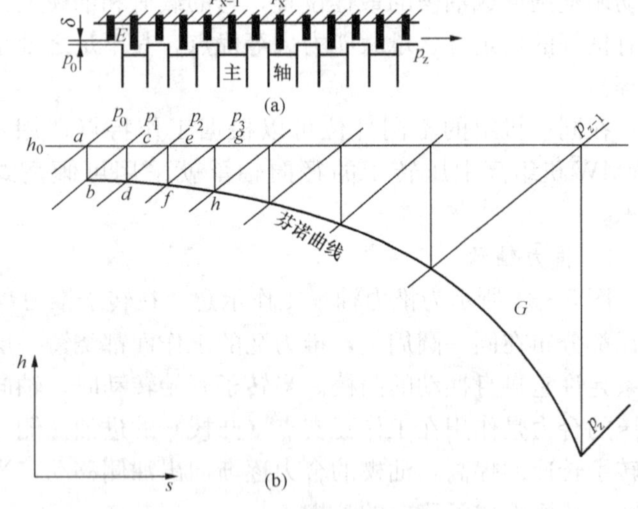

图 5-32　迷宫式汽封的工作原理

2. 通流部分汽封

通流部分的汽封包括动叶片顶部围带处的径向和轴向汽封，以及动叶片根部的轴向汽封，如图 5-16 和图 5-34 所示。汽封的间隙过大，会造成漏汽，过小则影响运行时部件的相对膨胀。

3. 隔板（或静叶环）汽封

在隔板的进汽侧和出汽侧之间，蒸汽存在着压差，因而在转子穿过隔板内圆处，设置了隔板汽封。一方面，隔板汽封减少了汽流沿隔板内圆与主轴间的间隙漏汽，提高热效率；另一方面，它可防止由于漏汽使叶轮前后压差增大导致转子上轴向推力增加，造成推力轴承载荷加大。

冲动式汽轮机隔板与转子主轴之间的汽封称为隔板汽封，通常隔板汽封的间隙为 0.6mm 左右；反动式汽轮机静叶环内圆处的汽封称为静叶环汽封，因其静叶环前后压差小，该处汽封间隙一般设计为 1.0mm 左右。

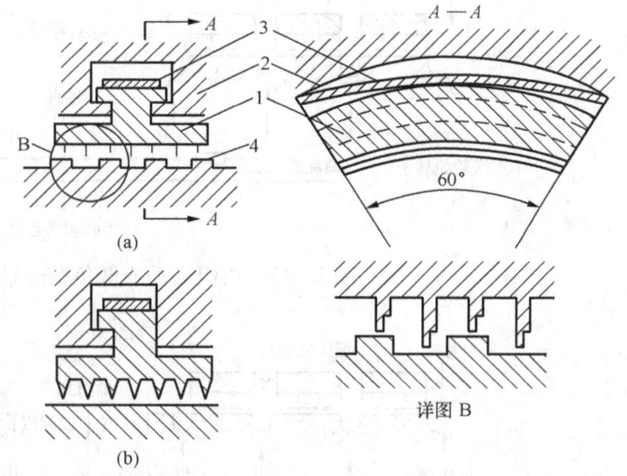

图 5-33　曲径式汽封的结构组成
（a）高低齿；（b）平齿
1—汽封环；2—汽封体；3—弹簧片；4—汽封套

4. 轴端汽封

汽轮机主轴与各个汽缸之间必须留有一定的径向间隙，这将造成高中压缸内的蒸汽向外泄漏，或者使外界空气进入低压缸破坏真空度。为提高机组效率，必须尽量防止或减少这种泄漏现象。大型汽轮机的轴封比较长，通常分为若干段，每一段又装有若干个汽封片。相邻两段之间有一环形腔室，用来布置引出或导入蒸汽的管道。汽轮机的汽封较多，每一个内缸外缸的两端，每个动叶片的顶部和根部，每个隔板或静叶环的外围，以及高、中、低压缸的平衡活塞处都装有汽封，它是汽轮机安全经济运行的保障。

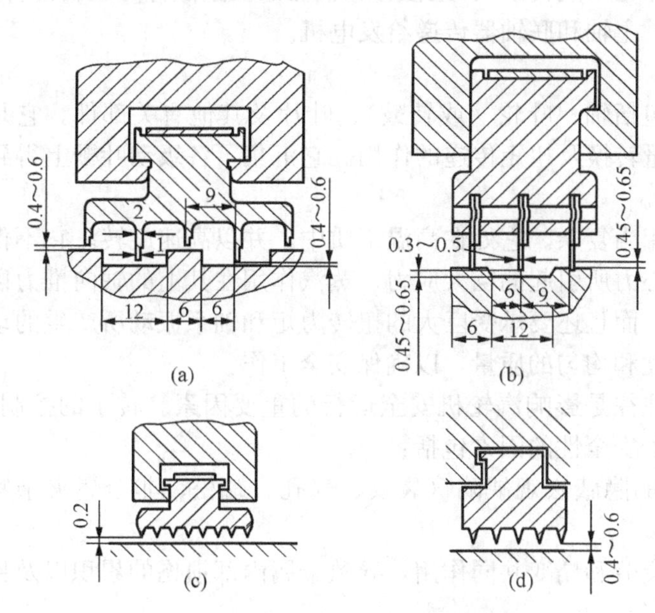

图 5-34　通流部分几种常见的隔板汽封
（a）弹性、梳齿、曲折式；（b）弹性、镶嵌、曲折式；
（c）弹性、平齿式；（d）刚性、平齿式

汽轮机高压端和低压端的轴封不可能完全消除漏汽现象，为了防止和减少这种漏汽，并回收和利用漏汽的热量，减少工质损失和热量损失，汽轮机还装有由轴封和有关管道、阀门及附属设备组成的轴封系统。汽轮机冷态启动时，先用辅助蒸汽向轴封供汽，以防空气漏入缸中（见图 5-35）；正常运行时，主要汽源为高中压缸的高压轴封进行自密封（见图 5-36）。

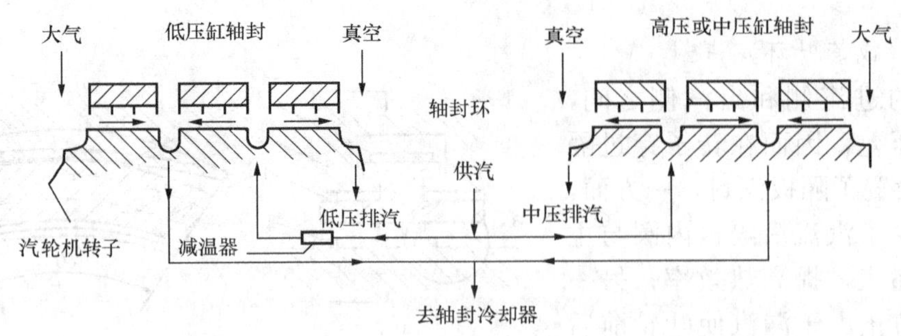

图 5-35　机组启动或低负荷时轴封系统的汽流流向

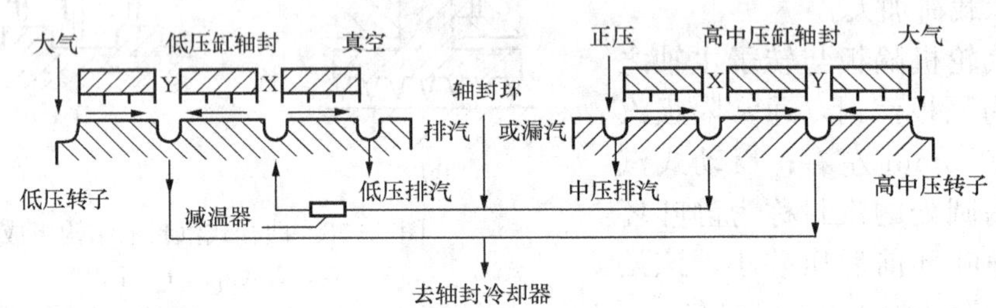

图 5-36　25%负荷以上时轴封系统的汽流流向

三、汽轮机的转动部分

汽轮机的转动部分包括动叶栅、叶轮（或转鼓）、主轴和联轴器以及紧固件等旋转部件。蒸汽作用在叶片上的力矩，通过叶轮、主轴和联轴器传递给发电机。

（一）转子

汽轮机的转动部分统称为转子，包括轴、叶轮（或转鼓）、叶片及其他有关部件。它是汽轮机的重要部件之一，起着工质能量转换及扭矩传递的作用。它汇集了各级动叶栅上得到的机械能并传给发电机（或其他机械）。

汽轮机工作时，转子的工作条件相当复杂。它处在高温工质中，并以高速旋转。它不仅承受着叶片、叶轮、主轴本身质量离心力所引起的巨大应力、蒸汽作用在其上的轴向推力以及由于温度分布不均匀引起的热应力，而且还要承受巨大的扭转力矩和轴系振动所产生的动应力。因此，要求转子具有很高的强度和均匀的质量，以确保安全工作。

转子结构的合理性及其运行性能往往是影响汽轮机安全运行的重要因素。转子的控制、维护不当是产生事故的根源。影响转子安全性的因素包括：

（1）转子锻件在锻造过程中留下的隐蔽宏观缺陷（裂纹、气孔、疏松、非金属夹杂物等）发展，导致脆断的危险性；

（2）转子表面结构应力集中区的疲劳和蠕变共同作用，导致金属内部损伤的累积以及持久强度的消耗；

（3）在静载荷和循环载荷作用下的应力腐蚀破裂；

（4）在不正常工况下转子扭转引起的损伤累积。

按主轴与其他部件间的组合方式，转子可分为套装转子、整锻转子、焊接转子和组合转子四大类。一台机组采用何种类型的转子，由转子所处的温度条件及各国的锻冶技术来确定。图 5-37 所示为转子剖面。

1. 套装转子

套装转子的结构如图 5-37（a）所示。转子上的叶轮、轴封套、联轴节等部件是分别加工、热套在主轴上的。为防止配合面发生松动，各部件与主轴之间采用过盈配合，并用键传递力矩。

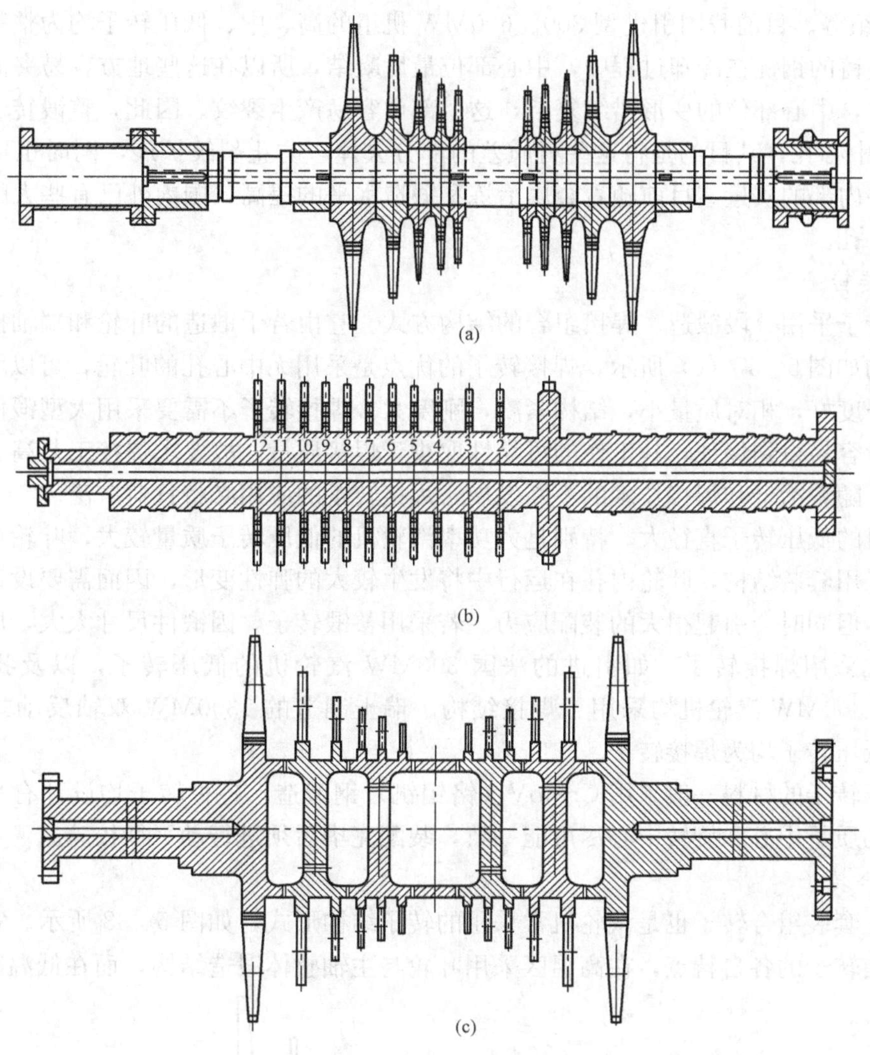

图 5-37 转子剖面

（a）套装转子；（b）整锻转子；（c）焊接转子

这种转子加工方便，能合理利用材料。但是在高温条件下，易导致装配过盈量的消失，产生强烈振动。因此，这种转子只用于中低压汽轮机或高压汽轮机的低压部分。

2. 整锻转子

如图 5-37（b）所示，整锻转子的叶轮、轴封套、联轴节等部件与主轴系由一整体锻件加工而成，没有热套部件，因而消除了叶轮等部件高温下可能松动的问题，对启动和变工况的适应性较强，适用于在高温条件下运行。其强度和刚度均大于同一外形尺寸的套装转子，且结构紧凑，轴向尺寸短，机械加工和装配工作量小。缺点是锻件尺寸大，工艺要求高，加工周期长，且大锻件的质量难以保证，贵重材料消耗量大，不利于材料的合理利用。在高温区工作的转子一般都采用这种结构，如国产 125、200、300MW 汽轮机的高压转子都是整锻转子。现代大型汽轮机，由于末级叶片长度增加，套装叶轮的强度已不能满足要求，所以许多机组的低压转子也采用了整锻结构。如原美国西屋公司系列机组，美国 GE 公司的 350MW 机组等。目前我国引进型 300、600MW 机组的高、中、低压转子均为整锻转子。

由于浇铸的钢锭在冷却过程中，中心部位最后凝结，所以在这些地方容易夹渣；在锻压转子毛坯时，中心部位的变形错综复杂，这一部位容易产生裂纹。因此，整锻转子通常钻一个 $\phi100$ 的中心孔，其目的是将这些材质差的部分去掉，防止裂纹扩展，同时也可借助潜望镜检查锻件内部的质量。目前随着金属冶炼和锻造水平的提高，国内外已有些大的整锻转子不再钻中心孔。

3. 焊接转子

焊接转子采用分段锻造、焊接组合的结构方式。它由若干锻造的叶轮和端轴拼合焊接而成，其结构如图 5-37（c）所示。焊接转子的优点是采用无中心孔的叶轮，可以承受很大的离心力，强度好，相对质量小，结构紧凑，刚度大。焊接转子不需要采用大型锻件，叶轮与端轴的质量容易得到保证，其工作的可靠性取决于焊接质量，故要求焊接工艺高、材料的焊接性能好。随着冶金和焊接技术的不断发展，焊接转子的应用必将日益广泛。

汽轮机的低压转子直径大，特别是大功率汽轮机的低压转子质量较大，叶轮承受很大的离心力。采用套装结构，叶轮内孔在运行中将发生较大的弹性变形，因而需要设计较大的装配过盈量，但同时会引起很大的装配应力。若采用整锻转子，因锻件尺寸太大，质量难以保证，而往往采用焊接转子。如引进的法国 300MW 汽轮机的低压转子，以及我国生产的 125MW 和 300MW 汽轮机均采用了焊接结构。瑞士制造的 1300MW 双轴反动式汽轮机的高、中、低压转子均为焊接转子。

高中压转子的材料一般采用 CrMoV（铬钼钒）钢锻造。各种转子均设计有平衡配重部件，使它的质量中心和旋转中心尽可能一致，装配完毕后须进行动平衡校验。

4. 组合转子

整锻—套装组合转子也是汽轮机常采用的转子结构形式，如图 5-38 所示。它利用整锻转子与套装转子的各自特点，在高温区采用叶轮与主轴整体锻造结构，而在低温区采用套装

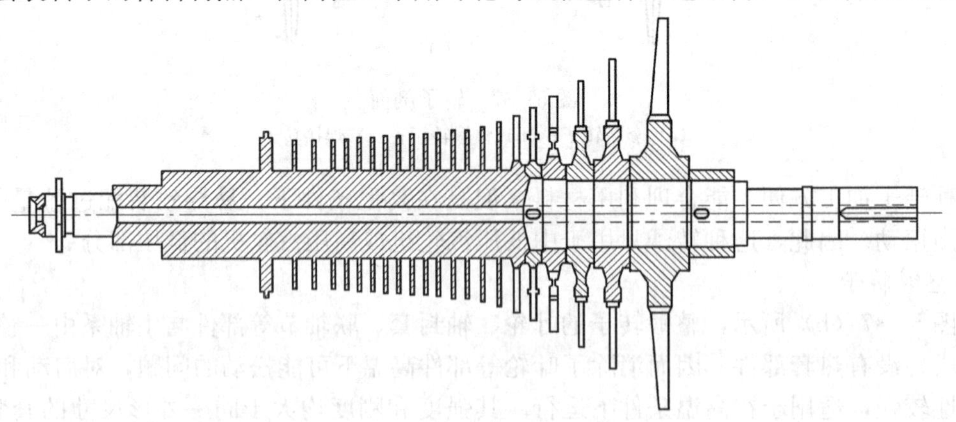

图 5-38 组合转子剖面

结构。这样，既可保证高温区各级叶轮工作的可靠性，又可避免采用过大的锻件，而且套装的叶轮和主轴可以采用不同的材料，有利于材料的合理利用。组合转子广泛应用于高参数、中等容量的汽轮机上，如国产 200MW 汽轮机的中压转子。

（二）叶轮

叶轮用来装置叶片并传递汽流力在叶栅上产生的扭矩。由于处在高温工质内并以高速旋转，使叶轮受力情况相当复杂：除叶轮自身和叶片等零件的质量引起的巨大离心力外，还有因温度沿叶轮径向分布不均匀所引起的热应力，叶轮两边蒸汽的压差作用力以及叶片、叶轮振动引起的振动应力，对于套装叶轮，其内孔上还受到因装配过盈产生的接触压力。所以正确选择叶轮的结构形式非常重要。

叶轮的结构与转子的结构形式密切相关，图 5-39 为套装式叶轮的纵截面图，由图中可见，叶轮由轮缘、轮面和轮毂三部分组成。轮缘上开有叶根槽以装置叶片，其形状取决于叶根的型式；轮毂是为了减小内孔应力的加厚部分，其内表面上通常开有键槽；轮面把轮缘与轮毂连成一体，高、中压级叶轮的轮面上通常还开有5～7 个平衡孔。

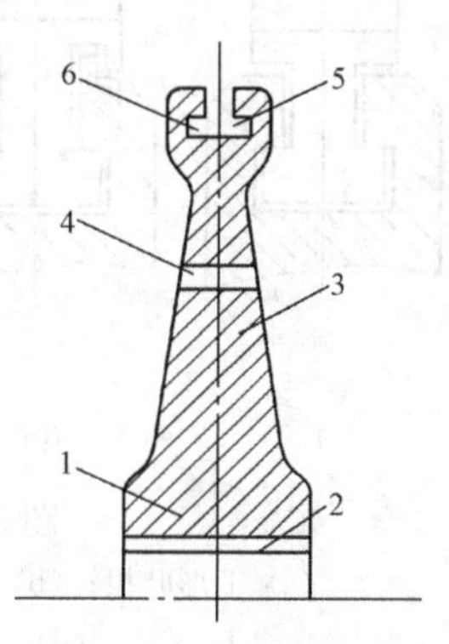

图 5-39　套装式叶轮
1—轮毂；2—键槽；3—轮面；4—平衡孔；5—叶根槽；6—轮缘

（三）叶片

动叶片是在汽轮机工作过程中随汽轮机转子一起转动的叶片，也称工作叶片，简称叶片。动叶片安装在叶轮或转鼓上，由多个叶片组成动叶栅，其作用是将蒸汽的热能转换为动能，再将动能转换为汽轮机转子的旋转机械能，使转子旋转。

叶片是汽轮机重要的零件之一，是汽轮机中数量和种类最多的零件，其工作条件很复杂，除因高速转动和汽流作用而承受较高的静应力和动应力外，还因其分别处在高温过热蒸汽区、干湿蒸汽过渡区和湿蒸汽区内工作而承受高温、腐蚀和冲蚀作用。因此，叶片结构的型线、材料、加工、装配质量等直接影响着汽轮机中能量转换的效率和汽轮机工作的安全性。实践表明，汽轮机发生的事故中叶片事故最多，高达 40%，故必须给予高度重视。

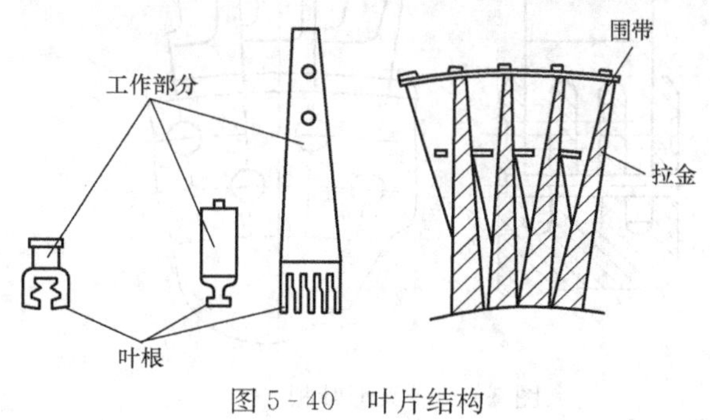

图 5-40　叶片结构

为使汽轮机安全经济地运行，在设计、制造叶片时，对动叶片的要求有：具有良好的空气动力特性，提高流动效率；要有足够的强度；对于湿蒸汽区工作的叶片，要有良好的抗冲蚀能力；要有完善的振动特性；结构合理，工艺良好。

动叶片的结构型式如图 5-40 所示，它由叶根、叶身（或称工作部分）、叶顶结构接件（围带或拉金）组成。

1. 叶根

动叶片通过叶根安装在叶轮（冲动式汽轮机）或轮鼓（反动式汽轮机）上，叶根的作用是紧固动叶片，使其在经受汽流推力和旋转离心力时，不会从轮缘沟槽中脱落。因此，要求它与轮缘的配合部分有足够的强度，且应力要小。此外，也要求尺寸紧凑便于加工装配。它的结构形式在相当程度上取决于转子的结构形式。常见的动叶片叶根结构有 T 形、枞树形、叉形等，如图5-41～图 5-43 所示。

T 形叶根结构简单，加工装配方便，工作可靠，强度能满足较短叶片的工作需要，被短叶片普遍采用。它的缺点是叶片的离心力对轮缘两侧截面产生弯矩，而叶根承载面积小，使叶轮轮缘弯曲应力较大，轮缘有张开的趋势。为了克服这个缺点，在叶根和轮缘上做成两个凸肩，成为如图 5-41（b）所示的凸肩 T 形叶根（也称外包 T 形叶根）。叶根的凸肩能阻止轮缘张开，减小轮缘两侧截面上的应力。叶轮间距小的整锻转子常采用这种形式的叶根。

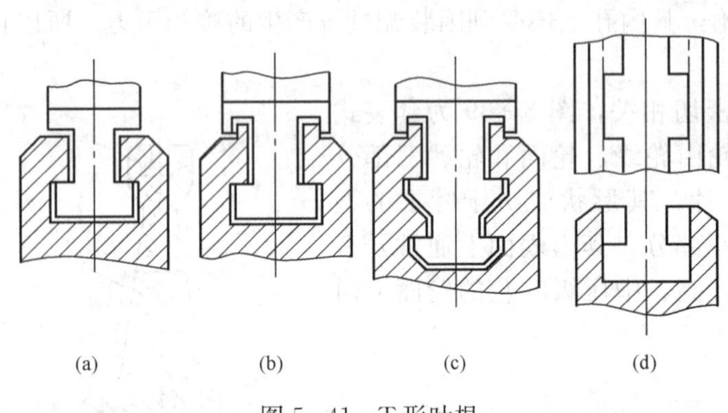

图 5-41　T 形叶根

（a）T 形叶根；（b）外包 T 形叶根；（c）双 T 形叶根；（d）装入 T 形叶根的切口

在叶片离心力较大时，为了避免过多地增加轮缘及叶根尺寸，就需要用增加叶根承力肩数的方法加大叶根的受力面积，于是就出现了双 T 形叶根，如图 5-41（c）所示，也称为双倒 T 形叶根。这种叶根结构可用于较长叶片。

T 形叶根属于周向装配式叶根，通常在一圈叶根槽上对称铣出两个切口，如图 5-41（d）所示。叶根由此切口插入，再沿叶根槽滑动，最后在封口处装上封口叶片，并用铆钉把它铆在叶轮上。因此，这种周向装配式叶根的缺点是当个别叶片损坏需要更换时，不能单独拆换，必须将部分或全部叶片拆下重装。

枞树形叶根结构如图 5-42 所示，这种叶根和轮缘的轴向断口为尖劈状，以适应根部的载荷分布，使叶根和对应的轮缘承载面都接近于等强度。因此，在同样的尺寸下，枞树形叶根承载能力高。叶根两侧齿数可根据叶片离心力的大小选择。

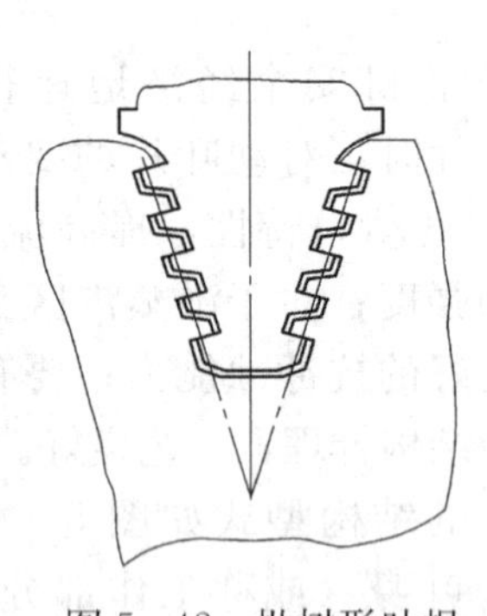

图 5-42　枞树形叶根

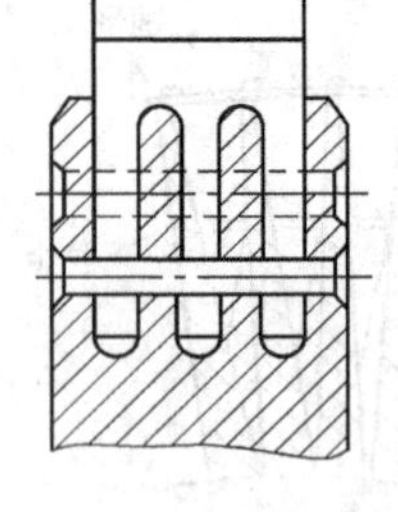

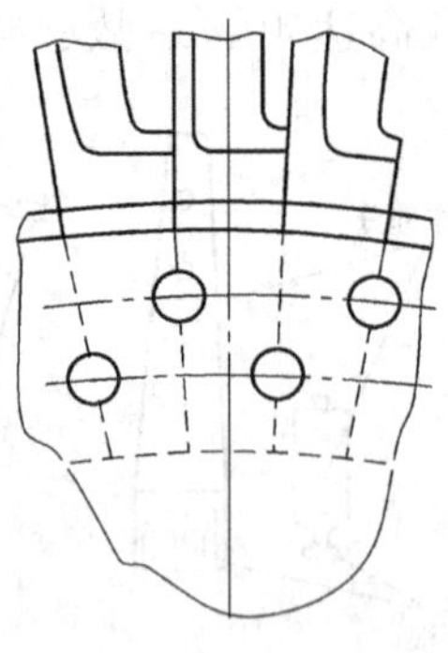

图 5-43　叉形叶根

叶根沿轴向装入轮缘相应的枞树槽中，底部打入楔形垫片将叶片向外胀紧在轮缘上，同时，相邻叶根的接缝处有一圆槽，用两根斜劈的半圆销对插入圆槽内将整圈叶根周向胀紧，所以拆装方便。但是这种叶根外形复杂，装配面多，要求有很高的加工精度和良好的材料性能，而且齿端易出现较大的应力集中，所以一般多用于大功率汽轮机的调节级和叶片较长的级。

叉形叶根结构如图5-43所示。叶根的叉尾从径向插入轮缘的叉槽中，并用铆钉固定。这种叶根使轮缘不承受偏心弯矩，叉尾数目可根据叶片离心力大小选择，因而强度高、适应性好。同时，叶根和轮缘加工方便，检修时可以单独拆换个别叶片，所以被大功率汽轮机末几级广泛采用，但其装配时比较费工。另外，由于整锻转子和焊接转子的工作空间小，给钻铆钉孔带来了困难，所以这两种转子一般不用叉形叶根。

2. 叶身

叶身是动叶片的主要部分，它构成汽流通道。它的横截面形状称为叶型，如图5-44所示，叶型的周线称为型线。叶型决定了汽流通道的变化规律，为了提高能量转换效率，叶型部分应符合气体动力学要求。叶型的结构尺寸主要决定于静强度和动强度的要求和加工工艺的要求。

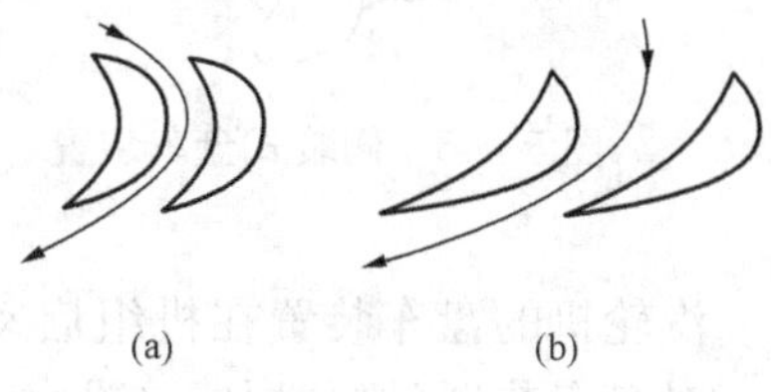

图5-44 叶型
(a) 冲动式叶片；(b) 反动式叶片

按叶型沿叶高是否变化，可将叶片分为叶型沿叶高不变的等截面直叶片和叶型沿叶高变化的变截面扭叶片。扭叶片叶型沿叶高的变化要求满足一定规律。

在湿蒸汽区工作的叶片，为了提高抵抗水滴侵蚀的能力，其上部进汽边的背面通常经过强化处理，如表面镀铬、局部高频淬硬、电火花强化、氮化、焊硬质合金等。

3. 叶顶结构

叶顶部分包括在叶顶处将叶片连接成组的围带，和在叶型部分将叶片连接成组的拉金。汽轮机同一级的叶片常用围带或拉金成组连接，有的是将全部叶片连接在一起，有的是几个或十几个成组连接。没有连接件的叶片称为自由叶片或单个叶片。采用围带或拉金可增加叶片的刚性，降低叶片中汽流产生的弯应力，调整叶片频率以提高其振动安全性。围带还构成封闭的汽流通道，防止蒸汽从叶顶逸出，有的围带还做出径向汽封和轴向汽封，以减少级间漏汽。当叶片不用围带连接或为自由叶片时，叶顶通常削薄，这样可以减小叶片质量，同时起到汽封的作用，并防止运行中叶顶与汽缸相碰时损坏叶片。

（四）盘车装置

盘车装置是在汽轮机启动前和停机后，为避免转子弯曲变形，用外力使转子连续转动的装置，如图5-45所示。

汽轮机启动时，为了迅速达到真空，常在冲转前向汽轮机轴封供汽，这些蒸汽进入汽缸后大部分滞留在汽缸上部，造成汽缸与转子上下受热不均，如果转子静止不动，便会引起自身上下温差而产生向上弯曲变形。变形后的转子其重心与旋转中心不重合，机组冲转后势必会引起振动，甚至还可能造成动静部分摩擦。因此，在汽轮机冲转前要用盘车装置带动转子做低速转动，以使转子受热均匀，利于机组顺利启动。

汽轮机停机后，汽缸和转子等部件会逐渐冷却，由于上、下缸散热条件不同，以及气体的对流作用，其下部冷却快、上部冷却慢，上缸温度高于下缸，转子因上下存在温差产生弯曲，弯曲程度随着停机后的时间而增加。对于大型汽轮机，这种热弯曲可以达到很大的数值，并且要经过几十个小时才能逐渐消失。因此，停机后，应投入盘车装置。盘车不但使转子温度均匀，防止变形，还可消除汽缸上下温差。

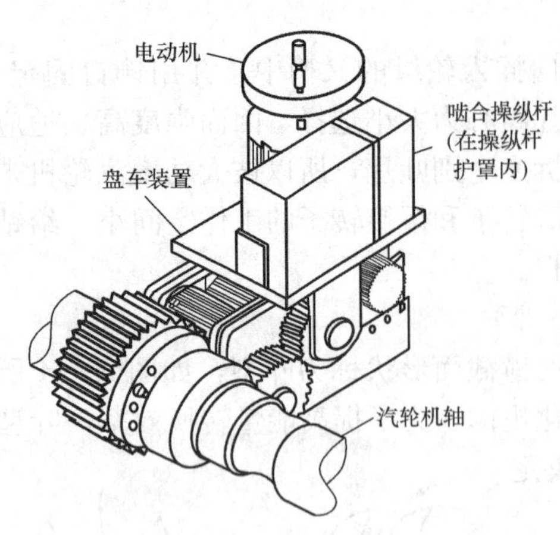

图 5-45 侧装式盘车装置

此外，通过启动前的盘车还可以及早发现转子转动时动静部分是否碰磨，停机后盘车有助于消除温度较高的轴径对轴瓦的损伤。

盘车按转速分为低速和高速两种。采用高速盘车的目的是加快汽缸热交换速度，减小上下缸温差，缩短机组的启停时间，并在支持轴承内建立起稳定的润滑油膜。但是，高速盘车除了要克服转子的静摩擦力矩外，还要克服静止汽体对转子的阻力，这就需要配置功率较大的电动机，故转速一般不超过 100r/min。

盘车装置由盘车电机、离合器、减速齿轮组组成，通常布置在传动功率最大的汽轮机低压转子与发电机转子联轴器处的轴承座旁。

汽轮机的盘车装置在机组启动前即投入运行，机组的冲转是在盘车状态下进行的。为此，对盘车装置的要求如：它既能盘动转子，又能在汽轮机转子冲转转速高于盘车转速时自动脱开，并使盘车装置停止转动。

（五）联轴器

联轴器又称为靠背轮或对轮，用来连接汽轮机的各个转子以及发电机的转子，并将汽轮机的扭矩传给发电机。在多缸汽轮机中，如果几个转子合用一个推力轴承，则联轴器还将传递轴向推力。联轴器一般有三种形式：刚性联轴器、半挠性联轴器和挠性联轴器。

1. 刚性联轴器

刚性联轴器的结构如图 5-46 所示，两个半联轴器直接刚性相连。按联轴器对轮与主轴的连接方法不同，可将刚性联轴器分为装配式和对轮与主轴成整体两种结构。

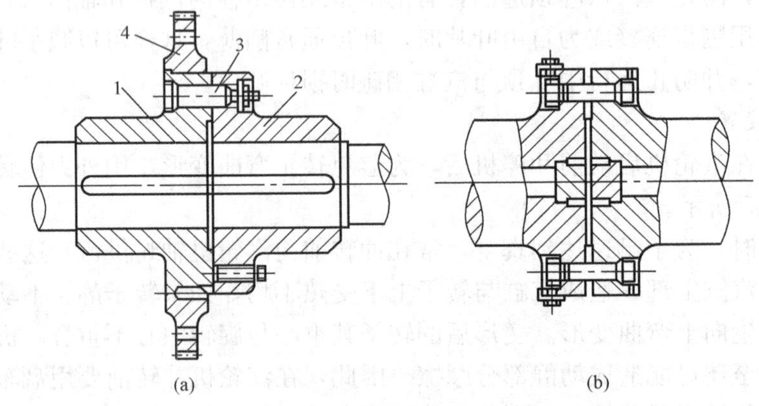

图 5-46 刚性联轴器

(a) 套装联轴器；(b) 整锻转子（联轴器与主轴成一整体）

1、2—联轴器（对轮）；3—螺栓；4—盘车齿轮

图 5-46（a）为套装的联轴器，联轴器 1 和 2 用热套加双键分别套装在相对的轴端上，对准中心后再一起铰孔，并用配合螺栓 3 紧固，以保证两个转子同心。扭矩就是通过这些螺

栓以及对轮端面间的摩擦力，由一个转子传给另一个转子的。联轴器法兰的圆周上常套装着盘车齿轮 4，以备盘车装置驱动转子之用。高参数大容量汽轮机常采用整锻［见图 5－46（b）］或焊接式转子，它的联轴器常与主轴成一整体，这种联轴器的强度和刚度均较套装式的高，也无松动危险。

刚性联轴器结构简单，尺寸小；工作时不需要润滑，无噪声；连接刚性强，传递扭矩大；能传递轴向推力，因而可以只用一个推力轴承；此外，有时在刚性联轴器两侧只用一个支持轴承，可省去一个支持轴承，缩短了转子轴向长度。如国产 200MW 汽轮机的高压转子与中压转子间采用了刚性联轴器后，两根转子只用了三个轴承。由于刚性联轴器具有上述一系列的优点，因此，在大功率汽轮机中得到了普遍的采用，如引进的日本、法国等的大容量机组及国产的 200、300、600MW 机组的高、中、低转子间全部采用了刚性联轴器。此类联轴器的主要缺点是：可互相传递相连转子的振动与轴向位移，以至增加了现场查找振动原因的难度。另外，对两侧转子校中心的要求较高，制造和安装的少许偏差都会产生附加应力，引起机组较大的振动。

2. 半挠性联轴器

半挠性联轴器的结构如图 5－47 所示。联轴器 1 与主轴锻成一体，对轮 2 则用热套加双键套装在相对的轴端上，两对轮之间用一波形半挠性套筒 3 连接起来，并配以螺栓 4 和 5 紧固。波形套筒在扭转方向是刚性的，在弯曲方面则是挠性的。

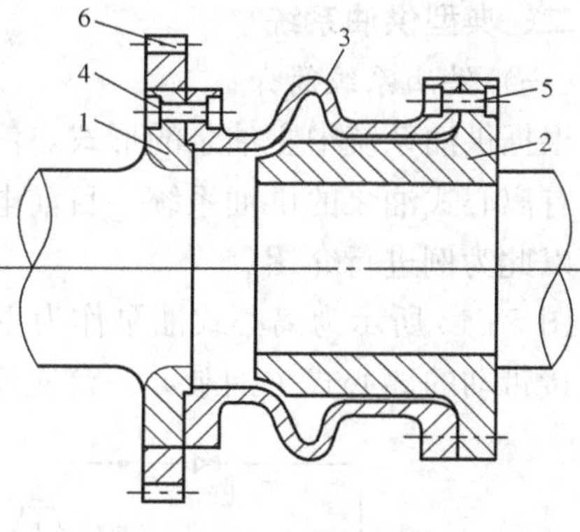

汽轮机运行时，由于两转子轴承热膨胀量的差异等原因，可能会引起联轴器连接处大轴中心的少许变化。波形套筒则可略微补偿两转子不同心的影响，同时还能在一定程度上吸收从一个转子传到另一个转子的振动，且能传递较大的扭矩，并将发电机转子的轴向推力传递到汽轮机的推力轴承上。由于具有以上优点，这种联轴器广泛用来连接汽轮机转子与发电机转子。如国产 125、200、300MW 汽轮机的低压转子与发电机转子之间的连接均采用半挠性联轴器。

图 5－47 半挠性联轴器
1、2—联轴器；3—波形半挠性套筒；4、5—螺栓；6—齿轮

3. 挠性联轴器

挠性联轴器通常有两种形式：齿轮式和蛇形弹簧式。齿轮式联轴器多用在小型汽轮机上以连接汽轮机转子与减速箱的主动轴，其基本结构是两半联轴器都加工出外齿，它们又同时与带内齿的套筒啮合。蛇形弹簧联轴器多用于汽轮机转子与主油泵轴的连接上，其基本结构是在两半联轴器的外圆上对等地铣出若干个齿，再把用钢带绕成的蛇形弹簧沿圆周嵌在齿内。

这类联轴器不传递轴向推力，也可以认为基本上不传递振动，对中要求较低，但易磨损，需要润滑，造价高，现已很少采用。国产 300MW 机组所配用的小汽轮机与给水泵的联接件就是此种联轴器。

第五节 汽轮机的供油系统

一、供油系统的作用

汽轮发电机组的供油系统对保证机组安全稳定运行有着至关重要的作用。供油系统的主要作用有如下几点：

（1）供给调节系统和保护系统用油，以保证其正常工作；

（2）供给轴承润滑用油。在轴径和轴瓦之间建立液体摩擦，减少轴承的摩擦损失，并带走因摩擦产生的热量和由高温转子传来的热量；

（3）供给各运行副机构的润滑用油；

（4）对有些采用氢冷的发电机，向氢气环密封瓦的气侧提供密封油；

（5）供给盘车装置和顶轴装置用油。

油系统必须在任何情况下，即不论在机组正常运行，还是在启动、停机、事故甚至当电厂交流电源断电时，都能确保供油。对于高速旋转的汽轮发电机组，哪怕是暂时（如几秒）的供油中断也会引起重大事故，如轴承的巴氏合金因中断冷却而熔化，使机组的转子失去支承，动静部分发生严重的磨损等；若调节系统断油，整个机组将失去控制。

二、典型供油系统

（一）供油系统简介

根据供油系统中主油泵的形式，汽轮机供油系统基本可分为具有容积式油泵的供油系统和具有离心式油泵的供油系统。目前电厂中广泛使用的是具有离心式主油泵的供油系统，故本节以此为例进行介绍。

图 5-48 所示为离心式油泵作为主油泵的供油系统。它的主要设备有：一台由汽轮机主轴直接带动的离心式主油泵，一台交流高压辅助油泵，一台交、直流低压润滑油泵，两台注

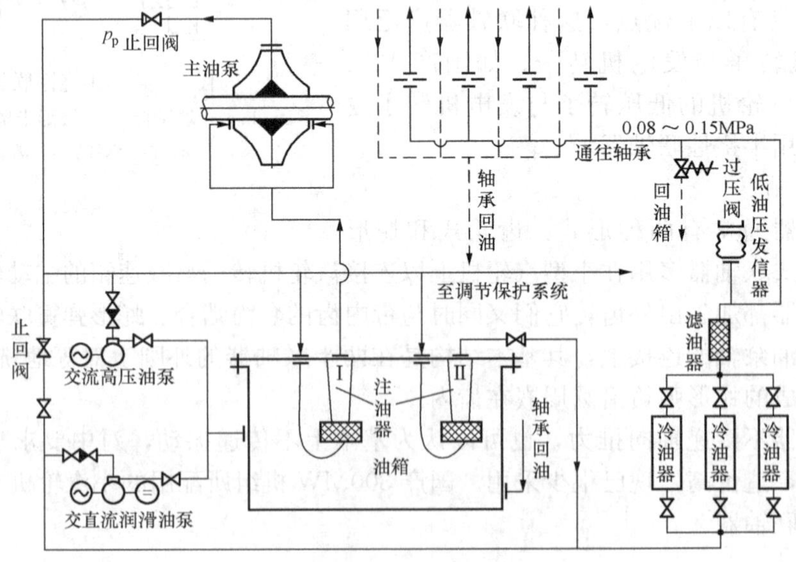

图 5-48 离心泵供油系统

油器，三台冷油器，还有滤油器、过压阀及润滑油低油压发信器等部件。

正常运行时，由主油泵供给机组用油，主油泵出口的高压油经止回阀后分成两路：一路供给调节和保安系统用油；另一路去注油器，作为注油器的动力油。Ⅰ级注油器出口油送往主油泵进口，供给主油泵用油，并在主油泵进口维持正压（0.05～1MPa）；Ⅱ级注油器出口油经止回阀、冷油器、滤油器、低油压发讯器、过压阀送往轴承。

系统中的交流高压辅助油泵的出口压力与主油泵的出口压力相近（或略低），容量小些。高压交流油泵在启动时使用，因为此时主油泵因转速低而不能正常供油，当汽轮机升速至接近额定转速时，主油泵出口压力略大于系统中的油压，经止回阀自动内切换，使系统由高压交流油泵供油自动转换到主油泵供油，此时可停止交流高压辅助油泵。

大型汽轮机油管路容积很大，进油前存有不少空气，所以在启动交流高压辅助油泵前一定要先启动交流低压润滑油泵，以便在较低油压下将油管路中的空气赶尽；否则，高压油突然进入管道会引起油击现象。

图 5 - 48 中的交直流润滑油泵是低压油泵，可分别由两侧的交流电动机、直流电动机驱动。当系统中的润滑油压下降到某一限定值时，低油压发信器发出信号，自启动交流电动机；在系统润滑油压低于另一更低的限定值时自启动直流电动机。例如，在系统润滑油压因故下降而交流电源又失去的情况下，会在油压跌到对应的限定值时直流电动机自启动，从而保证润滑油系统不断油。

为了过滤油中的杂质，在油箱中设有滤网，油管路上设有滤油器，有的供油系统还外设有油净化装置。润滑油油温不能太高或太低。油温太高，使油的黏性过小，轴承中油膜的承载能力下降，易产生干摩擦而损坏设备，同时油温高还会加速油的劣化；油温太低，使油的黏性过大，油膜的摩擦耗功增加，还会引起机组振动。正常运行时的油温由系统管路中的冷油器来调温；机组启动前若油温过低，则可使用油箱中的电加热器来升温。

（二）油系统的主要设备

1. 油箱

油箱在油系统中除了用来储油外，还起着分离油中空气、水分和机械杂物的作用。油的黏度很大，为了可靠地从油中分离出空气以及机械杂物，应使通过油箱的油流速尽量慢，而且流速在油箱的整个流动截面上要均匀，避免局部速度太高，这就要求油在油箱中停留尽可能长的时间，即循环倍率取较小值，但小的循环倍率使整个油系统过于庞大，降低机组的经济性，一般循环倍率在 8～12 范围内选取。

图 5 - 49 所示为油箱的布置简图。油箱被分为污段和净段，中间隔着过滤网。回油管路布置在污段，而油泵的吸油口则布置在净段。同时，为了将沉淀下来的水分和杂物排出，油箱底部一般做成斜坡形。

油箱上装有油位计，用以指示油位高低。在大型机组的油箱上，一般在滤网前后各装设一只油位计，用于对照监视，衡量滤网堵塞程度。

为了排出油箱内的油烟，在油箱上还专门装设有排烟风机，强迫抽出油箱内的烟气。

2. 主油泵

油系统的主油泵安装在汽轮机高压转子前端的短轴上，一般是双吸式离心泵，如图 5 - 50所示。在额定转速或接近额定转速时，主油泵供给油系统的所有用油。

这种主油泵不能自吸，因此，在汽轮机启停阶段要靠交流高压辅助油泵供给机组用油和

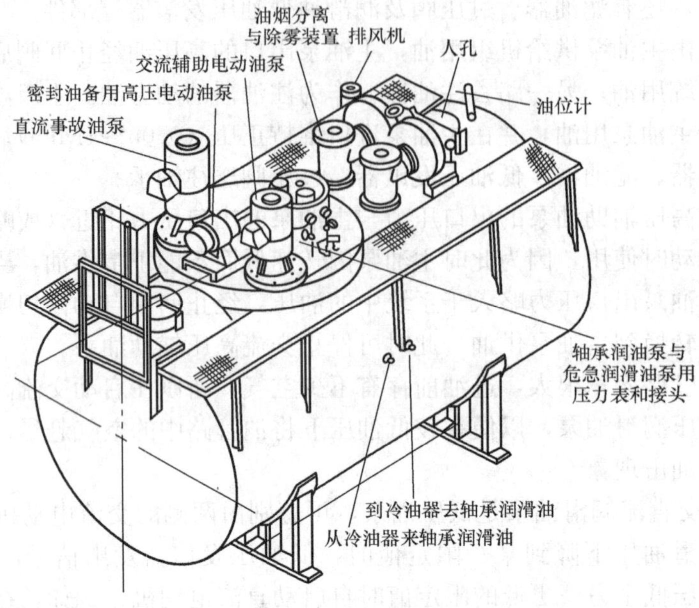

图 5-49 油箱布置

主油泵的进口油。如果主油泵的入口进了空气，泵的正常工作会被破坏，从而造成润滑油系统的工作不稳定，因此，主油泵的进口必须保持一定的正压，正常运行时，这一正压由注油器提供。

3. 注油器

注油器又称射油器，装设在主油箱内油面以下的管道上，它实质上是一个射流泵，如图 5-51 所示。

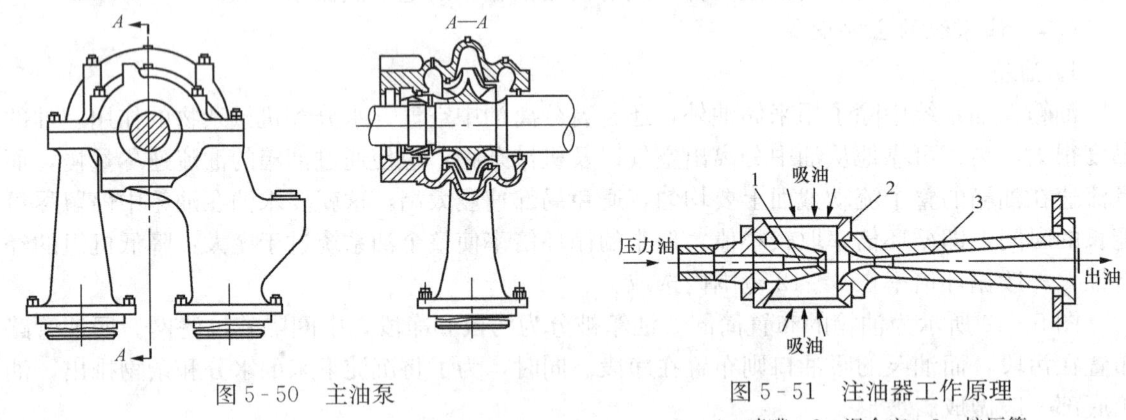

图 5-50 主油泵

图 5-51 注油器工作原理

1—喷嘴；2—混合室；3—扩压管

从主油泵来的压力油经喷嘴形成高速油流，由于自由射流的卷吸作用，在混合室内造成一个负压区，油箱中的油被吸入混合室，高速油流带动吸入混合室内的油一起进入扩压管，因此，具有一定速度的混合油流经扩压管减速升压后从扩压管送出。

对于大型机组的供油系统，通常装有两个注油器，这两个注油器可以并联也可以串联。目前大机组趋向于采用双注油器并联供油方式，其中Ⅰ级注油器出口压力为 0.1MPa 左右，向主油泵供油，Ⅱ级注油器出口压力为 0.2～0.3MPa 左右，供润滑油。

三、高压抗燃油系统

对于大功率汽轮机，新蒸汽及再热蒸汽温度均等于或高于535℃，而透平油的自燃着火温度为350℃，在事故情况下，当有高压动力油泄漏到高温部件上时，容易发生油系统着火事故。在这类机组中，普遍在机组各进汽阀（主汽阀、再热汽阀、高压及中压调节汽阀）油动机的动力用油中采用高压抗燃油，它具有良好的润滑性能、抗燃性能和流体稳定性，自燃着火温度在650℃以上，大大降低了油系统着火的可能性。但抗燃油价格昂贵，且有一定的腐蚀性，并对人体健康有影响，不宜在润滑系统内使用，因而设置单独的供油系统。

（一）EH抗燃油系统简介

目前，大机组控制系统普遍采用数字电液控制系统（digital electrohydraulic control system，DEH），其中使用的高压抗燃油被称为EH（electrohydraulic）油。EH油系统主要由EH油箱、油泵、控制块、蓄能器、滤油器、冷油器、抗燃油再生装置等设备组成，如图5-52所示。

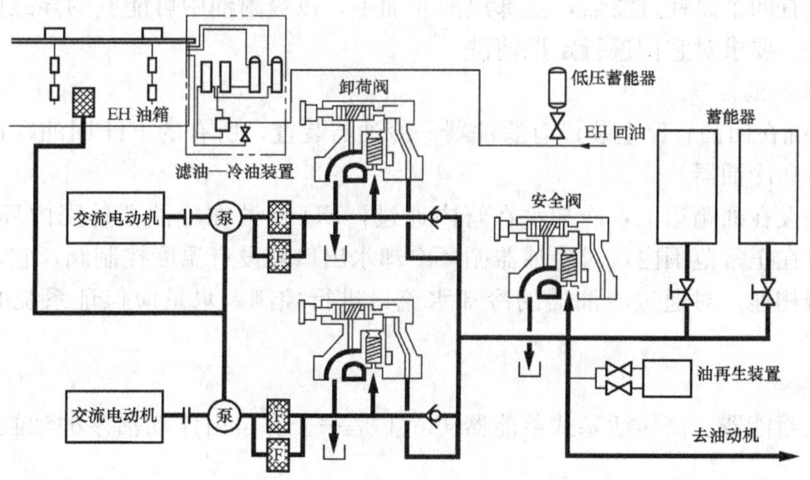

图5-52 EH抗燃油系统

系统的主要功能是提供电液控制部分所需要的压力油，驱动伺服执行机构，同时保持压力油的正常物理、化学性能和运行特性。

系统工作时，由交流电动机驱动压力油泵，油箱中的抗燃油通过油泵入口的滤网被吸入油泵，油泵出口中的油经过EH控制单元中的滤油器、卸荷阀、止回阀和过压保护阀，进入高压油集管和蓄能器，建立起系统需要的油压。

下面以某EH油系统为例说明系统的工作过程和原理：当高压供油系统的压力达到14.484MPa时，卸荷阀动作，切断油泵出口和高压油集管的联系，将油泵的出口油直接送回油箱，此时，油泵在无负荷状态下工作，EH系统的油压由蓄能器维持。在运行中，伺服机构和系统中其他部件的间隙漏油使EH系统内的油压逐渐降低，当高压油集管的油压降至12.42MPa时，卸荷阀复位，高压油泵的出口油重又供向EH系统。高压油泵就这样在承载和无负荷的交变工况下运行，使能量的消耗量和油温的升高量减少，因而可以增加油泵的工作效率和延长油泵的寿命。

回油经滤油器和冷油器流回油箱，抗燃油的回油管是压力回油管，回油管中的压力靠低压蓄能器维持。

在系统正常运行时，油压由卸荷阀控制维持在12.42～14.484MPa范围内。当油泵在卸荷状态下工作时，位于卸荷阀和高压集管之间的止回阀可防止抗燃油通过卸荷阀反流回油箱；当EH油系统油压过高达到15.86～16.21MPa时，过压阀动作，将油泵出口油直接送回油箱。

由于系统正常运行时，油管内压力经常在12.42～14.484MPa之间波动，容易造成油路疲劳破裂，所以在有的EH抗燃油系统中采用高压柱塞泵，通过调整，系统可以保持在0～21MPa之间任一压力下工作，而压力不再波动，此时，系统中也不再需要卸荷阀。

（二）EH抗燃油系统主要设备

1. 油箱

油箱是EH油系统的重要设备之一，由不锈钢板制成。油箱顶部装有浸入式加热器、控制块组件、各种监视仪表和维修人孔等。

油箱内装有四个磁性过滤器，全部浸泡在油中，以吸附油中可能有的导磁性杂质，来提高油的清洁度。要求对它们进行定期清洗。

2. 冷油器和滤油器

EH油系统在回油管路上装设有滤油器—冷油器装置，所有的EH回油在送回油箱以前均流过滤油器和冷油器。

冷油器装设在油箱边上，冷却水在管内通过，EH回油在冷油器外壳内环绕管束流动，为了控制油温在正常范围内，对冷油器循环冷却水出口处设有温度控制阀，它与浸在油箱中的温度控制器相连，对通过冷油器的冷却水流量进行控制。水量应保证系统的回油温度为43.3～54.4℃。

3. 蓄能装置

（1）高压蓄能器。高压活塞式蓄能器实际上是一个有自由浮动活塞的油缸，如图5-53所示。

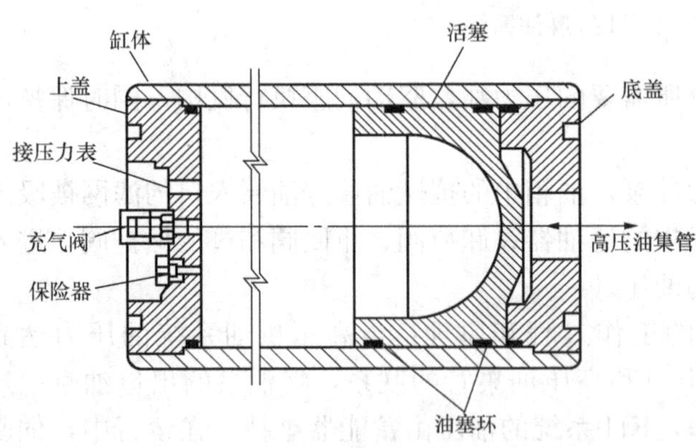

图5-53 高压活塞式蓄能器

活塞的上部是气室，下部是油室。油室与高压油集管相通，为了防止泄漏，活塞上装有密封圈。为了避免抗燃油遇水发生水解而变质的可能，蓄能器的气室充以干燥的氮气，正常的充气压力一般为8.966MPa。机组运行时，蓄能器中的气压与系统中的油压相平衡，不会发生气体泄漏。在调节机构动作而油泵又没有连续向集管输油的情况下，蓄能器的储油借助气体膨胀被活塞压入高压油集管，以保证调节机构动作需油量及所需的动作油压。以某EH油系统为例，当集管油压达14.484MPa时，卸荷阀动作使高压油泵处于无负荷状态工作，无压力油送入集管，这时活塞式蓄能器的气室压力也是14.484MPa，用以维持系统的油压和补充系统的用油量。

（2）低压蓄能器。低压蓄能器安装在通向油箱的压力回油管路上。低压蓄能器的结构是球胆式的，如图 5－54 所示。

由合成橡胶支承的球胆装在不锈钢壳体内，通过壳体上的充气阀可向球胆内冲加干燥的氮气，充气压力为0.209 6MPa，球胆将气室和油室分开，起隔离油气的作用，壳体下端接压力回油管。由于合成橡胶球胆可以随氮气的压缩或膨胀任意变形，因此，使低压蓄能器在回油管路上起调压室的缓冲作用，以减小回油管路中的压力波动。

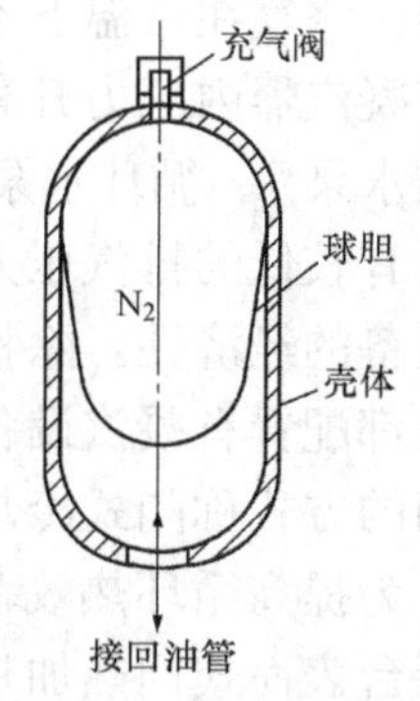

图 5－54 低压蓄能器

4. EH 油再生装置

机组在正常运行和启停时，抗燃油在系统中会不断产生化学黏结物并可能进入机械杂质，为了保证抗燃油的正常使用，在系统中备有能连续运行的油再生系统，再生的目的是使油保持中性，并去除油中的水分等。

再生装置主要由硅藻土滤油器与波纹纤维冷油器（精密滤器）串联而成。一个精密过滤器和一个硅藻土过滤器串联，它们安装在独立循环滤油的管路上，打开再生装置前的截止阀，即可以使再生装置投入运行；关闭该截止阀即可停止使用再生装置。它通过带节流孔的管道与高压油集管相通。

第六节 汽轮机的主要辅助设备

一、概述

图 5－55 所示为一个常规电厂热力系统图（包括闭式冷却水系统）。锅炉 1 出口具有一定压力和温度的蒸汽进入汽轮机 2 后，在汽轮机 2 中蒸汽将一部分热能转换为机械能，最后从汽轮机排汽口排出。为减少冷源损失，提高蒸汽动力循环的热效率，常采用凝汽设备来降低排汽的压力和温度。此时汽轮机的排汽排入凝汽器 4，在较低的温度下凝结成水，由凝结水泵 7 抽出供锅炉继续使用。为了吸收排汽在凝汽器中凝结时所放出的热量，保持较低的凝结温度，必须用循环水泵 5 不断地向凝汽器供应低温冷却水。

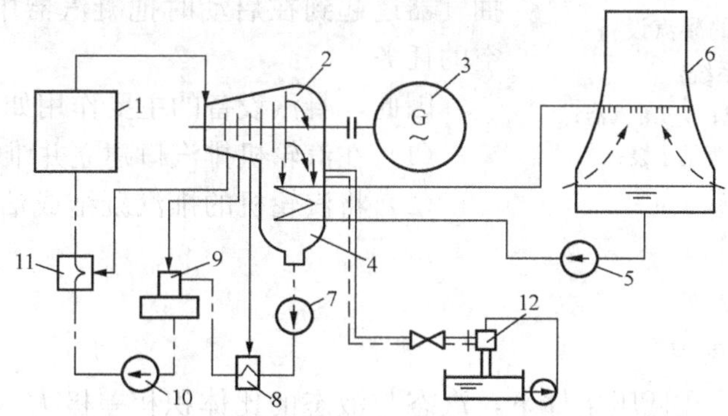

图 5－55 常规电厂热力系统

1—锅炉；2—汽轮机；3—发电机；4—凝汽器；5—循环水泵；6—冷却塔；7—凝结水泵；8—低压加热器；9—除氧器；10—给水泵；11—高压加热器；12—抽气器

在正常情况下，凝汽器内压力等于凝结水温度所对应的饱和压力。由于汽轮机尾部及凝汽器的结合面并非绝对严密，其内部又低于外界大气压力，故周围空气会漏入，最后进入凝汽器。空气在常温下不会凝结，必须用抽气器 12 将其抽出，否则空气在凝汽器内逐步积累，会使凝汽器内压力升高，真空下降，从而导致冷源损失增大。因此，凝汽设备由凝汽器 4、凝结水泵 7、循环水泵 5 和抽气器 12 组成。它的作用是建立并保持凝汽器的真空，使汽轮机具有较低的排汽压力，同时回收洁净凝结水供锅炉循环使用，以减少冷源损失，提高汽轮机设备的经济性。除特殊用途的背压式汽轮机（排汽压力高于当地大气压力）之外所有的汽轮机都配置有凝汽设备。图 5-55 中冷却水通过循环水泵 5 在凝汽器 4 和冷却塔 6 之间循环使用的方式称闭式冷却水系统。

为提高循环热效率，机组一般采用回热循环，故电厂所采用的汽轮机都配置由除氧器和若干台表面式回热加热器所组成的回热加热设备。凝结水泵 7 出口的主凝结水经低压加热器 8（因主凝结水压力较低，故称低压加热器）送往除氧器 9（除氧器为一台混合式加热器，同时除去给水中的溶解氧），再由给水泵 10 升压后经高压加热器 11（给水泵后的给水压力较高，故称高压加热器）加热后，送往锅炉的省煤器。从汽轮机内抽出的几股不同压力蒸汽分别送往各加热器和除氧器，加热主凝结水和锅炉给水。此时可使汽轮机的排汽量相应减少，冷端损失也相应减少。

二、凝汽设备

（一）凝汽设备工作原理

图 5-56 为凝汽设备的原则性系统图。从汽轮机出来的排汽进入凝汽器，并在其中凝结成水，排汽凝结时放出的热量由循环水泵不断打入凝汽器冷却水管的冷却水带走，凝结水由凝结水泵从凝汽器底部的集水箱（热井）中抽出，经过加热器和除氧器等进入锅炉循环使用。由于凝汽器在工作时内部具有高度真空，外界空气难免漏入凝汽器的汽侧空间，为了避免这些不凝结气体在凝汽器中逐渐累积导致凝汽器压力升高，妨碍传热，故用抽气器把气体不断从凝汽器中抽出；抽气器还起到在启动时把凝汽器中的空气抽出形成真空的任务。

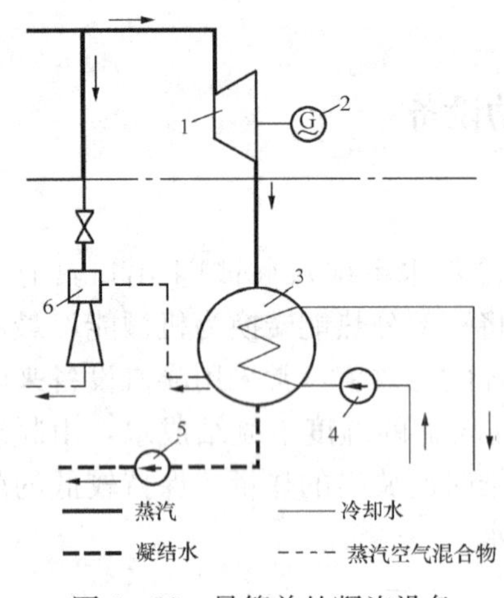

图 5-56　最简单的凝汽设备的原则性系统

1—汽轮机；2—发电机；3—凝汽器；4—循环水泵；5—凝结水泵；6—抽气器

因此，凝汽设备的主要作用如下：

（1）在汽轮机排汽口建立并维持高度真空；

（2）将汽轮机的排汽凝结成洁净的凝结水并回收，然后循环工作。

（二）凝汽器

1. 凝汽器的工作原理

根据蒸汽的性质，在低压条件下，汽态与液态的比体积相差极大（5kPa 时，蒸汽比水的比体积大28 000倍）。这样，原来充满蒸汽的空间，一旦被冷却，凝结成 30℃左右的凝结水，则将在该密闭空间因体积骤然缩小而形成高度真空。

2. 凝汽器结构

凝汽器是接受汽轮机排汽并使之冷凝的热交换器。凝汽器利用水或空气作为冷却工质，直接或间接，将蒸汽凝结成水，在汽轮机排汽口建立和保持一定的真空，使进入汽轮机的排汽膨胀到尽可能低的冷端压力，增加汽轮机中的理想焓降，提高循环热效率。

凝汽器按汽轮机排汽凝结方式不同，可分为混合式凝汽器和表面式凝汽器两类。在混合式凝汽器中，汽轮机排汽与冷却水直接混合接触而使蒸汽凝结，其优点是结构简单，制造成本低，能建立高真空；缺点是要求循环水的质量与凝结水相同。目前这种凝汽器主要用于间接空气冷却凝汽系统中。表面式凝汽器中汽轮机排汽在冷却表面一侧凝结，而冷却工质在冷却表面另一侧流动，互不接触。一般表面式凝汽器以水为冷却介质。其优点是传热系数高，能建立高真空，且能保持凝结水洁净；缺点是消耗大量有色金属，制造成本高。现代发电厂的汽轮机组一般都采用水冷的表面式凝汽器。

凝汽器由外壳、水室、管板、隔板、冷却水管等组成，如图 5 - 57 所示。外壳通常呈圆柱形或椭圆柱形，大功率汽轮机凝汽器则设计成矩形。外壳两端连接端盖和管板，端盖和管板之间形成水室。冷却水进出一端的水室被隔板分成上下两部分，多根冷却水管装在管板上，形成主凝结区。冷却水从进口水室进入下部冷却水管中，然后在另一端水室转向进入上部冷却水管中，最后从出水口排出。汽轮机排汽从上部喉部口进入凝汽器，在管外被冷凝成水，并流入下部热井中被凝结水泵抽走。

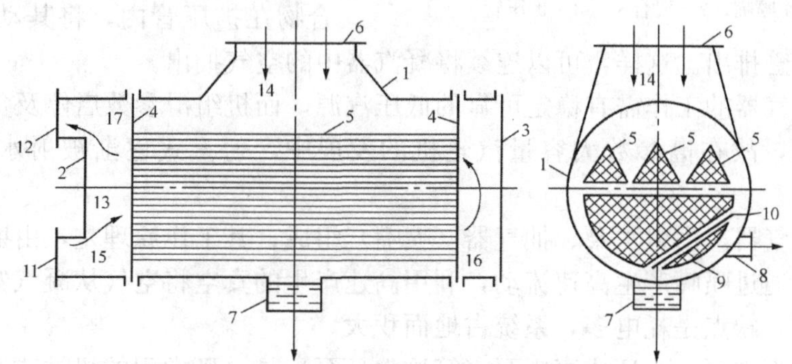

图 5 - 57　表面式凝汽器结构简图

1—凝汽器外壳；2、3—水室端盖；4—管板；5—冷却水管；6—排汽进口；
7—热井；8—空气抽出口；9—空气冷却区；10—空气冷却区挡板；
11—冷却水进口；12—冷却水出口；13—水室隔板；14—汽空间；
15—进水水室；16—中间水室；17—出水水室

同一股冷却水在凝汽器中先后转向两次流经冷却水管的称双流程凝汽器，不转向者称为单流程凝汽器。

在凝汽器壳体上装有空气抽出口，为减轻抽气设备的负荷，需要在抽出之前减少气体中的蒸汽含量，为此，把一部分冷却管束用隔板与其他管束隔开，形成空气冷却区，抽气器将该区的混合气体抽出。根据抽气口的位置不同，凝汽器的结构可分为汽流向心式和汽流向侧式。大型凝汽器的负荷较大，为了缩短汽流途径，减少气阻，出现了多区域向心式凝汽器，将若干独立区域平行布置于矩形外壳中，每个区域的中部都有空气冷却区。

（三）抽气器

1. 抽气器作用

抽气器是将漏入凝汽器的空气和蒸汽凝结过程中释放出来的不凝结气体不断地抽出，以保持蒸汽凝结过程在凝汽器内所建立的高度真空和良好的传热效果。抽气器的工作正常与否直接影响凝汽器的真空，影响着汽轮机的热经济性。

2. 抽气器结构及原理

抽气器主要类型分为：射汽抽气器、射水抽气器和机械式真空泵。

（1）射汽抽气器。其工作原理如图 5-58 所示，工作介质在喷嘴中从工作压力膨胀到混合室 2 中的压力（低于凝汽器抽气口的压力），以高速从喷嘴喷至混合室。高速气流沿途带走周围的汽、气混合物，而且逐渐混合，在混合室形成很高的真空。混合后的气体进入扩压管，压力逐渐增高，最后在略高于大气压力的情况下排入大气。整个过程分为三个阶段：在 $A-A$ 断面以前的喷嘴内是工质的膨胀阶段；在 $A-A$ 和 $B-B$ 断面之间是工质与混合室内的汽、气混合物相混阶段；在 $B-B$ 与 $D-D$ 断面之间为压缩阶段。汽、气混合物在扩压管内，将其动能转化为压力势能，而由扩压管排出。这样，可以连续将凝汽器中的空气抽出。

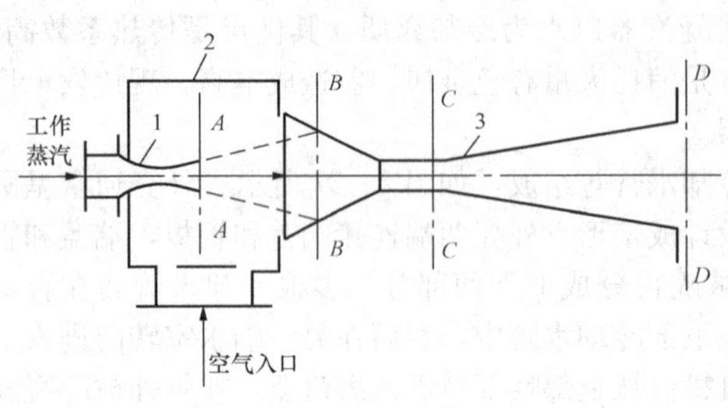

图 5-58 射汽抽气器工作原理

1—工作喷嘴；2—混合室；3—扩压管

由于射汽抽气器的工作需有稳定可靠的低压汽源，而机组滑参数启停及负荷大幅度变化时，汽源成问题，故在高参数大容量汽轮机的发展中，射汽式逐渐被射水式和机械式所替代。

（2）射水抽气器。由射水泵、抽气器（喷嘴）组成，其工作原理是，由射水泵先将工作水加压，高压水通过喷嘴产生高速流动，利用高速产生的真空将空气从凝汽器内抽出。它的优点是工作可靠，缺点是耗电多，系统占地面积大。

（3）机械式真空泵。水环式真空泵（简称水环泵）是电厂常用的机械式真空泵，其结构原理图如图 5-59 所示。它的主要部件是壳体和叶轮。叶轮由叶片和轮毂构成，叶片有径向板式，也有前弯式。叶轮偏心安装在由壳体形成的圆柱形内腔中；在叶轮侧面壳体的气体分配器上开设有吸气口和排气口，进行轴向吸气和排气。

启动前，在泵壳内充以一定量的压力水但不满；当叶轮旋转时，由于离心力的作用，水在泵壳内壁形成水环，同时在各叶片间形成水环密封的空气小室，这些小室的容积随叶轮旋转，一周变化一次。这种容积的变化形成空气的膨胀、压缩过程，可将空气抽出。抽出的空气混有水分，水量要随时补充。水环式真空泵具有结构简单、工作可靠、耗能少、噪声低等优点，不仅可缩短启动时间，维持汽轮机的正常运行，还能满足机组滑参数启停和滑压变工况运行的要求。

三、电厂常用水泵

电厂常用水泵有给水泵、凝结水泵和循环水泵。水泵是火力发电厂中不可缺少的辅助设备，对安全、经济发电起着极为重要的作用。目前，我国发电厂所使用的水泵，大部分是离心式水泵，大型机组也有用轴流式水泵的。

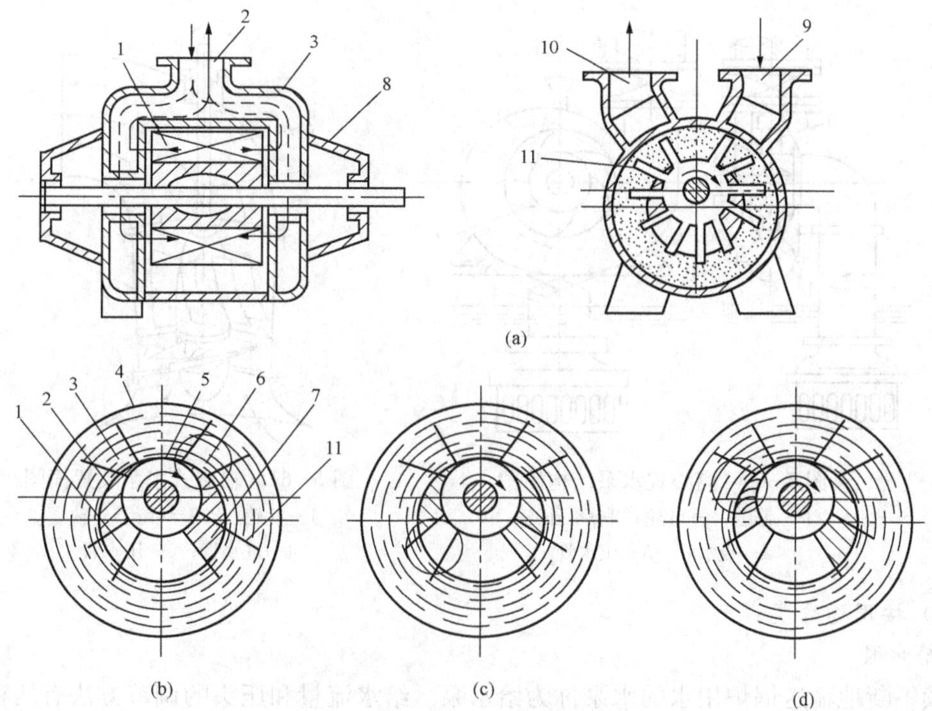

图 5-59 水环式真空泵结构原理

(a) 结构简图；(b) 吸气位置；(c) 压缩位置；(d) 排气位置

1—月牙形空腔；2—排气窗口；3—液环；4—泵体；5—叶轮；6—叶片间小室；7—吸气窗口；8—侧封盖；9—入口；10—出口；11—叶片

(一) 按工作原理分类

1. 离心式水泵

图 5-60 所示为离心式水泵的结构简图。离心式水泵一般由吸入口、叶轮、泵外壳和排出口等组成。其工作原理是，高速旋转的叶轮 2 带动水一起旋转，迫使水在离心力作用下甩向泵外壳 3 的内壁，流过断面逐渐扩大的蜗形泵壳，速度降低而压力升高，最后从排出口向外排出。叶轮中心形成负压而产生一定的吸力，连续地把低压进水吸入泵内。

由于离心式水泵的叶轮直径和转速都不可能太大，随着高参数、大容量机组的普遍使用，电厂水泵（尤其是给水泵）必须使用由若干单级离心泵串联而成的多级离心泵。水的压力在多级离心泵中逐级得到提高。

离心式水泵具有流量大、压头高、效率高等特点，多用于电厂给水泵和凝结水泵。

2. 轴流式水泵

图 5-61 所示为轴流式水泵装置简图。由叶轮、进出口导流叶片、转轴及泵壳等组成。其工作原理是利用叶轮旋转时叶片所产生的“推力”作用把水沿轴的方向送到高处。叶轮快速旋转，叶片把水从下面推向上面，水流在叶道中获得能量。叶轮不断旋转。水不断地沿着泵轴经过导流叶片将动能转化为压力能，从出水管压出去。

轴流泵与离心泵相比，具有构造简单、占地面积小、输水量大、压头低和效率高等特点，目前多用于电厂的循环水泵。

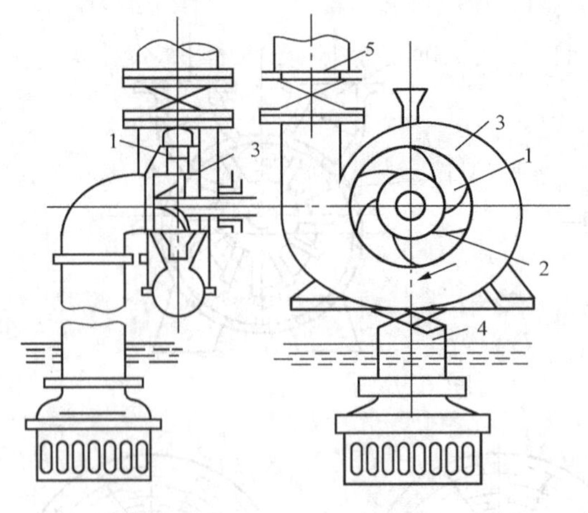

图 5-60 离心式水泵结构简图
1—流道；2—叶轮；3—泵外壳；
4—吸水管；5—压水管

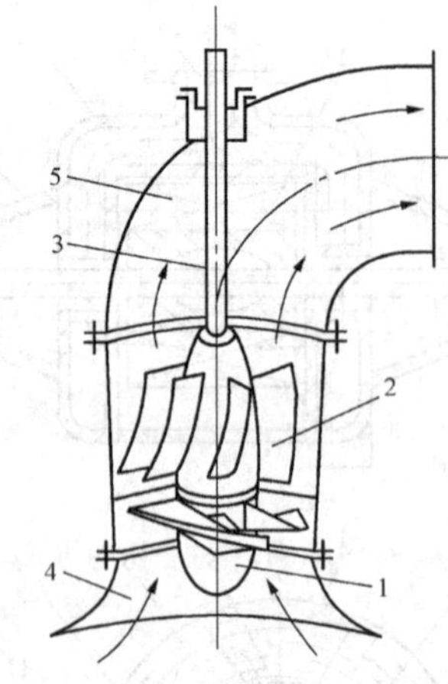

图 5-61 轴流式水泵装置简图
1—叶轮；2—导叶；3—轴；
4—进水管；5—压水管

（二）按用途分类

1. 给水泵

连续不断地输送锅炉用水的水泵称为给水泵。给水流量和压头的调节方法有两种：一种是改变水泵出口阀门的开度进行调节，这种调节方法适用于中、小容量的机组；另一种是改变给水泵的转速来控制给水的流量和压头，也就是采用小汽轮机直接驱动给水泵或者通过液力耦合器由电动机间接驱动给水泵来实现。

2. 凝结水泵

从凝汽器热井中吸取凝结水并输送到除氧器的水泵称为凝结水泵。由于凝结水泵的工作条件恶劣，是在高度真空下输送接近饱和温度的水和采用凝汽器低水位运行来调节流量，因此，凝结水泵发生汽蚀是不可避免的。目前抗汽蚀措施是采用抗汽蚀能力较好的材料和保证凝结水泵的转速不超过 1400～1800r/min。

3. 循环水泵

在发电厂中，向凝汽器、冷油器和发电机等设备供给冷却水的水泵称为循环水泵。循环水泵具有水量大、压头低的特点，宜采用轴流式水泵。循环水主要用来将汽轮机排汽冷凝成水，并保持凝汽器的高度真空，一旦冷却水量不足或中断水，将导致汽轮机减负荷或停机。

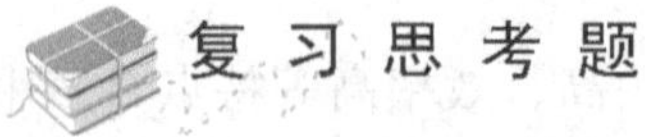

复习思考题

1. 汽轮机的级是什么？
2. 汽轮机级的反动度是什么？
3. 汽轮机的级可分为哪两大类？根据什么划分汽轮机级的类别？
4. 汽轮机不同级的工作特点和结构特点是什么？
5. 汽轮机可分为哪些类型？
6. 我国生产的汽轮机所采用型号表示方法是什么？
7. 汽轮机级的内部损失有哪些？

8. 多级汽轮机的特点有哪些？
9. 汽轮机的通流部分指什么？
10. 概括汽轮机本体结构具有哪些特点？
11. 汽轮机的汽缸起什么作用？
12. 汽轮机静止部分的滑销系统起什么作用？
13. 汽轮机所用滑动轴承的工作原理是什么？
14. 汽轮机常用支持轴承有哪几种？
15. 汽轮机中的汽封发挥什么作用？
16. 汽轮机转子包括什么部件？其作用是什么？
17. 汽轮机转子的类型有几种？各有什么特点？
18. 汽轮机转子上的叶轮起什么作用？
19. 汽轮机的动叶片起什么作用？
20. 汽轮机动叶片的叶根有哪几种型式？
21. 解释汽轮机动叶片的叶型和型线。
22. 什么是盘车装置？
23. 什么是联轴器？联轴器一般有哪几种形式？
24. 汽轮发电机组的供油系统的主要作用有哪些？
25. 汽轮发电机组供油系统中的油箱、主油泵和注油器各起什么作用？
26. 汽轮发电机组采用高压抗燃油系统的原因是什么？
27. 汽轮发电机组凝汽设备的主要作用是什么？
28. 凝汽器的工作原理是什么？
29. 汽轮发电机组凝汽设备中抽气器的主要作用是什么？
30. 电厂常用水泵有哪些？水泵的种类有哪些？

第六章　热力发电厂及其运行

第一节　热力发电厂与电网的协调

在电力工业发展的初期，发电厂均修建在用户附近，规模较小，并且是独立运行的。随着生产的发展和用电量的增加，发电厂的数量不断增加，发电厂独立运行的状态已不能满足需求了，于是出现了将发电厂、输电线路和变电所等互相连接成一个"电"的整体，即电力系统。由电力系统供电给用户。电力系统包括了从发电、输电、配电直至用电的全过程。电力系统中除去发电厂后的部分（即输配电线路及由它连接在一起的各类变电所）称为电力网络，简称电网。所以，电力系统可视为各类发电厂、电网及用户的总称。

一、电网运行及其调度

中华人民共和国《电力法》规定，电网运行实行统一调度、分级管理。1993 年 6 月 29 日发布的中华人民共和国国务院令第 115 号规定，自 1993 年 11 月 1 日起施行的《电网调度管理条例》明确境内的调度机构分为五级，即国家调度机构，跨省、自治区、直辖市调度机构，省、自治区、直辖市级调度机构，省辖市级调度机构，县级调度机构。

目前我国已建立了较完备的五级调度体系，分别是国家电力调度通信中心，简称国调；东北、华北、华东、华中、西北、南方电力调度通信中心，简称网调；各省（直辖市、自治区）电力调度通信中心，简称省调；还有 270 个地调和 2000 多个县调。各级调度机构对各自调度管辖范围内的电网进行调度，依靠法律、经济、技术并辅以必要的行政手段，指挥和保证电网安全、稳定、经济地运行，维护国家安全和各利益主体的利益。

《电力法》明确规定：电力生产和电网运行应当遵循安全、优质、经济的原则。因此，电网调度的首要任务是保障电网安全、稳定、正常运行和对电力用户安全可靠供电。为此，调度机构要预先通过大量的计算分析，制定应对意外事故的安全措施，装设安全自动装置和继电保护设备，做好事故预想和处理预案，防患于未然。一旦电网发生故障，调度就要按电网实际情况并参考处理预案，迅速、准确地控制故障范围，保证电网正常运行，并避免对电力用户供电造成影响；遇到严重事故时，为保证主网安全和大多数用户的正常供电，调度将根据具体情况采取紧急措施，改变发输电系统的运行方式，或临时中断对部分用户的供电。故障消除后，调度要迅速、有序地尽快恢复供电，尽量减少用户停电时间。

调度的另一重要任务是，保证电能质量，保持频率、电压、波形合格。这就必须时刻保持发电和用电的瞬时平衡。由于电能不易大量贮存，而用户的用电是随机的，要时刻保持供需平衡，就要求调度必须提前预计社会用电需求，并依此进行事前的电力电量平衡，编制不同时段的调度计划和统一安排电力设施的检修和备用。在实际运行过程中调度一方面要依靠先进的调度自动化通信系统，密切监视发电厂、变电站的运行工况和电网安全水平，迅速处理时刻变化的大量运行信息，正确下达调度指令；另一方面要实时调整发电出力以跟踪负荷变化，满足用电需求。

调度还需要综合考虑国家能源政策和环保政策，以及电源分布、负荷需求、电网结构以及防汛、环保等因素，按照公平、公正的原则合理安排发电，实现发电资源的优化利用，以提高国家电力能源的利用效益。

二、机组与负荷

现代火力发电厂中基本都用汽轮发电机组（简称机组）提供电能，其中发电机转子通过联轴器与汽轮机转子一同旋转。工作时，发电机转子线圈通有励磁装置送来的直流电，转子产生一个同步旋转的磁场，这个旋转磁场，在静止的定子封闭线圈中因切割磁力线产生感应电流。

发电机的机端电压和电流随着容量的不同而各不相同，一般额定电压为10～20kV，而额定电流可达20kA。发电机发出的电能，其中一小部分（占发电机容量的4%～8%）由厂用变压器降低电压（一般为10、6.3、0.4kV电压等级）后，经厂用配电装置和电缆向厂内各种辅机及照明系统供电，供给水泵、送风机、磨煤机等各种辅机和电厂照明等设备的用电，称为厂用电（或自用电）。由于发电机本身输出的电压等级较低，其余大部分电能，经厂主变压器升压后，由高压配电装置和输电线路送至用户，其电气系统示意如图6-1所示。汽轮机应该能够及时改变它所发出的功率，以适应用户耗电量的变化。

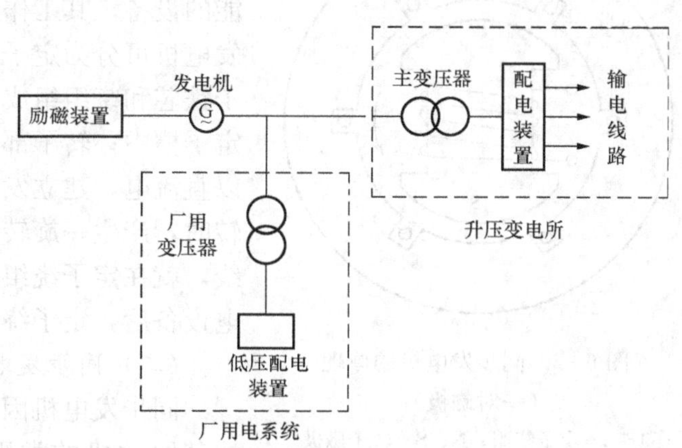

图6-1　发电厂电气系统示意

供电质量指标主要有两个：一是频率，二是电压。这两者和汽轮机的转速都有一定的关系，发电机电压除了和转速有关以外，还可以通过调整发电机的励磁电流进行调节。而发电频率则直接取决于汽轮发电机组的转速。供电频率过高或过低，不仅影响用户的生产，而且也影响电厂本身的安全和经济运行。GB/T 15945《电能质量电力系统频率允许偏差》中规定：电力系统正常频率偏差允许值为±0.2Hz，当系统容量较小时，偏差值可以放宽到±0.5Hz。实际运行中，我国各跨省电力系统频率都保持在±0.1Hz的范围内。

机组运行时，作用在转子上的力矩有三个：一是汽轮机的蒸汽主力矩，在蒸汽参数为定值时，它的大小主要与蒸汽流量有关，而方向与转子旋转方向相同；二是发电机的电磁阻力矩，其大小与发电机输出功率多少有关，而方向与转子旋转方向相反；三是摩擦力矩，由于摩擦力矩和汽轮机的蒸汽主力矩、发电机的电磁阻力矩相比非常小，常常可以忽略不计。

电磁阻力矩与转速的关系取决于外界负载的特性，电网中的负载大致可分为三类：频率变化对有功功率没有直接影响的负载，如照明、电热设备等；有功功率与频率成正比变化的负载，如金属切削机床、磨煤机等；有功功率与频率成三次方或高次方变化的负载，如鼓风机、水泵等。

为了使电力生产从量和质两个方面随时适应用户的需要，汽轮机都装有自动调节系统，以保证汽轮发电机组根据电力用户要求供给所需要的电力，并保证电网频率稳定在一定范围之内；同时，维持汽轮机稳定运转也是发电厂自身的需要，因为转速增加，汽轮机的叶片、叶轮和发电机转子所承受的离心力急剧增加，当转速过大时，将使这些部件损坏，甚至造成重大事故。因此，汽轮机的自动调节系统的主要任务就是一方面要供给用户足够的电力，及时地调节汽轮机的功率使它满足用户用电量变化的需要；另一方面又要调整汽轮机的转速，使它始终维持在规定的范围内。

三、汽轮发电机

汽轮发电机是电厂的主要设备之一，它同锅炉和汽轮机合称为发电厂的三大主机。发电机是将汽轮机转子转动的机械能转化为电能的一种设备。在电力系统中，几乎所有的发电机都属于同步发电机。

（一）同步发电机的基本构造和工作原理

同步发电机是利用电磁感应原理将机械能转化成电能的设备，其工作原理如图 6-2 所示。由图可见，同步发电机可分为定子和转子两部分，定子部分主要是由定子铁芯和绕组组成，分为A、B、C三相，均匀地分布在定子槽中；转子部分是由转子铁芯和绕组组成，绕组通以直流电，建立发电机的磁场。当转子由汽轮机带动旋转时，产生一旋转磁场，定子绕组切割转子磁场的磁力线，就在定子绕组上感应出电动势。当定子绕组接通用电设备后，定子绕组中即产生三相电流，发出电能。

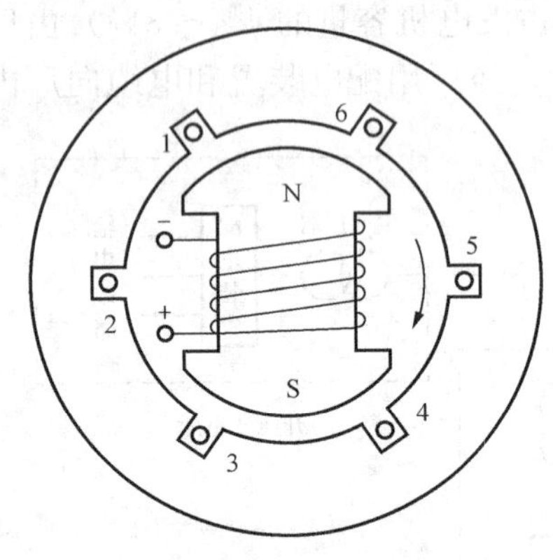

图 6-2 同步发电机的原理（一对磁极）

1～6—定子绕组；N、S—转子磁极

（二）同步发电机分类

同步发电机因用途不同，结构也相差很大，一般可按其原动机的类别、本体结构特点、安装方式等进行分类：

（1）按原动机的类别不同，可分为汽轮发电机、水轮发电机、燃气轮发电机及柴油发电机等。

（2）按冷却介质的不同，可分为空气冷却、氢气冷却和水冷却。

（3）按主轴安装方式的不同，可分为卧式安装和立式安装等。

（4）按本体结构的不同，可分为隐极式和凸极式、旋转电枢式和旋转磁极式等。

同步发电机的结构，主要由原动机的特性决定，如汽轮发电机由于转速达 3000r/min，故极对数少，转子采用隐极式，卧式安装；水轮发电机由于转速低（一般为 500r/min 以下），故极对数多，转子采用凸极式，立式安装。

（三）汽轮发电机的发展概况

电力工业的发展，促进了汽轮发电机等电力设备制造技术的迅速发展。近年来，我国电力系统中汽轮发电机单机容量不断增大。理论分析和运行实践表明，采用大容量机组有如下优越性：

（1）可降低汽轮发电机的造价和材料的消耗量。如一台 600MW 机组的单位材料消耗是一台 100MW 机组的 60％左右。

（2）可降低电厂的基建安装费用。若以 200MW 机组单位安装费为 100％计算，则 500MW 机组的单位安装费只需 85％左右。

（3）可降低运行费用。由于大容量机组实行微机监控，自动控制功能大大提高，运行人员和装置减少，从而降低了运行和维护费用。

目前，发达国家在汽轮发电机制造方面，把目标集中于“超导化”的研究与应用上，即转子绕组采用超导材料，使励磁绕组产生高的气隙磁密，可将单机极限容量提高3倍，即达到3600MW。1979年原美国西屋公司开始研制300MW大型超导汽轮发电机，1983年制成样机，但由于各方面的原因一直未正式并网发电。苏联后来居上，列宁格勒（现圣彼得堡）的“电力”工厂开发的300MW大型超导汽轮发电机并网发电成功，现正在研制更高功率的超导汽轮发电机。

（四）发电机的冷却

发电机在运行过程中存在着各种损耗，主要是铁损（铁芯中磁场变化所产生的磁滞和涡流损耗）、铜损（铜导线中通过电流，在导线电阻上所产生的热损耗）和机械损耗（转子和风扇旋转时及轴承部分的摩擦所产生的损耗）。对300MW汽轮发电机，如果效率为98.8%，则其余1.2%的损耗竟有3600kW之多，这些损耗功率在发电机内部变为热量。由于大容量发电机的转子细长，热量不易散发，所以发电机的散热冷却就成为限制大容量发电机容量提高的主要因素。不断改进发电机的冷却技术，提高冷却效果，是大容量发电机制造中的一个十分重要的问题。

汽轮发电机的冷却方式按冷却介质的不同通常分为空气冷却（风扇通风）、氢气冷却和水冷却等三种类型。目前，除25MW及以下的小机组采用空气冷却外，50MW及以上的汽轮发电机广泛采用氢冷和水冷技术。

1. 空气冷却

空气冷却是以空气为冷却介质，用风扇将冷空气送入机内，经发电机内部的风道，对发热部件进行冷却。吸热后的热空气排出机外，经空气冷却器冷却后，再送入机内。为提高冷却效果，汽轮发电机常采用轴向分段等多流式通风系统。

2. 氢气冷却（外冷）

对大、中容量的汽轮发电机，采用氢气作介质对发电机部件进行冷却，又称为氢外冷。氢外冷发电机的冷却系统的构成与空气冷却系统基本相同，只是将氢气冷却器装在发电机机壳内，以减少氢气的用量。

因为氢气的导热系数比空气大6.7倍，所以冷却效果较好；氢气的密度非常小，只有空气的1/14，故风阻和摩擦损耗仅为空气冷却的1/7左右。如果将同一台汽轮发电机由空气冷却改为氢气冷却（外冷），转子温升可下降一半左右，容量可提高20%～25%。采用氢气冷却，还可避免绝缘材料与氧气接触，从而可增加绝缘材料的稳定性。但在采用氢气冷却时，需采取措施防止氢气泄漏及空气进入发电机内；否则，空气和氢气混合易引起爆炸。

3. 氢内冷

冷却介质氢气直接接触绕组导体的冷却方式称为氢内冷方式。这种冷却方式可使绝缘导体的热量直接由冷却介质带走，从而大大提高冷却效果。

4. 水内冷

汽轮发电机的水内冷方式，就是以凝结水作为冷却介质直接冷却绕组导体。由于水的冷却能力是空气的50倍，这就大大改善了冷却效果，明显降低了绕组温升，从而可大幅度提高发电机出力。

定子、转子均采用水内冷的发电机，称为双水内冷发电机，容量可提高到300MW以上。目前大型汽轮发电机，广泛采用定子绕组水内冷，转子绕组氢内冷，通风系统（转子表面及定子铁芯的冷却）采用氢气冷却，简称水-氢-氢冷却方式，其容量已达1200MW。

（五）汽轮发电机的励磁系统

发电机要发出电来，除了需要原动机带动其旋转外，还需给转子绕组输入直流电流（称为励磁电流）以建立旋转磁场。供给励磁电流的电路，称为励磁系统。

1. 励磁系统的主要功能

励磁系统的作用不仅是在发电机中建立旋转磁场，而且还对发电机及电网的安全、经济运行起着重要的作用。电力系统在正常运行时，发电机励磁电流的变化主要影响电网的电压水平和并联运行机组间无功功率的分配。因此，励磁系统的主要功能如下：

（1）在正常运行情况下，供给发电机励磁电流，并根据发电机所带负荷的变化，自动调整励磁电流的大小以维持发电机的机端电压在给定值（额定电压值）内。

（2）在发电机并列运行时，使各发电机组所带的无功功率稳定并实现合理分配。

（3）在电力系统发生短路故障、发电机端电压严重下降时，能对发电机强行励磁，使励磁电压迅速增升到顶值，以提高电力系统的暂态稳定性；短路故障解除后，使电压迅速恢复正常。

（4）当发电机突然甩负荷时，能进行强行减磁，将励磁电流迅速降到安全数值，以防止发电机电压过分升高。

（5）当发电机内部发生短路故障（如定子绕组相间短路，转子绕组两点接地短路）跳闸时，能对发电机快速灭磁，将励磁电流减到零，以减小故障损坏程度。

（6）增加并入电网运行的同步电机的阻尼转矩，以提高电力系统稳态稳定性及输电线路的有功功率传输能力。

（7）在不同运行工况下，根据要求对发电机实行过励磁限制和欠励磁限制，以确保同步发电机组的安全稳定运行。

2. 发电机励磁系统简介

发电机的励磁方式主要有三种：直流励磁机励磁方式、交流励磁机励磁方式（可分为有刷励磁和无刷励磁两种）和静止励磁方式（如自并励励磁方式）。

（1）直流励磁机励磁系统。20世纪60年代以前，汽轮发电机的励磁方式均采用同轴直流发电机作为励磁机，通过励磁调节器改变直流励磁机的励磁电流，来改变发电机转子绕组的励磁电压，以调节转子的励磁电流，达到调节发电机机端电压和输出无功功率的目的。目前100MW以下的汽轮发电机仍采用这种励磁方式。

随着机组容量的增大，直流励磁机励磁方式出现了明显的缺陷：①受换向器影响制造容量不可能很大；②整流子、炭刷及滑环磨损，污染环境，运行维护麻烦；③励磁调节速度慢，可靠性低。因此，直流励磁机励磁方式已经无法适应大容量机组的需要。

（2）交流励磁机励磁系统。交流励磁机励磁系统又可分为有刷励磁和无刷励磁两种。根据整流装置是否与轴同转，将励磁系统分为有刷励磁和无刷励磁。

有刷励磁即为发电机、主励磁机和副励磁机三台交流同步发电机同轴旋转，励磁机不需换向器，而整流装置和励磁调节器是静止的，所以励磁容量不会受到限制。发电机的励磁电流由同轴的交流主励磁机经静止整流装置供给，主励磁机的励磁电流由同轴的中频副励磁机经可控整流装置供给，随着发电机运行参数的变化，励磁调节器自动改变主励磁机励磁回路中可控整流装置的控制角，以改变其励磁电流。

无刷励磁是利用交流励磁机定子上的剩磁或永久磁铁（带永磁机）建立电压。该交流电压经旋转整流器整流后，送入主发电机的励磁绕组，使发电机建压。发电机在正常运动过程中，若因某种原因发电机电压有升高或降低的趋势时，自动电压调节器（automatic voltage regulator，AVR）能根据输出电压的微小偏差迅速地减小或增加励磁电流，维持发电机所设定的电压近似不变。

（3）自并励静止励磁系统。其励磁电源由发电机自身供给，整个励磁装置没有转动部分。目前，在大型汽轮发电机上采用自并励静止励磁方式已成为发展方向。

四、变压器

发电厂将一定功率的电力经送电线路输送给用户时，在送电线路上要损耗一部分能量，称为线损。送电电压越低或送电距离越远，则线损越大。发电机出口电压较低，远距离输送将产生很大的线损。因此，在发电厂内设有升压变压器，把发电机出口电压升高后将电力输送到较远的地区。在用电地区，又设有降压变压器，将电压降低后分配到电力用户。

电力变压器是电力系统中输配电能的主要设备，它利用电磁感应原理，可以将一种电压等级的交流电能方便地变换成同频率的另一种电压等级的交流电能。发电厂中的变压器包括主变压器、启动/备用变压器、高压厂用变压器以及低压厂用变压器。

（一）变压器的基本原理

变压器根据电磁感应原理工作，图 6-3 为变压器的基本原理示意。由图可见，变压器是由两个（或两个以上）相互绝缘且匝数不等的绕组，套在由良好导磁材料制成的同一个铁芯上，其中一个绕组接交流电源，称为一次绕组；另一个接负荷，称为二次绕组。当一次绕组中有交流电流流过时，则在铁芯中产生交变磁通，其频率与电源电压的频率相同；铁芯中的磁通同时交链一、二次绕组。由电磁感应定律可知，一、二次绕组中分别感应出与匝数成正比的电动势，其二次绕组内感应的电动势，向负荷输出电能，实现了电压的变换和电能的传递。可见，变压器是利用一、二次绕组匝数的变化来实现变压的。

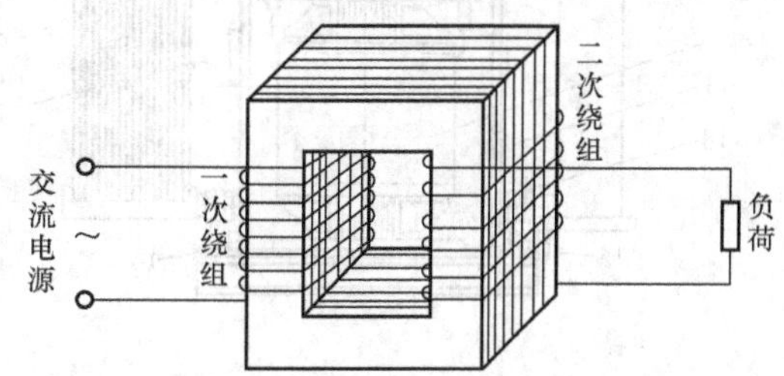

图 6-3 变压器基本原理示意

变压器在传递电能的过程中效率很高，可以认为两侧电功率基本相同，所以当两侧电压变化时（升压或减压），两侧电流也相应变化（变小或变大），即变压器在改变电压的同时也改变了电流。

（二）变压器的分类

为适应不同的用户要求，变压器可分为多种类型。

1. 按用途分类

（1）电力变压器。在输配电系统中应用，进一步可划分为升压变压器、降压变压器、联络变压器（连接几个不同电压等级的电网）等。

（2）仪用变压器。仪用变压器指电流互感器和电压互感器等，用于仪表测量、继电保护和操作电源。

（3）特殊用途变压器。该类变压器包括整流变压器、电炉变压器、焊接变压器、试验变压器等。

2. 按绕组数分类

（1）自耦变压器。高、低压侧共用一个绕组，两侧接线匝数不同。

（2）双绕组变压器。双绕组变压器指每相有高、低压两个绕组。

（3）三绕组变压器。三绕组变压器指每相有高、中、低压三个绕组，常用于联络变压器。

（4）分裂绕组变压器。分裂绕组变压器一般有三个绕组，但其低压侧两个绕组完全相同，常用于高压厂用变压器和高压启动/备用变压器。

3. 按相数分类

（1）单相变压器。当容量过大且受运输条件限制时，在三相电力系统中用三台单相变压器组合成三相变压器组。

（2）三相变压器。三相变压器用于三相电力系统，三相绕组和铁芯连为一体。

4. 按冷却方式分类

（1）油浸式变压器。油浸式变压器绕组和铁芯完全浸在变压器油中，分为：①油浸自冷式变压器，油自然循环冷却；②油浸风冷式变压器，在散热器上装设风扇吹风冷却；③强迫油循环水冷却变压器，用油泵强迫变压器油通过变压器外专设的水冷却器，冷却后再送回变压器内。

（2）干式变压器。铁芯和绕组都由空气直接冷却。

（三）变压器结构

电力变压器一般由铁芯、绕组、油箱（壳体）及附件、冷却系统、测量及保护系统等组成。变压器最主要的部件是铁芯和绕组，两者装配在一起又称为器身，器身置于装满变压器油的油箱中，油箱外装有散热器，油箱上部还装有储油柜、安全气道、套管等。变压器的结构示意如图 6-4 所示。

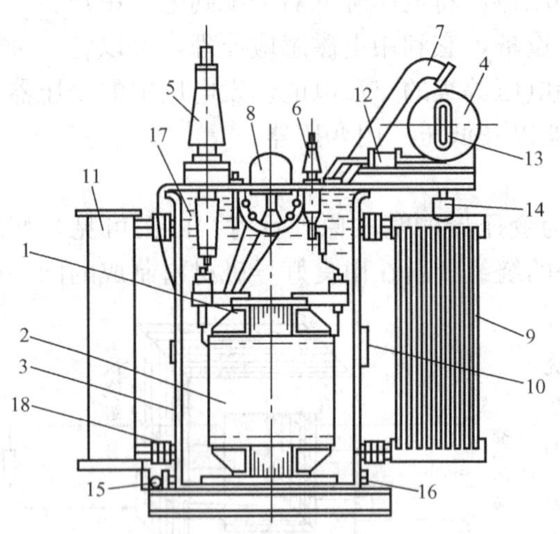

图 6-4 变压器结构示意

1—铁芯；2—绕组；3—油箱；4—油枕（储油柜）；5—高压套管；6—低压套管；7—安全气道；8—分接头开关；9—散热器；10—铭牌；11—净油器；12—气体继电器；13—油位计；14—呼吸器（吸湿器）；15—放油阀门；16—接地螺栓；17—变压器油；18—阀门

五、高压开关设备

在发电厂和变电所中，各电气设备之间密切相连。在发电、输配电和负荷变化的过程中，经常需对电路进行必要的投切转换，所以在电路中必须装设不同用途的高压开关设备。电力系统中常用的高压开关设备主要是断路器和隔离开关。

1. 断路器

断路器是重要的开关设备，在正常运行时，断路器用来接通和断开电路；在故障时，能快速切除故障部分，保证非故障电力的安全正常运行。断路器有专门的灭弧装置，能断开比正常电流大几十倍的短路电流，是电力系统中最完善的开关电器。断路器主要由触头、灭弧室、操作机构和绝缘支柱等部件组成。

断路器有多种型式，按灭弧介质和绝缘介质的不同，断路器可分为油断路器、少油断路器、压缩空气断路器、真空断路器和六氟化硫断路器等；按安装地点不同分为户内式和户外式断路器；按操作机构型式不同分为手动式、电磁操动式、弹簧操动式、气动式、液压式等；按相数不同分为单相式和三相式；按有无重合闸功能分为能自动重合闸式和不能自动重合闸式。

2. 隔离开关

隔离开关（俗称刀闸）是电力系统中应用最广的电气开关之一，它的主要用途是将需要检修的部分与带电部分可靠地隔离，并造成明显可见的空气间隙，以保证检修工作的安全。此外，隔离开关还可用于进行电路的切换操作，以改变系统的运行方式。

隔离开关没有灭弧装置，不能用于断开负荷电力和短路电力，应与断路器配合使用；否则，“带负荷拉刀闸”将造成“飞弧”，形成短路，导致设备烧毁，危及人员安全。

第二节　发电厂机组的协调控制与自动保护

单元机组的控制调节是指单元机组各种系统和设备通过控制系统安全经济运行，并且快速适应外界负荷的要求。

协调控制系统（coordinated control system，CCS）是大型机组重要的控制策略之一，对机组参与调峰、调频和安全经济运行极为重要。它是把锅炉及汽轮机作为一个统一的整体来进行综合控制的负荷控制系统，其调节对象是作为一个整体的锅炉和汽轮发电机组，它所控制的参数就是机组的负荷。协调控制系统的基本任务就是协调好锅炉和汽轮发电机这两个不同的生产过程，使得它们对外界负荷表现出尽可能好的整体性和适应性。

一、单元机组的协调控制

常规的自动调节系统是对汽轮机和锅炉分别控制，调节汽轮机机组负荷和转速。机组负荷的变化必然会反映到机前主汽压力的变化，即机前主蒸汽压力反映了锅炉和汽轮发电机组之间能量供求的平衡关系，而主蒸汽压力的控制由锅炉燃烧调节系统来完成。

随着单元机组容量的不断增大，电网容量的增加和电网调频、调峰要求的提高，以及机组自身稳定运行要求的提高，常规的自动调节系统已很难满足单元机组既要根据电网的频率偏差和调度机构对它的负荷指令要求参加电网调频、调峰，又要稳定机组自身运行参数这两方面的要求，因此，必须将汽轮机和锅炉作为一个整体进行控制。而汽轮机、锅炉的调节特性有相当大的差别，锅炉是一个热惯性大、反应很慢的调节对象，而汽轮机相对而言是一个惯性小、反应快的调节对象。

协调控制系统就是充分考虑机、炉调节特性的差异以及各自的特点，采取某些措施（如引入某些前馈信号、协调信号），让机、炉同时按照电网负荷的要求变化，接受外部负荷的指令，根据主要运行参数的偏差，协调地进行控制，从而在满足电网负荷要求的同时，保持主要运行参数的稳定。

（一）协调控制的基本概念

协调控制是我国在20世纪80年代引进的热力发电厂控制理念，主要设计思想是将锅炉和汽轮机作为一个整体，完成对机组负荷、锅炉主汽压力的控制，达到锅炉风、水、煤的协调动作。

（二）单元机组的负荷调节方式

协调控制系统是在简单的机炉控制系统的基础上发展起来的。按照调节方式的不同，这种简单的机炉控制系统可分为机跟炉方式、炉跟机方式和机炉协调控制方式三种。

1. 机跟炉方式

在机跟炉系统中，机组输出功率由锅炉给定，汽轮机主汽门开度调节主蒸汽压力，因而，这个系统也称为汽机调压系统。当外界负荷突然增加时，给定功率信号增加，此增大信号被直接送给锅炉燃烧系统，使主蒸汽压力升高；为了维持主蒸汽压力不变，汽机侧调整调节汽门，增大汽轮机进汽量，使发电机输出功率与给定功率一致。

这种方式对锅炉运行有利，但是机组输出功率的变化有较大延迟，对电力系统的调频、调峰不利，它适用于承担基本负荷的单元机组。

2. 炉跟机方式

在炉跟机控制系统中，由汽轮机控制器控制单元机组的实发功率；锅炉控制器控制主汽压力，又称为汽轮机基本负荷控制方式。当机组出力需要改变时，例如，机组出力要增大时，在给定功率信号增大后，作用于汽轮机侧，开大调节汽门，增大汽轮机进汽量，使发电机输出功率与给定功率一致；汽轮机进汽量的增大引起主蒸汽压力的下降，当主蒸汽压力低于给定主蒸汽压力时，这一压力偏差信号作用于锅炉侧，使进入锅炉的燃料量增大，使主蒸汽压力恢复到给定压力。

在这种调节方式中，机组负荷由汽轮机侧控制，机组压力由锅炉侧控制，锅炉负荷按照汽轮机的需要而改变，形成炉跟机的控制方式。它适用于具有汽包锅炉的单元机组定压运行。在锅炉压力允许变化的范围内，它能够快速反应，但当变化范围较大时，锅炉压力调节不可避免地发生滞后，使得运行调节难以稳定，故这种方式要求对负荷变化加以限制。

3. 机炉协调控制方式

考虑到上述两种调节方式的优缺点，为取长补短，将上述两种方式结合起来组成机炉协调控制的负荷调节方式。

在这种方式中，锅炉与汽轮机的调节装置同时接受功率与压力的偏差信号。当外界要求增加出力时，给定功率指令加大，产生的功率偏差信号同时作用于锅炉侧及汽轮机侧，同时改变汽轮机侧调节汽门开度以及锅炉侧燃料量。

当汽轮机侧由于开大调节汽门引起主蒸汽压力下降时，虽然锅炉已加大燃料量，但汽压的升高有一定的延迟，因此，出现正的压力偏差信号，把这一信号按正方向加到锅炉侧，使加入的燃料量进一步增加；同时按负方向加到汽轮机侧，使调节汽门开度减小，从而使汽压恢复正常。

正的功率偏差信号使汽轮机调节汽门开度增大，产生正的压力偏差，又使该汽门关小，即两个偏差使调节汽门开度增大到一定程度即停在某一位置，两种作用相互抵消。经过一定延迟时间后，汽压升高，压力偏差信号逐渐消失；同时调节汽门在功率偏差和主蒸汽压力恢复的作用下，提高汽轮机出力，使功率偏差也逐渐消失，最后这两种偏差均趋于零，机组在新的出力下达到新的稳定状态。

（三）协调控制系统的组成

1. 单元机组协调控制系统的结构

单元机组协调控制系统是在常规机炉局部控制系统的基础上发展起来的新型控制系统，

图 6-5 为单元机组协调控制系统的组成原理示意，P_0 为给出的负荷指令，μ_b、μ_T 分别为主控制器发给锅炉子控制系统和汽轮机子控制系统的调节指令。在单元机组协调控制系统中，调频和调负荷、机组的启动和停止、故障情况下的安全运行、锅炉燃烧率的变化、汽轮机调节阀开度的变化，都是在机炉主控制系统的统一指挥下达到协调一致的。

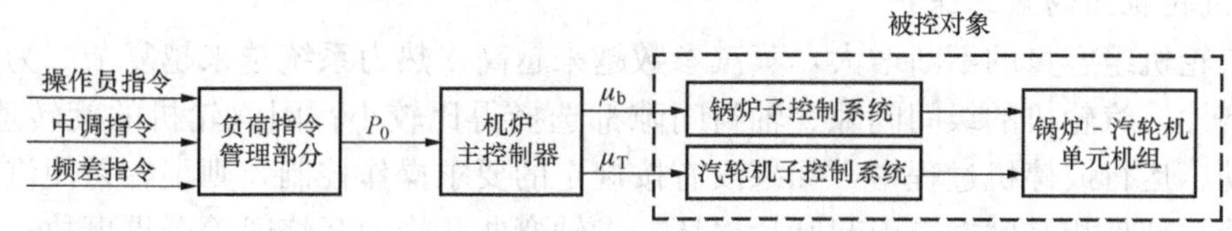

图 6-5　单元机组协调控制系统组成原理示意

2. 对单元机组协调控制系统的基本要求

对单元机组协调控制系统的基本要求主要有以下几方面：

（1）机组并网运行时，应使机组满足电网对机组负荷的需求，并具有较高的负荷适应能力；同时，机组本身的运行参数必须保持在允许的范围内。系统应具有足够的稳定裕量和克服内部扰动的能力。在调节过程中，各调节机构的动作不应过分频繁，不致出现过分超调。

（2）保证机组运行安全。当主机或主要辅助设备故障时，应自动采取相应的措施，把故障限制在最小的范围之内，在保证设备安全的前提下，不致使机组全停；负荷变更时，变更幅度和速度必须限制在安全允许的范围内。

（3）对于允许滑压运行的单元机组，其协调控制系统应能满足定压和滑压不同运行方式的需求。

（4）系统要方便于运行人员的干预，如进行运行方式的切换，进行手动操作等。

二、热工保护

现代大型机组的特点是大容量、高参数、单元制运行，锅炉、汽轮机、发电机及各种辅机之间的关系十分密切。此外，现代大型机组具备一套用于控制这些主设备的相当复杂的控制系统及装置。这些主辅设备及控制装置在生产过程中组成了一个有机的整体，当其中某些环节发生故障时，就会不同程度地影响到整个机组的正常运行，严重的故障还会导致机组停止运行，甚至危及设备和人身的安全。

热工保护是通过对机组的工作状态和运行参数进行监视和控制而起保护作用。当机组发生异常时，保护装置及时发出报警信号，必要时自动启动或切除某些设备或系统，使机组仍然维持原负荷运行或者减负荷运行。当发生重大故障而危及机组设备安全时，停止机组（或某一部分）运行，避免事故进一步扩大。

机组的热工保护主要有以下几方面的内容：

（1）限值保护。例如根据锅炉汽压保护等；

（2）连锁保护。连锁保护是指将被控对象通过简单的逻辑关系连接起来，使这些被控对象相互牵连，形成连锁反应，从而实现自动保护的一种控制方式。例如，引风机因故障跳闸，引起送风机、排粉机、给煤机、磨煤机等相继依次跳闸；又如汽轮机润滑油压力低时，自动启动交流油泵，油压继续降低时，启动直流油泵并停止交流油泵的运行等；

（3）紧急停炉、停机保护。当某些重要辅机发生故障时，应迅速降低机组出力或停止机组运行；若运行过程中某些主要参数超过限值，保护装置立即动作，采取紧急措施，直至紧急停炉、停机保护，以避免事故发生或扩大。

热工保护是一种自动控制手段。在主、辅设备或电网发生故障时，热工保护装置使机组自动进行减负荷，改变运行方式或停止运行，以安全运行为前提，尽量缩小事故的影响范围。

（一）汽轮机组的热工保护

随着汽轮机组容量的不断增大，蒸汽参数越来越高，热力系统越来越复杂。为了提高机组的热经济性，汽轮机的级间间隙、轴封间隙都选择得比较小；因汽轮机的旋转速度很高，在机组启动、运行或停机过程中，如果没有按规定的要求操作控制，则很容易使汽轮机的转动部件和静止部件相互摩擦，引起叶片损坏、大轴弯曲、推力瓦烧毁等严重事故。当汽轮机组发生故障，危及机组的安全运行时，或者是锅炉、发电机发生故障需要汽轮机跳闸时，保护系统应能自动迅速地使汽轮机跳闸。

汽轮机保护系统由监视保护装置和液压系统组成。当汽轮机超速、真空低、轴向位移大、振动大、润滑油压低等监视保护装置动作时，电磁阀动作，快速泄放高压动力油，使高、中压主汽门和调节汽门迅速关闭，紧急停止汽轮机运行，达到保护汽轮机组的目的。另外，还有汽轮机进水保护、高压加热器保护及旁路保护等自动保护系统，以保障汽轮机组的正常启停和安全运行。

1. 轴向位移的监视和保护

汽轮机叶片具有一定的反动度，叶片和叶轮前后两侧存在着差压，形成一个与汽流方向相同的轴向推力；轮毂两侧转子轴的直径不等，隔板汽封处转子凸肩两侧的压力不等，也要产生作用于转子上的轴向力；高压前轴封处轴封漏汽由后向前压力逐渐降低，产生与汽流方向相反的轴向力；还有其他方面产生的轴向力，这些轴向力的合成结果就是总的轴向推力。

推力轴承用于承受转子的轴向推力，借以保持转子与汽缸及其他静止部件的相对位置，使机组动静部分之间有一定的轴向间隙，保证汽轮机组的正常运行。

当轴向推力过大时，推力轴承过负荷，破坏油膜，造成推力瓦块乌金熔化，这时，转子发生窜动，轴向位移增大，汽轮机内部转动部件与静止部件之间的轴向间隙消失，因而，动、静部件发生摩擦和碰撞，造成设备的严重损坏，如叶片折断、大轴弯曲、隔板和叶轮碎裂等。转子发生向前窜动，也会造成同样的危害。

因此，为了监视汽轮机推力轴承的工作状况，防止由于推力瓦块乌金熔化，转子发生窜动造成的损坏机组事故，一般在推力瓦块上装有温度测点，在推力瓦回油处装有回油温度表等。为了监视汽轮机组转子的轴向位移变化情况，一般都装有轴向位移监视保护装置。当轴向位移达到限值时，保护装置发出报警信号，提醒运行人员及时采取措施加以处理；当轴向位移达到危险值时，保护装置动作，关闭主汽门、调节汽门、抽汽止回阀等，汽轮机跳闸，立即停机，以保障汽轮机组设备的安全。

2. 缸胀和胀差的监视

汽轮机在启动、停机过程中，或在运行工况发生变化时，都会由于温度变化而产生不同程度的热膨胀。汽缸受热膨胀时，由于滑销系统死点位置的不同，可能向高压侧伸长或向低压侧伸长，也可能向左侧或右侧膨胀。为了保证机组的安全运行，防止汽缸热膨胀不均，发生卡涩或动静部分摩擦事故，必须对汽缸的热膨胀进行监视，简称“缸胀”监视。缸胀监视仪表指示汽缸受热膨胀变化的数值，也称汽缸的绝对膨胀值。

转子受热时也要发生膨胀，因为转子受推力轴承的限制，所以只能沿轴向往低压侧伸长。由于转子的体积小，而且直接受热蒸汽的冲击，因此，温升和热膨胀较快，而汽缸的体积较大，温升和热膨胀就比较慢。当转子和汽缸的热膨胀还没有达到稳定之前，它们之间存在较大的热膨胀差值，简称胀差（或差胀）值，也称汽缸和转子的相对膨胀值。

3. 超速保护

汽轮机是在高速旋转状态下工作的，如果转动力矩不平衡，转速就会发生变化。当转速失去控制时，可能发生严重超速现象。汽轮机的零部件在工作过程中已承受很大的离心力，转速增高将使转动部件的离心力急剧增加（离心力与转速的平方成正比）。当转速过多地超出额定转速，转动部件就会严重损坏，甚至发生"飞车"的恶性事故。为了保证机组的安全运行，必须严格监视汽轮机的转速，并设置超速保护装置。

汽轮机超速保护（overspeed protection control，OPC）是当汽轮机转速达到或超过某一设定值时发出报警信号并采取相应的保护措施。当汽轮机转速达到额定转速的103%时，快关中压调节汽门；当转速高于额定转速的103%后，快关高、中压调节汽门；当机组转速超过额定转速的110%时，机械超速系统动作，实现紧急停机。

4. 振动的监视和保护

汽轮机组在启动和运行过程中都会有一定程度的振动，当设备发生缺陷，或者机组的运行工况不正常时，汽轮机组的振动都会加剧，严重威胁设备和人身安全。例如，振动过大将使转动叶片、轮盘等的应力增加，甚至超过允许值而损坏，使机组动静部分，如轴封、隔板汽封与轴发生摩擦；使螺栓紧固部分松弛；振动严重时会导致轴承、基础、管道甚至整个机组和厂房建筑物损坏。由此可见，汽轮机组的振动对机组的安全经济运行影响很大，在运行过程中要时刻监视其振动。为此，一般汽轮机都装设有轴承振动测量装置和大轴振动测量装置，用于监测机组振动情况。当振动超过允许极限值时，应发出声光报警信号，提醒运行人员注意，或者同时发出脉冲信号去驱动保护控制电路，自动关闭主汽门，实现紧急停机，保护机组的安全。

振动的允许值，随机组的不同而不同，一般汽轮发电机组轴承的双倍振幅允许范围见表6-1。例如，某125MW机组，在3000r/min运行，振动允许值为31μm，在重新找平衡时振动允许值可达31～38μm，短时运行振动允许值可达38～51μm，若超过51μm，就应实现紧急停机。

表6-1　汽轮机允许振动值范围

汽轮机转速（r/min）	优等（μm）	良好（μm）	合格（μm）
1500	30以下	50以下	70以下
3000	20以下	30以下	60以下

5. 偏心度的监视和保护

汽轮机组在启动、停机或运行过程中的主轴弯曲现象是经常发生的，这是由于转子和汽缸各部件的加热或冷却程度不同，形成一定的温差。转子暂时性的热弯曲称为弹性弯曲，这种弯曲一般通过正确盘车和暖机可以消除。但是，转子与汽封之间产生严重的径向摩擦、汽缸进水、上下缸温差过大、轴封或隔板汽封间隙调整不当、汽缸加热装置使用不当等，都会使主轴产生永久性弯曲，即转子完全冷却后仍存在弯曲。此时，只能停机进行直轴，如果仍继续运行，则会造成设备的严重损坏，如通流部分严重磨损、汽封片损坏、推力瓦损坏等恶性事故的发生。

6. 轴承保护

当轴承油膜受到破坏，除引起轴承烧瓦事故外，会引起如下严重的后果：

（1）轴瓦乌金烧熔时，转子因轴径局部受热而发生弯曲，将引起轴承剧烈的振动。

（2）推力轴承推力瓦乌金烧熔时，转子向后窜动，轴向位移增大，将引起汽轮机内部动静部分直接的摩擦或碰撞，损坏机组。

由此可见，汽轮机运行中轴承发生烧瓦事故时，若不及时发现并停机，将会造成严重后果。因此，为了防止轴承发生烧瓦事故，就要装设各种监视和保护装置，其中包括轴承温度测量装置、推力瓦温度测量装置、润滑油温度测量装置、油箱油位监视装置、油压低保护装置以及轴向位移监视保护装置等。一旦润滑油系统发生油压过低、油温过高或润滑油中断等异常现象，相应的被监视值达到允许极限值，便发出声光报警信号，以便及时采取相应的处理措施，或者保护装置动作，立即关闭主汽门，实行紧急停机，以保护机组的安全。

一般情况下，润滑油油温的测量，主要是测量冷油器的出口油温和轴承的回油温度。润滑油的进口温度为35～45℃，轴承回油油温不高于65℃，当回油温度过高时，保护装置动作。

7. 低油压保护

润滑油压过低，将使各轴瓦的油膜受到破坏，导致轴径和轴瓦之间干摩擦，轴径损坏，支持轴瓦和推力轴瓦的乌金瓦面熔化，汽轮机轴向推力增大，动静部分发生摩擦和碰撞，造成严重损坏机组的事故。为了防止此类事故的发生，汽轮机组必须装设低油压保护装置。

油压低信号通常由油压继电器或电接点压力表发出。当运行中的润滑油压降低到规定值时，保护装置动作，自动启动辅助油泵（即交流润滑油泵）；若油压继续降低，则自动启动直流润滑油泵，以恢复润滑油压；若油压继续下降到最低允许极限值时，低油压保护装置动作，迫使汽轮机跳闸并切断盘车装置电路，以保护汽轮发电机组的安全。

8. 凝汽器真空的监视和低真空保护

为了使汽轮机的运行有较好的经济性，并能及时发现和消除凝汽设备运行中的故障，应对凝汽器的真空进行监视，并在真空下降到危险值时对汽轮机实行低真空保护。

凝汽器真空下降，会使蒸汽在汽轮机内的焓降减少，使汽轮机出力下降和热经济性降低；凝汽器真空下降，使排汽温度升高，造成低压缸热膨胀变形和低压缸后面的轴承上抬，破坏机组中心，从而发生振动；也会使凝汽器铜管的内应力增大，以致破坏凝汽器的严密性等。因此，由于低真空运行对机组的安全运行危害极大，所以必须进行低真空保护。运行中无论何种原因引起的凝汽器真空下降，超过规定的低限值时，应首先减小汽轮机的负荷。例如，某300MW机组在额定参数下运行，真空应不低于90kPa。如真空下降了4kPa，则应发出报警信号；若真空继续下降，则应启动备用循环泵和备用抽气器；如果真空下降到了86kPa以下，应采取减负荷措施，以后真空每降1.3kPa，减负荷30MW；若真空下降到73kPa，负荷应减至零；真空低至63kPa时，应关闭主汽门，立即停机。

低真空保护装置根据预先规定的限值发出信号，使相应的控制回路动作，达到自动保护的目的。如果真空降低到最低极限值而低真空保护装置又不动作时，当排汽压力大于2～

4kPa表压力时，凝汽器上的薄膜式安全门被冲开，汽轮机向大气排汽，避免发生凝汽设备因排汽缸压力和温度升高而遭到破坏的事故。

9. 高压加热器保护

在高压加热器中，由于给水压力很高，而且用来加热给水的蒸汽温度也很高（最高温度可达450℃以上），因此，高压加热器的管口很容易泄漏。当管子破裂后，造成高压加热器的汽侧充满高压水，满水后，如果抽汽止回阀故障，水会通过抽汽管道进入汽轮机，造成水冲击事故，严重时还会使锅炉断水，威胁锅炉的安全。为了保证机炉的安全运行，高压加热器上都设置了自动保护装置。当水位过高时，自动切除高压加热器，关闭相应的抽汽止回阀及电动门，同时打开高压加热器旁路向锅炉供水。

10. 汽轮机进水保护

随着机组容量的增大，机组的热力系统和本体结构也越来越复杂，发生汽轮机进水、进冷汽事故的可能性也在增大。例如，美国通用电气公司对1969年（大机组迅速增加的年代）发生的各种汽轮机事故统计表明，因进水所造成的被迫停机次数最多，停运时间占全部被迫停运时间的27%。前西德联合保险公司对1968—1969年汽轮机事故的统计表明，进水、进冷汽是热态启动时径向碰磨事故（18次）的主要原因。

汽轮机进水、进冷气会造成汽轮机重大事故，引起机组重大损坏，是一种恶性事故，在汽轮机启停、变负荷及在停机后都有可能发生，而且几乎汽轮机所有进出口通道都有可能进水、进冷汽，因而是一种较易发生的事故。

汽轮机进水保护一般可分为以下几个系统：减温器喷水系统，管道、疏水系统，回热加热器疏水水位保护，轴封系统以及除氧器水箱水位保护等。

（二）锅炉的热工保护

锅炉是一个十分复杂的保护对象，除锅炉本体外还包括许多辅助设备，如给水泵、风机和磨煤制粉设备等。在锅炉的正常生产过程中，通过自动检测、自动调节或手动操作，使运行参数维持在规定值，或按照一定的规律变化，保持整个锅炉的正常运行。但是燃料品种的变化或某些设备的运行异常、运行人员的操作失误、汽轮机突然甩负荷使运行方式剧烈改变等，都有可能造成锅炉运行参数超过正常值，甚至发生设备损坏和人身事故。随着锅炉的结构、容量、参数、运行方式和热力系统的不同，其热工保护系统也有差异。

锅炉的热工保护主要包括炉膛安全监控、主燃料跳闸、锅炉快速切回负荷、机组快速切断等自动保护，以防锅炉机组发生事故和防止事故扩大。

1. 主汽压力高保护

主汽压力高保护是指主汽压力高至超出规定值时，汽压保护装置动作，使主汽压力迅速恢复到允许范围内，防止因汽压升高而产生事故。

锅炉上各承压部件，如汽包、蒸汽管道、过热器等在通常情况下承受很高的压力，温度一般也很高。以国产300MW机组汽包锅炉为例，主汽压力为16.67MPa，主汽温度为555℃。在这样高的压力和温度的作用下，有关部件的强度余量较小，尤其是出口汽温高达555℃的过热器，是在接近材料蠕变极限的状况下进行工作的，若继续增加压力就有爆炸的危险。为了避免在煤种变化、操作失误或汽轮机甩负荷时锅炉压力过度升高，在锅炉上必须装设足够数量的安全门（又称安全阀），一般不得少于两只。

除汽轮机突然甩负荷所引起的锅炉超压外，一般可以观察到压力升高，通过手动操作或自动调节使其恢复正常。因此，并非锅炉发生超压就一定要动作所有安全门，即使在超压时锅炉值班员未能及时处理，部分安全门的动作也能把压力控制在安全范围内。

为了保护过热器、再热器在安全门动作时不致断水运行，控制锅炉主汽压力的安全门一般装设在汽包、过热器及再热器上。

2. 锅炉水位及断水保护

（1）汽包炉水位保护。汽包锅炉在运行中，只有很好地维持汽包水位正常才能保证机炉安全运行，水位过高将减少蒸汽重力分离行程，破坏汽水分离效果，使蒸汽带水造成过热器中盐类沉积，恶化过热器工作条件，严重时还可能引起汽轮机水冲击，造成汽轮机断轴等恶性事故；水位过低时锅炉水循环将遭到破坏，水冷壁的安全受到威胁。所以，水位保护的功能是：在锅炉缺水时能及时保护，避免“干锅”和烧坏水冷壁；当出现满水时能自动打开放水阀；当水位变化达到±250mm时便停炉、停机，关闭主汽门，防止设备破坏。一般把水位偏差分为三个值，即高Ⅰ、高Ⅱ、高Ⅲ值；反之称为低Ⅰ、低Ⅱ、低Ⅲ值。高/低Ⅰ、Ⅱ值为报警值，高/低Ⅲ值为停炉值。

在锅炉汽压过高致使安全门动作时，由于蒸汽压力急剧下降，汽包水位出现瞬时增高，此时，只是虚假水位，不应送出水位高的保护信号。因此，通常在安全门动作时要送出信号闭锁水位保护。

（2）直流炉断水保护。在直流锅炉上，水的加热、汽化和过热过程是在受热面内连续进行的，没有中间的储存环节（汽包），因此，对于供水要求很严，供水中断会引起受热面超温而损坏，在断水后几秒内未能恢复供水时，必须停止锅炉运行。

供水中断信息可以使用全部给水泵停止的信号，由电动给水泵断路器的辅助触点和汽动给水泵的主汽门阀位开关提供。供水中断信号也可以使用总给水流量过低的信号，目前一般以给水流量小于1/3额定流量来表示断水。

3. 再热器保护

再热器保护主要是为了防止再热器爆管，主要包括再热器壁温高保护和再热汽温高保护。锅炉启动过程中，再热器内的蒸汽流量很少或没有，这时再热器壁温接近烟气温度，在烟气温度很高时容易引起再热器超温爆管，因此，要对其进行保护。

4. 锅炉炉膛安全监控系统

燃料在炉膛里燃烧，进行能量转换。当燃烧不稳易灭火时，如果进一步操作不当，则可能发生爆炸，造成严重的损坏设备事故。因此，必须对锅炉炉膛及燃烧系统进行安全保护，这一安全保护系统称为锅炉炉膛安全监控系统（furnace safeguard supervisory system，FSSS），也称为燃烧器管理系统（burner management system，BMS）。它的主要功能就是利用计算机系统及相应的设备连续监视燃烧系统的状态与大量参数，通过事先设定的逻辑程序和各种安全联锁条件，严格执行燃烧系统的安全运行规程，从而保证在锅炉运行的各个阶段，特别是在启停过程中，燃料和空气混合物在锅炉的任何地方聚集，避免锅炉炉膛爆炸事故的发生。

锅炉炉膛爆炸是指在锅炉的炉膛、烟道和通风管道中积存的可燃物突然同时被点燃（称为爆燃），释放出大量的热能，使烟气侧压力升高，造成炉墙结构破坏的现象。爆燃所产生的爆炸力量，据现场记录，压力高达150kPa，而我国炉墙所能承受的允许压力为3kPa，爆炸压力远远大于炉墙所能承受的压力，故爆燃对锅炉本体的损坏有时是毁灭性的。在锅炉炉膛内产生爆燃，炉内气体猛烈膨胀，其作用力将炉墙推往外侧，称为外爆；当炉膛内突然灭火，炉内气体由于火焰熄灭，温度剧烈下降而猛烈收缩，炉外大气压力将炉墙推向内侧，称为内爆。

从理论上可知，只有在符合下列三个条件时才能产生爆燃：炉膛或烟道内有燃料和助燃空气的积存；积存的燃料和空气混合物是爆炸性的，并达到爆炸浓度；具有足够的点火能源。

上述三个条件中当有一个不存在时，就不会发生爆燃。爆炸性混合物是炉膛中可以点燃的混合物，在锅炉运行时不可能没有可燃混合物，也不可能没有点火能源，因此，主要是设法防止可燃混合物积存在炉膛和烟道中。

5. 机组快速切断保护

单元机组在运行中，当锅炉方面一切正常，而电力系统、汽轮机、发电机等发生故障引起甩负荷时，为了在故障排除后迅速恢复发送电，避免因机组启停而造成的经济损失，采取锅炉不停炉，迅速自动降低出力，维持在尽可能低的负荷下运行的方法，以便在故障解除后机组能迅速重新并网带负荷，这种处理方法称为机组的快速切断保护（fast cut back，FCB）。

6. 锅炉快速切回负荷保护

当锅炉的主要辅机（如给水泵、送风机、引风机等）有一部分发生故障时，为了使机组能继续安全运行而不必停机，锅炉的负荷必须迅速降低到规定值，这种处理故障的方法称为锅炉快速切回负荷保护（run back，RB）。

（三）炉、机、电大连锁保护

大型单元机组的特点就是炉、机、电在生产中组成一个有机的整体，其中某些环节出现故障时，必然会不同程度地影响到整个机组的正常运行。因此，需要综合考虑故障情况下炉、机、电三者之间的关系，通常称为炉、机、电大连锁保护。例如，在机组发生异常工况时，保护系统可以使机组继续运行或紧急停止；又如，当机组外部负荷突然甩去，或者机组内部重要辅机跳闸时，分别通过 FCB 或 RB 进行自动减负荷。当发生汽轮机超速、推力瓦磨损、真空低、润滑油压低等故障时，汽轮机自动停机，同时连锁控制发电机跳闸，使锅炉转入点火状态或停炉；当锅炉灭火、送风机或引风机全停、炉膛压力过高或过低时紧急停炉，同时连锁控制汽轮机和发电机跳闸。

第三节　发电厂机组设备安全运行的基本知识

发电厂安全运行是电力生产的主要环节，其任务是安全、经济、优质、环保地向电网输送电能，以满足生产和人民生活的需要。

一、发电厂安全运行的要求和措施

“电力生产，安全第一”是电力工业生产管理的前提，是电厂安全运行的首要条件。根据有关规定，对发电厂安全运行的要求和采取的措施简述如下。

1. 发电厂安全运行的基本要求

（1）杜绝五类重大事故。①人身伤亡事故；②全厂停电事故；③主要设备损坏事故；④火灾事故；⑤严重误操作事故。

（2）努力减少人员直接过失引起的重大事故。①消灭炉膛灭火、放炮、干锅、满水和严重超温事故；②消灭汽轮机进水、温度超限不停机、润滑油和密封油系统断油事故；③消灭电气带地线合闸、带负荷拉闸、带电挂地线、非同步并列等事故；④消灭继电保护误整定、误接线、解除不良等足以引起系统重大事故的错误。

（3）减低设备事故率。

（4）减低人身伤亡事故率。

2. 保证机组安全运行的基本要求

现代发电厂，有数千乃至上万个动态参量在不断变化，要确保这样的大系统安全运行，必须采取切实可行的一系列安全措施。要求做到以下几方面：

（1）精心监盘操作，仔细巡回检查；

（2）严守工作规程，加强操作管理；

（3）定期进行预防性检修和试验。

二、锅炉安全运行的基本知识

锅炉运行是电厂生产系统中的一个十分重要的环节，它包括对锅炉设备进行监督、操作、调整、巡回检查和维护保养等日常工作，其基本要求是保证锅炉在额定的参数范围内安全、经济地运行。

锅炉运行工况包括启动、带负荷运行和停炉。在锅炉启停时，其部件在热变形的影响下产生的附加应力可能达到危险界限。在实际运行情况下，如何使锅炉维持相对的稳定，需要运行人员对锅炉的安全生产有一定的了解。

（一）汽包应力

在锅炉中，汽包是直径最大、壁厚最大的元件，在启停过程中，汽包的受热是不均匀的，汽包壁的温度不断变化，汽包金属将出现三种应力。

1. 汽包内外壁温差产生的应力

冷态启动时，锅炉在进水之前，汽包金属温度接近环境温度。启动过程中，汽包金属从工质吸收热量，温度逐渐升高，引起内外壁温差。汽包内外壁温差与壁厚平方成正比，与工质温度变化速度成正比，与热扩散率成反比。

由于内外壁温差的存在，内壁温度高，力图膨胀，外壁温度低，阻止内壁膨胀，导致外壁产生拉伸应力，内壁产生压缩应力。内外壁温差越大，应力绝对值就越大。在启动过程中，必须控制工质汽包内部工质的温升速度，即必须控制升压速度，避免内外壁温差过大。

2. 汽包上下壁温差产生的应力

在启动或停炉过程中，汽包上壁温度总是大于下壁温度。汽包内压力变动速度越快，上下壁温差越大，汽包因此产生向上的弓背形变形，上壁承受压缩应力，下壁承受拉伸应力。上下壁温差越大，则应力越大。在启停过程中，上下壁温差不允许超过40～50℃。

3. 汽包内压产生的应力

在升压过程中，汽包金属将承受内压产生的切向、轴向和径向机械应力。在锅炉启动过程中，汽包因上下温差和内外温差产生的热应力最大处为汽包下侧外壁及上侧内壁，前者为两个拉应力的叠加，后者为两个压应力的叠加。因此，这两处的热应力与机械应力的叠加应以不超过汽包强度计算中确定的许用应力为原则。

（二）锅炉正常运行下的调节

锅炉正常运行下的调节包括水位调节、蒸汽温度调节和燃烧调节。

1. 水位调节

锅炉汽包的正常水位一般在汽包中心线以下100mm范围内。随着锅炉容量的增大，汽包的容积相对减小，因而允许水位的变动量也就减少，运行中必须严格监视和核对各个水位表的指示，防止出现汽包满水或缺水现象。

给水调节的任务是使给水量和锅炉蒸发量相适应，维持汽包水位在允许范围内变动。电站锅炉运行中，引起水位波动变化的原因主要有以下两条：①由于蒸发量不等于给水量引起的水位变化；②由于锅炉压力变化引起工质密度的改变，从而引起汽包水位变化，此时水位变化方向与工质压力变化方向相反，即压力升高（或降低）水位下降（或升高）。

2. 蒸汽温度调节

过热蒸汽温度是锅炉安全经济运行的另一个重要指标，汽温过高将影响设备安全，汽温过低不但使机组循环效率下降，严重时还会发生水冲击影响汽轮机的安全。现代锅炉的过热器由数段组成，各段金属材料的允许工作温度都有一定的限额，因此，运行中不但要控制其出口蒸汽温度，还要限制各段的最高汽温。对于过热蒸汽温度，一般采用喷水减温的方法进行调节；对于再热蒸汽温度，大多采用烟气侧调节。

3. 燃烧调节

燃烧调节包括燃料量调节、送风量调节和引风量调节。在燃料量的调节中，使燃烧放出的热量与外界负荷相适应，维持一定的过热蒸汽压力；在送风量的调节中，使空气量适应燃烧的要求，保持炉膛出口的最佳过量空气系数；调节引风量，使燃烧生成的烟气及时排走，维持一定的炉膛出口负压。

（三）锅炉的事故处理

锅炉发生的事故是多种多样的，事故原因也很多，事故处理是锅炉运行中非常重要的技能。在处理事故时，要沉着冷静，判断正确，准确而迅速地消除事故的根源，在确保人身安全和设备不受损害的前提下，尽可能恢复锅炉正常运行或不使事故扩大。

1. 锅炉水位事故

(1) 锅炉缺水。缺水为锅炉的严重事故，指汽包水位降至最低允许水位以下的现象。锅炉缺水后，轻者会造成下降管带汽，影响自然循环；重者可造成干锅、爆炸。缺水的现象：水位指示过低，蒸汽流量不正常地大于给水流量，过热蒸汽温度升高，蒸汽压力降低。

(2) 锅炉满水。锅炉满水是指汽包水位升至最高允许水位以上的现象。锅炉满水后，轻者蒸汽品质恶化，重者可造成汽轮机水冲击。满水的现象：水位指示高于最高允许水位，蒸汽流量不正常地小于给水流量，蒸汽含盐量下降，过热汽温下降。

(3) 汽水共沸。锅水含盐量过大，汽包水面上出现汽泡，蒸汽带走水分急增，水位指示偏高，水位线模糊不清且剧烈波动，过热汽温显著下降。炉内含盐量越高，负荷越高，泡沫越厚，汽水共沸就越严重。

锅炉发生水位事故时，首先应判断事故的种类，根据不同种类，采取不同措施。如判断为缺水时，若水位在最低允许水位以下但水位计内仍能见到水位时，要立即停止加煤减少风量，减弱燃烧，适当加大向炉内的给水量，必要时可投入备用给水管路或提高给水压力，同时查明缺水原因，待水位恢复正常后再增加燃料加大风量继续运行；若水位计内看不到水位时则严禁向锅炉进水，并立即熄火。因为严重缺水水位无法判断时，某些水冷壁管可能已经部分干烧或过热，水冷壁、汽包壁温升高，若此时强行进水将使过热的金属突然冷却，急剧收缩而撕裂，同时大量水汽化，压力突然上升，会造成汽包、水冷壁的严重损坏，导致锅炉爆管。若是轻微满水，应校核水位计，减少给水流量，必要时开启事故放水阀门，开启蒸汽管上疏水阀门，适当减低负荷。严重满水时应立即停炉，开过热器联箱、蒸汽管道的疏水阀门，开事故放水阀门，待汽包水位恢复正常时重新点火。

2. 锅炉受热面泄漏

受热面泄漏是指水冷壁、过热器、再热器和省煤器在运行中发生破裂的事故。这类事故在运行中发生较多，主要是炉管的受热强度高，管壁比较薄，对故障的敏感性较强所致。一旦爆管，汽水大量向外喷射，在极短时间内就能造成缺水导致事故扩大。

（1）锅炉受热面泄漏的主要原因。

1）管材质量不良，制造、安装、焊接质量不合格。

2）锅炉给水、锅水品质长期不合格造成管内结垢，易造成省煤器管内壁腐蚀，水冷壁管内壁因结垢而过热；管外高温腐蚀；受热面工质流量分配不均或者是管内有杂物堵塞，产生热偏差，致使局部管壁过热；飞灰冲刷使受热面磨损；受热面膨胀不良，热应力增大造成受热面管子破裂。

3）运行中调整不当，受热面结渣、积灰使局部管壁过热；蒸汽吹灰时受热面受损。

4）锅炉严重缺水使水冷壁管过热；过热器、再热器管壁温度长期超温运行；启、停炉时对再热器、省煤器保护不好等使得受热面管损坏。

（2）受热面泄漏的主要现象。

1）水冷壁泄漏的主要现象：水位和蒸汽压力迅速下降，给水量远大于蒸汽量，炉膛负压变为正压，燃烧不稳定或灭火等。

2）过热器、再热器泄漏的主要现象：烟道内有响声，蒸汽量小于给水量，烟道负压变为正压，烟道两侧压差增大等。

3）省煤器泄漏的主要现象：汽包水位下降，给水量大于蒸汽量，省煤器烟道有响声，下部灰斗流水，排烟温度下降等。

（3）受热面泄漏后的处理。

1）水冷壁及省煤器泄漏的处理。若泄漏不严重，可以维持锅炉运行时，给水自动切至手动操作，汽包锅炉维持汽包水位，降低锅炉蒸汽压力及负荷，请示停炉；若泄漏严重，达到事故停炉条件时应紧急停炉。停炉后留一台引风机运行，维持炉膛压力；停炉后汽包锅炉继续上水，维持汽包水位。

2）过热器、再热器泄漏的处理。泄漏不严重时，降压、降负荷，维持各参数稳定，加强监视，请示停炉；泄漏严重或爆破时应紧急停炉，保留一台引风机运行，维持炉膛压力。

3. 锅炉受热面腐蚀

（1）锅炉受热面的低温腐蚀。低温腐蚀主要发生在空气预热器的冷端。当回转式空气预热器受热面发生低温腐蚀时，不仅使传热元件的金属被锈蚀掉，而且还因其表面粗糙不平和具有黏性产物使飞灰发生黏结，由于被腐蚀的表面覆盖着这些低温黏结灰及疏松的腐蚀产物而使通流截面减小，引起烟气及空气之间的传热恶化，导致排烟温度升高，空气预热不足及送、引风机电耗增大等。若腐蚀情况严重，则需停炉检修，更换受热面，这样不仅要增加检修的工作量，降低锅炉的可用率，还会增加金属和资金的消耗。

低温腐蚀是由于燃料中的硫在燃烧后生成 SO_2，其中一部分又会进一步氧化生成 SO_3，与烟气中的水蒸气化合形成硫酸蒸气。当受热面的金属壁温低于硫酸蒸气的露点温度时，烟气中的硫酸蒸气便会凝结在受热面上，并对受热面金属产生腐蚀作用。

防止和减轻低温腐蚀的途径有两条：一是尽量设法减少烟气中的 SO_3，以降低烟气的露点和减少硫酸的凝结量，使腐蚀减轻；二是提高空气预热器冷端的壁温，使之在高于烟气露点的情况下运行。通常，实现前者的途径有燃料脱硫、低氧燃烧、加入添加剂等办法，实现后者的途径有热风再循环和加装暖风器等方法。

(2) 锅炉受热面的高温腐蚀。锅炉的水冷壁、过热器、再热器管子及其吊挂部件产生的外部腐蚀称为高温腐蚀。高温腐蚀使承压部件的管壁减薄，从而导致严重泄漏和爆破事故，是威胁电厂锅炉安全的重要因素之一。

4. 炉膛灭火事故

炉膛灭火是锅炉常见的燃烧事故之一，发生灭火时将影响锅炉的连续蒸发量，如未能及时发现和处理，则容易引起炉内爆燃和烟道再燃烧。锅炉燃烧不稳定时灭火的预兆如下：发生灭火时炉内发暗，无火焰，灭火报警装置动作，炉膛负压表迅速向负方向甩，一、二次风压变小，汽压、汽温和蒸汽流量都有不同程度的降低，锅炉水位瞬时下降后又上升。根据稳定着火所需条件及其他方面的影响，引起灭火的主要原因如下：

(1) 燃煤性质发生变化或燃料供应短时间中断。劣质煤挥发分含量少，水、灰分含量高，着火困难，燃烧不稳定，尤其在负荷调节过程中容易灭火。

(2) 炉膛温度低。燃煤水分、灰含量高，锅炉负荷低、风量大（含漏风），吹灰时间过长等均会导致炉温降低，如未采取适当稳定的燃烧措施，将不利于新进燃料的加热和着火。

(3) 燃烧调整不当。煤风比例配合不当，导致火焰不稳定而造成灭火。

(4) 锅炉爆管，大量汽水喷入炉内；辅机故障停运；锅炉频繁启停，燃烧不稳定而造成的灭火。

发生灭火时，未燃尽的燃料将积存于炉膛和尾部烟道中，当着火条件允许而复燃时，将发生炉内爆炸和烟道再燃烧事故，因此，灭火时应立即停止向炉内供应燃料，控制汽包水位，加大炉膛负压，强烈通风，以排除炉内和烟道内的可燃物。

5. 空气预热器严重泄漏事故

当空气预热器因腐蚀、堵灰和烟尘冲刷磨损，穿孔泄露而使空气漏入烟气时，送、引风机电流剧增，炉内燃烧恶化，锅炉蒸发量下降，甚至被迫停炉。因此，锅炉应维持合理的运行方式，严格控制排烟温度，经常吹灰以保持受热面清洁，保证空气预热器运行的可靠性。

三、汽轮机安全运行的基本知识

（一）汽轮机的热膨胀、热变形和热应力

汽轮机在启动、停机和负荷变化过程中，各级前后的蒸汽压力和温度发生变化，其通流部分、汽缸和转子的金属温度相应变化。在零部件金属被加热时，产生膨胀；被冷却时，产生收缩。当零部件内温度不均且不对称时，零部件将产生变形；如果膨胀和收缩受阻，零部件内部将产生热应力。因此，汽轮机在运行时的热膨胀、热变形和热应力是一类影响安全的重要问题。

1. 热膨胀

（1）汽缸的绝对热膨胀。汽缸的绝对热膨胀就是汽缸在受热时轴向、垂直、水平方向上的实际膨胀量。现代大功率汽轮机从冷态启动到带额定负荷运行，金属温度的变化很大。因此，汽缸轴向、垂直和水平等各个方向的尺寸都会膨胀增大。某300MW汽轮机启动时高、中压缸的总膨胀量可达40mm。汽轮机启停和工况变化时，汽缸的膨胀、收缩是否自由，直接决定机组能否正常运行。滑销系统的合理布置和应用，就可以保证汽缸在各个方向能自由膨胀和收缩，同时保证汽轮机、发电机各部件的相对位置的正确，从而保证机组正常运行。

启动时汽缸膨胀的数值，取决于汽缸的长度、材质和汽轮机的热力过程。由于汽缸的轴向尺寸较大，故汽缸的轴向热膨胀是一个重要的监视指标，设有专门的仪表用于监视轴向热膨胀。

对于汽轮机汽缸的横向热膨胀，一般用控制汽缸左右温度差的方法。为了保证汽缸左右膨胀均匀，一般规定主蒸汽和再热蒸汽的两侧蒸汽温度差不应超过28℃。实践表明，如果能够将调节级汽室处左右两侧法兰的金属温度差控制在28℃以内，就可以保证汽缸横向膨胀均匀。

汽轮机在运行中除应保证在轴向能自由膨胀外，还应保证在横向能均匀膨胀，否则汽缸就会发生中心偏移。使用法兰螺栓加热装置的大容量机组，更需要监视好汽轮机的横向膨胀。一般情况下调节级汽室处左右两侧法兰的金属温差如能控制在合理范围内，就能保证汽缸横向膨胀均匀。

（2）汽缸和转子的相对膨胀。如前所述，汽缸受热后将在滑销系统引导下分别向横向、纵向及轴向膨胀。因为轴向长度最长，所以轴向膨胀是主要的。转子与汽缸沿轴向膨胀之差，称为转子与汽缸的相对膨胀差，简称胀差或差胀。一般规定，当转子的轴向膨胀值大于汽缸的轴向膨胀值时，胀差为正值；反之，胀差为负值。

1）胀差产生的原因。在汽轮机运行中，转子出现相对胀差的原因是汽缸和转子的结构和工作条件不同。两者对应段与蒸汽之间的换热条件不同，其平均温度也不同，故其膨胀量不同。

蒸汽与汽缸内壁或转子表面之间的热交换属于对流换热，当金属表面温度低于蒸汽压力对应的饱和温度时，伴随有凝结放热。与汽缸相比，转子体积小，完全被蒸汽包围，与蒸汽接触面积大，其受热段表面积与该段体积之比较大。另外，转子高速旋转，而汽缸静止不动，转子与蒸汽的换热系数大于汽缸与蒸汽的换热系数；汽缸外壁面有保温层，转子被密封在汽缸内，对外散热量小。由于上述特点，在启动和升负荷过程中，机组的汽缸和转子被加热，转子金属的温升速度比汽缸对应段的温升速度大，平均温度高于汽缸对应段的平均温度。因此，转子的相对胀差为正值；而在停机和降负荷时，各级蒸汽温度降低，转子和汽缸被冷却，使转子的相对胀差减小，甚至出现负胀差。

2）胀差过大的危害。转子的相对胀差，改变转子和隔板、汽封之间的轴向相对位置。相对胀差过大，可能使汽轮机动静部分的轴向间隙消失，产生摩擦。在汽轮机通流部分，轴向间隙最小的部分是高压级隔板和动叶片围带之间的间隙，以及隔板与动叶片根部轴向汽封之间的间隙。因此，可根据通流部分最小间隙的大小，确定运行中转子相对胀差允许的变化范围。

2. 热变形

(1) 汽缸热变形。汽缸的热变形是由于上下缸温差和法兰翘曲而引起的。无论是在稳定或非稳定工况下，上缸的加热条件好，散热量少，故上缸金属温度总是高于下缸金属温度，上缸的膨胀量大于下缸，使汽缸产生上拱形翘曲。由于汽缸法兰内壁接触高温蒸汽，内壁金属温度高于外壁金属温度，内壁的膨胀量大于外壁膨胀量，使法兰产生水平翘曲，而法兰比汽缸壁厚，所以法兰的翘曲迫使汽缸变形。

(2) 转子热变形。停机后，上、下缸仍存在温差，若转子不转动，上下两缸也将出现温差，使转子产生翘曲，而转子的翘曲不仅要改变旋转时动静部分的间隙，使汽封发生摩擦，而且使其质量中心点产生偏移，引起转子强烈振动。因此，对转子的热翘曲有非常严格的限制。

3. 热应力

(1) 热应力的基本概念。汽轮机在启动、停机和变负荷过程中，由于各零部件所处位置不同，其温度也不同。另外由于热量传递，在零部件内部形成温差。这种在零部件内部形成的温差，将使零部件的膨胀或收缩受阻，导致零部件的不同部位被强行拉伸或压缩而产生应力，这种应力称为热应力。

汽轮机在启动、停机和变负荷过程中，汽缸处于单侧加热或冷却过程。当加热十分剧烈时，温度瞬间变化很大，汽缸内壁侧在较小的厚度范围内温升迅速，外壁侧则在较大的厚度范围内温升较小，如图 6-6 (a) 所示。如果汽缸壁受约束不发生变形，则内壁产生压应力，外侧产生拉应力，应力为零处靠近内侧。随着加热缓和，汽缸沿壁厚方向的温度变化逐渐缓和，如图 6-6 (b)、(c) 所示。此时内壁所产生的压应力迅速减小，而外侧拉应力变化不大，应力为零处从靠近内侧不断向壁厚中心靠近。停机时，则与上述过程相反。

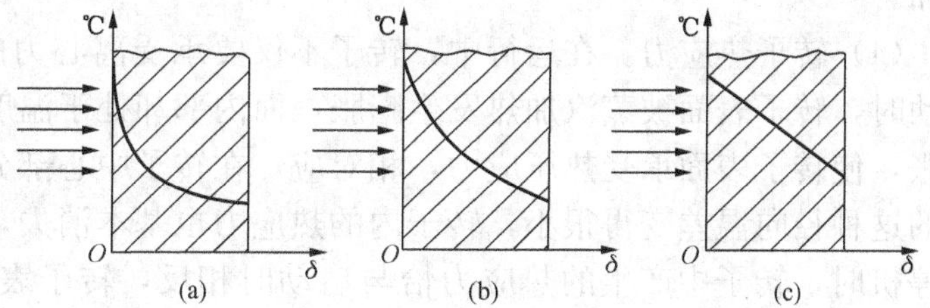

图 6-6　金属壁单向加热时沿壁厚方向的温度分布

由此可以看出：加热越剧烈，内侧金属产生的压应力越大；冷却越剧烈，内侧金属产生的拉应力越大。这对汽缸的安全运行是十分不利的，因此，汽轮机在启动和停机过程中，加热和冷却的速度就显得十分重要。汽轮机启动时，汽缸壁往往是缓慢的加热，此时温度分布呈抛物线形，如图 6-6 (b) 所示。

汽轮机在冷态启动过程中，由于内壁温度高于外壁，汽缸内壁表面热应力为压缩应力，汽缸外壁表面热应力为拉伸应力；而在停机过程中，由于汽缸内壁表面温度低于外壁表面温度，所以内壁表面热应力为拉应力，外壁表面热应力为压应力。

实践证明，汽缸出现裂纹或损坏，大多是由拉应力所引起的。由上述分析可知，汽缸内壁在快速冷却时，将出现较大的拉应力，所以汽轮机的快速冷却比快速加热更为危险。例如，处于热状态的汽轮机若用低温蒸汽（温度低于汽缸金属温度的蒸汽）进行启动，或汽轮机突然甩负荷时，机组是非常危险的。甩半负荷比甩全负荷的危险性更大，这是因为甩半负荷时，蒸汽的放热系数比甩全负荷时的放热系数要大得多，汽缸内壁将受到快速冷却的缘故。

(2) 热应力的危害。在零件加热和冷却过程中，同一部位产生的热应力，其大小和方向都相应变化。加热过程热应力为拉应力的部位，在冷却过程中变为压应力。而机组在启动和升负荷过程中，其汽缸和转子被加热，在停机和降负荷过程中又被冷却，故在运行期间汽缸和转子不断经受交变热应力的作用，易使材料疲劳而出现裂纹。热应力越大，产生裂纹前所经受的应力循环次数越少，使用寿命就越短。另外，热应力过大，可能使零件的合成应力大于许用应力。因此，在机组运行中要求将汽缸和转子内的最大热应力控制在允许的范围内。

控制汽轮机金属的温升速度是控制热应力的基本方法。实践证明热应力与受热急剧程度有关。对确定的汽缸壁，温升速度越快，则内外壁温差越大，产生的热应力也就越大；缓慢地加热或冷却时其热应力就小。所以除监视汽缸内壁温度外，还必须控制好金属温度的升降速度，才能保证汽缸的安全。

(3) 螺栓热应力。高参数大容量汽轮机的法兰螺栓尺寸很大。启动时，由于螺栓受热主要靠法兰传递，所以法兰温度总是高于螺栓温度，它们之间存在着较大的温差。由于法兰在厚度方向上发生膨胀，螺栓被迫拉长一些，从而使螺栓受到一个附加的热拉应力；螺栓被紧固时就承受了一定的拉伸预应力；运行中，汽缸内部蒸汽压力对螺栓也要产生一个拉应力。如果螺栓的这三个拉应力合成后的总应力值超过螺栓材料的屈服极限时，螺栓将发生塑性变形，就有被拉断的危险。金属材料一定时，螺栓中的热拉应力随法兰和螺栓的温差增大而增加。

(4) 转子热应力。在运行中，转子不仅要承受离心力的作用，而且也受热应力的影响。启动时，转子表面被蒸汽加热发生膨胀，而内部却处于温度较低的状态，限制着表面部分的膨胀，使转子表面承受热压应力，相对应，在转子中心部分引起热拉应力。正常运行时，转子的这种径向温差变得很小，转子内的热应力也基本消失，此时转子只受到离心力作用；而在停机时，转子中产生的热应力恰与启动时相反，转子表面被蒸汽冷却而收缩引起热拉应力，中心部分出现热压应力。转子直径越大，启、停时汽温升降速度越快，在转子中产生的热应力就越大。

汽轮机每启停一次，转子表面就交替出现一次热压应力和热拉应力。若汽轮机多次启停，则交变热应力多次反复作用，将会引起转子金属表面出现裂纹，这种情况称为转子低周疲劳损耗。实践证明，启动时加热越剧烈，停机时冷却速度越快，就越会加速转子材料疲劳损耗，从而缩短转子的寿命。

（二）汽轮发电机组的振动

在汽轮发电机组中，只要机组发生故障，一般都会出现异常振动。异常振动可以认为是发生故障的征兆，同时振动又会使故障扩大和形成新的故障。现场技术人员应具备正确判断振动过大产生的原因、性质及所在范围的能力，并在这个判断的基础上采取相应措施，使振动消除或减小。

监测汽轮发电机组的振动并维持其在允许范围内，对于机组安全经济运行有重大意义。机组振动异常是运行中常见故障之一，应正确判断振动过大产生的原因、性质及所在范围，并在这个判断的基础上采取相应措施消除或减小振动。

1. 机组振动过大的危害性

(1) 直接造成机组事故。机组振动过大，特别是发生在高压端时，有可能引起危急保安器动作而发生停机事故。

(2) 损坏机组零件。机组的轴瓦、轴承座的紧固螺钉，凝汽器和空气冷却器的管道以及主油泵的涡轮等零件在振动过大时能引起损坏，轴瓦乌金因振动过大造成磨损等。这些磨损不但降低了零部件的使用寿命，而且还会诱发其他的故障。例如，发电机滑环和励磁机整流子的磨损会引起电刷冒火，损坏整流子。滑销系统的磨损将会引起机组膨胀受阻。

(3) 动静部分摩擦。振动过大发生在汽轮机上，轻则使端部轴封及隔板汽封磨损，间隙增大，机组运行经济性降低；重则使端部轴封磨损而造成转子弯曲，导致更大事故。若振动过大发生在发电机上时，则影响滑环及电刷的磨损程度，造成发电机或励磁机事故。

(4) 使机组零件松动或破坏建筑物。转子振动过大会使连接转子的各部件松动，也会使轴承座松动，甚至基础松裂，引起建筑物共振，造成严重事故。

(5) 造成一些部件的疲劳损伤。振动过大造成疲劳损坏的部件主要表现为轴瓦和发电机密封瓦乌金的损伤，过大的振动还会通过大轴传到叶轮、叶片，并加速这些零部件的疲劳损坏。

(6) 降低机组的经济性。过大的振动，造成汽封等通流部分间隙加大，阻汽片的磨损，使漏汽损失增加，显然会降低机组运行的经济性。而汽封和通流部分的径向间隙，在很大程度上取决于机组的振动状态。

由于振动过大的危害性很大，所以必须保持振动水平在规定的允许范围之内。

2. 机组振动分类

就汽轮机转子而言，产生的振动主要表现为弯曲振动（横向振动）和扭转振动两种型式。

(1) 弯曲振动。弯曲振动是汽轮发电机组最常见的振动现象。由于汽轮机转子是结构较为复杂、具有连续质量分布的弹性体，它与支承轴承及轴承座组成转子系统；汽轮发电机组是由数个转子通过联轴器连接成轴系；在汽轮机转子制造及装配过程中难免产生质量偏心，在转子连成轴系的安装中也会出现一定程度的不对中，在机组运行中还会发生叶片等旋转部件的脱落，转子因不均匀受热产生热弯曲和动、静部件径向碰磨，轴承座及汽缸受热变形或轴承座抬起，以及基础不均匀下沉等，这些原因均会引起转子的弯曲振动。

弯曲振动又可分为强迫振动和自激振动。强迫振动是在外界干扰力的作用下产生的，这类振动现象比较普遍。振动的主要特征是振动的主频率和转子的转速一致，振动的波形多为正弦波。自激振动主要是由于轴瓦油膜振荡、间隙自激、摩擦涡动等原因造成的，这类振动与外界激励无关，完全是自己激励自己，故称为自激振动。其主要特征是振动的主频率与临界转速基本一致，振动波形比较紊乱并含有低频谐波。

引起汽轮发电机组强迫振动的因素主要有以下几个方面：

1) 质量不平衡。转子质量不平衡是汽轮发电机组最常见的振动故障，约占了故障总数的80%。引起转子质量不平衡的原因有三个：原始不平衡，转动过程中的部件飞脱、松动以及转子的热弯曲，其中原始不平衡是主要原因。

2) 转子中心不正。主要是由于各转子连接的同心度和平直度，以及支承转子的各轴承座标高及左右位置所引起的强迫振动。

3) 汽轮机膨胀受阻。当汽轮机膨胀受到阻碍时，将引起各轴承之间的位置标高发生变化，导致转子中心被破坏，同时还会改变轴承座与台板之间的接触状态，从而减弱了轴承座的支承刚度，有时还会引起动静摩擦，造成转子新的不平衡。

4）电磁干扰力引起的振动。电磁干扰力引起的振动，主要是发电机转子与静子之间磁场分布不均造成的。例如，转子的匝间短路、转子与静子之间空气间隙不均匀造成的磁通不均匀分布，都会引起机组振动。

5）支撑刚度不足。

6）轴瓦松动。轴瓦因安装时紧力不足或经受长期的振动后，会产生在洼窝中松动的现象。这不仅造成轴承振动（尤其是轴振动）的增加，同时还伴有较高的噪声。

7）热不平衡。有不少汽轮发电机组的振动随着转子的受热状态发生变化，即当转子的温度升高时，振动增大。其原因是由于转子沿横截面方向受到了不均匀的加热和冷却，膨胀不均匀，使转子产生了沿圆周方向的不规则变形所引发的振动。

8）转子出现裂纹引发的振动。

9）随机振动。当汽轮发电机组的转子受到不规则冲击时，将会产生随机振动。

引发汽轮发电机组自激振动因素主要有以下几个方面：

1）油膜振荡。机组升速过程中，当转速升高到一阶临界转速的两倍以上时，转轴发生低频振动，振动频率为一阶临界转速频率，且升速时振动频率不变，振动不减。产生这种振动是由于油膜振荡，由轴瓦油膜失稳所引起的。

2）汽流激振。它是由工作介质（蒸汽）所诱发的激振力，在高参数机组上表现较为突出。国外汽轮发电机组运行经验表明，现代大型汽轮机（尤其是超临界汽轮机）的高压（或高中压）转子容易发生蒸汽激振，致使轴系失稳。

3）参数自激振动。汽轮发电机组上发生的参数振动，是由于转轴径向刚性不对称引起的。除发电机转子存在转轴刚性不对称外，汽轮机和发电机转子产生横向裂纹并且发展到一定深度时，也会引起转子径向刚性不对称。

（2）扭转振动。自20世纪70年代以来，随着汽轮发电机组向大型化和多转子化的发展，输电线路向超高压、远距离发展，发生了多起由于汽轮发电机轴系扭振造成的严重事故。

汽轮发电机组的轴系，在机组负荷改变、电气系统发生故障或进行某种操作时，电磁力矩可能发生突变或振荡，使汽轮机的蒸汽力矩与发电机的电磁力矩失去平衡，造成轴系的扭矩产生冲击性或周期性波动，当激振力的频率与轴系某阶扭振固有频率合拍时，振动加剧，进而激起转子的扭转振动。

3. 汽轮发电机组振动考核

振动对于汽轮发电机组来说是有害的，但又不能完全避免。为了保证汽轮发电机组的安全运行，国内和国外对大功率机组都要进行轴系的振动计算和考核。

（1）临界转速。机组的工作转速应当避开其各阶临界转速，并有一定富裕度。

（2）机组运行时的振动标准。如果机组在任何一个轴承中，在轴向、垂直和水平方向上的任何一个振动值超过表6-1中的合格值，则其振动状态被认为是不合格的，在这种情况下应立即采取有效措施消除振动过高的原因。

（3）稳定性考核。稳定性考核即轴承的失稳转速和轴的振动对数衰减率（或减幅系数）。

（三）蒸汽品质对汽轮机运行的影响

汽轮机以蒸汽为工质进行能量转换，蒸汽品质不合格将使零件遭到腐蚀，并会在零件表面积垢，从而对汽轮机的使用寿命和安全经济运行产生严重影响。因此，运行中要经常对进入汽轮机的蒸汽品质进行监控。

1. 汽轮机零部件的腐蚀

钢制零部件产生腐蚀的主要原因是蒸汽中含有氧和 CO_2。对处于湿蒸汽区的低压级来说，CO_2 溶解在水中使其呈酸性，当汽缸结合面不严时，空气漏入低压缸，含氧量增加，氧和 CO_2 作用，使这些级的隔板、叶轮腐蚀，还会对低压轴封和凝汽器的铜管产生脱锌腐蚀。腐蚀的危害主要是降低零件的使用寿命。铜管腐蚀将造成泄露，影响给水质量。

2. 汽轮机通流部分的积垢

蒸汽具有一定的溶盐能力，当锅炉水质不满足要求时，会出现较严重的蒸汽携盐问题，而且蒸汽压力越高，盐的溶解度越大，携盐问题就越严重。这些盐类随蒸汽进入汽轮机，在膨胀降压过程中，盐的溶解度降低，特别是在中低压级中一部分溶盐将析出沉积在叶栅上，此外，在阀门的阀杆、隔板汽封和轴封等部位，蒸汽压力也逐渐降低，可能积垢。积垢的危害如下：

(1) 叶栅表面积垢，表面粗糙度加大，蒸汽流动摩擦损失增加，级效率下降；同时通流面积减小，在流量不变的情况下，叶栅两侧压差增加，蒸汽作用在叶片上的力增加，弯曲应力相应增加，加大轴向推力，引起轴向位移。

(2) 动叶片积垢，会使其离心应力增大、频率降低，若动叶片应力超过许用应力，或频率降低而落入共振范围，将造成叶片折断而引起更大事故。

(3) 若在汽封的涡流室内积垢，将使漏汽量增大；阀杆积垢，使阀门卡涩而动作失灵，在甩负荷和事故停机时将造成飞车事故或其他严重事故。

（四）汽轮机典型事故

汽轮机长期在高温高压及高转速状态下工作，往往会出现零部件的损伤和金属强度的降低，动静部件间隙变化，机组振动，转子轴向推力变化，蒸汽参数变化以及油系统工作失常等，如果发现和处理不及时，都可能引起事故。

1. 真空下降

汽轮机在运行中，凝汽器真空下降的主要表象为排汽室温度升高，真空表指示下降和凝汽器端差明显增大，凝结水过冷度增大。此外，采用射汽式抽气器的机组，还会出现主抽气器冒汽量增加的现象。

能引起凝汽器真空下降的原因大体上可分为以下几个方面：循环水中断或减少、凝汽器管子表面结垢、凝汽器真空泵及其系统故障、系统漏空气、凝汽器汽侧满水等。

2. 汽轮机的水冲击及进入低温蒸汽

汽轮机进水的主要表象为：①主蒸汽或再热蒸汽温度或抽汽温度急剧下降，抽汽管道温差大报警，从温度降低的蒸汽管道的法兰、阀门密封圈、阀门盖及汽轮机轴封、汽缸结合面处冒出白色湿蒸汽或溅出水滴，蒸汽管道或抽汽管道内有水击声。②轴向位移增大，推力瓦块温度和推力瓦回油温度升高；除去轴向位移增大的影响，胀差向负值方向增大。③汽轮机振动增大，汽轮机内部有水击声或进水噪声。④监视段压力异常升高，机组负荷骤然下降。⑤汽缸进水温度急剧下降，特别是下缸温度。

汽轮机水冲击的危害：①叶片损伤和断裂。水进入汽轮机通流部分，使动叶片，特别是较长的叶片受到水冲击而损伤或断裂。②动静部分摩擦。水冲击时，机组发生强烈振动，汽缸变形，相对膨胀急剧变化，导致动静部分轴向和径向碰撞，严重时会产生大轴弯曲事故。③引起金属裂纹。机组在启停时如经常出现进水或冷蒸汽，金属在频繁交变的热应力下会出现裂纹。④使阀门或汽缸结合面漏汽。由于阀门和汽缸受到急剧冷却，使金属产生永久性的变形，导致配合不严密。⑤推力瓦烧毁。由于水密度比蒸汽密度大得多，除对动叶产生制动力之外，还产生轴向力，使汽轮机轴向推力增大，可能导致推力轴承超载使乌金烧毁的事故。

汽轮机进水的处理：发现汽轮机水冲击时，必须迅速果断地进行破坏真空，事故停机，密切监视轴向位移、推力瓦温度、振动、汽轮机内声音，并开启汽轮机本体有关蒸汽管道上的疏水门，进行充分疏水。若汽轮机水冲击是由加热器或除氧器满水引起的，则应迅速将其从系统中切除，隔离放水；若是由主蒸汽或汽轮机高压旁路减温水使用不当或门芯泄漏所引起的，则应迅速关闭减温水门及其隔离门；若是由再热蒸汽引起的水冲击，则应迅速关闭再热器喷水及汽轮机旁路减温水。

停机过程中，认真记录惰走时间，惰走时仔细倾听汽轮机内部的声音；汽轮机转子停止转动后，立刻投入盘车装置，注意盘车电流是否正常，并测量大轴弯曲值。如在水击时或惰走过程中，发现汽缸内有明显的金属声音，汽轮机发生剧烈振动，要查明原因后才能启动。若发生轴向位移值、推力瓦块温度上升至极限值，或转子惰走时间明显缩短，停机后必须先进行推力轴承检查，并根据推力轴承的检查情况，决定是否揭缸检查。

3. 汽轮机超速

当汽轮机转速超过危急保安器动作转速并继续上升时，会发生严重的超速事故。汽轮机转速超过汽轮机出厂超速强度试验转速 3600r/min 时，各转动部件会超过设计强度而断裂，造成机组强烈振动损坏设备。因此，汽轮机严重超速是发电厂十大恶性事故之一，其后果往往是整台机组毁灭性的损坏。

(1) 汽轮机严重超速的表象。汽轮机组与电网并列运行时，不可能超速。严重超速事故的主要是在运行中突然甩负荷、汽轮发电机与系统解列、汽轮机做危急保安器超速试验时控制不当等原因造成的。

发生严重超速时，转速迅速上升至危急保安器动作转速时，若危急保安器未动作，则转速继续上升，运转声音异常，声调变高刺耳；机组振动增大，甚至汽轮机房平台严重抖动；汽轮机一次油压、主油泵油压、润滑油压等成比例升高。汽轮机组发生严重超速后，若转速得不到控制，最终将酿成飞车事故。

(2) 汽轮机严重超速时的处理。汽轮机发生严重超速，机组可能发生严重破坏，需要尽快将汽轮机停下，甚至在已对机组造成破坏的情况下也需要立即切断进汽，尽可能迅速地破坏真空并停机。

4. 汽轮机油系统事故

汽轮机油系统主要供给汽轮发电机组各轴承润滑、发电机氢密封系统用油及机械超速危急遮断用油。油系统工作失常，若处理不当，严重时会引起支持轴承和推力轴承乌金熔化或调节保安系统失控，可能造成轴径损坏、动静部分碰撞等严重事故。

汽轮机轴承损坏、烧轴瓦事故除水冲击引起外，大部分情况是润滑油工作失常造成的。汽轮机调节系统失灵很多情况下也是由高压供油系统或 EH 油系统故障引起。所以，运行中及时发现和处理油系统的故障对机组的安全稳定运行相当重要。

5. 汽轮机叶片损坏事故

汽轮机动静叶片组成的蒸汽通流部分是完成能量转换的关键部位。动叶片不但要承受很大的离心力，而且还要承受蒸汽作用的弯曲应力，以及因汽流不均匀等因素激起交变的动载荷作用，叶片还受到蒸汽在膨胀做功过程中干湿交替作用、腐蚀介质浓缩的影响等。此外，处于湿蒸汽区的末几级长叶片还要遭受蒸汽水滴的冲刷作用。以上这些均会影响叶片的机械强度，造成叶片损伤。汽轮机运行中叶片断落往往使汽轮机遭受严重损坏。

（1）叶片断落的表象。①汽轮机内部或凝汽器内部突然发出明显的金属碰击响声，若是断落叶片击伤后面几级叶片时，机内还会产生金属噪声。②机组振动显著增大，甚至发生强烈振动。有时汽轮机叶片断落后，发出短促金属声响及瞬间振动后，运行即趋正常，但在启停过程中的临界转速附近，振动有明显增加。③当叶片损坏较多时，将使通流面积改变，在相同负荷下，蒸汽流量、调节汽门开度、调节级压力、各级抽汽压力、抽汽压差、轴向位移、推力瓦温度发生异常变化。④若断落叶片落入凝汽器时，打坏凝汽器铜管，循环水漏入凝结水中，使凝结水硬度和导电率突然上升。泄漏严重时，将使凝汽器水位升高，凝结水流量增大和凝结水泵电流增大。

（2）叶片损坏的处理。汽轮机运行过程中叶片断落，可能会出现上述四种现象，但不一定会同时出现。只要发现并确认汽轮机内部突然发生明显的金属撞击声或机组突然发生强烈振动时，都应立即进行破坏真空，事故停机。因为如果是叶片断落引起的金属声或强烈振动时，事故极有可能迅速扩大。此外，正常运转中，如果发现调节级、某级抽汽压力、某两级抽汽压差异常变化，应立即分析查找原因。如同时出现相同工况下负荷下降，轴向位移和推力瓦金属温度有明显变化，或相应轴承振动明显增大时，很有可能是叶片断落，只是断落瞬间没有发现，机组还能勉强运行，但应尽快申请减负荷停机。

复习思考题

1. 电力系统的组成有哪些？电网的组成有哪些？

2.《电网调度管理条例》中规定调度机构分哪几级？

3. 中华人民共和国《电力法》中规定电力生产和电网运行应当遵循的原则是什么？

4. 供电质量指标是什么？

5. 发电机在运行过程中存在哪些损耗？

6. 汽轮发电机的冷却方式按冷却介质的不同通常分为哪几种类型？

7. 发电机采用氢气冷却有什么优点？

8. 发电机励磁系统的主要功能是什么？

9. 电力变压器的作用是什么？有哪些类型？

10. 断路器的作用是什么？

11. 隔离开关的作用是什么？

12. 什么是协调控制？

13. 按照调节方式的不同，简单的机炉控制系统可分为哪几种协调控制方式？各种协调控制方式的优缺点是什么？

14. 热工保护的主要作用是什么？

15. 机组的热工保护主要包括哪些内容?
16. 电力工业生产管理的前提是什么?
17. 发电厂安全运行的基本要求是什么?
18. 保证发电厂安全运行的基本要求是什么?
19. 锅炉安全运行的基本要求是什么?
20. 锅炉设备运行中的严重事故有哪些?
21. 热应力是如何产生的?
22. 汽轮机设备运行中的严重事故有哪些?

附 录

附表1 饱和水和饱和水蒸气热力性质表(按温度排列)

温度(℃)	压力(MPa)	比体积(m^3/kg)		比焓(kJ/kg)		汽化潜热(kJ/kg)	比熵[kJ/(kg·K)]	
		液体	蒸汽	液体	蒸汽		液体	蒸汽
t	p	v'	v''	h'	h''	γ	s'	s''
0.00	0.000 611 2	0.001 000 22	206.154	−0.05	2500.51	2500.6	−0.000 2	9.154 4
0.01	0.000 611 7	0.001 000 21	206.012	0.00	2500.53	2500.5	0.000 0	9.154 1
1	0.000 657 1	0.001 000 18	192.464	4.18	2502.35	2498.2	0.015 3	9.127 8
2	0.000 705 9	0.001 000 13	179.787	8.39	2504.19	2495.8	0.030 6	9.101 4
3	0.000 758 0	0.001 000 09	168.041	12.61	2506.03	2493.4	0.045 9	9.075 2
4	0.000 813 5	0.001 000 08	157.151	16.82	2507.87	2491.1	0.061 1	9.049 3
5	0.000 872 5	0.001 000 08	147.048	21.02	2509.71	2488.7	0.076 3	9.023 6
6	0.000 932 5	0.001 000 10	137.670	25.22	2511.55	2486.3	0.091 3	8.998 2
7	0.001 001 9	0.001 000 14	128.961	29.42	2513.39	2484.0	0.106 3	8.973 0
8	0.001 072 8	0.001 000 19	120.868	33.62	2515.23	2481.6	0.1213	8.948 0
9	0.001 148 0	0.001 000 26	113.342	37.81	2517.06	2479.3	0.136 2	8.923 3
10	0.001 227 9	0.001 000 34	106.341	42.00	2518.90	2476.9	0.151 0	8.898 8
11	0.001 312 6	0.001 000 43	99.825	46.19	2520.74	2474.5	0.165 8	8.874 5
12	0.001 402 5	0.001 000 54	93.756	50.38	2522.57	2472.2	0.180 5	8.850 4
13	0.001 497 7	0.001 000 66	88.101	54.57	2524.41	2469.8	0.195 2	8.826 5
14	0.001 598 5	0.001 000 80	82.828	58.76	2526.24	2467.5	0.209 8	8.802 9
15	0.001 705 3	0.001 000 94	77.910	62.95	2528.07	2465.1	0.224 3	8.779 4
16	0.001 818 3	0.001 001 10	73.320	67.13	2529.90	2462.8	0.238 8	8.756 2
17	0.001 937 7	0.001 001 27	69.034	71.32	2531.72	2460.4	0.253 3	8.733 1
18	0.002 064 0	0.001 001 45	65.029	75.50	2533.55	2458.1	0.267 7	8.710 3
19	0.002 197 5	0.001 001 65	61.287	79.68	2535.37	2455.7	0.282 0	8.687 7
20	0.002 338 5	0.001 001 85	57.786	83.86	2537.20	2453.3	0.296 3	8.665 2
22	0.002 644 4	0.001 002 29	51.445	92.23	2540.84	2448.6	0.324 7	8.621 0
24	0.002 984 6	0.001 002 76	45.884	100.59	2544.47	2443.9	0.353 0	8.577 4
26	0.003 362 5	0.001 003 28	40.997	108.95	2548.10	2439.2	0.381 0	8.534 7

续表

温度(℃)	压力(MPa)	比体积(m^3/kg)		比焓(kJ/kg)		汽化潜热 (kJ/kg)	比熵[kJ/(kg·K)]	
		液体	蒸汽	液体	蒸汽		液体	蒸汽
t	p	v'	v''	h'	h''	γ	s'	s''
28	0.003 781 4	0.001 003 83	36.694	117.32	2551.73	2434.4	0.408 9	8.492 7
30	0.004 245 1	0.001 004 42	32.899	125.68	2555.35	2429.7	0.436 6	8.451 4
35	0.005 626 3	0.001 006 05	25.222	146.59	2564.38	2417.8	0.505 0	8.351 1
40	0.007 381 1	0.001 007 89	19.529	167.50	2573.36	2405.9	0.572 3	8.255 1
45	0.009 589 7	0.001 009 93	15.263 6	188.42	2582.30	2393.9	0.638 6	8.163 0
50	0.012 344 6	0.001 012 16	12.036 5	209.33	2591.19	2381.9	0.703 8	8.074 5
55	0.015 752	0.001 014 55	9.572 3	230.24	2600.02	2369.8	0.7680	7.989 6
60	0.019 933	0.001 017 13	7.674 0	251.15	2608.79	2357.6	0.831 2	7.908 0
65	0.025 024	0.001 019 86	6.199 2	272.08	2617.48	2345.4	0.893 5	7.829 5
70	0.031 178	0.001 022 76	5.044 3	293.01	2626.10	2333.1	0.955 0	7.754 0
75	0.038 565	0.001 025 82	4.133 0	313.96	2634.63	2320.7	1.015 6	7.681 2
80	0.047 376	0.001 029 03	3.408 6	334.93	2643.06	2308.1	1.075 3	7.611 2
85	0.057 818	0.001 032 40	2.828 8	355.92	2651.40	2295.5	1.134 3	7.543 6
90	0.070 121	0.001 035 93	2.361 6	376.94	2659.63	2282.7	1.192 6	7.478 3
95	0.084 533	0.001 039 61	1.982 7	397.98	2667.73	2269.7	1.2501	7.415 4
100	0.101 325	0.001 043 44	1.673 6	419.06	2675.71	2256.6	1.306 9	7.354 5
110	0.143 243	0.001 051 56	1.210 6	461.33	2691.26	2229.9	1.418 6	7.238 6
120	0.198 483	0.001 060 31	0.892 19	503.76	2706.18	2202.4	1.527 7	7.129 7
130	0.270 018	0.001 069 68	0.668 73	546.38	2720.39	2174.0	1.634 6	7.027 2
140	0.361 190	0.001 079 72	0.509 00	589.21	2733.81	2144.6	1.739 3	6.930 2
150	0.475 71	0.001 090 46	0.392 86	632.28	2746.35	2114.1	1.842 0	6.838 1
160	0.617 66	0.001 101 93	0.307 09	675.62	2757.92	2082.3	1.942 9	6.750 2
170	0.791 47	0.001 114 20	0.242 83	719.25	2768.42	2049.2	2.042 0	6.666 1
180	1.001 93	0.001 127 32	0.194 03	763.22	2777.74	2014.5	2.139 6	6.585 2
190	1.254 17	0.001 141 36	0.156 50	807.56	2785.80	1978.2	2.235 8	6.507 1
200	1.553 66	0.001 156 41	0.127 32	852.34	2792.47	1940.1	2.330 7	6.431 2
210	1.906 17	0.001 172 58	0.104 38	897.62	2797.65	1900.0	2.424 5	6.357 1
220	2.317 83	0.001 190 00	0.086 157	943.46	2801.20	1857.7	2.517 5	6.284 6
230	2.795 05	0.001 208 82	0.071 553	989.95	2803.00	1813.0	2.609 6	6.213 0
240	3.344 59	0.001 229 22	0.059 743	1037.2	2802.88	1765.7	2.701 3	6.142 2

续表

温度(℃)	压力(MPa)	比体积(m^3/kg)		比焓(kJ/kg)		汽化潜热(kJ/kg)	比熵[kJ/(kg·K)]	
		液体	蒸汽	液体	蒸汽		液体	蒸汽
t	p	v'	v''	h'	h''	γ	s'	s''
250	3.973 51	0.001 251 45	0.050 112	1085.3	2800.66	1715.4	2.792 6	6.071 6
260	4.689 23	0.001 275 79	0.042 195	1134.3	2796.14	1661.8	2.883 7	6.000 7
270	5.499 56	0.001 302 62	0.035 637	1184.5	2789.05	1604.5	2.975 1	5.929 2
280	6.412 73	0.001 332 42	0.030 165	1236.0	2779.08	1543.1	3.066 8	5.856 4
290	7.437 46	0.001 365 82	0.025 565	1289.1	2765.81	1476.7	3.159 4	5.781 7
300	8.583 08	0.001 403 69	0.021 669	1344.0	2748.71	1404.7	3.253 3	5.704 2
310	9.859 7	0.001 447 28	0.018 343	1401.2	2727.01	1325.9	3.349 0	5.622 6
320	11.278	0.001 498 44	0.015 479	1461.2	2699.72	1238.5	3.447 5	5.535 6
330	12.851	0.001 560 08	0.012 987	1524.9	2665.30	1140.4	3.550 0	5.440 8
340	14.593	0.001 637 28	0.010 790	1593.7	2621.32	1027.6	3.658 6	5.334 5
350	16.521	0.001 740 08	0.008 812	1670.3	2563.39	893.0	3.777 3	5.210 4
360	18.657	0.001 894 23	0.006 958	1761.1	2481.68	720.6	3.915 5	5.053 6
370	21.033	0.002 214 80	0.004 982	1891.7	2338.79	447.1	4.112 5	4.807 6
371	21.286	0.002 279 69	0.004 735	1911.8	2314.11	402.3	4.142 9	4.767 4
372	21.542	0.002 365 30	0.004 451	1936.1	2282.99	346.9	4.179 6	4.717 3
373	21.802	0.002 496 00	0.004 087	1968.8	2237.98	269.2	4.2292	4.645 8
373.99	22.064	0.003 106 00	0.003 106	2085.9	2085.9	0.0	4.409 2	4.409 2

附表2 饱和水和饱和水蒸气热力性质表(按压力排列)

压力(MPa)	温度(℃)	比体积(m^3/kg)		比焓(kJ/kg)		汽化潜热(kJ/kg)	比熵[kJ/(kg·K)]	
		液体	蒸汽	液体	蒸汽		液体	蒸汽
p	t	v'	v''	h'	h''	γ	s'	s''
0.001 0	6.949 1	0.001 000 1	129.185	29.21	2513.29	2484.1	0.105 6	8.973 5
0.002 0	17.540 3	0.001 001 4	67.008	73.58	2532.71	2459.1	0.261 1	8.722 0
0.003 0	24.114 2	0.001 002 8	45.666	101.07	2544.68	2443.6	0.354 6	8.575 8
0.004 0	28.953 3	0.001 004 1	34.796	121.30	2553.45	2432.2	0.422 1	8.472 5
0.005 0	32.879 3	0.001 005 3	28.191	137.72	2560.55	2422.8	0.476 1	8.393 0
0.006 0	36.166 3	0.001 006 5	23.738	151.47	2566.48	2415.0	0.520 8	8.328 3
0.007 0	38.996 7	0.001 007 5	20.528	163.31	2571.56	2408.3	0.558 9	8.273 7
0.008 0	41.507 5	0.001 008 5	18.102	173.81	2576.06	2402.3	0.592 4	8.226 6
0.009 0	43.790 1	0.001 009 4	16.204	183.36	2580.15	2396.8	0.622 6	8.185 4
0.010	45.798 8	0.001 010 3	14.673	191.76	2583.72	2392.0	0.649 0	8.148 1
0.015	53.970 5	0.001 014 0	10.022	225.93	2598.21	2372.3	0.754 8	8.006 5
0.020	60.065 0	0.001 017 2	7.649 7	251.43	2608.90	2357.5	0.832 0	7.906 8
0.025	64.972 6	0.001 019 8	6.204 7	271.96	2617.43	2345.5	0.893 2	7.829 8
0.030	69.104 1	0.001 022 2	5.229 6	289.26	2624.56	2335.3	0.944 0	7.767 1
0.040	75.872 0	0.001 026 4	3.993 9	317.61	2636.10	2318.5	1.026 0	7.668 8
0.050	81.338 8	0.001 029 9	3.240 9	340.55	2645.31	2304.8	1.091 2	7.592 8
0.060	85.949 6	0.001 033 1	2.732 4	359.91	2652.97	2293.1	1.145 4	7.531 0
0.070	89.955 6	0.001 035 9	2.365 4	376.75	2659.55	2282.8	1.192 1	7.478 9
0.080	93.510 7	0.001 038 5	2.087 6	391.71	2665.33	2273.6	1.233 0	7.433 9
0.090	96.712 1	0.001 040 9	1.869 8	405.20	2670.48	2265.3	1.269 6	7.394 3
0.10	99.634	0.001 043 2	1.694 3	417.52	2675.14	2257.6	1.302 8	7.358 9
0.12	104.810	0.001 047 3	1.428 7	439.37	2683.26	2243.9	1.360 9	7.297 8
0.14	109.318	0.001 051 0	1.236 8	458.44	2690.22	2231.8	1.411 0	7.246 2
0.16	113.326	0.001 054 4	1.091 59	475.42	2696.29	2220.9	1.455 2	7.201 6
0.18	116.941	0.001 057 6	0.977 67	490.76	2701.69	2210.9	1.494 6	7.162 3
0.20	120.240	0.001 060 5	0.885 85	504.78	2706.53	2201.7	1.530 3	7.127 2
0.25	127.444	0.001 067 2	0.718 79	535.47	2716.83	2181.4	1.607 5	7.052 8
0.30	133.556	0.001 073 2	0.605 87	561.58	2725.26	2163.7	1.672 1	6.992 1
0.35	138.891	0.001 078 6	0.524 27	584.45	2732.37	2147.9	1.727 8	6.940 7

续表

压力(MPa)	温度(℃)	比体积(m^3/kg)		比焓(kJ/kg)		汽化潜热 (kJ/kg)	比熵[kJ/(kg·K)]	
		液体	蒸汽	液体	蒸汽		液体	蒸汽
p	t	v'	v''	h'	h''	γ	s'	s''
0.40	143.642	0.001 083 5	0.462 46	604.87	2738.49	2133.6	1.776 9	6.896 1
0.50	151.867	0.001 092 5	0.374 86	640.35	2748.59	2108.2	1.861 0	6.821 4
0.60	158.863	0.001 100 6	0.315 63	670.67	2756.66	2086.0	1.931 5	6.760 0
0.70	164.983	0.001 107 9	0.272 81	697.32	2763.29	2066.0	1.992 5	6.707 9
0.80	170.444	0.001 114 8	0.240 37	721.20	2768.86	2047.7	2.046 4	6.662 5
0.90	175.389	0.001 121 2	0.214 91	742.90	2773.59	2030.7	2.094 8	6.622 2
1.00	179.916	0.001 127 2	0.194 38	762.84	2777.67	2014.8	2.138 8	6.585 9
1.10	184.100	0.001 133 0	0.177 47	781.35	2781.21	1999.9	2.179 2	6.552 9
1.20	187.995	0.001 138 5	0.163 28	798.64	2784.29	1985.7	2.216 6	6.522 5
1.30	191.644	0.001 143 8	0.151 20	814.89	2786.99	1972.1	2.251 5	6.494 4
1.40	195.078	0.001 148 9	0.140 79	830.24	2789.37	1959.1	2.284 1	6.468 3
1.50	198.327	0.001 153 8	0.131 72	844.82	2791.46	1946.6	2.314 9	6.443 7
1.60	201.410	0.001 158 6	0.123 75	858.69	2793.29	1934.6	2.344 0	6.420 6
1.70	204.346	0.001 163 3	0.116 68	871.96	2794.91	1923.0	2.371 6	6.398 8
1.80	207.151	0.001 167 9	0.110 37	884.67	2796.33	1911.7	2.397 9	6.378 1
1.90	209.838	0.001 172 3	0.104 707	896.88	2797.58	1900.7	2.4230	6.358 3
2.00	212.417	0.001 176 7	0.099 588	908.64	2798.66	1890.0	2.447 1	6.339 5
2.20	217.289	0.001 185 1	0.090 700	930.97	2800.41	1869.4	2.492 4	6.304 1
2.40	221.829	0.001 193 3	0.083 244	951.91	2801.67	1849.8	2.534 4	6.271 4
2.60	226.085	0.001 201 3	0.076 898	971.67	2802.51	1830.8	2.573 6	6.240 9
2.80	230.096	0.001 209 0	0.071 427	990.41	2803.01	1812.6	2.610 5	6.212 3
3.00	233.893	0.001 216 6	0.066 662	1008.2	2803.19	1794.9	2.645 4	6.185 4
3.50	242.597	0.001 234 8	0.057 054	1049.6	2802.51	1752.9	2.725 0	6.123 8
4.00	250.394	0.001 252 4	0.049 771	1087.2	2800.53	1713.4	2.796 2	6.068 8
5.00	263.980	0.001 286 2	0.039 439	1154.2	2793.64	1639.5	2.920 1	5.972 4
6.00	275.625	0.001 319 0	0.032 440	1213.3	2783.82	1570.5	3.026 6	5.888 5
7.00	285.869	0.001 351 5	0.027 371	1266.9	2771.72	1504.8	3.121 0	5.812 9
8.00	295.048	0.001 384 3	0.023 520	1316.5	2757.70	1441.2	3.206 6	5.743 0
9.00	303.385	0.001 417 7	0.020 485	1363.1	2741.92	1378.9	3.285 4	5.677 1
10.0	311.037	0.001 452 2	0.018 026	1407.2	2724.46	1317.2	3.359 1	5.613 9

续表

压力(MPa)	温度(℃)	比体积(m^3/kg)		比焓(kJ/kg)		汽化潜热(kJ/kg)	比熵[kJ/(kg·K)]	
		液体	蒸汽	液体	蒸汽		液体	蒸汽
p	t	v'	v''	h'	h''	γ	s'	s''
11.0	318.118	0.001 488 1	0.015 987	1449.6	2705.34	1255.7	3.428 7	5.552 5
12.0	324.715	0.001 526 0	0.014 263	1490.7	2684.50	1193.8	3.495 2	5.492 0
13.0	330.894	0.001 566 2	0.012 780	1530.8	2661.80	1131.0	3.559 4	5.431 8
14.0	336.707	0.001 609 7	0.011 486	1570.4	2637.07	1066.7	3.622 0	5.371 1
15.0	342.196	0.001 657 1	0.010 340	1609.8	2610.01	1000.2	3.683 6	5.309 1
16.0	347.396	0.001 709 9	0.009 311	1649.4	2580.21	930.8	3.745 1	5.245 0
17.0	352.334	0.001 770 1	0.008 373	1690.0	2547.01	857.1	3.807 3	5.177 6
18.0	357.034	0.001 840 2	0.007 503	1732.0	2509.45	777.4	3.871 5	5.105 1
19.0	361.514	0.001 925 8	0.006 679	1776.9	2465.87	688.9	3.939 5	5.025 0
20.0	365.789	0.002 037 9	0.005 870	1827.2	2413.05	585.9	4.015 3	4.932 2
21.0	369.868	0.002 207 3	0.005 012	1889.2	2341.67	452.4	4.108 8	4.812 4
22.0	373.752	0.002 704 0	0.003 684	2013.0	2084.02	71.0	4.296 9	4.406 6
22.064	373.99	0.003 106	0.003 106	2085.9	2085.9	0.0	4.409 2	4.409 2

附表 3　未饱和水与过热水蒸气热力性质表❶

p	0.001MPa			0.005MPa		
	(t_s=6.949℃)			(t_s=32.879 3℃)		
	v'	h'	s'	v'	h'	s'
	0.001 001	29.21	0.105 6	0.001 005 3	137.72	0.476 1
	v''	h''	s''	v''	h''	s''
	129.185	2513.29	8.973 5	28.191	2560.55	8.393 0
t	v	h	s	v	h	s
℃	m^3/kg	kJ/kg	kJ/(kg·K)	m^3/kg	kJ/kg	kJ/(kg·K)
0	0.001 002	−0.05	−0.000 2	0.001 000 2	−0.05	−0.000 2
10	130.598	2519.0	8.993 8	0.001 000 3	42.01	0.151 0
20	135.226	2537.7	9.058 8	0.001 001 8	83.87	0.296 3
40	144.475	2575.2	9.1823	28.854	2574.0	8.434 66
60	153.717	2612.7	9.298 4	30.712	2611.8	8.553 7
80	162.956	2650.3	9.408 0	32.566	2649.7	8.663 9
100	172.192	2688.0	9.512 0	34.418	2687.5	8.768 2
120	181.426	2725.9	9.610 9	36.269	2725.5	8.867 4
140	190.660	2764.0	9.705 4	38.118	2763.7	8.962 0
160	199.893	2802.3	9.795 9	39.967	2802.0	9.052 6
180	209.126	2840.7	9.882 7	41.815	2840.5	9.139 6
200	218.358	2879.4	9.966 2	43.662	2879.2	9.223 2
220	227.590	2918.3	10.046 8	45.510	2918.2	9.303 8
240	236.821	2957.5	10.124 6	47.357	2957.3	9.381 6
260	246.053	2996.8	10.199 8	49.204	2996.7	9.456 9
280	255.284	3036.4	10.272 7	51.051	3036.3	9.529 8
300	264.515	3076.2	10.343 4	52.898	3076.1	9.600 5
350	287.592	3176.8	10.511 7	57.514	3176.7	9.768 8
400	310.669	3278.9	10.669 2	62.131	3278.8	9.926 4
450	333.746	3382.4	10.817 6	66.747	3382.4	10.074 7
500	356.823	3487.5	10.958 1	71.362	3487.5	10.215 3
550	379.900	3594.4	11.092 1	75.978	3594.4	10.349 3
600	402.976	3703.4	11.220 6	80.594	3703.4	10.477 8

❶　表中粗黑线上为未饱和水参数，粗黑线下为过热蒸汽参数。

续表

p	0.010MPa			0.1MPa		
	(t_s=45.798 8℃)			(t_s=99.634℃)		
	v'	h'	s'	v'	h'	s'
	0.001 010 3	191.76	0.649 0	0.001 043 2	417.52	1.302 8
	v''	h''	s''	v''	h''	s''
	14.673	2583.72	8.148 1	1.694 3	2675.14	7.358 9
t	v	h	s	v	h	s
℃	m^3/kg	kJ/kg	kJ/(kg·K)	m^3/kg	kJ/kg	kJ/(kg·K)
0	0.001 000 2	−0.04	−0.000 2	0.001 000 2	0.05	−0.000 2
10	0.001 000 3	42.01	0.151 0	0.001 000 3	42.10	0.151 0
20	0.001 001 8	83.87	0.296 3	0.001 001 8	83.96	0.296 3
40	0.001 007 9	167.51	0.572 3	0.001 007 8	167.59	0.572 3
60	15.336	2610.8	8.231 3	0.001 017 1	251.22	0.831 2
80	16.268	2648.9	8.342 2	0.001 029 0	334.97	1.075 3
100	17.196	2686.9	8.447 1	1.696 1	2675.9	7.360 9
120	18.124	2725.1	8.546 6	1.793 1	2716.3	7.466 5
140	19.050	2763.3	8.6414	1.888 9	2756.2	7.565 4
160	19.976	2801.7	8.732 2	1.983 8	2795.8	7.659 0
180	20.901	2840.2	8.819 2	2.078 3	2835.3	7.748 2
200	21.826	2879.0	8.902 9	2.172 3	2874.8	7.833 4
220	22.750	2918.0	8.983 5	2.265 9	2914.3	7.915 2
240	23.674	2957.1	9.061 4	2.359 4	2953.9	7.994 0
260	24.598	2996.5	9.136 7	2.452 7	2993.7	8.070 1
280	25.522	3036.2	9.209 7	2.545 8	3033.6	8.143 6
300	26.446	3076.0	9.280 5	2.638 8	3073.8	8.214 8
350	28.755	3176.6	9.448 8	2.870 9	3174.9	8.384 0
400	31.063	3278.7	9.606 4	3.102 7	3277.3	8.542 2
450	33.372	3382.3	9.754 8	3.334 2	3381.2	8.690 9
500	35.680	3487.4	9.895 3	3.565 6	3486.5	8.831 7
550	37.988	3594.3	10.029 3	3.796 8	3593.5	8.965 9
600	40.296	3703.4	10.157 9	4.027 9	3702.7	9.094 6

续表

p	0.5MPa			1MPa		
	(t_s=151.867℃)			(t_s=179.916℃)		
	v'	h'	s'	v'	h'	s'
	0.001 092 5	640.35	1.861 0	0.001 127 2	762.84	2.138 8
	v''	h''	s''	v''	h''	s''
	0.374 86	2748.59	6.821 4	0.194 38	2777.67	6.585 9
t	v	h	s	v	h	s
℃	m^3/kg	kJ/kg	kJ/(kg·K)	m^3/kg	kJ/kg	kJ/(kg·K)
0	0.001 000 0	0.46	−0.000 1	0.000 999 7	0.97	−0.000 1
10	0.001 000 1	42.49	0.151 0	0.000 999 9	42.98	0.150 9
20	0.001 001 6	84.33	0.296 2	0.001 001 4	84.80	0.296 1
40	0.001 007 7	167.94	0.572 1	0.001 007 4	168.38	0.571 9
60	0.001 016 9	251.56	0.831 0	0.001 016 7	251.98	0.830 7
80	0.001 028 8	335.29	1.075 0	0.001 028 6	335.69	1.074 7
100	0.001 043 2	419.36	1.306 6	0.001 043 0	419.74	1.306 2
120	0.001 060 1	503.97	1.527 5	0.001 059 9	504.32	1.527 0
140	0.001 079 6	589.30	1.739 2	0.001 079 3	589.62	1.738 6
160	0.383 58	2767.2	6.864 7	0.001 101 7	675.84	1.942 4
180	0.404 50	2811.7	6.965 1	0.194 43	2777.9	6.586 4
200	0.424 87	2854.9	7.058 5	0.205 90	2827.3	6.693 1
220	0.444 85	2897.3	7.146 2	0.216 86	2874.2	6.790 3
240	0.464 55	2939.2	7.229 5	0.227 45	2919.6	6.880 4
260	0.484 04	2980.8	7.309 1	0.237 79	2963.8	6.965 0
280	0.503 36	3022.2	7.385 3	0.247 93	3007.3	7.045 1
300	0.522 55	3063.6	7.458 8	0.257 93	3050.4	7.121 6
350	0.570 12	3167.0	7.631 9	0.282 47	3157.0	7.299 9
400	0.617 29	3271.1	7.792 4	0.306 58	3263.1	7.463 8
420	0.636 08	3312.9	7.853 7	0.316 15	3305.6	7.526 0
440	0.654 83	3354.9	7.913 5	0.325 68	3348.2	7.586 6
450	0.664 20	3376.0	7.942 8	0.330 43	3369.6	7.616 3
460	0.673 56	3397.2	7.971 9	0.335 18	3390.9	7.645 6
480	0.692 26	3439.6	8.028 9	0.344 65	3433.8	7.703 3
500	0.710 94	3482.2	8.084 8	0.354 10	3476.8	7.759 7
550	0.757 55	3589.9	8.219 8	0.377 64	3585.4	7.895 8
600	0.804 08	3699.6	8.349 1	0.401 09	3695.7	8.025 9

续表

p	3MPa			5MPa		
	(t_s=233.893℃)			(t_s=263.980℃)		
	v'	h'	s'	v'	h'	s'
	0.001 216 6	1008.2	2.645 4	0.001 286 2	1154.2	2.920 1
	v''	h''	s''	v''	h''	s''
	0.066 662	2803.19	6.185 4	0.039 439	2793.64	5.972 4
t	v	h	s	v	h	s
℃	m^3/kg	kJ/kg	kJ/(kg・K)	m^3/kg	kJ/kg	kJ/(kg・K)
0	0.000 998 7	3.01	0.000 0	0.000 997 7	5.04	0.000 2
10	0.000 998 9	44.92	0.150 7	0.000 997 9	46.87	0.150 6
20	0.001 000 5	86.68	0.295 7	0.000 999 6	88.55	0.295 2
40	0.001 006 6	170.15	0.571 1	0.001 005 7	171.92	0.570 4
60	0.001 015 8	253.66	0.829 6	0.001 014 9	255.34	0.828 6
80	0.001 027 6	377.28	1.073 4	0.001 026 7	338.87	1.072 1
100	0.001 042 0	421.24	1.304 7	0.001 041 0	422.75	1.303 1
120	0.001 058 7	505.73	1.525 2	0.001 057 6	507.14	1.523 4
140	0.001 078 1	590.92	1.736 6	0.001 076 8	592.23	1.734 5
160	0.001 100 2	677.01	1.940 0	0.001 098 8	678.19	1.937 7
180	0.001 125 6	764.23	2.136 9	0.001 124 0	765.25	2.134 2
200	0.001 154 9	852.93	2.328 4	0.001 152 9	853.75	2.325 3
220	0.001 189 1	943.65	2.516 2	0.001 186 7	944.21	2.512 5
240	0.068 184	2823.4	6.225 0	0.001 226 6	1037.3	2.697 6
260	0.072 828	2884.4	6.341 7	0.001 275 1	1134.3	2.882 9
280	0.077 101	2940.1	6.444 3	0.042 228	2855.8	6.086 4
300	0.081 226	2992.4	6.537 1	0.045 301	2923.3	6.206 4
350	0.090 520	3114.4	6.7414	0.051 932	3067.4	6.447 7
400	0.099 352	3230.1	6.919 9	0.057 804	3194.9	6.644 6
420	0.102 787	3275.4	6.986 4	0.060 033	3243.6	6.715 9
440	0.106 180	3320.5	7.050 5	0.062 216	3291.5	6.784 0
450	0.107 864	3343.0	7.081 7	0.063 291	3315.2	6.817 0
460	0.109 540	3365.4	7.112 5	0.064 358	3338.8	6.849 4
480	0.112 870	3410.1	7.172 8	0.066 469	3385.6	6.912 5
500	0.116 174	3454.9	7.231 4	0.068 552	3432.2	6.973 5
550	0.124 349	3566.9	7.371 8	0.073 664	3548.0	7.118 7
600	0.132 427	3679.9	7.505 1	0.078 675	3663.9	7.255 3

续表

p	7MPa			10MPa		
	(t_s=285.869℃)			(t_s=311.037℃)		
	v′	h′	s′	v′	h′	s′
	0.001 351 5	1266.9	3.121 0	0.001 452 2	1407.2	3.359 1
	v″	h″	s″	v″	h″	s″
	0.027 371	2771.72	5.812 9	0.018 026	2724.46	5.613 9
t	v	h	s	v	h	s
℃	m^3/kg	kJ/kg	kJ/(kg·K)	m^3/kg	kJ/kg	kJ/(kg·K)
0	0.000 996 7	7.07	0.000 3	0.000 995 2	10.09	0.000 4
10	0.000 997 0	48.80	0.150 4	0.000 995 6	51.70	0.150 0
20	0.000 998 6	90.42	0.294 8	0.000 997 3	93.22	0.294 2
40	0.001 004 8	173.69	0.569 6	0.001 003 5	176.34	0.568 4
60	0.001 014 0	257.01	0.827 5	0.001 012 7	259.53	0.825 9
80	0.001 025 8	340.46	1.070 8	0.001 024 4	342.85	1.068 8
100	0.001 039 9	424.25	1.301 6	0.001 038 5	426.51	1.299 3
120	0.001 056 5	508.55	1.521 6	0.001 054 9	510.68	1.519 0
140	0.001 075 6	593.54	1.732 5	0.001 073 8	595.50	1.792 4
160	0.001 097 4	679.37	1.935 3	0.001 095 3	681.16	1.931 9
180	0.001 122 3	766.28	2.131 5	0.001 119 9	767.84	2.127 5
200	0.001 151 0	854.59	2.322 2	0.001 148 1	855.88	2.317 6
220	0.001 184 2	944.79	2.508 9	0.001 180 7	945.71	2.503 6
240	0.001 223 5	1037.6	2.693 3	0.001 219 0	1038.0	2.687 0
260	0.001 271 0	1134.0	2.877 6	0.001 265 0	1133.6	2.869 8
280	0.001 330 7	1235.7	3.064 8	0.001 322 2	1234.2	3.054 9
300	0.029 457	2837.5	5.929 1	0.001 397 5	1342.3	3.246 9
350	0.035 225	3014.8	6.226 5	0.022 415	2922.1	5.942 3
400	0.039 917	3157.3	6.446 5	0.026 402	3095.8	6.210 9
450	0.044 143	3286.2	6.631 4	0.029 735	3240.5	6.418 4
500	0.048 110	3408.9	6.795 4	0.032 750	3372.8	6.595 4
520	0.049 649	3457.0	6.856 9	0.033 900	3423.8	6.660 5
540	0.051 166	3504.8	6.916 4	0.035 027	3474.1	6.723 2
550	0.051 917	3528.7	6.945 6	0.035 582	3499.1	6.753 7
560	0.052 664	3552.4	6.974 3	0.036 133	3523.9	6.783 7
580	0.054 147	3600.0	7.030 6	0.037 222	3573.3	6.842 3
600	0.055 617	3647.5	7.085 7	0.038 297	3622.5	6.899 2

续表

p	14MPa			20.0MPa		
	(t_s=336.707℃)			(t_s=365.789℃)		
	v'	h'	s'	v'	h'	s'
	0.001 609 7	1570.4	3.622 0	0.002 037 9	1827.2	4.015 3
	v''	h''	s''	v''	h''	s''
	0.011 486	2637.07	5.371 1	0.005 870 2	2413.05	4.932 2
t	v	h	s	v	h	s
℃	m³/kg	kJ/kg	kJ/(kg·K)	m³/kg	kJ/kg	kJ/(kg·K)
0	0.000 993 3	14.10	0.000 5	0.000 990 4	20.08	0.000 6
10	0.000 993 8	55.55	0.149 6	0.000 991 1	61.29	0.148 8
20	0.000 995 5	96.95	0.293 2	0.000 992 9	102.50	0.291 9
40	0.001 001 8	179.86	0.566 9	0.000 999 2	185.13	0.564 5
60	0.001 010 9	262.88	0.823 9	0.001 008 4	267.90	0.820 7
80	0.001 022 6	346.04	1.066 3	0.001 019 9	350.82	1.062 4
100	0.001 036 5	429.53	1.296 2	0.001 033 6	434.06	1.291 7
120	0.001 052 7	513.52	1.515 5	0.001 049 6	517.79	1.510 3
140	0.001 071 4	598.14	1.725 4	0.001 067 9	602.12	1.719 5
160	0.001 092 6	683.56	1.927 3	0.001 088 6	687.20	1.920 6
180	0.001 116 7	769.96	2.122 3	0.001 112 1	773.19	2.114 7
200	0.001 144 3	857.63	2.311 6	0.001 138 9	860.36	2.302 9
220	0.001 176 1	947.00	2.496 6	0.001 169 5	949.07	2.486 5
240	0.001 213 2	1038.6	2.678 8	0.001 205 1	1039.8	2.667 0
260	0.001 257 4	1133.4	2.859 9	0.001 246 9	1133.4	2.845 7
280	0.001 311 7	1232.5	3.042 4	0.001 297 4	1230.7	3.024 9
300	0.001 381 4	1338.2	3.230 0	0.001 360 5	1333.4	3.207 2
350	0.013 218	2751.2	5.556 4	0.001 664 5	1645.3	3.727 5
400	0.017 218	3001.1	5.943 6	0.009 945 8	2816.8	5.552 0
450	0.020 074	3174.2	6.191 9	0.012 701 3	3060.7	5.902 5
500	0.022 512	3322.3	6.390 0	0.014 768 1	3239.3	6.141 5
520	0.023 418	3377.9	6.461 0	0.015 504 6	3303.0	6.222 9
540	0.024 295	3432.1	6.528 5	0.016 206 7	3364.0	6.298 9
550	0.024 724	3458.7	6.561 1	0.016 547 1	3393.7	6.335 2
560	0.025 147	3485.2	6.593 1	0.016 881 1	3422.9	6.370 5
580	0.025 978	3537.5	6.655 1	0.017 532 8	3480.3	6.438 5
600	0.026 792	3589.1	6.714 9	0.018 165 5	3536.3	6.503 5

续表

p	25.0MPa			30.0MPa		
t	v	h	s	v	h	s
℃	m³/kg	kJ/kg	kJ/(kg·K)	m³/kg	kJ/kg	kJ/(kg·K)
0	0.000 988 0	25.01	0.000 6	0.000 985 7	29.92	0.000 5
10	0.000 988 8	66.04	0.148 1	0.000 986 6	70.77	0.147 4
20	0.000 990 8	107.11	0.290 7	0.000 988 7	111.71	0.289 5
40	0.000 997 2	189.51	0.562 6	0.000 995 1	193.87	0.560 6
60	0.001 006 3	272.08	0.818 2	0.001 004 2	276.25	0.815 6
80	0.001 017 7	354.80	1.059 3	0.001 015 5	358.78	1.056 2
100	0.001 031 3	437.85	1.288 0	0.001 029 0	441.64	1.284 4
120	0.001 047 0	521.36	1.506 1	0.001 044 5	524.95	1.501 9
140	0.001 065 0	605.46	1.714 7	0.001 062 2	608.82	1.710 0
160	0.001 085 4	690.27	1.915 2	0.001 082 2	693.36	1.909 8
180	0.001 108 4	775.94	2.108 5	0.001 104 8	778.72	2.102 4
200	0.001 134 5	862.71	2.295 9	0.001 130 3	865.12	2.289 0
220	0.001 164 3	950.91	2.478 5	0.001 159 3	952.85	2.470 6
240	0.001 198 6	1041.0	2.657 5	0.001 192 5	1042.3	2.648 5
260	0.001 238 7	1133.6	2.834 6	0.001 231 1	1134.1	2.823 9
280	0.001 286 6	1229.6	3.011 3	0.001 276 6	1229.0	2.998 5
300	0.001 345 3	1330.3	3.190 1	0.001 331 7	1327.9	3.174 2
350	0.001 598 1	1623.1	3.678 8	0.001 552 2	1608.0	3.642 0
400	0.006 001 4	2578.0	5.1386	0.002 792 9	2150.6	4.472 1
450	0.009 166 6	2950.5	5.675 4	0.006 736 3	2822.1	5.443 3
500	0.011 122 9	3164.1	5.961 4	0.008 676 1	3083.3	5.793 4
520	0.011 789 7	3236.1	6.053 4	0.009 303 3	3165.4	5.898 2
540	0.012 415 6	3303.8	6.137 7	0.009 882 5	3240.8	5.992 1
550	0.012 716 1	3336.4	6.177 5	0.010 158 0	3276.6	6.035 9
560	0.013 009 5	3368.2	6.216 0	0.010 425 4	3311.4	6.078 0
580	0.013 577 8	3430.2	6.289 5	0.010 939 7	3378.5	6.157 6
600	0.014 124 9	3490.2	6.359 1	0.011 431 0	3442.9	6.232 1

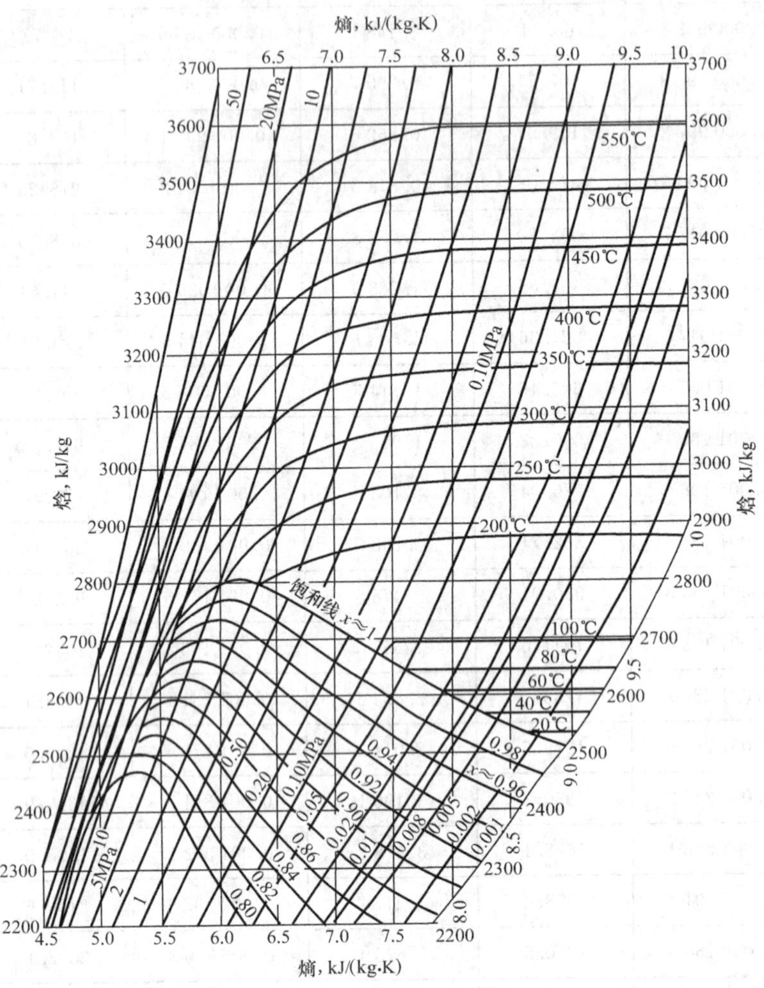

附图 1　水蒸气焓 - 熵（h-s）图

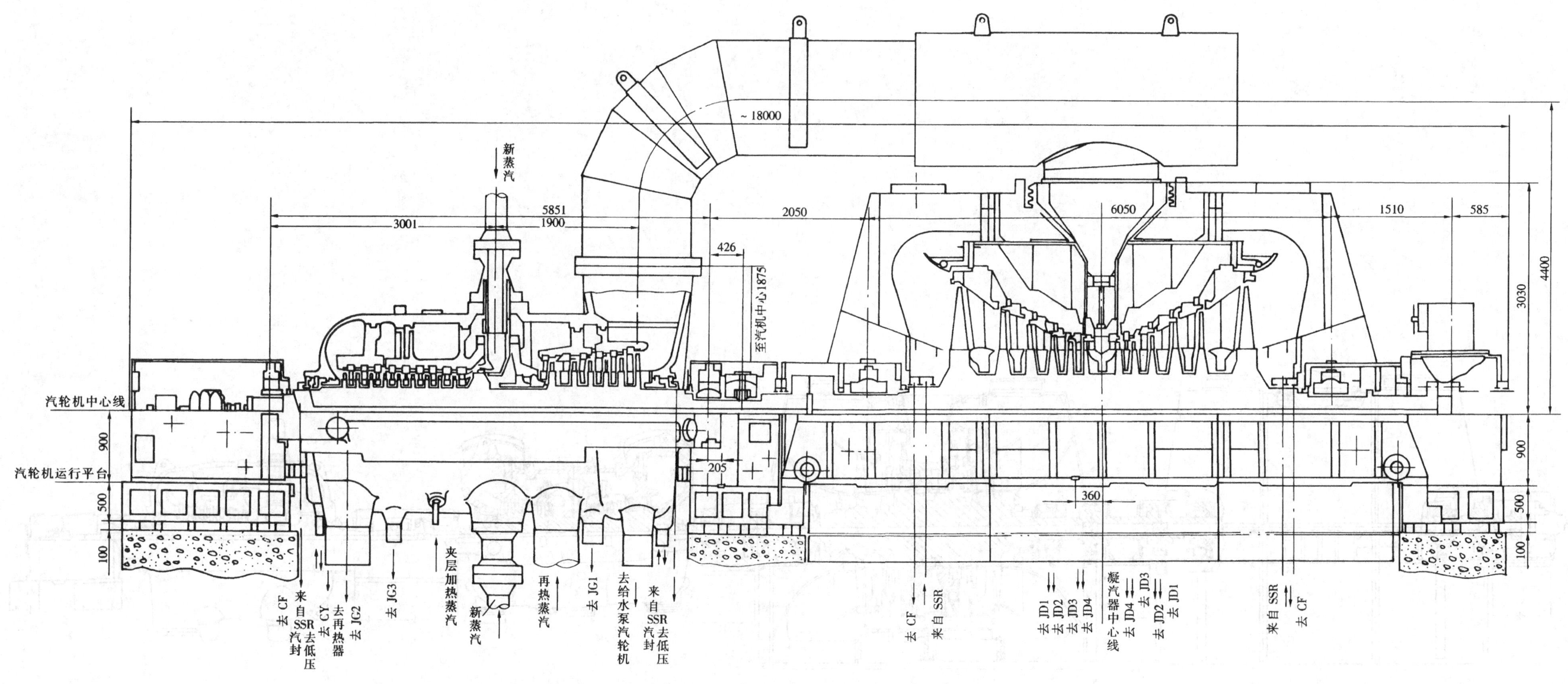

附图 2　东方汽轮机厂生产的双缸双排汽 300MW 汽轮机纵剖面

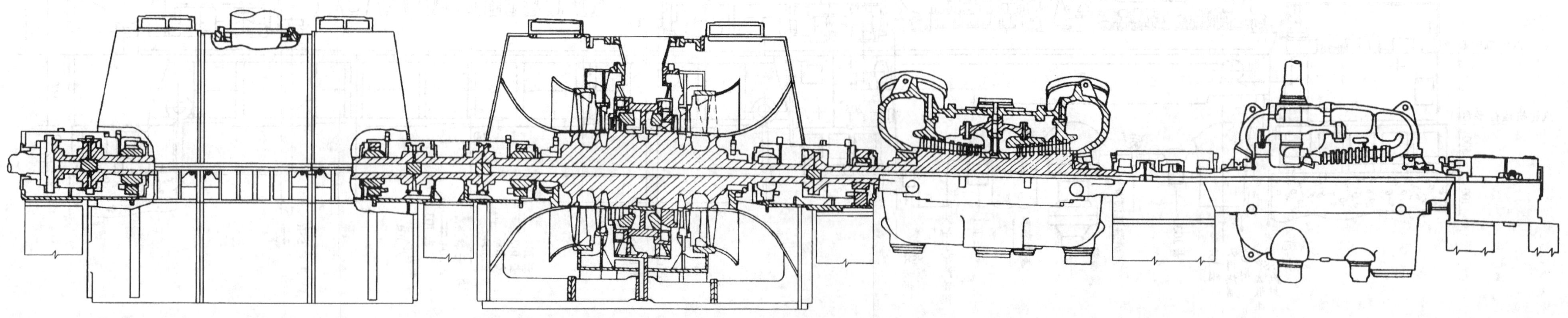

附图 3 哈尔滨汽轮机厂制造的四缸四排汽 600MW 反动式汽轮机纵剖面

参 考 文 献

[1]倪维斗.现代文明的动力.山东:山东科学技术出版社,2001.
[2]包伟业.动力工程概论.上海:上海交通大学出版社,1994.
[3]黄焕春.发电厂热力设备.北京:中国电力出版社,1985.
[4]文锋.现代发电厂概论.3版.北京:中国电力出版社,2014.
[5]叶之奎.发电厂热力系统及辅助设备.北京:水利电力出版社,1993.
[6]郭祝三,李文艺.发电厂热力设备.北京:水利电力出版社,1994.
[7]易大贤.发电厂动力设备.2版.北京:中国电力出版社,2008.
[8]华北电力学院.火电厂热力设备及系统.北京:电力工业出版社,1980.
[9][德]E.维特科夫.燃用化石燃料的蒸汽发电厂.北京:水利电力出版社,1992.
[10]黄素逸,高伟.能源概论.北京:高等教育出版社,2004.
[11]王长贵,崔容强,周篁.新能源发电技术.北京:中国电力出版社,2003.
[12]何国庚.能源与动力装置基础.北京:中国电力出版社,2008.
[13]杨顺虎.燃气—蒸汽联合循环发电设备及运行.北京:中国电力出版社,2003.
[14]姚秀平.燃气轮机及其联合循环发电.北京:中国电力出版社,2004.
[15]阎维平.洁净煤发电技术.北京:中国电力出版社,2002.
[16]黄保海,白玉,牛卫东.汽轮机原理与构造.北京:中国电力出版社,2002.
[17]康松,杨建明,胥建群.汽轮机原理.北京:中国电力出版社,2000.
[18]沈士一.汽轮机原理.北京:水利电力出版社,1992.
[19]靳智平,王毅林.电厂汽轮机原理及系统.2版.北京:中国电力出版社,2009.
[20]胡仁堂,刘健生.电力生产常识.北京:水利电力出版社,1992.
[21]张栾英,孙万云.火电厂过程控制.北京:中国电力出版社,2000.
[22]华中电网有限公司培训中心.300MW火电机组集控运行.北京:中国电力出版社,2005.
[23]刘吉臻.协调控制与全程控制.北京:水利电力出版社,1995.
[24]张文溥.程序控制与热工保护.北京:水利电力出版社,1991.
[25]望亭发电厂.汽轮机.北京:中国电力出版社,2002.
[26]望亭发电厂.锅炉.北京:中国电力出版社,2002.
[27]王付生.电厂热工自动控制与保护.北京:中国电力出版社,2005.
[28]国家电力公司东北公司.电力工程师手册—动力卷:上.北京:中国电力出版社,2002.
[29]高鹗,刘鉴民.热力发电厂.上海:上海交通大学出版社,1995.
[30]严俊杰,黄锦涛,张凯,等.发电厂热力系统及设备.西安:西安交通大学出版社,2003.
[31]叶涛.热力发电厂.4版.北京:中国电力出版社,2012.
[32]吴季兰.300MW火力发电机组丛书:汽轮机设备及系统.北京:中国电力出版社,1998.
[33]严家騄.工程热力学.2版.北京:中国电力出版社,2014.
[34]赫卫平,李琼慧,赵一农.我国电力弹性系数的现实意义.中国电力,2003,36(5):8-10.
[35]秦焕鑫,廖志伟,张沛,等.中国与美国发电机组可靠性指标对比分析.广东电力.2012,25(9)61-66.